Hans-Joachim Steinbock
Potentiale der
Informationstechnik

Informatik und Unternehmens- führung

Herausgegeben von
Prof. Dr. Kurt Bauknecht, Universität Zürich
Dr. Hagen Hultzsch, Deutsche Bundespost
Telekom, Bonn
Prof. Dr. Hubert Österle, Hochschule St. Gallen
Dr. Wilhelm Rall, McKinsey & Company, Stuttgart

Die Informatik ist die Basis unserer Informationsgesellschaft'.
In vielen Wirtschaftszweigen bildet sle mittlerweile eine strategische
Größe – sei es als externer Faktor der zur strukturellen Veränderung
einer Branche beitragt, oder sei es als aktives Instrument im
Wettbewerb. Das Mahagement der Informatik wird somit zuneh-
mend zur Führungsaufgabe. Deshalb wendet sich diese Reihe in
erster Linie an Führungskräfte der mittleren und oberen Leitungs-
ebene aus Wirtschaft und Verwaltung, die im Rahmen ihrer Tätigkeit
zunehmend den Herausforderungen der Informatik begegnen
müssen. Die Beiträge sollen dem besseren Verständnis der
Informatik als wertvolle Ressource einer Organisation dienen.
Die Autoren wollen neuere Strömungen im Grenzbereich zwischen
«Informatik und Unternehmensfuhrung» sowohl anhand praktischer
Fälle erläutern, wie auch mit Hilfe geeigneter theoretischer Modelle
kritisch analysieren. Der interdisziplinären Diskussion zwischen
Informatikern, Wirtschaftsfachleuten und Organisationsexperten,
zwischen Praktikern und Wissenschaftlern, zwischen Managern
aus Industrie, Dienstleistungsgewerbe und öffentlicher Verwaltung
soll dabei breiter Raum eingeräumt werden.

Potentiale der Informationstechnik

State-of-the-Art und Trends aus Anwendungssicht

Von Dr. oec. Hans-Joachim Steinbock, Zürich

B. G. Teubner Stuttgart 1994

Dr. oec. Hans-Joachim Steinbock

Geboren 1963 in Rheinfelden (Deutschland). Von 1982 bis 1985 Studium der Betriebswirtschaftslehre an der Berufsakademie Lörrach, 1985 bis 1987 Junior Controller der Vitra GmbH Möbel und Systeme, Weil am Rhein; 1987 bis 1989 Studium der Informationswissenschaft mit Schwerpunkt Informationsmanagement an der Universität Konstanz, Studienaufenthalt an der School of Information Studies, Syracuse University, USA; 1989 bis 1993 Doktorand und wisschaftlicher Assistent am Institut für Wirtschaftsinformatik der Hochschule St. Gallen, daneben beratende Tätigkeit bei der Information Management Gesellschaft, St. Gallen; seit 1993 Mitarbeiter der Schweizerischen Bankgesellschaft AG, Zürich, Ressort Retailprodukte und Privatkunden.

Die Deutsche Bibliothek – CIP-Einheitsaufnahme

Steinbock, Hans-Joachim:
Potentiale der Informationstechnik : state of the art und Trends aus Anwendungssicht / von Hans-Joachim Steinbock. – Stuttgart : Teubner, 1994
(Informatik und Unternehmensführung)
Zugl.: St. Gallen, Hochsch. für Wirtschafts-, Rechts- und Sozialwiss.
Diss., 1993 u. d. T.: Steinbock, Hans-Joachim: Unternehmerische
Potentiale der Informationstechnik in den neunziger Jahren
ISBN 978-3-322-94698-0   ISBN 978-3-322-94697-3 (eBook)
DOI 10.1007/978-3-322-94697-3

© B. G. Teubner Stuttgart 1994
Softcover reprint of the hardcover 1st edition 1994
Gesamtherstellung: Präzis-Druck GmbH, Karlsruhe
Einbandgestaltung: Peter Pfitz, Stuttgart

Geleitwort

Mechanische Maschinen, Elektrizität und Erdölchemie haben weiten Teilen der Welt die Industrialisierung und Wohlstand gebracht. Neue Technologien bringen den nächsten Entwicklungsschub. Dazu gehören die Gentechnologie, die Mikromechanik, die Werkstofftechnologie und vor allem die Informationstechnologie. Die Art und Weise, wie wir diese Technologien umsetzen, wird die künftige Rolle unserer Volkswirtschaften und damit unseren Lebensstandard bestimmen. Sie kann auch wesentlich zur Bewältigung politischer Probleme und zur Lösung von Umweltaufgaben beitragen.

Die Informationstechnik erhält eine Schlüsselfunktion. Sie wird die Industriegesellschaft zur Informationsgesellschaft weiterentwickeln, in der sie zum grundlegenden Instrument für technische, kommerzielle, soziale und kulturelle Bereiche wird. Mit dem Telefon, der Unterhaltungselektronik und teilweise mit dem Computer ist sie bereits heute so selbstverständlich geworden, dass wir sie kaum noch als Technik wahrnehmen.

Jedes Individuum und jede Organisation muss für sich immer wieder prüfen, welche Chancen und Gefahren die Informationstechnik bietet. Nur zu häufig beschränken wir uns dabei auf diejenigen technische Entwicklungen und Anwendungen, mit denen wir am vertrautesten sind. Die Erfahrung mit der Informationstechnik der letzten zwanzig Jahre lehrt, dass die grossen Potentiale gerade in neuen Technologien und in neuen Anwendungen liegen. Als Beispiele seien nur der Personal Computer oder die Consumer Electronics erwähnt.

Die Breite der Informationstechnik und die Vielfalt der Quellen, aus denen sich die Entwicklungen erkennen lassen, macht es ausserordentlich schwer, einerseits die technischen Potentiale zu erkennen und andererseits deren Anwendungsbereiche abzuschätzen. Aus diesem Grund hat Steinbock einen besonderen Ansatz zur Vorhersage und Bewertung von Informationstechniken gewählt: Er sammelt und ordnet die erkennbaren Entwicklungen und analysiert deren Potential aus der Sicht unterschiedlicher Anwendungsbereiche. Dazu muss er sowohl die Technologie als auch die Anwendungen klassifizieren. Dies birgt zwar die Gefahr, durch die gewählte Klassifikation bereits wieder zu selektieren bzw. die Kreativität zu verbauen, hat aber den viel schwerer wiegenden Vorteil, dem Leser ein Ordnungsmuster vorzugeben, das dieser auf seine spezifische Situation übertragen kann. Die Arbeit hilft dem Leser, sich effizient über den Stand und die Zukunft der Technik zu informieren und Applikationen für seinen Bereich zu erkennen.

St. Gallen, 28. Dezember 1993   Hubert Österle

Vorwort

Die Unternehmen sind einem stetigen und beschleunigten Wandel der Informations-technik ausgesetzt. Das birgt Chancen und Risiken zugleich. Einerseits verschaffen sich Unternehmen durch den gezielten Einsatz der Informationstechnik Wettbewerbs-vorteile, andererseits verpassen ganze Wirtschaftsbereiche im internationalen Vergleich durch mangelndes informationstechnisches Know-how den Anschluss. Um beste-hende und zukünftige Potentiale nutzen zu können, müssen sich die Unternehmen konsequent mit der informationstechnischen Entwicklung auseinandersetzen. Diese Arbeit soll dabei behilflich sein.

Das vorliegende Buch basiert auf meiner Dissertation an der Hochschule St. Gallen. Sie entstand im Rahmen des Forschungsprogramms "Informationsmanagement 2000", in dem Vertreter von Industrie, Dienstleistung und öffentlicher Verwaltung mit dem Institut für Wirtschaftsinformatik der Hochschule St. Gallen zusammenarbeiten.

Mein ausdrücklicher Dank gilt Herrn Prof. Dr. H. Österle für seine wissenschaftliche Betreuung und für die hervorragenden Forschungsbedingungen am Institut. Herrn Prof. Dr. B. Schmid danke ich für die Übernahme des Korreferats. Mein herzlicher Dank gilt auch Herrn Prof. Dr. W. Brenner, der als Leiter des Forschungsprogramms mir immer als Diskussionspartner zur Verfügung stand und mit seinen Anregungen und seiner Kritik zum Gelingen dieser Arbeit beigetragen hat. Meinen Freunden und Kol-legen am Institut danke ich für die konstruktive Zusammenarbeit und die angenehme Arbeitsatmosphäre.

Von ganzem Herzen danken möchte ich meiner Partnerin Susanne Karstens. Ihr Ver-ständnis und ihre Unterstützung gaben mir den notwendigen Rückhalt für diese Ar-beit. Dies gilt in gleichem Masse für meine Mutter, Erich Schmid, Familie Karstens, Ingrid und Jürgen Issler und alle meine Freunde.

St. Gallen, im Januar 1994   Hans-Joachim Steinbock

Inhaltsverzeichnis

1. Einleitung

1.1. Problemstellung

Der technologische Wandel ist eine der wichtigsten Triebfedern für unternehmerische Innovationen. Waren es um das Jahr 1800 die Dampfmaschine und später die Eisenbahn, die Elektrizität, die Chemie und das Automobil, so ist es heute die Informationstechnik (IT), die den technologischen Fortschritt dominiert [vgl. Nefiodow 1990, Stewart 1989]. Kaum ein Unternehmen kann es sich mehr leisten, die informationstechnische Entwicklung zu ignorieren, ohne Wettbewerbsnachteile zu erleiden.

Multimediale Systeme, objektorientierte Datenbanken, Client-Server, Parallel Computing, integriertes CASE... - die Liste der Informationstechniken, die es heute zu berücksichtigen gilt, lässt sich fast beliebig erweitern. Die Vielzahl von Entwicklungen und die Geschwindigkeit, mit der neue Produkte auf dem Markt erscheinen und zum Teil wieder verschwinden, macht es für den einzelnen nahezu unmöglich, den Überblick zu bewahren. Die Komplexität steigt nochmals erheblich an, wenn die Auswirkungen dieser informationstechnischen Trends auf die betrieblichen Anwendungsbereiche zu beurteilen sind.

Notgedrungen reduziert sich der Blick auf den informationstechnischen Fortschritt deshalb häufig auf etablierte Bereiche wie beispielsweise das betriebliche Transaktionssystem oder den eigenen Computer. Andere wichtige Entwicklungen bleiben ausser acht, obwohl sie in ihrer geschäftlichen Wirkung mindestens gleichbedeutend sind. Diese eingeschränkte Sichtweise wird dem unternehmerischen Potential der Informationstechnik nicht gerecht.

Den Überblick über Einsatzpotentiale und Trends der Informationstechnik zu haben, ist sowohl für Informatikverantwortliche und Fachbereichsmanager als auch für Forscher in der Wirtschaftsinformatik gleichermassen von Bedeutung. So steht der Informatikverantwortliche im Unternehmen heute vor Fragen wie:

- Welche Konsequenzen haben multimediale Systeme auf unsere Entwicklungsumgebung und welche infrastrukturellen Voraussetzungen müssen wir dafür schaffen?

- Wann können wir mit der breiten Verfügbarkeit objektorientierter Datenbanken rechnen? In welchen Bereichen können wir erstes Know-how über objektorientierte Datenbanken aufbauen?

- Welche bestehenden und zukünftigen Standards sind für unser Unternehmen von Bedeutung, um mittelfristig eine flexible, offene IT-Architektur zu erreichen?

- Hat Unix schon die notwendige Reife, um es als Basis für ein geplantes Transaktionssystem einzusetzen?

Der Fachbereichsmanager hat zwar nicht die Aufgabe, sich mit informationstechnischen Details auseinanderzusetzen, muss aber mehr und mehr eine globale Kenntnis der Möglichkeiten der Informationstechnik besitzen, um aus geschäftlicher Sicht Fragen beantworten zu können wie:

- Kann ich meine Kundenbeziehungen mit Hilfe der Informationstechnik verbessern?

- Wie kann ich den Gruppenarbeitsprozess in meiner Abteilung durch Informationstechnik unterstützen?

- Wie kann Informationstechnik mir helfen, die Arbeitsabläufe in meinem Verantwortungsbereich effizienter zu gestalten?

Schliesslich stehen Vertreter der Hochschulen im Bereich der Wirtschaftsinformatik vor den Fragen:

- Wo liegen lohnende Forschungsgebiete, die sich durch die informationstechnische Entwicklung ergeben?

- Welche Inhalte sind neu in das Lehrprogramm aufzunehmen?

Spezialisierung, Betriebsblindheit und mangelnder Überblick über informationstechnische Trends führen häufig dazu, dass solch wichtige Fragen wie die obigen erst gar nicht gestellt oder nur für eng eingegrenzte Bereiche beantwortet werden können. Eine breite Beurteilung der informationstechnischen Entwicklung im Sinne eines IT-Assessments fehlt in vielen Fällen. Potentiale der Informationstechnik werden nicht erkannt und bleiben somit ungenutzt.

1.2. Zielsetzung

Ziel dieses Buchs ist es, eine Gesamtsicht auf wichtige informationstechnische Entwicklungen der neunziger Jahre und ihre geschäftlichen Einsatzpotentiale zu geben.

Es soll Informatikverantwortlichen, Fachbereichsmanagern sowie Forschern und Lehrern der Wirtschaftsinformatik eine Grundlage zur Beurteilung der informationstechnischen Entwicklung bieten.

Das Buch beantwortet im einzelnen folgende Fragen:

- Welche neuen oder verbesserten Informationstechniken sind in den neunziger Jahren zu erwarten?

- In welchem zeitlichen Entwicklungsstadium befinden sich diese Informationstechniken?

- Wie wirken einzelne Informationstechniken zusammen?

- Für welche betrieblichen Anwendungsbereiche sind welche informationstechnischen Entwicklungen von besonderer Bedeutung?

- Welche Restriktionen werden durch diese Entwicklungen beseitigt und welche geschäftlichen Einsatzpotentiale ergeben sich daraus?

Die Arbeit bezieht sich auf die gesamte Breite des betrieblichen Anwendungsspektrums der Informationstechnik. Sie stellt dazu eine Klassifikation informationstechnischer Anwendungen (Applikationstypen) vor, die sowohl der Praxis als auch der Forschung ein Instrument zur Strukturierung und Komplexitätsreduktion bietet.

1.3. Leseanleitung

Das Buch ist wie folgt aufgebaut:

- Kapitel 2 ordnet die Arbeit in das Informationsmanagement ein, erläutert den Begriff des "Technology Assessments" und stellt die konzeptionellen Grundlagen der Arbeit vor. Dem methodisch interessierten Leser gibt das Kapitel eine kompakte Einführung in das Konzept der "Applikationstypen" und dessen Einsatz zur systematischen Technologiebeurteilung.

- Kapitel 3 konzentriert sich auf allgemeine informationstechnische Entwicklungen, ohne näher auf die geschäftlichen Einsatzpotentiale einzugehen. Wer einen umfassenden Überblick über den Stand und die Entwicklungsperspektiven der Informationstechnik in den neunziger Jahren erhalten möchte, dem sei die vollständige Lektüre dieses Kapitels empfohlen. Der weniger an technischen Details interessierte Leser kann dieses Kapitel überspringen und nach Bedarf punktuell auf einzelne Subkapitel zurückgreifen. Die Gliederung des Kapitels nach IT-Klassen, Querverweise im Hauptkapitel der Arbeit und der Index im Anhang erleichtern dieses Vorgehen.

- Kapitel 4 stellt den Bezug zu den geschäftlichen Anwendungsformen der Informationstechnik her. Die Strukturierung dieses Hauptkapitels der Arbeit orientiert sich an der Klassifikation informationstechnischer Anwendungen. Jeder Applikationstyp wird einleitend anhand seiner Charakteristika beschrieben. Anschliessend erfolgt eine Beurteilung der zukünftigen Entwicklung des jeweiligen Applikationstyps. Für jeden Applikationstyp fasst eine "IT-Landkarte" die wichtigsten Informationstechniken zusammen; Beispiele veranschaulichen deren Einsatzpotential.

- Kapitel 5 beendet die Arbeit mit einer Schlussbetrachtung und einem Ausblick.

2. IT-Assessment als unternehmerische Aufgabe

Kapitel 2 ordnet die Arbeit in das Informationsmanagement ein und erläutert den Begriff des Technology Assessments. Ausserdem stellt es mit einer Klassifikation informationstechnischer Anwendungen (Applikationstypen) und dem Vorgehen des IT-Assessments die konzeptionellen Grundlagen der Arbeit vor.

2.1. Einordnung in das Informationsmanagement

Informationsmanagement ist eine betriebliche Querschnittsfunktion und beschäftigt sich mit der Planung, Gestaltung und Kontrolle der Informationsverarbeitung eines Unternehmens. Die Teilaufgaben des Informationsmanagements lassen sich in die in Bild 2.1./1 dargestellten Bereiche untergliedern [vgl. Österle 1987, S. 24ff.].

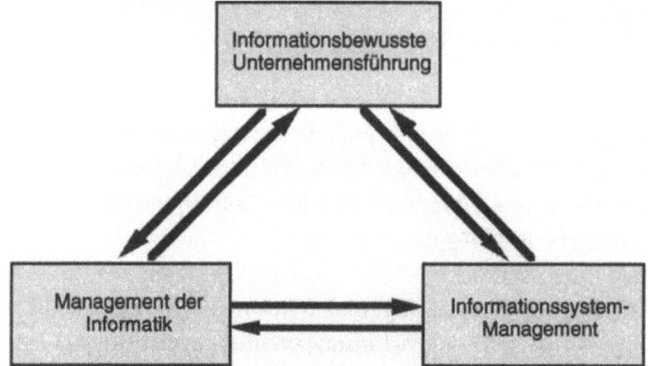

Bild 2.1./1: Aufgabenbereiche des Informationsmanagements

- **Informationssystem-Management**

Das "Informationssystem-Management" bildet die logisch-konzeptionelle Sicht auf die betriebliche Informationsverarbeitung. Es konzentriert sich auf die Daten, die Funktionen, die Kommunikation und die Organisation des Informationssystems. Das Informationssystem-Management gestaltet damit die logisch-konzeptionelle Architektur des Informationssystems und setzt diese in Form von Projekten und Massnahmen um. Die Verantwortung für das Informationssystem-Management liegt beim Fachbereich [vgl. Österle/Brenner/Hilbers 1992, S. 29].

- **Management der Informatik**

Das "Management der Informatik" hat die zur Entwicklung und zum Betrieb des Informationssystems notwendigen personellen und technischen Ressourcen zum Gegenstand. Es beinhaltet Aufgaben wie die Gestaltung der technischen Infrastruktur, die organisatorische Strukturierung des Informatikbereichs, die Erarbeitung von Sicherheitskonzepten der Informatik, die Personalentwicklung in der Informatik oder das Informatik-Controlling. Das Management der Informatik ist Aufgabe der Informatikmitarbeiter eines Unternehmens.

Sowohl das Informationssystem-Management als auch das Management der Informatik vernachlässigen die unternehmerische Sicht auf die Informatik. Diese ist Bestandteil der informationsbewussten Unternehmensführung.

• Informationsbewusste Unternehmensführung

Im Mittelpunkt des Aufgabenbereichs "Informationsbewusste Unternehmensführung" steht das Umsetzen unternehmerischer Lösungen mit Hilfe der Informationstechnik. Informationsbewusste Unternehmensführung ist die unternehmerische Sicht auf informationstechnische Potentiale mit dem Ziel, neue geschäftliche Lösungen abzuleiten. Sie stösst Innovationsprozesse, die durch den Einsatz der Informationstechnik ermöglicht werden, an. Beispiele dafür sind die Verbesserung des Kunden- oder Lieferantenkontaktes durch elektronischen Datenaustausch, die Beschleunigung des Produktentwurfs durch den Einsatz eines CAD-Systems oder die Verbesserung des Kundenservices durch ein multimediales Auskunftssystem.

Informationsbewusste Unternehmensführung ist vorwiegend Aufgabe der Fachbereiche. Diese müssen die Möglichkeiten der Informationstechnik für das Unternehmen und den eigenen Verantwortungsbereich erkennen und in neue Fachlösungen umsetzen können. Das Resultat sind Projekte und Massnahmen, die im Rahmen des Informationssystem-Managements realisiert werden. Der Informatikbereich nimmt eine wichtige Katalysatorfunktion ein, indem er Informationen über informationstechnische Entwicklungen an den Fachbereich weitergibt.

Informationsbewusste Unternehmensführung ist kein Satz klar definierbarer Aufgaben, der einer auserwählten Gruppe von Innovatoren übertragen werden kann, sondern eher eine Denkhaltung des Managements, die laufend die Möglichkeiten der Informationstechnik berücksichtigt. Allerdings heisst das nicht, dass Innovation durch Informationstechnik weitgehend der Intuition überlassen werden darf. Informationsbewusste Unternehmensführung muss eine aktive Suche nach neuen Geschäftslösungen durch den Einsatz der Informationstechnik beinhalten. In [Österle 1991] wird dazu eine Methode vorgestellt, die Unternehmen helfen soll, Innovationspotentiale aus der Informationstechnik systematisch zu erkennen. Österle identifiziert zunächst die geschäftlichen Anforderungen, kombiniert diese in einem zweiten Schritt mit den Optionen der Informationstechnik und nimmt abschliessend eine Selektion der Applikationsideen vor.

Um wichtige Optionen der Informationstechnik nicht zu übersehen, ist die informationsbewusste Unternehmensführung auf eine kontinuierliche Beobachtung und Beurteilung der informationstechnischen Entwicklung (IT-Assessment) angewiesen. IT-Assessment ist eine Teilaufgabe der informationsbewussten Unternehmensführung und liefert, im Sinne einer Chancen/Gefahren-Analyse, Input über zukünftige Entwicklungen der Informationstechnik und deren Potentiale.

2.2.   Technology Assessment

Der Begriff "Technology Assessment" findet in der englischsprachigen Literatur seit Ende der sechziger Jahre zahlreiche Anwendung. Er wurde zum ersten Mal 1966 in einem Bericht des Subcommittee on Science, Research, and Development des Repräsentantenhauses des amerikanischen Kongresses verwendet und fand weitere Konkretisierung in zahlreichen Studien. Mit dem *Technology Assessment Act* von 1972 und der Gründung des *Office of Technology Assessment* des Kongresses fand in den USA eine Institutionalisierung des Technology Assessment statt [vgl. Paschen 1986, 21f.]. Der Begriff des Technology Assessment ist in diesem ursprünglichen Zusammenhang mit einer anderen Semantik belegt als er in dieser Arbeit Verwendung findet. In den USA wurde Technology Assessment wie folgt definiert: "A class of policy studies which systematically examine the effects on society that may occur when a technology is introduced, extended or modified." [Coates 1976, 372]. Technology Assessment in diesem Sinne ist eher an den gesellschaftlichen, sozialen Auswirkungen einer Technik interessiert. Es ist, vergleichbar mit der Technikfolgenabschätzung im deutschsprachigen Raum, eine politisch motivierte Form der Technikgestaltung [vgl. Westphalen 1988, 74ff.; Paschen 1986, 22].

Technology Assessment findet aber auch im unternehmerischen Kontext Anwendung [vgl. White 1988, Huff/Munro 1985, Earl 1989, S. 107ff., Straub/Wetherbe 1989, Porter et al. 1991]. Übertragen auf die unternehmerische Aufgabenstellung, beschäftigt sich das Technology Assessment mit den geschäftlichen Auswirkungen neuer oder in Entwicklung befindlicher Technologien. [White 1988, S. 40] umschreibt Technology Assessment wie folgt: "Technology assessment seeks opportunities to match changes in techniques, processes, and equipment to specific business goals and objectives."

Eingegrenzt auf die Informationstechnik (IT-Assessment), heisst Technology Assessment somit

- den derzeitigen Stand und zukünftige Entwicklungen der Informationstechnik zu erkennen (IT-Forecasting) und

- diese im Hinblick auf ihr geschäftliches Einsatzpotential zu beurteilen.

Einige Unternehmen haben die Bedeutung des IT-Assessments für sich erkannt und es durch die Schaffung eigener Stellen bzw. Abteilungen institutionalisiert [vgl. Straub/Wetherbe 1989, S. 77, Strebel 1990, S. 4ff.]. Deren Aufgabe besteht unter anderem darin, Wissen über informationstechnische Entwicklungen und Potentiale aufzubauen, dieses in die Fachbereiche hineinzutragen - z. B. durch die regelmässige Herausgabe eines IT-Newsletters oder die Veranstaltung von Workshops - und Pilotprojekte zu initiieren.

IT-Assessment wird speziell für einen konkreten Anwendungsbereich, ein Unternehmen oder eine Branche durchgeführt, kann aber auch - wie die vorliegende Arbeit zeigen soll - eine Gesamtsicht auf die informationstechnische Entwicklung und deren Potentiale geben. In den beiden folgenden Abschnitten werden die konzeptionellen Grundlagen für solch ein IT-Assessment erläutert.

2.3. Komplexitätsreduktion durch Klassifikation informationstechnischer Anwendungen

IT-Assessment bezieht sich hier auf die gesamte Breite des geschäftlichen Anwendungsspektrums der Informationstechnik. Die freie Kombination möglicher geschäftlicher Anforderungen mit den informationstechnischen Entwicklungen erlaubt eine kaum überschaubare Vielzahl denkbarer Geschäft-Informationstechnik-Kombinationen - sprich Applikationen [vgl. Bild 2.3./1]. Die geschäftlichen Potentiale der Informationstechnik beurteilen zu wollen, würde heissen, sämtliche möglichen Anwendungsformen, die sich aus dem situativen Einsatz der Informationstechnik ergeben, gedanklich zu konstruieren oder anhand von Beispielen nachzuvollziehen.

Eine Klassifikation informationstechnischer Anwendungen (Applikationstypen) hat zum Ziel, diese Komplexität durch Abstraktion zu reduzieren, wie in Bild 2.3./1 dargestellt.

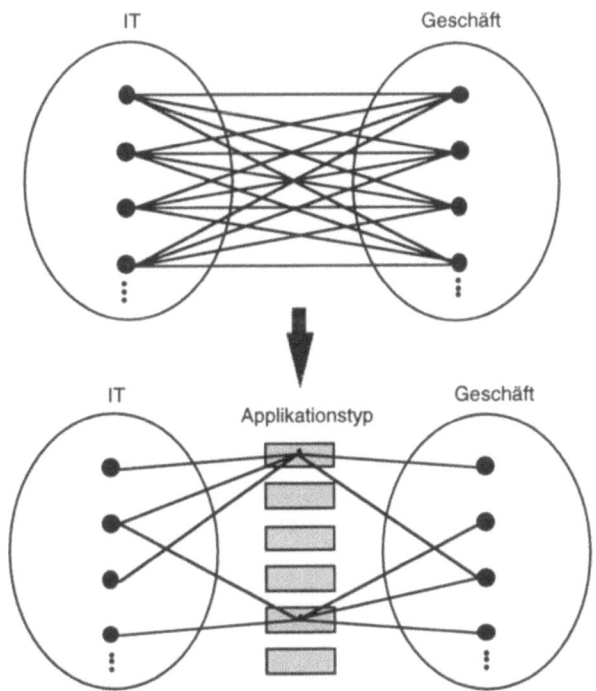

Bild 2.3./1: Komplexitätsreduktion durch Applikationstypen

Applikationstypen sind eine Klassifikation informationstechnischer Anwendungen aus dem Blickwinkel der geschäftlichen Aufgabenstellung. Zum einen ermöglichen sie die

Abstraktion von grundlegenden Informationstechniken wie Speichermedien, Kommunikationsnetze, Betriebssysteme usw. und zum anderen reduzieren sie durch Verallgemeinerung die Vielzahl geschäftlicher Anwendungsformen der Informationstechnik auf ein beherrschbares Mass. So fasst beispielsweise der Applikationstyp "Entwurf" sämtliche Applikationen aus Bereichen wie dem Computer Aided Design (CAD), Computer Aided Engineering (CAE), Desktop Publishing (DTP) oder Computer Aided Software Engineering (CASE) zusammen.

2.3.1.   Anforderungen

Folgende Anforderungen sind an eine Klassifikation informationstechnischer Anwendungen zu stellen:

• Vollständigkeit

Die Applikationstypen müssen auf einer höheren Abstraktionsstufe sämtliche betrieblichen Anwendungsformen der Informationstechnik repräsentieren. Alle geschäftlichen Applikationen der Informationstechnik sind mindestens einem Applikationstyp zuordenbar. Das gesamte betriebliche Applikationsspektrum ist somit in der Klassifikation abbildbar.

• Neutralität

Applikationstypen sollten weitgehend geschäftsneutral sein, d. h. sie sind auf unterschiedliche Branchen, Unternehmensbereiche, Geschäftsfunktionen oder Geschäftsobjekte anwendbar. Dies schliesst nicht aus, dass einzelne Applikationstypen für bestimmte Branchen stärkere Bedeutung haben als für andere. Prinzipiell sollten aber die Applikationstypen in jedem geschäftlichen Umfeld einsetzbar sein.

• Differenzierung

Die Applikationstypen müssen sowohl aus geschäftlicher als auch aus technischer Sicht eine sinnvolle Differenzierung zulassen. Trotz möglicher Überschneidungen muss genügend Trennschärfe zwischen den Applikationstypen bestehen.

• Nachvollziehbarkeit

Primäres Ziel der Klassifikation ist nicht die theoretische Strukturierung der applikatorischen Welt, sondern die praktische Anwendung zur Beurteilung der informationstechnischen Entwicklung im Hinblick auf ihre geschäftlichen Einsatzpotentiale. Daraus ergibt sich die Forderung, dass die Gliederung in Applikationstypen sowohl für den Fachbereich und den Informatikmitarbeiter als auch für Forscher, Lehrer und Studenten der Wirtschaftsinformatik intuitiv nachvollziehbar ist.

' Praktikabilität

Typisierung hilft, die Komplexität informationstechnischer Anwendungsformen zu reduzieren. Praktikabilität heisst in diesem Zusammenhang, zum einen den Verlust an Aussagekraft aufgrund zu grober Strukturierung der Klassifikation zu vermeiden und zum anderen ihre Anwendbarkeit nicht durch eine zu tiefe Strukturierung zu komplizieren.

• **Stabilität**

Die Klassifikation bezieht sich nicht auf die Informationstechnik an sich, sondern auf deren Anwendung im geschäftlichen Kontext. Neue technische Entwicklungen finden in den einzelnen Applikationstypen ihre Anwendung, verändern aber dadurch nicht deren grundsätzlichen Charakter. Eine Typologie von Applikationen muss also, trotz der Rasanz des technischen Fortschritts, weitgehend stabil sein, d. h. sie darf sich nicht zu stark an technischen Merkmalen orientieren.

• **Offenheit**

Der oben genannte Grundsatz der Stabilität schliesst die Forderung nach Offenheit nicht aus. Die Typologie muss für die zukünftige informationstechnische und geschäftliche Entwicklung offen sein. Das bedeutet, dass bei grundsätzlichen Veränderungen des technischen oder geschäftlichen Umfelds auch eine Ergänzung der Typologie zulässig ist. Neue Applikationstypen, die sich beispielsweise aus einer neuen Anwendungsform oder aufgrund eines technologischen Durchbruchs ergeben, müssen hinzugefügt werden können, ohne die der Typologie zugrundeliegende Systematik zu durchbrechen.

2.3.2. Applikationstypen der Informationstechnik

Geläufige Typisierungen orientieren sich entweder an den betrieblichen Funktionalbereichen oder an den Geschäftsobjekten. So spricht man beispielsweise von Buchhaltungs- und Finanzapplikationen oder von Lieferanteninformationssystemen oder Produktdatenbanken. Andere Typologien orientieren sich stark an den betriebswirtschaftlichen Führungsfunktionen; in Anlehnung an [Anthony 1965] wird beispielsweise in "operational systems", "control systems" und "planning systems" unterschieden [vgl. Gorry/Scott Morton 1971, Grimshaw 1992, S. 34, Ward/Griffiths/Whitmore 1990, S. 2f.]. Auch [Mertens 1991] kategorisiert Applikationen in Administrationssysteme, Dispositionssysteme, Planungssysteme und Kontrollsysteme. [Heinrich/Lehner/Roithmayr 1990] wiederum unterscheiden anhand der Repräsentationsformen von Information in "Datenverarbeitung", "Graphische Datenverarbeitung", "Bildverarbeitung", "Textverarbeitung", "Sprachverarbeitung" und "Wissensverarbeitung".

Für den Zweck des IT-Assessments muss sich die Klassifikation an den geschäftlichen Anwendungsformen der Informationstechnik orientieren. Unter Berücksichtigung der oben genannten Anforderungen können die in Bild 2.3.2./1 dargestellter. Applikationstypen gebildet werden [vgl. Österle 1987, 1991, 1992a, 1992b][1].

---

1 Eine ähnliche Klassifizierung nehmen auch [Kainz/Walpoth 1992] vor. Sie unterscheiden in die Typen "Administration", "Technik/Steuerung", "Beratung/Dienstleistung", "Telematik", "Führung/Controlling" und "Individuelle Datenverarbeitung (IDV)".

- **Administration**

  Administrationssysteme unterstützen und übernehmen betriebliche Verwaltungsfunktionen wie Kontierung, Abrechnung von Lohn und Gehalt, Produktionsplanung und -steuerung oder Abwicklung des Zahlungsverkehrs.

- **Office**

  Officesysteme unterstützen allgemeine betriebliche Hilfsfunktionen wie Textverarbeitung, Terminverwaltung oder interpersonelle Kommunikation. Sie bilden in ihrer Kombination die weitgehend arbeitsplatzunabhängige Ausstattung des Büros mit elektronischen Hilfsmitteln.

- **Führung**

  Führungssysteme unterstützen den Führungsprozess auf allen Managementstufen und über sämtliche Funktionalbereiche eines Unternehmens. Sie stellen Informationen und Werkzeuge zur Ausführung der Planungs-, Entscheidungs- und Kontrollfunktionen von Führungskräften bereit.

- **Entwurf**

  Entwurfssysteme dienen der Entwicklung gedachter oder physischer Objekte wie z. B. Produkte, Fertigungsverfahren, Informationssysteme oder Publikationen. Applikationen dieser Kategorie basieren vielfach auf den sogenannten "CA...-Techniken" (z. B. CAD, CASE), aber auch Desktop-Publishing-Systeme gehören beispielsweise dazu.

- **Know-how**

  Know-how-Systeme unterstützen den Aufbau, die Nutzung und die Pflege unternehmensinternen und -externen Know-hows.

- **Prozesssteuerung**

  Prozesssteuerungssysteme übernehmen die computergestützte Steuerung und Überwachung technischer Prozesse.

Bild 2.3.2./1: Applikationstypen der Informationstechnik

Eine ausführliche Beschreibung der einzelnen Applikationstypen erfolgt in Kapitel 4. Wichtigstes Abgrenzungskriterium und Beschreibungsmittel sind die durch den Applikationstyp unterstützten Funktionen. Für den Applikationstyp "Administration" sind das beispielsweise die Funktionen "Abrechnen", "Aufzeichnen", "Steuern" und "Archivieren" oder für den Applikationstyp "Entwurf" die Funktionen "Modellieren", "Spezifizieren", "Analysieren/Simulieren", "Konfigurieren" und "Generieren". Weitere charakterisierende Merkmale sind der Strukturierungsgrad der Daten und der Verarbeitung sowie die typischerweise vorliegende informationstechnische Infrastruktur und Entwicklungsumgebung. Eine Beschreibung der bestehenden Restriktionen gibt Aufschluss über den Ist-Zustand und die Verbesserungspotentiale der Applikationstypen.

Die Applikationstypen weisen sowohl zum Geschäft als auch zur Informationstechnik Schnittstellen auf, d. h. sie können sowohl aus geschäftlicher als auch aus informationstechnischer Sicht betrachtet werden. Bild 2.3.2./2 setzt die Applikationstypen zum Geschäft bzw. zur Informationstechnik in Beziehung.

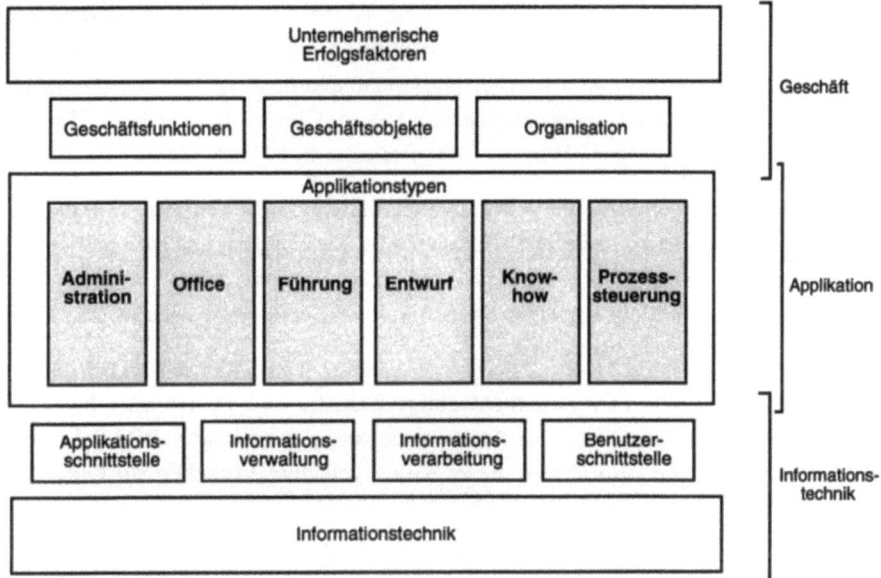

Bild 2.3.2./2: Einordnung der Applikationstypen

Aus geschäftlicher Sicht unterstützen die Applikationstypen die Ausführung von Geschäftsfunktionen (z. B. Verkauf, Forschung und Entwicklung, Beschaffung), die Abbildung von Geschäftsobjekten (z. B. Kunde, Produkt, Auftrag) und die Gestaltung der Organisation. Sie dienen damit der Umsetzung der unternehmerischen Erfolgsfaktoren [vgl. Rockart 1979, S. 85].

Aus technischer Sicht bilden die Applikationstypen die anwendungsnächste Ausprägung der Informationstechnik. Sie bündeln die Informationstechniken im Hinblick auf ihre betriebliche Anwendung. Jeder Applikationstyp lässt sich anhand der folgenden vier grundlegenden Komponenten einer Applikation informationstechnisch beschreiben: "Applikationsschnittstelle", "Informationsverarbeitung", "Informationsverwaltung" und "Benutzerschnittstelle". Sie stellen die Verbindung zwischen Informationstechnik und Applikationstypen her. Entwicklungen der Informationstechnik, wie beispielsweise schnellere Kommunikationsnetze, leistungsfähigere Rechner oder neue Speichertechniken, wirken sich auf eine oder mehrere dieser Komponenten aus und bestimmen die technische Funktionalität eines Applikationstyps.

Die Applikationstypen bilden die konzeptionelle Grundlage für das im nachfolgenden Kapitel erläuterte Vorgehen des IT-Assessments.

2.4.   Vorgehen des IT-Assessment

In der Literatur wird kein einheitliches Vorgehen zur Durchführung eines Technology Assessments vorgeschlagen. Vielmehr dominiert die Aussage, dass die zu wählenden Schritte auf jeden Untersuchungsbereich neu anzupassen sind [vgl. Porter et al. 1991, S. 292f., Coates 1976, S. 374, White 1988, Lohmeyer 1984, S. 469]. Methodische Vorschläge beschränken sich vielfach auf die Darstellung einer Auswahl allgemeiner Prognose- und Kreativitätstechniken wie beispielsweise quantitative Trendextrapolation, Monitoring, Delphi-Technik, morphologische Analyse, Checklisten, Szenario-Technik oder Cross-Impact-Analyse [vgl. Winand 1990, Porter et al. 1991, S. 89ff.].

Dieses methodische Defizit ist vorwiegend darauf zurückzuführen, dass der Assessmentprozess kein vollständig strukturierbarer Vorgang ist, der nach sequentiellem Durchlaufen fest definierter Vorgehensschritte zum Ergebnis führt. Vielmehr ist der Assessmentprozess durch ein iteratives Sammeln, Selektieren und Bewerten von Technologieinformationen gekennzeichnet.

Dennoch können für das IT-Assessment einige Schritte und Instrumente bestimmt werden, die zur Systematisierung des Assessmentprozesses beitragen. Bild 2.4./1 gibt einen Überblick über das im Rahmen dieser Arbeit gewählte Vorgehen zur Durchführung des IT-Assessments.

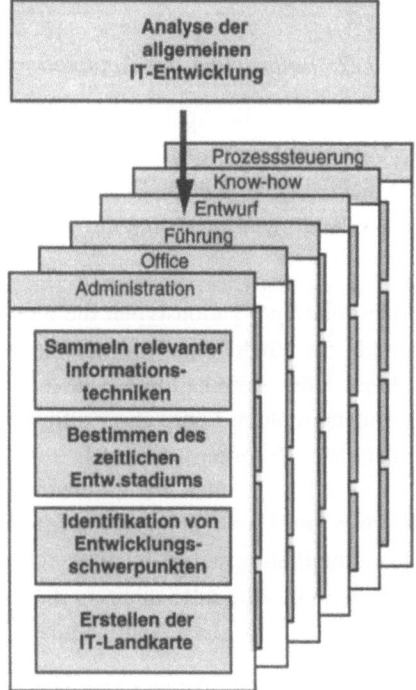

Bild 2.4./1: Schritte des IT-Assessments

Die einzelnen Schritte des IT-Assessments sind in der praktischen Umsetzung nicht immer klar voneinander abgrenzbar und laufen teilweise überlappend bzw. gleichzeitig ab. Sie helfen jedoch, das prinzipielle Vorgehen des IT-Assessments zu verdeutlichen.

• **Analyse der allgemeinen IT-Entwicklung**

Dieser erste Schritt hat zum Ziel, allgemeine informationstechnische Trends zu erkennen und zu sammeln. Im Sinne eines technikorientierten IT-Forecast wird eine anwendungsunabhängige Sicht auf die informationstechnische Entwicklung gelegt. Typische Fragen dabei sind:

- Wie entwickelt sich die Leistungsfähigkeit von Workstations?

- Welche neuen Speichertechniken sind in den nächsten Jahren zu erwarten?

- Welche Kommunikationsstandards sind in Entwicklung?

- Welches Betriebssystem wird sich in den nächsten Jahren durchsetzen?

Quellen dafür sind die Fachliteratur, Forschungsberichte von Technologieberatungs- und Marktforschungsunternehmen (z. B. Gartner Group, Butler Cox, Ovum, Arthur D. Little, Diebold, Booz Allen Hamilton, International Data Corporation), Berichte nationaler und internationaler Forschungsprojekte (z. B. Race, Esprit), Messebesuche, einschlägige Online- und CD-ROM-Datenbanken (z. B. Computer Select von Computer Library) sowie Gespräche mit Anbietern und Experten.

Eine Klassifizierung der Informationstechnik hilft bei der Strukturierung des Analysevorgangs. Bild 2.4./2 zeigt eine mögliche Klassifizierung der Informationstechnik.

Die IT-Klassen bieten ein Raster, um gezielt nach neuen Entwicklungen zu suchen und gefundene Technologieinformationen einzuordnen. Ergebnis ist eine strukturierte Sammlung informationstechnischer Entwicklungen. Zur Unterstützung dieses Sammlungsprozesses ist am Institut für Wirtschaftsinformatik der Hochschule St. Gallen der Prototyp eines "IT Assessment Pools" entstanden [vgl. Toenz 1991]. Auf der Basis des Groupwarepakets Lotus Notes können die zusammengetragenen Technologieinformationen den jeweiligen IT-Klassen zugeordnet werden. View-Mechanismen und Freitextsuche erlauben anschliessend einen flexiblen Datenzugriff [vgl. hierzu Bsp. Knowhow/4].

In den nächsten Schritten gilt es, die rein technikorientierte Betrachtung zu verlassen und den Bezug zu den geschäftlichen Anwendungsformen der Informationstechnik herzustellen [vgl. Bild 2.4./1]. Die Applikationstypen bieten dafür ein wertvolles Instrument. Für jeden Applikationstyp werden relevante Informationstechniken gesammelt, deren zeitliches Entwicklungsstadium bestimmt und Entwicklungsschwerpunkte identifiziert. Die Ergebnisse dieser Schritte werden in einer sogenannten "IT-Landkarte" dokumentiert.

- Chiptechnik
    Speicherchips
    Mikroprozessoren
    Mikrosysteme
- Speichermedien
    Halbleiterspeicher
    Magnetische Speicher
    Optische Speicher
- Rechnerklassen
    Workstations
    Mobile Computer
    Midrange-Systeme
    Grossrechner
    Supercomputer
- Benutzerschnittstelle
    Benutzeroberfläche
    Eingabemedien
    Ausgabemedien
- Kommunikationsinfrastruktur
    Lokale Netze
    Fernverkehrsnetze
    Kommunikationsdienste
    Kommunikationsstandards
- Software
    Betriebssysteme
    Datenbanksysteme
    Programmiersprachen
    Anwendungssoftware

Bild 2.4./2: IT-Klassen

- **Sammeln relevanter Informationstechniken**

Der im vorausgegangenen Schritt erarbeitete allgemeine IT-Forecast bildet die Grundlage für das Sammeln relevanter Informationstechniken pro Applikationstyp. Im Sinne einer morphologischen Analyse werden die nach IT-Klassen strukturierten informationstechnischen Entwicklungen den Applikationstypen gegenübergestellt und deren Bedeutung für den konkreten Applikationstyp abgeschätzt. Ziel dieses Schrittes ist weniger die Potentiale einer Informationstechnik für einen Applikationstyp genau zu beurteilen, als kreativitätsfördernd sämtliche möglichen Anwendungsformen neuer oder verbesserter Informationstechniken durchzuspielen [vgl. Porter et al. 1991, S. 105f.].

In Ergänzung dazu findet eine applikationstypenspezifische Analyse der informationstechnischen Entwicklung statt. Damit sollen anwendungsnahe Entwicklungen wie beispielsweise das Angebot neuer CAD-Software beim Applikationstyp "Entwurf" oder fertigungsorientierte Kommunikationsstandards beim Applikationstyp "Prozesssteuerung" erfasst werden. Quellen dafür sind - neben den bereits oben genannten - vorwiegend fachspezifische Publikationen zu den einzelnen Applikationstypen. Für die Applikationstypen "Entwurf" und "Prozesssteuerung" sind das beispielsweise die "Zeitschrift für wirtschaftliche Fertigung (ZwF)" und zahlreiche Buchpublikationen zum Themengebiet Computer Integrated Manufacturing (CIM).

Hinzu kommt das Sammeln innovativer Beispielanwendungen der Informationstechnik und deren Zuordnung zu den Applikationstypen. Sie helfen das Einsatzpotential neuer Informationstechniken einzuschätzen. Auch dieser Vorgang wird durch den oben genannten IT Assessment Pool unterstützt.

• **Bestimmen des zeitlichen Entwicklungsstadiums**

Das zeitliche Entwicklungsstadium einer Informationstechnik ist, neben den technischen Merkmalen, eine der wichtigsten Analysegrössen im Rahmen des IT-Assessments. Die Positionierung der Informationstechniken auf der Zeitachse kann mit den einzelnen Applikationstypen variieren. Beispielsweise haben graphische Benutzerschnittstellen (Window-Technik, Ikonen etc.) beim Applikationstyp "Office" bereits eine höhere Reife im Sinne ihrer praktischen Umsetzung in den Unternehmen erlangt als beim Applikationstyp "Administration". Das zeitliche Entwicklungsstadium einer Informationstechnik ist deshalb für jeden Applikationstyp neu zu definieren.

Es kann in folgende drei Entwicklungsstadien unterschieden werden:

• *In Forschung und Entwicklung*
  Die Informationstechnik befindet sich in einem fortgeschrittenen Stadium der Forschung und Entwicklung. Prototypen sind bereits entwickelt und zeigen das Anwendungspotential auf. Bis die Informationstechnik zur breiten Anwendung kommt, vergehen noch mindestens fünf bis sieben Jahre.

• *Auf dem Markt verfügbar*
  Die Informationstechnik ist als Produkt auf dem Markt erhältlich und kommt in einzelnen Unternehmen bereits zum Einsatz. Bis zu einer weiten Verbreitung der Informationstechnik in den Unternehmen dauert es in der Regel noch drei bis fünf Jahre.

• *Breiter Einsatz in den Unternehmen*
  Das Angebot der Informationstechnik auf dem Markt wächst; mehr und mehr Anbieter kommen hinzu und bewirken eine Diversifizierung des Produktangebots. Die Informationstechnik ist ausgereift, und eine Vielzahl von Unternehmen setzt sie ein.

Die Grenzen zwischen den drei Entwicklungsstadien sind fliessend. Dies ist vorwiegend darauf zurückzuführen, dass die einzelnen Technikkategorien unterschiedliche Innovationszyklen aufweisen. Beispielsweise ist die Entwicklung im Bereich der Workstations (Miniaturisierung, Rechenleistung etc.) wesentlich schneller als die Innovationsgeschwindigkeit im Bereich der Anwendungssoftware oder bei Datenbank-managementsystemen.

• **Identifikation von Entwicklungsschwerpunkten**

Dieser Teilschritt hat zum Ziel, aus der Vielzahl informationstechnischer Einzelentwick-lungen die wichtigsten zu selektieren und zu Entwicklungsschwerpunkten zusam-menzufassen. Folgende Checkliste soll helfen, diesen Selektions- und Aggregations-prozess zu systematisieren [vgl. Bild 2.4./3].

---

1) Welche *technischen Leistungsmerkmale* des Applikationstyps (z. B. Verar-beitungsgeschwindigkeit, Speichervolumen oder Benutzerfreundlichkeit) verändern sich durch die Informationstechnik?

2) Lösen diese Veränderungen bestehende *Restriktionen* des Applikations-typs auf?

3) Haben diese Veränderungen Auswirkungen auf die *Funktionen* des Appli-kationstyps? Kommen neue Funktionen hinzu?

4) Ermöglichen die in den Punkten 1) bis 3) identifizierten Veränderungen
   • die neuartige Unterstützung von *Geschäftsfunktionen*?

   • das Abbilden von *Geschäftsobjekten* durch das Informationssystem in neuer oder veränderter Form (z. B. Integration von Bildinformation)?

   • die Umsetzung neuer *organisatorischer Lösungen* (ablauf- und aufbau-organisatorische Veränderungen)?

   • das Erschliessen *neuer Einsatzbereiche* des Applikationstyps (z. B. neue Branchen, neue Fachbereiche)?

   • eine *Akzeptanzsteigerung* der Informationstechnik (Erreichen einer kriti-schen Masse, Kostenreduktion etc.)? oder

   • eine Beeinflussung der *langfristigen Entwicklungsfähigkeit* des Infor-mationssystems (z. B. neue IT-Architektur, Standardisierung)?

Bild 2.4./3: Checkliste zur Identifikation von Entwicklungsschwerpunkten

Einen der wichtigsten Anhaltspunkte zur Identifikation von Entwicklungsschwer-punkten bietet Frage 2) der Checkliste. Restriktionen können durch den informations-technischen Fortschritt aufgelöst werden, was zu neuen Anwendungsformen führen kann. So haben beispielsweise beim Applikationstyp "Administration" die Entwick-lung der Datenbanktechnik und die Einführung von Transaktionsmonitoren den Schritt von der Batchverarbeitung zur Online-Verarbeitung ermöglicht. Damit war die Voraussetzung geschaffen, dass Administrationssysteme neben der Abrechnungs-funktion auch anspruchsvollere Steuerungsfunktionen übernehmen konnten. Erhebli-che ablauforganisatorische Verbesserungen waren die Folge.

Selten sind es einzelne Informationstechniken, die neue geschäftliche Potentiale er-schliessen, sondern die Kombination mehrerer informationstechnischer Weiterentwicklungen. Informationstechniken, die demselben Entwicklungsschwerpunkt zuordenbar sind, bilden einen sogenannten "IT-Cluster". Die Informationstechniken werden somit entsprechend ihrer Wirkung auf die Applikationstypen zu einer konzeptionellen Einheit gebündelt. Ein Beispiel für einen solchen IT-Cluster ist das Zusammenwirken von lokalen Netzen, Workstations, Groupware, Kommunikationsstandards, Middleware und breitbandigen Telekommunikationsnetzen innerhalb des Entwicklungsschwerpunkts "Computer Supported Cooperative Work" des Applikationstyps "Office" [vgl. Kap. 4.2.2.].

• **Erstellen der IT-Landkarte**

Die IT-Landkarte dient der Dokumentation und Visualisierung der Assessmentergebnisse. Sie gibt einen Überblick über wichtige informationstechnische Entwicklungen des Applikationstyps, positioniert die Informationstechniken nach ihrem zeitlichen Entwicklungsstadium und bündelt einzelne Informationstechniken zu Entwicklungsschwerpunkten. Bild 2.4./4 zeigt den grundsätzlichen Aufbau der IT-Landkarte.

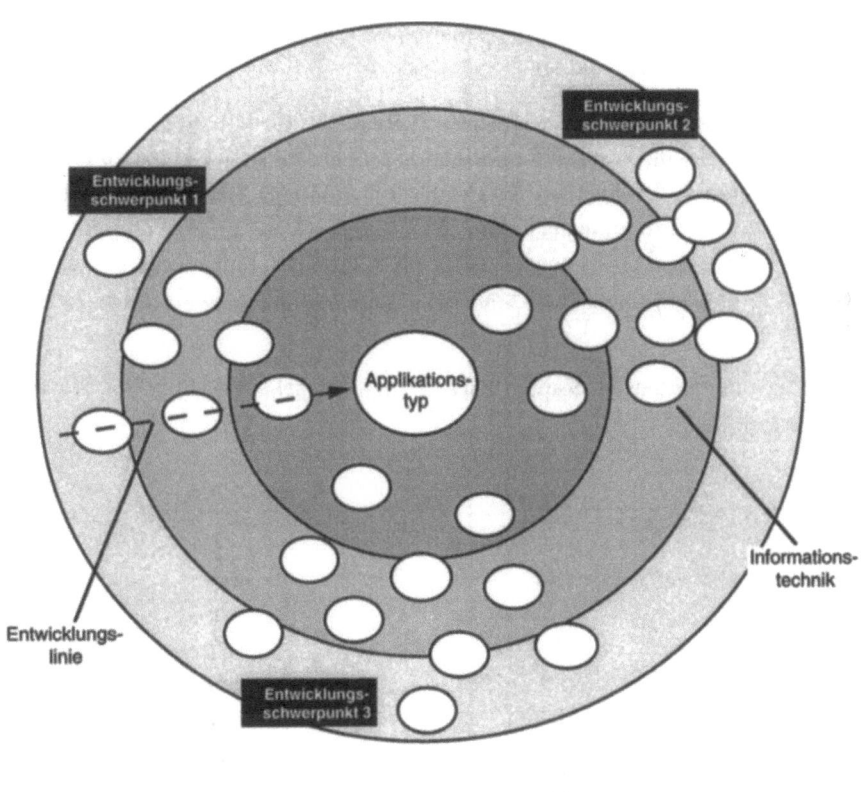

Bild 2.4./4: IT-Landkarte

Die IT-Landkarte hilft, Beziehungen zwischen Informationstechniken zu identifizieren, die zeitliche Verfügbarkeit von neuen Informationstechniken abzuschätzen und Entwicklungslinien von Informationstechniken aufzuzeigen (z. B. die Entwicklung der Datenbankmanagementsysteme von hierarchischen über relationale zu objektorientierten Systemen). Die zu Entwicklungsschwerpunkten zusammengefassten IT-Cluster sind keine disjunkten Mengen, d. h. eine Informationstechnik kann in mehreren Entwicklungsschwerpunkten zum Einsatz kommen. Um die IT-Landkarte nicht zu überfrachten, wird eine Informationstechnik jedoch nur einmal darin abgebildet. In Ergänzung zur IT-Landkarte gibt eine tabellarische Darstellung der IT-Cluster genaueren Aufschluss über deren Zusammensetzung [vgl. Kap. 4.].

Die IT-Landkarte dokumentiert das Endergebnis des IT-Assessments pro Applikationstyp. Sie bietet aber auch während des Assessmentprozesses - unterstützt durch computergestützte Zeichenwerkzeuge wie MacDraw (Claris Corp.) oder MetaDesign (Meta Software Corp.) - ein wertvolles Instrument. Die IT-Landkarte hilft, relevante Informationstechniken zu sammeln, diese auf der Zeitachse zu positionieren und damit Zwischenergebnisse des Assessments festzuhalten. Weiter unterstützt die visuelle Darstellung die Selektion wichtiger Informationstechniken und das intuitive Erkennen von Entwicklungsschwerpunkten.

Die IT-Landkarte bildet ein wichtiges Hilfsmittel für ein kontinuierliches IT-Assessment. Sie dokumentiert die informationstechnische Entwicklung zu einem definierten Zeitpunkt und erleichtert damit eine regelmässige Überprüfung der Assessmentergebnisse. Informationstechniken sind entsprechend ihrer Weiterentwicklung auf der Zeitachse zu repositionieren, neue Informationstechniken müssen aufgenommen werden, und gegebenenfalls sind neue Entwicklungsschwerpunkte zu bestimmen.

Das Ergebnis des in diesem Kapitel dargestellten Vorgehens wird in den Kapiteln 3. und 4. vorgestellt.

3. Allgemeine informationstechnische Entwicklungen

Aussagen über informationstechnische Trends sind heute durch Schlagworte wie Multimedia oder Objektorientierung geprägt. Sie bleiben vielfach auf einer generellen Stufe stehen, d. h. die diesen Trends zugrundeliegenden Informationstechniken bleiben ungenannt.

Kapitel 3 gibt einen Überblick über wichtige Entwicklungen der Informationstechnik in den neunziger Jahren. Es konzentriert sich auf die technischen Leistungsmerkmale der Informationstechniken wie Verarbeitungsgeschwindigkeit, Übertragungskapazität oder Speichervolumen. Die Gliederung dieses Kapitels orientiert sich an den in Bild 2.4.2./1 dargestellten IT-Klassen.

3.1. Chiptechnik

Die auf Silizium basierende Halbleitertechnik wird auch in den neunziger Jahren die Grundlage für weitere Fortschritte in der Leistungsfähigkeit von Computern bilden. Versuche, Silizium durch das schnellere Galliumarsenid zu ersetzen sowie supraleitende, optische oder biochemische Chips bleiben vorerst auf Nischenanwendungen (z. B. Supercomputing) bzw. Prototypen beschränkt, werden aber spätestens im nächsten Jahrzehnt zu neuen Entwicklungssprüngen führen.

3.1.1. Speicherchips

Seit der Erfindung des Transistorchips im Jahr 1959 hat sich die Anzahl der Transistoren, die auf einem Chip Platz finden, kontinuierlich erhöht. Waren es 1965 noch 100 Transistoren pro Chip, so sind es heute zweistellige Millionenzahlen. Gleichzeitig hat sich der Preis für einen Chip nur unerheblich verändert [vgl. Speiser 1992, S. 67, Meindl 1987, S. 64ff.]. Das rasante Tempo der Chipentwicklung wird auch in den neunziger Jahren noch anhalten. Der technische Fortschritt ist dabei weitgehend extrapolierbar: Die Speicherdichte von Halbleiterchips vervierfacht sich ca. alle drei Jahre [vgl. Bild 3.1./1].

Die Produktion des 16-Mbit-Chips gehört heute bereits zur technischen Routine. IBM rüstet beispielsweise ihre Midrange-Produktfamilie AS/400 mit diesem Chip aus. Die Produktion des 64-Mbit-Chips ist in Entwicklung; 1995 ist bereits dessen Massenproduktion zu erwarten. Gegen Ende der neunziger Jahre kann mit dem 256-Mbit-Chip gerechnet werden und für den Anfang des neuen Jahrhunderts wird die Realisierung des Gigabit-Chips prognostiziert.

Aus physikalischer Sicht scheinen der Chipentwicklung mittelfristig keine Grenzen gesetzt. Allerdings könnte ab Mitte der neunziger Jahre eine Verlangsamung der Entwicklung eintreten [vgl. gestrichelte Linie in Bild 3.1./1]. Ursache dafür sind pro

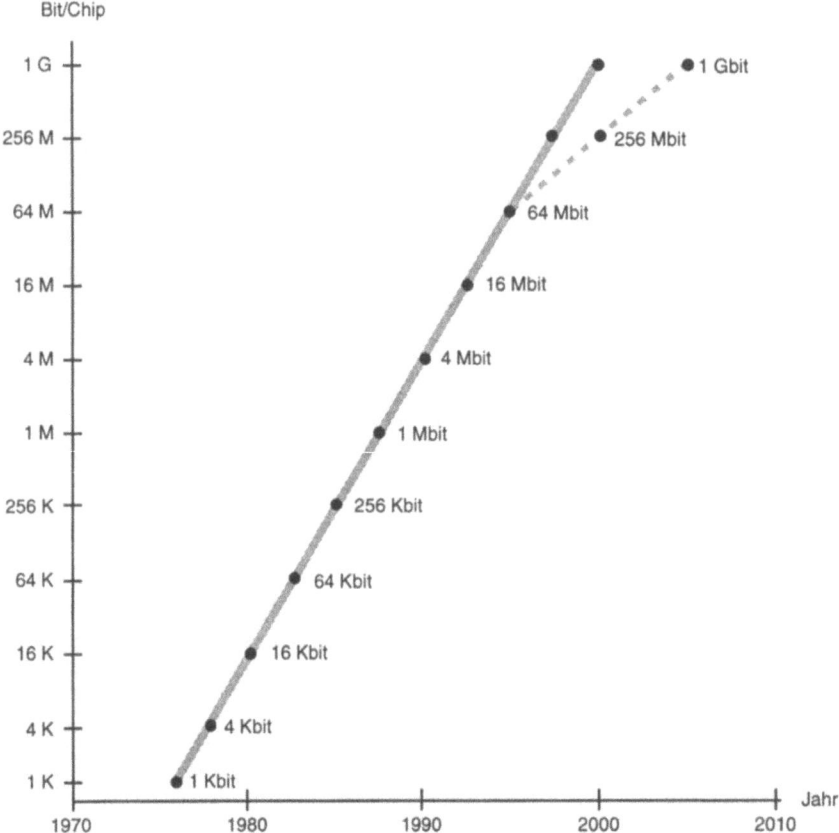

Bild 3.1./1: Entwicklung der Speicherdichte von Halbleiterchips
[vgl. Kircher 1992]

duktionstechnische und wirtschaftliche Restriktionen, die einer praktischen Umsetzung des physikalisch Möglichen im Wege stehen. Zur Realisierung der enorm hohen Speicherdichten sind neue Design-Konzepte und Fertigungsverfahren notwendig.
Beispiele sind die Entwicklung fehlertoleranter und selbstreparierender Chiparchitek-
turen, um die Ausschussrate zu reduzieren oder der Ersatz photolithographischer Herstellungsverfahren durch Ultraviolettlicht oder Röntgenstrahlen, um feinere Strukturen
auf das Silizium aufbringen zu können [vgl. Speiser 1992, S. 67]. Die dazu notwendigen Forschungs- und Entwicklungsaufwendungen und die Investitionen für hochautomatisierte Produktionsanlagen bewegen sich im Milliardenbereich und werden sich
weiter erhöhen. Solche Summen übersteigen die Kapitalkraft einzelner Unternehmen
bzw. bergen ein zu hohes Risiko. Die Geschwindigkeit des Fortschritts in der Halbleitertechnik wird deshalb in den nächsten Jahren mehr und mehr davon abhängen, wie
die finanziellen Mittel zur Entwicklung und Fertigung neuer Chips bereitgestellt werden können. Weitere Allianzen, wie zum Beispiel die Zusammenarbeit von IBM und
Siemens zur Entwicklung des 64-Mbit-Chips, zeichnen sich ab.

3.1.2.   Mikroprozessoren

Auch bei Mikroprozessoren sind weitere erhebliche Fortschritte in der Leistungsfähigkeit zu erwarten. Die meisten Rechner basieren heute auf 32-Bit-Mikroprozessoren
wie den CISC-Prozessoren von Intel (80386/80486) und Motorola (68030/68040)
oder den RISC-Prozessoren der Firmen Sun, Hewlett Packard, IBM und anderen.
CISC-Prozessoren der 486er-Klasse leisten ca. 40 Mips[1] bei einer Taktrate von 50-66
MHz und vereinen 1,2 Millionen Transistoren auf einem Chip. Der 1993 eingeführte
Pentium-Prozessor leistet bei einer Taktfrequenz von 66 MHz bereits 100 Mips und
integriert ca. 3 Millionen Transistoren. Mit 32-Bit-RISC-Architekturen, wie den von
IBM, Motorola und IBM gemeinsam lancierten PowerPC-Chips, werden heute schon
Leistungswerte über 100 Mips erreicht. Für 1995 angekündigte Versionen des
PowerPC sollen die doppelte Leistungsfähigkeit heutiger Pentium-Prozessoren
besitzen. Zukünftig werden CISC- und RISC-Architekturen zusammenwachsen.

Seit Anfang der neunziger Jahre sind auch die ersten 64-Bit-Prozessoren erhältlich.
Der erste 64-Bit-Mikroprozessor wurde 1991 von der Firma Mips Computer Systems
vorgestellt. 1992 kündigte DEC den Alpha-Chip - eine 64-Bit-RISC-Architektur - an,
der mit bis zu 200 MHz pro Sekunde getaktet ist. In der 150-MHz-Version leistet der
Alpha-Chip 300 Mips.

Einen Eindruck über die zukünftige Leistungsfähigkeit von Mikroprozessoren gibt
Intel mit der Ankündigung des "Micro 2000". Bis zum Jahr 2000 soll ein Mikroprozessor folgende Eigenschaften aufweisen [vgl. Rohrbough 1992, Schneider 1991c]:

- Anzahl Transistoren: 100 Millionen

- Grösse: 6,45 cm^2

- Taktrate: 250 MHz

- Leistung: 2000 Mips

- Anzahl Prozessoreinheiten: 4

Bild 3.1./2: Mikroprozessor des Jahres 2000

---

[1] An dieser Stelle soll auf die Problematik der Verwendung von Mips (Millionen Instruktionen
pro Sekunde) als Kennzahl für die Prozessor- bzw. Rechnerleistung hingewiesen werden. Das
tatsächliche Leistungsverhalten hängt stark vom jeweiligen Einsatzzweck und dem damit verbundenen, abzuarbeitenden Befehlsmix ab. Benchmarktests wie Specmark oder Whetstone
gehen auf diese Anwendungsspezifika ein. Dennoch soll im Rahmen dieser Arbeit Mips als Lei-
stungskennzahl zum Einsatz kommen, da sie immer noch weit verbreitet ist und ein einheitliches
Mass liefert.

Der Mikroprozessor soll unter anderem auf die speziellen Anforderungen der Handschrifterkennung, der Spracherkennung und dreidimensionaler Benutzeroberflächen ausgerichtet sein.

3.1.3. Mikrosysteme

Neben Megabit-Chips und Mikroprozessoren gewinnen sogenannte Mikrosysteme an Bedeutung. Die Mikrosystemtechnik kombiniert die Mikroelektronik mit anderen Mikrotechniken (z. B. Mikromechanik, Mikrooptik oder Mikrochemie) auf einem einzigen Chip. Dabei entstehen Systeme, die über Sensoren Signale aus ihrer Umwelt aufnehmen, diese über die mikroelektronische Komponente verarbeiten und selbständig Aktionen über Aktoren auslösen. Beispiele dafür sind Mikrosysteme zur Airbagsteuerung bei Fahrzeugen oder zur multisensorgeführten Werkzeugsteuerung in der Fertigung. Im Rahmen des Applikationstyps "Prozesssteuerung" wird näher auf die Entwicklung von Mikrosystemen eingegangen [vgl. Kap. 4.6.2.3.2.].

3.2. Speichermedien

Der Speicherbedarf von Computern ist in der Vergangenheit laufend gewachsen und wird wahrscheinlich in den neunziger Jahren überproportional zunehmen. Einer der Gründe dafür ist die Integration neuer Medien wie Sprache, Bild und Bewegtbild, die im Vergleich zu bisher dominierenden Medien wie strukturierte Daten oder Text ein Vielfaches an Speicherkapazität benötigen. Hinzu kommt, dass der Speicherbedarf für Systemsoftware und Anwendungsprogramme mit wachsender Funktionalität und Benutzerfreundlichkeit erheblich zunimmt. Hat ein Textverarbeitungsprogramm vor wenigen Jahren noch weniger als ein Megabyte (MB) belegt, so sind heute bei vollem Funktionsumfang zweistellige Megabytezahlen erreicht. Diese Tendenz wird sich auch in den nächsten Jahren fortsetzen und möglicherweise zu Softwarepaketen für Arbeitsplatzrechner führen, die an die 100 MB Speicherkapazität benötigen.

Zur Deckung des Speicherbedarfs stehen verschiedene Speichermedien zur Verfügung, die sich primär in Speichervolumen, Zugriffsgeschwindigkeit, Datentransferrate und Kosten pro Speichereinheit unterscheiden. Sie sind in Halbleiterspeicher, magnetische und optische bzw. magneto-optische Systeme zu unterscheiden.

Auch in den nächsten Jahren werden die Kosten pro Speichereinheit mit dem technischen Fortschritt weiter sinken. Bild 3.2./1 zeigt den Verlauf der Speicherkosten.

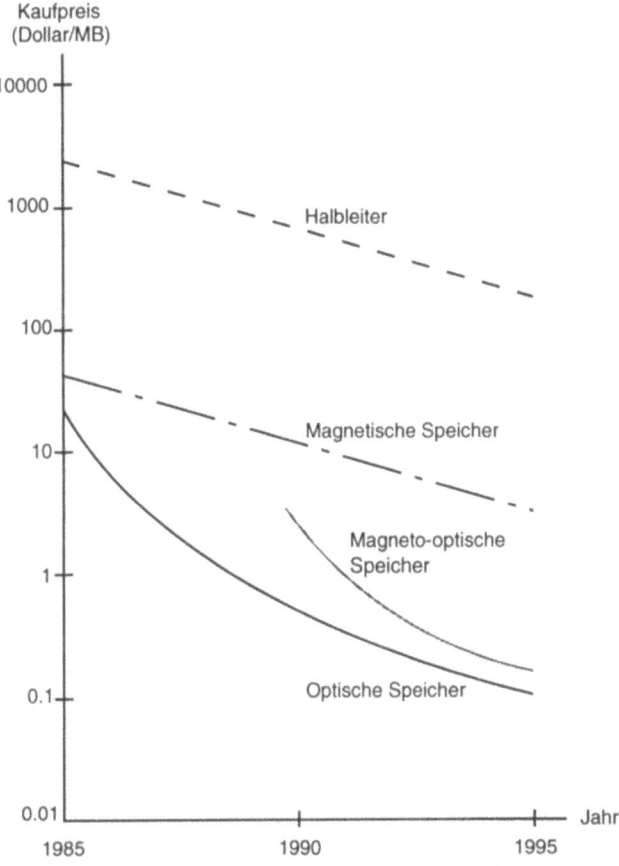

Bild 3.2./1: Entwicklung der Speicherkosten
[vgl. Gutschke 1991, S. 33, Weizer 1991, S. 97]

3.2.1. Halbleiterspeicher

Halbleiterspeicher zeichnen sich durch eine sehr hohe Zugriffsgeschwindigkeit aus, kommen bisher aber aus Kostengründen vorwiegend im verarbeitungsnahen Bereich (Hauptspeicher, Cache-Speicher) zum Einsatz. Neue Entwicklungen lösen diese Beschränkung zunehmend auf.

Die sogenannte "Solid State Disk" ist ein definierter Teil des Arbeitsspeichers, der sich wie ein Plattenlaufwerk verhält. Flash-Memory-Karten sind eine spezielle, portable Form der Solid State Disk mit besonderem Einsatzpotential in mobilen Rechnern (z. B. Notebook, Palmtop). Sie erreichen heute bereits Speicherkapazitäten von bis zu 40 MB; üblich sind Karten mit einem Speichervolumen von 10 und 20 MB. Bessere Performance, weniger Gewicht, Stossfestigkeit und zum Teil geringerer Energiebedarf machen sie insbesondere bei portablen Anwendungen zu einer Konkurrenz für magnetische Systeme [vgl. Kap. 3.3.2.].

Längerfristig betrachtet führen die in Kapitel 3.1. skizzierten Fortschritte in der Halbleitertechnik zu einer Verschiebung von magnetischen auf elektronische Speichermedien. Bis zum Ende des Jahrzehnts werden Arbeitsspeicher von mehr als 1 Gigabyte (GB) auf Workstations und 1 Terabyte (TB) auf Grossrechnern kostengünstig realisierbar sein. Daten können dann direkt im Arbeitsspeicher gehalten werden und erfordern keinen Zugriff auf sekundäre Speichermedien. Diese Entwicklung wird erhebliche Auswirkungen auf das Design und die Performance von System- und Anwendungssoftware haben. Betriebssysteme müssen ihr Speichermanagement an grössere Arbeitsspeicher anpassen. Ganze Datenbanken lassen sich im Arbeitsspeicher halten, und Algorithmen heutiger Datenbankmanagementsysteme zur Reduzierung des Magnetplattenzugriffs verlieren an Bedeutung [vgl. Schneider 1991a].

3.2.2. Magnetische Speicher

Magnetische Plattenspeicher verbinden eine relativ hohe Zugriffsgeschwindigkeit mit hoher Speicherleistung und stellen zur Zeit das dominierende Sekundärspeichermedium dar. In den vergangenen Jahren konnten erhebliche Fortschritte in bezug auf Speicherdichte, Zugriffsgeschwindigkeit und Grösse magnetischer Systeme erzielt werden. In Notebooks eingesetzte 2,5-Zoll-Laufwerke erreichten Mitte 1992 bereits eine Speicherkapazität von über 200 MB und weisen eine Zugriffsgeschwindigkeit zwischen 15 und 20 Millisekunden auf. Ein im Herbst 1992 vorgestelltes 1,3-Zoll-Plattenlaufwerk der Firma Hewlett-Packard hat bei einer Speicherkapazität von 21,4 MB lediglich die Grösse einer Streichholzschachtel. Zusätzlich hat sich die Stossfestigkeit des Laufwerks im Betriebszustand durch die Integration eines Sensorsystems im Vergleich zu bisherigen 1,8- bzw. 2,5-Zoll-Laufwerken ungefähr verzehnfacht. Führt man sich vor Augen, dass vor drei bis vier Jahren 3,5-Zoll-Laufwerke mit etwa der gleichen Speicherkapazität üblich waren, so werden die Fortschritte magnetischer Plattenlaufwerke deutlich. Stark miniaturisierte Systeme wie das oben genannte 1,3-Zoll-Laufwerk kommen in mobilen Computern, aber auch zunehmend in anderen mikroprozessorgesteuerten Geräten wie digitalen Kopierern, Produkten der Unterhaltungselektronik oder Funktelefonen als Datenspeicher zum Einsatz.

Auch in den nächsten Jahren wird sich die technische Weiterentwicklung magnetischer Plattenspeicher bei gleichzeitigen Preisreduzierungen von bis zu 50 Prozent pro Jahr fortsetzen [vgl. Weizer 1991, S. 96]. In ihrer Standardkonfiguration werden Workstations Mitte der neunziger Jahre über mehrere hundert Megabyte und Grossrechner über mehrere hundert Gigabyte Plattenspeicher verfügen. Dominieren heute bei Grossrechnern noch 8- und 14-Zoll-Platten mit einer Speicherkapazität von mehreren hundert MB bis zu 6 GB pro Plattenstapel, so gewinnen im Laufe der neunziger Jahre kleinere Plattengrössen an Bedeutung. Grundlage dafür bildet die RAID-Technologie (Redundant Array of Inexpensive Disks), die viele kleine, kostengünstige Magnetplatten zu einem Speichersystem verbindet. Die zu erwartenden Vorteile liegen in einer Reduzierung der Speicherkosten und einer Erhöhung der Ausfallsicherheit durch redundante Datenhaltung [vgl. Cassell 1991, S. 23].

Disketten stellen innerhalb der Computerbranche einen relativ langlebigen Markt dar. Die 5,25-Zoll-Diskette ist bereits seit 1976 auf dem Markt und hält immer noch einen weltweiten Marktanteil von ca. 30 Prozent [vgl. Lagadec 1992]. Auch die zur Zeit dominierende 3,5-Zoll-Diskette ist bereits seit den frühen achtziger Jahren als Produkt verfügbar; eine Marktsättigung ist vorerst nicht abzusehen. Entsprechend werden sich neue mobile Datenträger wie magnetische und optische Disketten mit einer Speicherkapazität zwischen 20 und 60 MB nur sehr zaghaft durchsetzen. Eine interessante Alternative bieten zukünftig sogenannte Flopticals, die magnetische Datenaufzeichnung mit optischer Spurführung verbinden und im 3,5-Zoll-Format für 21 MB Platz bieten. Die besonderen Marktchancen der Floptical liegen darin, dass deren Laufwerke auch herkömmliche magnetische Disketten beschreiben und lesen können.

Zur Speicherung von *Massendaten* kommen neben den im nachfolgenden Abschnitt beschriebenen optischen Platten weiterhin auf Magnetband basierende Systeme zum Einsatz. Das Spektrum reicht von Data Cartridges mit mehreren Gigabyte bis zu durch Robotertechnik unterstützten Massenspeichersystemen, die Speicherkapazitäten im Terabyte-Bereich aufweisen. Sony hat beispielsweise ein System entwickelt, das 30 Terabyte speichern und mit einer Geschwindigkeit (Datentransferrate) von 216 MB/s auf die Daten zugreifen kann. Die Erfahrungen im Umgang mit solchen Datenmengen sind noch gering, zumal selbst Grossrechner bisher nicht die vom Speichersystem bereitgestellte Datentransferrate voll verarbeiten können.

3.2.3. Optische Speicher

Eine Alternative zu magnetischen Speichermedien bieten in den nächsten Jahren optische bzw. magneto-optische Speichersysteme. Insbesondere für datenintensive Anwendungen wie multimediale Systeme oder Imaging machen optische Speichersysteme eine wirtschaftliche Datenhaltung möglich. Sie kombinieren geringe Kosten pro Speichereinheit mit akzeptablen Zugriffszeiten. Liegt heute noch der Schwerpunkt auf der nicht beschreibbbaren CD-ROM (ca. 550 MB) und der einmal beschreibbaren WORM (3,5-Zoll/128 MB, 5,25-Zoll/600 MB, 12 Zoll bis zu 7 GB), so gewinnen in den nächsten drei bis fünf Jahren zusätzlich mehrmals beschreibbare optische Platten (z. B. 5,25-Zoll/650 MB) an Bedeutung. Bis 1995 wird die Speicherkapazität optischer Laufwerke um das anderthalb- bis zweifache höher als zu Beginn der neunziger Jahre liegen, gleichzeitig nähert sich die Zugriffsgeschwindigkeit an diejenige heutiger magnetischer Laufwerke an [vgl. Weizer 1991, S. 98]. Zusätzlich fällt der Preis pro Megabyte bei optischen Speichern aufgrund des Drucks aus dem Konsumgütermarkt schneller als bei magnetischen Systemen [vgl. Bild 3.2./1]. Mit zunehmender technischer Reife werden optische Laufwerke auf allen Rechnerebenen eine kostengünstige Ergänzung zu magnetischen Speichermedien bilden.

Die obigen Ausführungen zeigen Fortschritte auf sämtlichen Ebenen der Speicherhier-archie. Zusätzlich zu diesen, auf die einzelnen Speichermedien bezogenen Verbesse-rungen, werden zunehmend "intelligente Speichersysteme" zum Einsatz kommen. In-telligente Speichersysteme behandeln die installierten Speichermedien als ein einziges, logisches Speichersystem und verteilen die Daten ohne Eingriff des Benutzers auf die einzelnen Speichermedien. Der Einsatz der Speichermedien lässt sich so nach Kosten- und Leistungsgesichtspunkten optimieren.

3.3. Rechnerklassen

Die Verteilung der betrieblichen Informationsverarbeitungsaufgaben auf unterschiedli-che Rechnerebenen setzt sich fort. Dezentral ausgerichtete Client-Server-Strukturen ersetzen zunehmend zentrale Host-Terminal-Architekturen. Workstations, Midranges, Grossrechner oder Supercomputer bieten über das Netz Dienstleistungen an (Server) bzw. nehmen diese in Anspruch (Clients). Somit entsteht ein Verbund unterschiedli-cher Rechnerklassen, die kooperativ Datenverarbeitungsfunktionen übernehmen oder abgeben. Im folgenden wird auf zu erwartende Weiterentwicklungen der einzelnen Rechnerklassen eingegangen.

3.3.1. Workstations

Die Entwicklung des Personal Computers hat es in den achtziger Jahren ermöglicht, individuelle Computerleistung kostengünstig am Arbeitsplatz zur Verfügung zu stel-len. Als Stand-Alone-Lösung konzipiert, war der Personal Computer auf die Produkti-vitätssteigerung einzelner Anwender ausgerichtet. Ebenfalls in den achtziger Jahren entwickelte Workstations grenzten sich durch höhere Prozessorleistung, komfortable Graphikverarbeitung und Netzwerkfähigkeit von Personal Computern ab und kamen vorwiegend im technisch-wissenschaftlichen Bereich zum Einsatz. In den neunziger Jahren verschwimmen die Grenzen zwischen Personal Computer und Workstation. Aus der Klasse der Personal Computer hervorgegangene Rechner (z. B. 486er-, Pentium-, Alpha-PCs) nähern sich in ihrer Verarbeitungsleistung denen von Work-stations an, bieten ähnliche Funktionen der Graphik- bzw. Bildverarbeitung und sind in lokale Netze eingebunden. Die Klasse der Personal Computer geht damit zuneh-mend in der Workstation-Klasse auf. Um die je nach Einsatzbereich unterschiedlichen Anforderungen an Workstations deutlich zu machen, wird im folgenden in "Business Workstations" und "technisch-wissenschaftliche Workstations" unterschieden. Lei-stungsfähige Workstations kommen zusätzlich als Server zum Einsatz.

3.3.1.1. Business Workstation

Bild 3.3.1.1./1 zeigt typische, 1988 und 1992 am Markt angebotene Workstation-Kon-figurationen sowie eine mögliche Konfiguration des Jahres 1996 [vgl. Yarmis 1991, S.

18, Schmidt 1992b, S. 64ff.]. Das angenommene Preisspektrum liegt zwischen 5.000 und 10.000 sFr.

Business Workstation 1988				
Leistung	**RAM**	**Sek. Speicher**	**Bildschirm**	**Eingabe**
16 Bit 2-3 Mips	640 KB-1 MB	20-40 MB	640x480	Tastatur (Maus)
Business Workstation 1992				
32 Bit 5-20 Mips	8-32 MB	120-340 MB Magnetic Disk, CD-ROM optional	1024x786	+ Maus
Business Workstation 1996				
32/64 Bit ≥ 100 Mips	Standard: 16-64 MB High-End: 64 MB - 1 GB	300-600 MB Magnetic Disk, Optical Disk	1280x960 LCD	+ Stift (Sprache)

Bild 3.3.1.1./1: Entwicklung der Business Workstation

Der typische Rechner der späten achtziger Jahre verfügte über einen 286er-Prozessor, 640 KB bis 1MB Hauptspeicher, 20 bis 40 MB Plattenspeicherkapazität und einen Monochrom-Bildschirm mit einer Auflösung von 640x480 Bildpunkten. Die Verarbeitungsleistung betrug 2 bis 3 Mips. Obwohl es die Maus schon gab, war die Tastatur aufgrund fehlender mausorientierter Software noch das primäre Bedieninstrument.

1992 basierten Workstations typischerweise auf 386er- und 486er Prozessoren mit einer Verarbeitungsleistung zwischen 5 und 20 Mips. In der Grundausstattung einer 486er Workstation waren 8 MB Hauptspeicher, 120 MB Plattenspeicher und ein Farbbildschirm mit einer Auflösung von 1024x786 Pixeln auf 14 bis 17 Zoll enthalten. Mit der vollen Etablierung der windowbasierten Benutzeroberfläche hatte sich die Maus in Kombination mit der Tastatur als Eingabemedium durchgesetzt. Besonders leistungsfähige Rechner erreichten mit Hilfe einer auf 50 MHz erhöhten Taktfrequenz bis zu 40 Mips, waren auf Arbeitsspeicher über 100 MB ausbaubar, boten optional optische Laufwerke an und verfügten über eine Plattenspeicherkapazität von mehreren hundert Megabyte.

Gartner Group prognostiziert für 1996 Workstations, die bei einem Preis von 5.000 Dollar mindestens 100 Mips leisten und deren Hauptspeicherkapazität zwischen 128

MB und einem Gigabyte liegt [vgl. Yarmis 1991, S. 18]. Diese Erwartungen erscheinen auf den ersten Blick als übertrieben. Geht man jedoch davon aus, dass sich die Chip-Speicherdichte, wie oben dargestellt, alle drei Jahre vervierfacht [vgl. Kap. 3.1.] und sich die Geschwindigkeit von Mikroprozessoren tendenziell fast alle zwei Jahre verdoppelt [vgl. Weizer 1991, S. 88], so liegen die genannten Leistungskennzahlen durchaus im Bereich des Möglichen. Schon heute haben High-End-Workstations Hauptspeicher von einem halben Gigabyte erreicht [vgl. Kap. 3.3.1.2.]. Bis 1996 werden die Kosten pro Megabyte RAM weiter massiv fallen und auch bei Standard-Workststations ähnliche Hauptspeicherkapazitäten wie bei heutigen High-End-Workstations zulassen. Unter Berücksichtigung dieser Leistungs- und Kostenentwicklungen erscheint folgende Einschätzung realistisch: Auf dem Markt angebotene Business Workstations werden 1996 in ihrer Standardkonfiguration bis zu 100 Mips und mehr leisten, zwischen 16 und 64 MB Hauptspeicher aufweisen und für High-End-Anwendungen bis auf 1 Gigabyte Hauptspeicher ausbaubar sein.

Neben der Verbesserungen bestehender 32-Bit-Mikroprozessorarchitekturen ist ab Mitte der neunziger Jahre mit dem wachsenden Einsatz neuer 64-Bit-Mikroprozessoren zu rechnen. Die auf 64-Bit erweiterte Wortlänge erlaubt es, doppelt so viele Byte als bei der 32-Bit-Architektur auf einmal abzuarbeiten sowie den adressierbaren Hauptspeicherbereich noch einmal erheblich auszudehnen. Eine Integer-Registergrösse von 64-Bit könnte beispielsweise zu einer erheblichen Performanceverbesserung bei Betriebssystemen, Kompressions-/Dekompressionsverfahren, Graphikverarbeitung, Kryptographieverfahren oder Finanzkalkulationen genutzt werden. Von einer erweiterten Adressierung des Hauptspeichers würden Anwendungen wie Datenbanken, multimediale Systeme, CAD, geographische Informationssysteme oder technisch-wissenschaftliche Berechnungen profitieren. Um die Vorteile von 64-Bit-Architekturen nutzen zu können, sind allerdings Softwareanpassungen notwendig, wie sie bereits mit der Umstellung von der 16-Bit- auf die 32-Bit-Architektur verbunden waren. Da 64-Bit-Architekturen für bestimmte Anwendungen (z. B. Textverarbeitung) keine besonderen Vorteile versprechen und der Aufwand für Softwareanpassungen relativ hoch ist, wird es zunächst zu einer Koexistenz von 32- und 64-Bit-Architekturen kommen [vgl. Mashey 1991, S. 136ff.].

Zusätzlich zu der erhöhten Prozessorleistung und Hauptspeicherkapazität wird eine 1996 auf dem Hardwaremarkt angebotene Workstation über 300 bis 600 MB Magnetplattenkapazität verfügen und über optische Speichersysteme den Zugriff auf Datenmengen im Gigabytebereich zulassen. Ein LCD-Flachbildschirm wird den heute üblichen Kathodenstrahl-Bildschirm ersetzen und eine Auflösung von mehr als eine Million Bildpunkten (1280x960) aufweisen [vgl. Weizer 1991, S. 130f., Yarmis 1991, S. 18]. Als Eingabemedium kommen Tastatur, Maus und Stift bedarfsorientiert zum Einsatz; Spracheingabe gewinnt langsam an kommerzieller Bedeutung [vgl. Kap. 3.4.2.2.].

Diese für 1996 prognostizierte Workstation-Konfiguration ist wahrscheinlich nicht repräsentativ für den bis dahin in den Unternehmen erreichten durchschnittlichen Workstationbestand. Genausowenig wie 1992 486er-Workstations in den Unternehmen die Regel waren, wird auch die für 1996 prognostizierte Konfiguration zunächst in Nischenanwendungen Einsatz finden und sich erst schrittweise verbreiten. Es ist zu erwarten, dass sich die in Bild 3.3.1./1 dargestellte Konfiguration für 1992 bis Mitte der neunziger Jahre in den Unternehmen breit durchgesetzt haben wird. Mit wachsender Komplexität der Betriebssysteme, zunehmender Integration von Bild-, Video- und Sprachverarbeitung sowie komfortablerer Gestaltung der Benutzerschnittstelle steigt der Bedarf nach mehr Prozessorleistung und Speicherkapazität auch in der zweiten Hälfte der neunziger Jahre weiter an, was einen erneuten Ausbau der Workstationinfrastruktur mit sich bringen wird. Dies muss nicht zwangsläufig über die Einführung von 64-Bit-Rechnern erfolgen, sondern kann auch die Erweiterung von 32-Bit-Workstations mit Zusatzprozessoren (z. B. Grafik- oder Sprachprozessor) bedeuten. Dabei werden auch RISC-Prozessoren eine wachsende Rolle spielen.

Business Workstations werden Mitte der neunziger Jahre in ihrer Standardkonfiguration, d. h. auch zu wirtschaftlichen Konditionen, multimediafähig auf dem Markt angeboten. Eine wichtige Rolle spielen dabei weitere Fortschritte in der Datenkompression. Datenkompressionstechniken erleichtern die Handhabung speicherintensiver Medien wie Bild, Bewegtbild und Sprache, indem sie die Anforderungen an die Bandbreite der Kommunikationskanäle und die Kapazität der Speichermedien reduzieren. Eine Sekunde Video beispielsweise nimmt in unkomprimierter Form bei 25 Bildern pro Sekunde und 250 KB pro Bild etwa 6.25 MB Speicherplatz in Anspruch. Mit Datenkompression kann eine Reduktion der Datenmenge um den Faktor 20-100 ohne zu starken Datenverlust erreicht werden. Digital Video Interactive (DVI) von Intel erlaubt es, bis zu 60 Minuten Video auf einer CD-ROM von 650 MB unterzubringen und in Echtzeit zu dekomprimieren. Übertragen auf andere Medien bedeutet das entweder 650.000 Seiten Text, 5 Stunden Ton oder 5000 hochauflösende Rasterbilder [vgl. Meyer-Wegener 1991, S. 64]. Eine Alternative zu hardwarebasierten Lösungen wie DVI stellen zukünftig reine Softwarelösungen dar (z.B. QuickTime für Macintosh oder AVI (Audio Video Interleaved) von Microsoft). Weiter spielt für den breiten Einsatz multimedialer Systeme die Standardisierung der Datenkompressionsverfahren eine wichtige Rolle. Die ISO hat dazu die Kompressionsverfahren JPEG (Joint Photographic Experts Group) für Bildinformationen und MPEG (Motion Picture Experts Group) für Bewegtbilder als Standards akzeptiert.

3.3.1.2.   Technisch-wissenschaftliche Workstation

Technisch-wissenschaftliche Aufgabenstellungen stellen besonders hohe Anforderungen an die Verarbeitungskapazität und sind das klassische Einsatzgebiet für High-End-Workstations. Technisch-wissenschaftliche Workstations basieren in der Regel auf RISC-Prozessoren und setzen zur Unterstützung der Graphikverarbeitung oder komplexer Berechnungen spezielle Coprozessoren ein. Aufgaben, die in den späten achtziger Jahren nur von Grossrechnern ausgeführt werden konnten, werden zunehmend von leistungsfähigen Workstations übernommen.

Bild 3.3.1.2./1 gibt einen Eindruck über den 1992/93 erreichten Leistungsstand bei High-End-Workstations. Die Daten entsprechen den Angaben für die Workstationgeneration SPARCStation 10 der Firma Sun Microsystems, die als eine der leistungsfähigsten Desktop-Workstations der Welt gilt.

High-End-Workstation				
Leistung	RAM	Sek. Speicher	Bildschirm	Interface
32 Bit 96-400 Mips	32-512 MB	0,5-2 GB	1280x1024	ISDN Audio I/O

Bild 3.3.1.2./1: High-End-Workstation im Desktop-Format (Stand 1992/93)

Das bisherige Spitzenmodell von Sun Microsystems, die Ende 1990 eingeführte SPARCstation 2, verfügt über eine Verarbeitungsleistung von 28,5 Mips. Die neue Workstationgeneration erreicht zwei Jahre später bereits 96 Mips und vervielfacht sich bei der Kopplung mehrerer Prozessoren auf 200 bzw. 400 Mips. Der Arbeitsspeicher liegt in der Grundausstattung je nach Modell bei 32 oder 64 MB und lässt sich auf 512 MB erweitern. Standardmässig ist eine Festplattenkapazität von 0,5 GB vorgesehen, die auf 2 GB ausgebaut werden kann. Extern können nochmals 26 GB zusätzliche Plattenkapazität angeschlossen werden. Hinzu kommen ein auf der Hauptplatine plazierter ISDN-Chip, der die integrierte Sprach- und Datenkommunikation über das ISDN-Netz ermöglicht. Die gesamte Leistungskraft dieser Workstation findet in einem Gehäuse mit der Grösse eines Aktenkoffers Platz. Der Preis der Grundausstattungen lag Anfang 1993 je nach Modell zwischen 45.000 und 140.000 sFr.

In zwei bis drei Jahren dürften technisch-wissenschaftliche Workstations eine Leistungsfähigkeit von 1000 Mips erreicht haben [vgl. Benjamin/Blunt 1992, S. 8]. 64-Bit-Prozessorarchitekturen finden in technisch-wissenschaftlichen Workstations voraussichtlich ihren ersten breiten Einsatz. Neue Anwendungsformen, die bisher an mangelnder Verarbeitungkapazität scheiterten - zum Beipiel interaktive, photorealistische Simulation oder Virtual Reality - lassen sich dann am Arbeitsplatz realisieren [vgl. Kap. 4.4.2.4.].

Nicht für alle Arbeitsplätze ist es jedoch sinnvoll, diese hohe Verarbeitungskapazität permanent vorzuhalten. Auch hier ist eine Verteilung der Verarbeitungsressourcen anzustreben. In den technisch-wissenschaftlichen Anwendungsbereichen werden sogenannte X-Terminals in den neunziger Jahren eine wichtige Rolle spielen. Die Funktionalität von X-Terminals ist weitgehend auf die graphische Darstellung von

Daten unter Einhaltung des X-Windows Protokolls beschränkt. Verarbeitungskapazität und Daten stellen angeschlossene Server, die gleichzeitig auch als Workstation fungieren können, bereit. Erheblich geringere Kosten als bei konventionellen technischen Workstations machen X-Terminals zu einer wirtschaftlich attraktiven Alternative.

3.3.2. Mobile Computer

Wie die boomartige Marktentwicklung bei portablen Computern zeigt, spielt neben Leistungssteigerung und Kostenreduktion die Mobilität eine wichtige Rolle. Das Spektrum reicht vom Laptop bzw. Notebook über Palmtops im Westentaschenformat bis hin zum unscheinbaren Computer in Kreditkartengrösse (Smart Card).

Die Weiterentwicklung des mobilen Computereinsatzes hängt von Fortschritten in folgenden Bereichen ab [vgl. Tesler 1991, S. 84ff.]:

- Leistungssteigerung in der Halbleitertechnik,

- Miniaturisierung der Bauteile,

- Reduzierung des Stromverbrauchs bzw. Leistungssteigerung von Batterien,

- Weiterentwicklung von Flachbildschirmen,

- neue Eingabemedien wie Stift und Sprache und

- drahtlose Kommunikation.

Bild 3.3.2./1 zeigt die potentiellen Leistungsmerkmale mobiler Computer Mitte der neunziger Jahre im Überblick.

Wie alle anderen Rechnerklassen profitieren mobile Computer von der kontinuierlichen Leistungssteigerung in der Halbleitertechnik. Bis Mitte der neunziger Jahre werden Notebooks mit 50 Mips und mehr mindestens die Leistungsfähigkeit von High-End-486er Workstations besitzen. Die 32-Bit-Prozessorarchitektur setzt sich auch bei Palmtops durch. Sie werden 15 Mips und mehr leisten und damit zum Teil die Verarbeitungskapazität 1993 üblicher Business Workstations überschreiten. Mit den Kostensenkungen für Hauptspeicherkapazität werden Notebooks mit bis zu 64 MB und Palmtops mit bis zu 16 MB ausgerüstet sein, um einen Teil davon als Solid State Memory zu nutzen [vgl. Schneider 1991b, Yarmis 1991, S. 18].

Solche Steigerungen in der Verarbeitungskapazität und die Integration von Spezialprozessoren sind die Voraussetzung für neue Bedienungsformen wie Stifteingabe mit Handschrifterkennung oder gegen Ende der neunziger Jahre auch Spracheingabe [vgl. Kap. 3.4.2.2.]. Mit diesen Alternativen zu Tastatur und Maus lösen sich ergonomische Restriktionen der Miniaturisierung zunehmend auf. Stromsparende LCD-Bildschirme dienen dann gleichzeitig als Ausgabe- und Eingabemedium.

Notebook				
Leistung	**RAM**	**Sek. Speicher**	**Bildschirm**	**Eingabe**
32 Bit ≥ 50 Mips	bis 64 MB	120-300 MB Magn. Disk/ Flash Mem. Card	LCD	Stift (Sprache)

Palmtop				
Leistung	**RAM**	**Sek. Speicher**	**Bildschirm**	**Eingabe**
32 Bit ≥ 15 Mips	bis 16 MB	10-40 MB Flash Mem. Card Magn. Disk	LCD	Stift (Sprache)

Bild 3.3.2./1: Konfiguration mobiler Computer Mitte der neunziger Jahre

Trotz weiter zu erwartenden Preisreduktionen und Kapazitätssteigerungen werden Flash-Memory-Karten rotierende, magnetische Speichermedien bei mobilen Computern nicht vollständig ersetzen. Das magnetische 1,3-Zoll-Plattenlaufwerk von Hewlett-Packard beispielsweise [vgl. Kap. 3.2.] zeichnet sich durch weniger Kosten pro Megabyte und einen geringeren Stromverbrauch aus als eine vergleichbare Flash-Memory-Karte. Flash-Memory-Karten werden somit nur in jenen Bereichen als einziges Speichermedium zum Einsatz kommen, in denen geringer Platzbedarf und Stossfestigkeit eine besondere Rolle spielen [vgl. Nadeau/Perratore 1992, S. 132].

Über das Konzept der Docking-Station lassen sich Notebooks komfortabel in die Bürokommunikationslandschaft integrieren. In diesem Zusammenhang werden auf Infrarot basierende, drahtlose Kommunikationsverbindungen an Bedeutung gewinnen. Die mobile Telekommunikation ist auf die Verfügbarkeit flächendeckender Funknetze zur Datenkommunikation angewiesen. Zwar befindet sich diese im Gegensatz zur Sprachkommunikation erst am Anfang ihrer Entwicklung, doch sind bis Mitte der neunziger Jahre, zumindest für geographisch begrenzte Gebiete, bereits mobile Datenkommunikationsdienste zu erwarten. Im Rahmen des Applikationstyps "Office" wird nochmals näher auf zu erwartende Formen des mobilen Computereinsatzes eingegangen [vgl. Kap. 4.2.2.3.].

3.3.3. Midrange-Systeme und Grossrechner

Die Leistungsgrenzen zwischen Workstations, Midrange-Systemen und Grossrechnern verschwimmen mehr und mehr. Proprietäre (z. B. AS/400 von IBM) und Unixbasierte Midrange-Systeme erzielen die Leistungsfähigkeit kleiner Grossrechner und decken den Verarbeitungsbedarf einer gesamten Abteilung, eines Anwendungsbereichs (z. B. Prozesssteuerung) oder ganzer Klein- und Mittelbetriebe ab. Applikations- bzw. abteilungsspezifische Midrange-Systeme übernehmen zunehmend Aufgaben, die zuvor auschliesslich von Mainframes ausgeführt wurden. Gleichzeitig dringen leistungsfähige Workstations in den Midrange-Bereich vor und übernehmen dort Serverfunktionen.

Das Leistungsspektrum von Midrange-Systemen lag Ende 1992 zwischen 10 und 80 Mips bei einem Arbeitsspeicher zwischen 32 und 512 MB [vgl. Hansen 1992, S. 60f.].[2] Für 1996 ist zu erwarten, dass Midrange-Systeme typischerweise zwischen 50 und 500 Mips leisten werden. Diese Leistungsentwicklung wird unter anderem durch den verstärkten Einsatz RISC-basierter Systeme getragen [vgl. Weizer 1991, S. 132f.].

Die Verarbeitungskapazität von Grossrechnern lag Ende 1992 zwischen 30 und 250 Mips mit einem Arbeitsspeicher zwischen 64 MB und mehr als 1 GB [vgl. Hansen 1992, S. 61f.]. Mitte der neunziger Jahre werden Grossrechner bis zu 600 Mips leisten und über mehrere Gigabyte Arbeitsspeicher verfügen. So erreichte das Spitzenmodell der IBM-Grossrechnerfamilie ES/9000, der wassergekühlte Rechner IBM/9021-900, im Jahr 1992 eine Leistung von 235 Mips. Bis 1996 ist eine Erhöhung der Verarbeitungsleistung auf 550 Mips zu erwarten [vgl. Cassell 1991, S. 15].

Der Anteil am betrieblichen Informationsverarbeitungsbedarf, der ausschliesslich durch einen Grossrechner abgedeckt werden kann, nimmt weiter ab und liegt nach Schätzungen der Gartner Group in den nächsten Jahren zwischen 5 und 10 Prozent [vgl. Schay 1991, S. 14f.]. Gleichzeitig ist eine kontinuierliche Verbesserung des Preis-Leistungsverhältnisses von Midranges im Vergleich zu traditionellen Mainframes zu erkennen.

Trotz dieser Tendenz zu kleineren, dezentralen Systemen bleiben Grossrechner auch in den neunziger Jahren als leistungsfähige Transaktionssysteme von Bedeutung. Gründe dafür sind die hohen Investitionen der Anwender in zentrale Grossrechnerkonzepte und die in den meisten Unternehmen nur langsam voranschreitende Migration auf dezentrale Strukturen.

Mit zunehmender Verteilung der Verarbeitungsfunktionen auf niedrigere Rechnerklassen verändert sich das von Mainframes abgedeckte Aufgabenspektrum. Ihre Rolle wandelt sich langsam von monolithischen Grossrechnern, die sämtliche Verarbeitungsfunktionen abdecken, zu Systemen, die als Server unternehmensweite Informationsverarbeitungsressourcen (z. B. zentrale Datenbanken, Netzwerkmanagement) bereitstellen [vgl. Johnson/Chappell 1990, S. 44, Grobe 1992, S. 6].

---

2   An dieser Stelle sei nochmals darauf hingewiesen, dass die hier in Mips angegebenen Leistungskennzahlen nicht uninterpretiert mit denjenigen von Workstations verglichen werden dürfen. Midrange-Systeme und Grossrechner sind auf die speziellen Verarbeitungsbedürfnisse im Mehrbenutzerbetrieb ausgerichtet und erreichen bei gleicher Mips-Zahl erheblich bessere Durchsatzwerte (Transaktionen/sec) als Workstations.

3.3.4.   Supercomputing

Finite-Elemente-Analysen zur Simulation des Crashverhaltens von Fahrzeugen, Layout-Design hochintegrierter Chips, Simulation des aerodynamischen Strömungs- verhaltens bei Flugzeugen oder komplexe ökonomische Analysen sind Beispiele für Anwendungsbereiche des Supercomputings in den Unternehmen. Die weiter steigen- den Anforderungen an die Verarbeitungskapazität von Supercomputern werden in den neunziger Jahren durch folgende drei Rechnerkategorien befriedigt: Vektorrech- ner, Workstationnetze und Parallelrechner.

3.3.4.1.   Vektorrechner

Vektorrechner unterstützen durch ihre spezielle Hard- und Software (z. B. grosse Hauptspeicherbandbreite, Compiler zur Vektorisierung) die Ausführung der im tech- nisch-wissenschaftlichen Bereich stark verbreiteten Vektor- und Matrixoperationen. Sie prägen zur Zeit das Bild der in den Unternehmen eingesetzten Supercomputer. So gibt es in der Automobilindustrie kaum einen Hersteller, der nicht über einen eigenen Vektorrechner verfügt [vgl. Heib/Debus/Brandt 1992, S. 23].

Die Leistungsfähigkeit von Vektorrechnern reicht bis zu mehreren Milliarden Gleit- kommaoperationen pro Sekunde (GFlops). Die Hauptspeicherkapazitäten können im Gigabyte-Bereich liegen. Das Angebot an Vektorrechnern ist breit und umfasst sowohl Mini-Supercomputer zu einem Preis von teilweise unter 100.000 sFr. als auch Vektor- rechner mit mehreren Prozessoren, die zweistellige Millionenbeträge kosten. Zum Bei- spiel ist das Modell Y-MP C90 des Supercomputerherstellers Cray mit bis zu 16 Pro- zessoren ausgestattet, leistet 16 GFlops und kostete 1992 ca. 45 Mio. sFr.

Vektorrechnersysteme sind weitgehend ausgereift, lassen sich komfortabel program- mieren und verfügen über ein umfangreiches Softwareangebot. Für die neunziger Jahre ist eine weitere Steigerung der Rechenkapazität auf dreistellige GFlops-Zahlen zu erwarten [vgl. Bez 1992, S. 11ff.]. Trotz diesem Leistungszuwachs bekommen Vek- torrechner zunehmend durch Workstationnetze und Parallelrechner Konkurrenz.

3.3.4.2.   Workstationnetze

Die enorme Leistungssteigerung bei Workstations und Fortschritte in verteilten Verar- beitungskonzepten haben dazu geführt, dass einzelne Unternehmen und Forschungs- institutionen ihre zentralen Supercomputerinstallationen durch Workstationnetze ab- gelöst haben. Miteinander gekoppelte Workstations erreichen dabei mindestens die gleiche Verarbeitungsleistung bei geringeren Kosten. So hat das Lawrence Livermore National Laboratory in Kalifornien im Herbst 1991 einen Cray-Supercomputer durch 14 miteinander vernetzte IBM/RS6000-Workstations ersetzt. Das ca. 1 Mio. Dollar teure Netzwerk ist ebenso leistungsfähig wie die ausgemusterte Cray X/MP, die noch einige Jahre zuvor 20 Mio. Dollar gekostet hatte. Für spezielle Problemstellungen erreicht das Workstationnetz sogar die Leistungsfähigkeit der oben genannten Cray Y-MP C90 [vgl. Informatik-Spektrum 1992, S. 231f.].

Wie krass sich in den letzten Jahren das Preis-Leistungsverhältnis zugunsten der Workstation gewandelt hat, zeigt Bild 3.3.4.2./1.

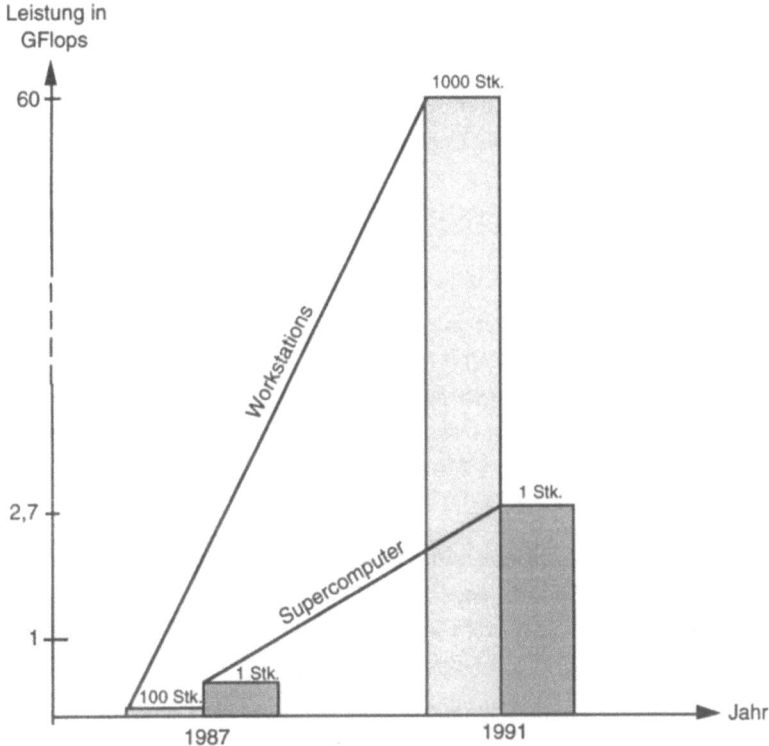

Bild 3.3.4.2./1: Vergleich Workstation/Supercomputer bei einer Konfiguration zu ca. 25 Mio. sFr.

Zu einem Preis von ca. 25 Mio. sFr. konnte 1987 ein Supercomputer erworben werden, der nominal 460 MFlops leistete, 128 MB Hauptspeicher aufwies und 20 GB Plattenspeicherkapazität bot. Zum selben Preis erhielt man 1987 100 Workstations, die in Summe 100 MFlops Rechenkapazität, 400 MB Hauptspeicher und 10 GB Plattenspeicher bereitstellten. 1991 leistete ein 25 Mio. sFr. teurer Supercomputer mit 2,7 GFLOPs knapp das Sechsfache, hatte 256 MB Hauptspeicher und 40 GB Plattenkapazität. Für den gleichen Betrag konnte ein Unternehmen 1000 Workstations mit einer kumulierten Leistung von 60 GFlops, 16 GB Hauptspeicher und 1 TB Plattenkapazität erwerben [vgl. Wacker 1992, S. 5].

Zwar dürfen die aufaddierten Leistungszahlen für Workstations nicht direkt den tatsächlich gemessenen Leistungswerten des Supercomputers gegenübergestellt wer-

den, doch macht der Vergleich die enorme Leistungs- und Kostenentwicklung bei
Workstations deutlich. Verteilte Parallelverarbeitungskonzepte nutzen diesen Wirt-
schaftlichkeitsvorteil, indem sie mehrere Workstations zur gemeinsamen Bearbeitung
einer Aufgabe miteinander koppeln. Die konzeptionellen Grundlagen dazu wurden
bereits vor 13 Jahren mit dem Entwurf der Programmiersprache LINDA gelegt. LINDA
ist ein Satz von Subroutinen, der einer konventionellen Programmiersprache hinzugefügt werden kann, um die Koordination kooperierender Prozesse zu ermöglichen [vgl.
Carriero/Gelernter 1992, S. 97ff.]. Mit zunehmender Umsetzung des verteilten Parallel-
verarbeitungskonzepts in Softwarelösungen werden sich Workstationnetze zu einer
breit genutzten Alternative bzw. Ergänzung zu zentralen Supercomputerlösungen
entwickeln.

3.3.4.3.   Parallelrechner

Der Bedarf nach noch mehr Rechenleistung ist ungebrochen. Noch sind genügend
Aufgabenbereiche vorhanden, die mit bisherigen Verarbeitungskapazitäten nicht oder
nur sehr unkomfortabel angegangen werden können. Dazu zählen beispielsweise die
Entschlüsselung des menschlichen Genoms, die langfristige Klimavorhersage, die Bildinterpretation sowie Aufgaben im Molekulardesign, in der Elementarteilchenphysik
oder in der Strömungsmechanik [vgl. Choudhary/Ranka 1992, S. 8].

Massiv-parallele Systeme, die eine grosse Anzahl kooperierender Prozessoren einsetzen, sollen dem Supercomputing neue Leistungsdimensionen eröffnen. Spätestens für
die zweite Hälfte der neunziger Jahre wird die kommerzielle Verfügbarkeit von Parallelrechnern erwartet, die in den TFlops-Bereich vorstossen. Der Supercomputer-Her-
steller Thinking Machines hat mit der Connection Machine 5 (CM-5) theoretisch bereits die Teraflops-Grenze erreicht. Allerdings bezieht sich dieser Leistungswert auf die
volle Ausbaustufe von 16.000 RISC-Prozessoren zu einem Preis von ca. 300 Mio. sFr.

Parallelrechner sind nicht zwangsläufig auf extrem hohe Leistungen ausgerichtet.
Durch ihre Skalierbarkeit, d. h. das Hinzufügen oder Weglassen von Prozessoren, können sie an den gewünschten Leistungsbedarf angepasst werden. In der Basisversion
ist die CM-5 beispielsweise mit 32 Prozessoren ausgerüstet, die eine Leistung von
4 GFlops zu einem Preis von 1,4 Mio. Dollar bieten. Damit wird auch ein weiterer Vorteil von Parallelrechnern deutlich: das Preis-Leistungsverhältnis. Im Vergleich zu klassischen Vektorrechnern zeichnen sich Parallelrechner durch einen um den Faktor drei
bis zehn geringeren Preis pro Leistungseinheit aus [vgl. Wacker 1992, S. 5].

Ein wesentlicher Hemmfaktor für die schnelle Verbreitung paralleler Systeme besteht in
der mangelnden Verfügbarkeit von Software. Das Leistungspotential von Parallelrechnern lässt sich nur dann voll nutzen, wenn die Programmiertechniken und Lösungsverfahren an die neue Rechnerarchitektur angepasst werden. Für viele Anwendungsbereiche bedeutet das ein völliges Redesign der bisher genutzten Software.

Bislang ist der Programmierkomfort für parallele Systeme noch schwach und erst wenig Anwendungssoftware ist vorhanden. Parallelrechner werden erst mit dem Erscheinen neuer Entwicklungswerkzeuge und der Verfügbarkeit eines ähnlich grossen Softwarespektrums wie bei Vektorrechnern gegen Ende der neunziger Jahre breit zum Einsatz kommen [vgl. Sonnenschein 1992, S. 17, Choudhary/Ranka 1992, S. 8]. Der potentielle Einsatzbereich beschränkt sich dann nicht nur auf rein technisch-wissenschaftliche Anwendungen, sondern dehnt sich auf rechenintensive, administrative Anwendungen aus. So setzt American Express zwei massiv-parallele Systeme zur Beschleunigung der Kreditkartenabrechnung ein oder hat die amerikanische Einzelhandelskette K-Mart einen auf komplexe Datenbankabfragen spezialisierten Parallelrechner zur Durchführung der täglichen Absatzanalysen installiert [vgl. Computerworld 1991, S. 7, Ashby 1991, S. 35].

3.4. Benutzerschnittstelle

"Human Interface Technologies", d. h. Informationstechniken, die zur Verbesserung der Mensch-Maschine-Schnittstelle beitragen, gehören zu den wichtigsten informationstechnischen Entwicklungen der neunziger Jahre. Dies ist unter anderem das Ergebnis einer Expertenbefragung des MIS Research Centers an der University of Minnesota [vgl. Straub/Wetherbe 1989, S. 1334f.]. Folgende Entwicklungen der Benutzerschnittstelle sind in den neunziger Jahren zu erwarten.

3.4.1. Benutzeroberfläche

Heutige windoworientierte, graphische Benutzeroberflächen basieren auf Arbeiten am Xerox Parc Research Institute in Palo Alto (USA) während der siebziger Jahre. Zuerst von Apple in den Produkten Lisa und Macintosh umgesetzt, hat die graphische Benutzeroberfläche in weiterentwickelter Form mittlerweile weite Verbreitung gefunden. Waren graphische Benutzeroberflächen anfänglich auf Personal Computer bzw. Workstations beschränkt, so dehnen sie sich zunehmend auch auf typischerweise mit zeichenorientierter Benutzeroberfläche ausgestattete Transaktionssysteme aus. Ein Beispiel ist das Produkt R/3 von SAP, das im Gegensatz zu seinem weitverbreiteten Vorläufer R/2 eine graphische Benutzeroberfläche aufweist.

Graphische Benutzeroberflächen entwickeln sich zur Zeit zu objektorientierten Benutzeroberflächen weiter. Typische Merkmale objektorientierter Benutzeroberflächen sind:

- Daten und Funktionen werden durch intuitiv bedienbare Objekte (Symbole, Ikonen) repräsentiert.

- Beim Aktivieren ("Anklicken") des Objekts werden gleichzeitig die mit den Daten verbundenen Funktionen (Applikationen) zur Verfügung gestellt.

- Bearbeitungsfunktionen lassen sich durch das Verknüpfen von Symbolen auslösen (z. B. das Auslösen eines Druckvorgangs durch Zusammenbringen von Dokumentensymbol und Druckersymbol).

- Unterschiedliche Objekte können problemlos miteinander zu Verbundobjekten integriert werden (z. B. lässt sich ein Graphikobjekt durch einfache Manipulation mit der Maus in ein geöffnetes Textdokument verschieben).

- In Verbundobjekte integrierte Objekte werden automatisch bei Änderungen im Originalobjekt aktualisiert.

- Für jedes Objekt stehen an jeder Stelle - also auch in Verbundobjekten - die Bearbeitungsfunktionen zur Verfügung.

Objektorientierte Benutzeroberflächen schirmen den Benutzer mehr und mehr von Fragen der hard- und softwaretechnischen Implementierung ab. So kann der Benutzer zum Beispiel auf Informationen zugreifen, die auf unterschiedliche Rechner eines lokalen Netzes verteilt sind, ohne sich um die physische Datenorganisation und die zur Bearbeitung notwendige Applikation kümmern zu müssen.

Weitere Verbesserungen der Benutzeroberfläche sind in den neunziger Jahren durch folgende Entwicklungen zu erwarten.

- *Intelligente Assistenzfunktionen* unterstützen den Benutzer bei der Bedienung des Computers (z. B. Verarbeitung auch ungenauer Anweisungen, Anpassung an die individuellen Bedürfnisse des Benutzers).

- *Neue Medien* wie Sprache, Bild und Bewegtbild können integriert als Objekte bearbeitet werden. Ein Beispiel dafür sind gesprochene Anmerkungen (voice annotations), die in ein Dokument eingebunden werden können.

- *Neue Visualisierungs- und Navigationstechniken,* wie dreidimensionale Darstellung oder Hypertext, erlauben eine komfortablere Bedienung. Zum Beispiel hat das Palo Alto Research Center von Xerox eine Benutzeroberfläche in Entwicklung, die Datenstrukturen und Applikationen in einem dreidimensionalen Raum anordnet. Directory-Strukturen lassen sich so übersichtlicher darstellen und komfortabler handhaben [vgl. Pawson/Szlichcinski 1992, S. 46f.].

Sämtliche genannten Entwicklungen zur Gestaltung der Benutzeroberfläche wirken zukünftig darauf hin, den kognitiven Bedürfnissen der Benutzer besser zu entsprechen und damit die Bedienung von Computern effektiver zu gestalten.

3.4.2.   Alternative Eingabemedien

Tastatur und Maus stellen zur Zeit das dominierende Eingabemedium für betriebliche Informationssysteme dar. In den verbleibenden neunziger Jahren kommen zwei wichtige Eingabemedien hinzu: Stift und Sprache.

3.4.2.1.   Stifteingabe

Pen-Computing, d. h. die Verwendung des Stifts als Eingabemedium, hat zu Beginn der neunziger Jahre über mobile, tastaturlose Computer - sogenannte Notepads - seinen Einstieg gefunden. Zwar gab es schon früher Versuche, den Stift zur Bedienung von Computern einzusetzen, doch wurden diese durch die Maus verdrängt. Mit der Handschrifterkennung weisen heutige Systeme eine erheblich erweiterte Funktionalität auf, die der Stiftbedienung in den nächsten Jahren zum Durchbruch verhelfen wird.

Bei mobilen Computern erlaubt die Stifteingabe über einen drucksensitiven LCD-Bildschirm den Verzicht auf Tastatur und Maus und damit weitere Fortschritte in der Miniaturisierung. Neue mobile Einsatzformen des Computers werden möglich. Für einige Einsatzbereiche sind bereits Anwendungen entstanden, so z. B. für Patientenvisiten in Krankenhäusern oder für Bestandsaufnahmen im Handel. Auch sogenannte Personal Digital Assistants zeichnen sich durch komfortable Stiftbedienung aus [vgl. Kap. 4.2.2.3.1.].

Mit weiteren Fortschritten in der Handschrifterkennung und der Ausdehnung des Softwareangebots ist eine weitere Verbreitung des Stifts als Eingabemedium zu erwarten. Neben der anfänglichen Konzentration auf mobile Computer könnte sich der Stift in der zweiten Hälfte der neunziger Jahre auch bei Desktop-Systemen als Alternative zur Maus durchsetzen. Vorteile des Stifts gegenüber der Maus wie höhere Präzision und breiterer Funktionsumfang könnten dafür ausschlaggebend sein.

3.4.2.2.   Spracheingabe

Die Sprache stellt das natürlichste und unmittelbarste Kommunikationsmedium für den Menschen dar. Sie zur Bedienung von Computern einzusetzen, scheiterte bislang an technischen Problemen wie mangelhaften Verfahren der Spracherkennung oder unzureichender Rechnerleistung.

Erste Produkte, die sich nicht nur auf die Eingabe von Befehlen beschränken, sondern auch das Umsetzen von Sprache in Text erlauben, demonstrieren die Fortschritte in der Spracherkennung. IBM hat zum Beispiel ein Spracherkennungssystem entwickelt, das eine Erkennungsrate von 95 Prozent aufweist [vgl. Settele 1992]. Im Sinne eines schreibenden Diktiergerätes setzt das System die gesprochenen Worte in maschinenlesbaren Text um. Voraussetzungen sind eine etwas reduzierte Sprechgeschwindigkeit und kleine Pausen zwischen den einzelnen Worten. Die Sprachsignale werden über ein Mikrofon aufgenommen, von einem Signalprozessor digitalisiert, komprimiert und anhand eines statistischen Sprachmodells ausgewertet. Auf dem Bildschirm erscheint dann mit einigen Sekunden Verzögerung das Wort mit der höchsten Wahrscheinlichkeit. Ergibt sich im Laufe des Diktats aufgrund des Sprachmodells eine wahrscheinlichere Lösung, korrigiert sich das System selbständig. Das Vokabular ist auf 20.000 Worte beschränkt und kann um 2000 selbstgewählte Erweiterungsworte ergänzt werden, was einer spezialisierten Fachsprache entspricht. Anhand 85 diktierter Standardsätze passt sich die Maschine an den individuellen Benutzer an. Als Rechner kommt eine RISC-Workstation zum Einsatz, die mit spezieller Signalverarbeitungshardware ausgestattet ist.

Der Einsatz von Spracherkennungssystemen mit der oben beschriebenen Funktionalität ist zunächst auf Nischenanwendungen beschränkt. Beispiele sind das Diktieren juristischer Gutachten in Anwaltskanzleien oder die Aufnahme von Patientendaten in der Notfallstation eines Krankenhauses. In den neunziger Jahren sind weitere Fortschritte der Spracherkennung in bezug auf abgedecktes Vokabular, Erkennungsrate, Umsetzungsgeschwindigkeit und erlaubte Sprechgeschwindigkeit zu erwarten. Wichtige Voraussetzungen dafür sind schnelle Signalprozessoren, kostengünstige Halbleiterspeicher und die Weiterentwicklung der Spracherkennungsalgorithmen. Neben statistischen Methoden weisen neuronale Netze ein besonders grosses Potential zur Verbesserung der Spracherkennung auf [vgl. Kap. 3.6.4.4., Kindermann/Windheuser 1991, S. 36ff.].

Gegen Ende der neunziger Jahre könnten die hard- und softwaretechnischen Voraussetzungen für einen breiten, wirtschaftlichen Einsatz der Spracherkennung geschaffen sein. Spracherkennungsfunktionen werden dann auch bei mobilen Computern zur Verfügung stehen, was in Kombination mit der Stiftbedienung bestehende Restriktionen bezüglich Miniaturisierung und Bedienungskomfort auflösen würde. Allerdings ist zu erwarten, dass auch Ende der neunziger Jahre in abgeschwächter Form weiterhin Einschränkungen bezüglich Wortschatz und Sprechgeschwindigkeit bestehen werden.

3.5.   Kommunikationsinfrastruktur

Eine leistungsfähige Kommunikationsinfrastruktur stellt in den neunziger Jahren und darüber hinaus eine der wichtigsten Voraussetzungen zur Realisierung der Nutzenpotentiale der Informationstechnik dar. Sie verbindet geographisch verteilte Menschen und Maschinen und ermöglicht den ortsunabhängigen Zugriff auf Informationen.

Während die traditionellen Computerhersteller rückläufige Umsatzzahlen hinnehmen müssen, gehört die Kommunikationstechnik-Branche zu den am stärksten wachsenden Segmenten der Informatik-Branche. Nach Einschätzung der deutschen Telekom wird sich der Anteil der kommunikationstechnischen Industrie am Bruttosozialprodukt der

Bundesrepublik Deutschland von 3,5 Prozent im Jahr 1992 auf 7 Prozent im Jahr 2002 verdoppeln [vgl. Grobe 1992, S. 3]. Auch die in Kapitel 3.4. bereits angesprochene Expertenbefragung identifiziert die Kommunikationstechnik, neben den "Human Interface Technologies", als zweiten Entwicklungsschwerpunkt der neunziger Jahre [vgl. Straub/Wetherbe 1989, S. 1335]. Folgende Trends sind dabei zu erkennen.

3.5.1.   Kommunikationsstandards

Die Kommunikationsinfrastruktur vieler Unternehmen ist noch durch herstellerspezifische Netzwerkarchitekturen wie System Network Architecture (SNA) von IBM, Digital Network Architecture (DNA) von DEC oder Transdata von Siemens geprägt. SNA hat sich in den siebziger und achtziger Jahren zu einem de-facto-Standard für unternehmensweite Netzwerkarchitekturen entwickelt. Viele Hard- und Softwarehersteller haben ihre Produkte auf SNA ausgerichtet bzw. bieten entsprechende Schnittstellen an. Herstellerspezifische Netzwerkarchitekturen haben sich im Laufe der Zeit an die Tendenz zur verteilten Datenverarbeitung angepasst. Waren sie ursprünglich auf stark hierarchisch ausgerichtete Kommunikationsverbindungen zwischen Grossrechner und Terminal ausgerichtet, so erlauben sie heute die gleichberechtigte Kommunikation unterschiedlicher Rechnerklassen. Ebenso sehen sie die Integration lokaler Netze in die unternehmensweite Netzwerkarchitektur vor.

Den herstellerspezifischen Netzwerkarchitekturen steht das ISO-OSI-Referenzmodell gegenüber, das den Rahmen für die Entwicklung international anerkannter Kommunikationsstandards bildet. Ziel ist es, eine offene Kommunikationsumgebung zu schaffen, die - im Gegensatz zu den herstellerspezifischen Netzwerkarchitekturen - einen freien Datenaustausch zwischen heterogenen, verteilten Systemen ermöglicht.

Seit der Veröffentlichung des ISO-OSI-Referenzmodells 1984 ist eine Vielzahl von Standards verabschiedet worden. Standards der unteren Protokollschichten sind beispielsweise Ethernet (ISO 8802/5) und Token Ring (ISO 8802/5) für lokale Netze oder X.25 für paketvermittelte Fernverkehrsnetze. Aus Anwendungssicht sind die Standards der obersten Protokollschicht von Bedeutung wie beispielsweise X.400 für den Transport von Electronic Mail (Message Handling Systems), X.500 als Verzeichnis aller erreichbaren Kommunikationspartner (Directory Services), ODA/ODIF für den Austausch von Dokumenten [vgl. Kap. 4.2.2.1.3.], FTAM für den Dateitransfer oder MMS für den Nachrichtenaustausch zwischen Prozesssteuerungseinheiten [vgl. Kap. 4.6.2.2.][3]. Hinzu kommen Standardisierungsbemühungen von Herstellerkonsortien (z. B. X/Open, ACE), Anwendervereinigungen bzw. Branchenverbänden (z. B. VDA, IEEE) und anderen nationalen und internationalen Normungsgremien (z. B. CCITT, DIN, ANSI) [vgl. Schellhaas 1990].

---

3   Auf weitere Kommunikationsstandards wie zum Beispiel EDIFACT oder STEP wird im Rahmen der Applikationstypen eingegangen [vgl. Kap. 4.].

Herstellerspezifische Netzwerkarchitekturen werden auch in den neunziger Jahren weiter von Bedeutung sein. Gründe dafür sind deren hohe technische Reife und die erheblichen Investitionen der Anwender. Dem Bedarf nach mehr offener Kommunikation werden die Hersteller zunehmend durch die Integration von ISO-Standards bzw. durch das Anbieten von Schnittstellen zu entsprechen versuchen. Sie verlieren damit zunehmend ihren geschlossenen Charakter. Gleichzeitig werden in den neunziger Jahren mehr und mehr OSI-basierte Produkte auf dem Markt verfügbar sein und sich langsam in den Unternehmen durchsetzen. Die schrittweise Entwicklung zu offenen Netzen wird somit zum einen durch die Annäherung proprietärer Netzwerkarchitekturen an ISO-Standards und zum anderen durch das wachsende, auf Standards basierende Produktangebot getragen.

3.5.2. Lokale Netze

Obwohl lokale Netze bereits seit Beginn der achtziger Jahre als Produkte zur Verfügung standen, konnten sie sich erst seit der zweiten Hälfte der achtziger Jahre in den Unternehmen stärker durchsetzen. Auch die neunziger Jahre werden durch den weiteren Aufbau lokaler Netze gekennzeichnet sein und diese zu einem zentralen Bestandteil der Kommunikationsinfrastruktur der Unternehmen machen. Die als ISO-Standards anerkannten Netzwerktechnologien Ethernet und Token Ring werden dabei auch in den nächsten Jahren eine wichtige Rolle spielen. Netzwerkbetriebssysteme wie Netware von Novell oder Vines von Banyan dienen als Integrationsplattform, indem sie Netzwerk-Services bereitstellen, die eine unproblematische Einbindung heterogener Endgeräte erlauben. Gleichzeitig ist in den nächsten Jahren eine stärkere Integration lokaler Netze in bestehende unternehmensweite Netze wie SNA oder DECnet zu erwarten.

Darüber hinaus ist eine Tendenz zur Verknüpfung lokaler Netze über Backbone-Netze zu erkennen. Mit wachsendem Kommunikationsaufkommen sind dazu Übertragungskapazitäten notwendig, die über den 10 bzw. 16 Mbit/s von Ethernet- oder Token-Ring-Netzen liegen. Der auf Glasfaserkabel basierende LAN-Standard für Hochgeschwindigkeitsübertragung "Fibre Distributed Data Interface" (FDDI) bietet dazu eine Übertragungsgeschwindigkeit von 100 Mbit/s. Zukünftige Weiterentwicklungen von FDDI lassen gegen Ende der neunziger Jahre Übertragungskapazitäten von 800 Mbit/s bis zu 1,6 Gbit/s erwarten. Damit dringt FDDI in Leistungsbereiche vor, die bisher nur durch spezielle Hochgeschwindigkeitsprotokolle für Grossrechner bzw. Supercomputer wie den ANSI-Standard HiPPI möglich waren.

Neben FDDI könnte auch der Protokollstandard "Distributed Queue Dual Bus" (DQDB) für Backbone-Netze an Bedeutung gewinnen. Er sieht Übertragungsgeschwindigkeiten von derzeit bis zu 140 Mbit/s vor. Zur Zeit sind DQDB-Lösungen allerdings für Inhouse-Anwendungen noch zu teuer und eignen sich eher für die überregionale Verbindung von Standorten [vgl. Kap. 3.5.3.4.].

Es ist zu erwarten, dass der Bedarf nach Hochgeschwindigkeitskommunikation nicht auf Backbone-Netze beschränkt bleiben wird. Multimediale Systeme oder aufwendige Rechner-Rechner-Kopplungen im CAD/CAE-Bereich sind Beispiele für Anwendungen, die den Bedarf nach mehr Übertragungskapazität auf lokale Netze ausdehnen werden. Zum Beispiel erfordert allein die Übertragung einer animierten, hochauflösenden Graphik zur Visualisierung einer technischen Simulation trotz Datenkompression von 1/50 eine Übertragungskapazität von ca. 15 Mbit/s [vgl. Schutzer 1991, S. 88].

FDDI wird sich mittelfristig zumindest in Bereichen mit hohem Übertragungsvolumen auch bei lokalen Netzen durchsetzen. Dafür spricht auch, dass für FDDI-Netzwerke ähnliche Preissenkungen im Zeitverlauf zu erwarten sind wie sie Ethernet- bzw. Token-Ring-Lösungen durchlaufen haben. Hinzu kommt die Entwicklung sogenannter "Low-Cost-FDDI"-Lösungen, die eine Abwicklung des FDDI-Protokolls auf Twisted-Pair-Kupferkabel ermöglichen.

3.5.3. Fernverkehrsnetze und Kommunikationsdienste

3.5.3.1. Fast Packet Switching

Ebenso wie im lokalen Bereich der Bedarf nach Hochgeschwindigkeitskommunikation wächst, ist auch bei Fernverkehrsnetzen der Ausbau der Übertragungskapazitäten voll im Gange. Bisher übliche X.25 Netze sind auf eine Übertragungsgeschwindigkeit von maximal 64 Kbit/s beschränkt. Mit Hilfe sogenannter Fast-Packet-Switching-Verfahren werden in den nächsten Jahren in Fernverkehrsnetzen Übertragungsgeschwindigkeiten erreicht, die bisher nur lokalen Netzen vorbehalten waren. Zwei Verfahren der schnellen Paketvermittlung sind zu unterscheiden: Frame Relay und Cell Relay.

• Frame Relay

Im Gegensatz zum X.25-Protokoll, das auf festen Paketlängen basiert, arbeitet das Frame-Relay-Verfahren ähnlich wie ein LAN und vermittelt Datenpakete variabler Länge. Damit ist eine höhere Nettoauslastung der Übertragungsbandbreite möglich. Zusätzlich verzichtet Frame Relay auf einzelne typische X.25-Funktionen (z. B. Quittierung der erhaltenen Pakete, Fehlerprüfung) und verlagert den bisher vom Netzwerk übernommenen Overhead auf die intelligenten Endgeräte (z. B. Fehlerkorrektur durch Workstation). Die Frame-Relay-Technik ist auf Übertragungsgeschwindigkeiten zwischen 64 Kbit/s und ca. 2 Mbit/s ausgelegt [vgl. Strolz 1992, S. 57f.].

Bisher wird die Frame-Relay-Technik vorwiegend im Rahmen herstellerspezifischer Produkte zum Aufbau privater Netze genutzt. In den nächsten Jahren sind mit weiteren Standardisierungsfortschritten auf Frame Relay basierende öffentliche Netzwerkdienste zu erwarten, die ergänzend zu bestehenden X.25-Diensten zur Gestaltung von WANs genutzt werden können. Prädestinierte Einsatzgebiete der Frame-Relay-Technik sind die Kopplung von LANs und die Rechner-zu-Rechner-Kommunikation. Das CCITT arbeitet an der Standardisierung von ISDN-Services zur Datenübertragung, die auf der Frame-Relay-Technik basieren [vgl. Arnoldi 1992, S. 82, Clements 1990, S. 45].

• **Cell Relay**

Das Cell-Relay-Verfahren teilt die zu übermittelnden Daten in kleine Pakete (Zellen) mit fester Grösse auf. Die einfache Struktur und die geringe Grösse der Pakete ermöglichen sehr hohe Vermittlungsgeschwindigkeiten. Cell Relay ist sowohl für schnelle LAN-LAN-Verbindungen und Rechner-zu-Rechner-Kopplungen als auch für die Echtzeitübertragung multimedialer Daten (z. B. Sprache, Bild, Bewegtbild) geeignet. Die Cell-Relay-Paketvermittlung wird in den neunziger Jahren hauptsächlich in zwei neuen öffentlichen Netzwerkdiensten ihre Umsetzung finden: im Breitband-ISDN (B-ISDN) und in Metropolitain Area Networks (MANs). In diesen Diensten werden Übertragungsgeschwindigkeiten bis zu 140 Mbit/s möglich sein [vgl. Kap. 3.5.3.3./4.]. Damit sind jedoch die Grenzen der Cell-Relay-Technik noch nicht erreicht. Auf Glasfaser basierende Cell-Relay-Pilotnetze erreichen bereits Übertragungsraten von mehreren Gbit/s.

3.5.3.2.   ISDN

Nach Vorstellung der staatlichen Telekommunikationsgesellschaften (PTTs) stellt das ISDN die Zukunft der öffentlichen Telekommunikationsnetze dar. Ziel des ISDN ist es, die bislang über unterschiedliche Kommunikationsnetze angebotenen Dienste (z. B. Telex, Telefon, Datendienste) in einem integrierten Netz, d. h. über einen einzigen Netzanschluss, anzubieten. Viele Staaten haben ISDN bereits eingeführt, bauen es schrittweise aus und haben für die Mitte der neunziger Jahre eine flächendeckende Verfügbarkeit von ISDN-Anschlüssen vorgesehen. Internationale ISDN-Verbindungen sind bereits zwischen einer Vielzahl von Staaten möglich. Einzelne, von den PTTs angebotene ISDN-Dienste unterscheiden sich zwar noch in ihrer Spezifikation, sollen aber im Laufe internationaler Standardisierungsbemühungen aufeinander abgestimmt werden.

Das ISDN bietet eine durchgehend digitale Verbindung von Teilnehmer zu Teilnehmer. Mit einem ISDN-Basisanschluss (ISDN 2B+D) stehen zwei sogenannte B-Kanäle (Trägerkanäle) mit einer Übertragungskapazität von je 64 Kbit/s zur Verfügung. Sie können zur Übertragung von Sprache, Daten, Text oder Bildern genutzt werden. Ein weiterer Kanal, der sogenannte D-Kanal, dient der Übertragung von Steuerinformationen (z. B. Verbindungsaufbau), kann aber auch bei freier Kapazität zur Datenkommunikation (z. B. X.25, paketvermittelt) genutzt werden. Über die beiden B-Kanäle lassen sich Verbindungen zu zwei unterschiedlichen Endgeräten gleichzeitig herstellen, d. h. über denselben ISDN-Anschluss kann beispielsweise zur selben Zeit telefoniert und ein Telefax empfangen werden. Weiter lassen sich beide B-Kanäle zusammenschalten, so dass eine Gesamtübertragungskapazität von 128 Kbit/s erreicht wird. Bis zu 8 Endgeräte können an einen Basisanschluss angehängt werden. Für den Anschluss an Nebenstellenanlagen steht ein sogenannter Primärmultiplexanschluss (30 B+D) zur Verfügung, der bis zu 30 B-Kanäle à 64 Kbit/s und einen D-Kanal mit 16 Kbit/s enthält. Die gruppenmässige Konfiguration der B-Kanäle erlaubt in einer späteren Ausbaustufe des ISDN Übertragungsraten von 384, 1536 und 1920 Kbit/s.

Die Digitalisierung und die zum Teil höheren Übertragungsgeschwindigkeiten des ISDN im Vergleich zu bisherigen Netzen bewirken, dass bereits eingeführte Kommunikationsdienste (z. B. Telefon, Telefax) schneller und in einer besseren Qualität (z. B. bessere Sprachübertragung, höhere Bildauflösung) zur Verfügung stehen. Zusätzlich ermöglicht ISDN neue Kommunikationsdienste und Anwendungen wie zum Beispiel die Bildtelefonie oder das Desktop Videoconferencing [siehe hierzu Applikationstyp "Office" Kap. 4.2.2.1.4.].

3.5.3.3. Breitband-ISDN

Der nächste grosse Schritt in der Weiterentwicklung des ISDN ist mit dem Ausbau zur Breitbandkommunikation, dem B-ISDN, geplant. Die Übertragungsrate von 64 Kbit/s pro B-Kanal ist für viele datenintensive Anwendungen wie hochauflösende Bewegtbildübertragung oder Rechner-zu-Rechner-Kopplungen nicht ausreichend. Die von der CCITT definierten B-ISDN-Dienste sehen Übertragungsgeschwindigkeiten von 33, 45 und 140 Mbit/s vor. Voraussetzung für das B-ISDN ist der Ausbau der Glasfaserinfrastruktur bis zum Teilnehmeranschluss. Viele Teilnehmeranschlüsse basieren heute jedoch noch auf verdrillten Kupferkabeln und lediglich die Fernverbindungen zwischen einzelnen Vermittlungsstellen sind teilweise mit Glasfasertechnik ausgerüstet.

Als Vermittlungs- und Übertragungsprinzip des B-ISDN kommt das auf der Cell-Relay-Technik basierende ATM-Verfahren (Asynchronous Transfer Mode) zum Einsatz. Es ermöglicht die zur Verfügung stehende Bandbreite je nach Bedarf flexibel in Anspruch zu nehmen ("bandwidth on demand"), unabhängig davon, ob Sprache, strukturierte Daten, Bilder, Bewegtbilder oder andere Informationen übertragen werden sollen. Im Gegensatz zu bisherigen Verfahren wird der Bandbreitenbedarf erst beim Verbindungsaufbau bestimmt, d. h. jeder Anwendung steht zum Zeitpunkt der Übertragung die volle Bandbreite zur Verfügung. Das bedeutet, dass die Daten mit der grösstmöglichen Geschwindigkeit übertragen werden. Diese Eigenschaft der dynamischen Bandbreitenzuordnung gilt prinzipiell sowohl für die Cell-Relay- als auch für die Frame-Relay-Technik.

Pilotprojekte wie BERKOM (Berliner Kommunikationssystem) in Deutschland, TELETOPIA in Japan oder die Kommunikationsmodellgemeinden in der Schweiz haben bereits das vielfältige Anwendungspotential der Breitbandkommunikation - von der Telemedizin über Telepublishing bis zum Zugriff auf Videodatenbanken - gezeigt [vgl. Ricke/Kanzow 1991, PTT 1991, Stokar 1991]. Die PTTs werden in den neunziger Jahren und darüber hinaus ihre Übertragungswege schrittweise mit Glasfasertechnik ausbauen und damit die Grundlage für das B-ISDN legen. Die flächendeckende Verfügbarkeit des B-ISDN im Sinne eines "fibre-to-the-home" übersteigt den Zeithorizont der neunziger Jahre. Allerdings sind für die zweite Hälfte der neunziger Jahre erste öffentliche B-ISDN-Dienste zu erwarten, die ATM-basierte Hochgeschwindigkeitskommunikation im Fernverkehrsbereich ermöglichen.

3.5.3.4.   Metropolitan Area Networks

Metropolitan Area Networks (MANs) sind öffentliche Hochgeschwindigkeitsnetze auf Glasfaserbasis, die in grösseren zusammenhängenden Wirtschaftsräumen Breitbandkommunikation ermöglichen. Ein einzelnes MAN kann eine Ausdehnung von mehr als 100 km haben und mit anderen MANs bzw. WANs zu einem internationalen Hochgeschwindigkeitsnetzwerk ausgebaut werden. Öffentliche MANs erlauben Übertragungsgeschwindigkeiten von 34 oder 140 Mbit/s.

MANs basieren auf dem standardisierten Übertragungsprotokoll DQDB, das wie das ATM-Verfahren auf der Cell Relay Technik aufsetzt [vgl. Kap. 3.5.3.1.]. DQDB ist zum ATM-Verfahren kompatibel, so dass MANs zukünftig in das entstehende B-ISDN voll integriert werden können. MANs lassen sich dann über B-ISDN-Vermittlungsstellen miteinander verbinden.

Im Gegensatz zu B-ISDN werden in einigen Ländern MANs bereits in der ersten Hälfte der neunziger Jahre für Teilregionen zur Verfügung stehen. Zum Beispiel hat die deutsche Telekom seit 1991 MANs in Stuttgart und München im Versuch, die 1993/94 ihren Regelbetrieb aufnehmen. Die schweizerische Telecom bietet ebenfalls seit 1993 unter der Bezeichnung "swissMAN", Hochgeschwindigkeitskommunikation für die wichtigsten Städte der Schweiz an. Auch in den USA und anderen europäischen Ländern wie Dänemark, Schweden, Italien oder Grossbritannien sind zumindest Pilotnetze in Betrieb.

Damit werden bereits im Vorfeld der Realisierung des B-ISDN in den nächsten Jahren datenintensive Kommunikationsanwendungen wie multimediale Bürokommunikationsumgebungen, kooperierende CAD-Anwendungen, Supercomputer Networking oder Joint Editing über MANs realisierbar sein. Lokale Netze, auch solche mit hohen Übertragungsgeschwindigkeiten wie FDDI-Netze, lassen sich ohne Durchsatzprobleme miteinander verbinden. Über die Anwendung in WANs hinaus könnte das DQDB-Protokoll aufgrund seiner Kompatibilität zum ATM-Verfahren FDDI langfristig als Hochgeschwindigkeitsprotokoll für Backbone-Netze ersetzen.

3.5.3.5.   Satellitennetze

Neben den bisher beschriebenen Entwicklungen terrestrischer Netze gewinnen Satellitennetze an Bedeutung. Besonders starke Zuwachsraten weisen VSAT-Dienste (very

small aperture terminals) auf, die über relativ kleine und kostengünstige Satellitensta-
tionen die Übertragung von Daten, Sprache, Text und Bildern mit bis zu 1,96 Mbit/s
ermöglichen. Insbesondere in Regionen, wo terrestrische Telekommunikationsnetze
unzureichend sind oder fehlen, wie beispielsweise in den neuen Bundesländern
Deutschlands oder in Osteuropa, stossen VSAT-Dienste auf grosses Interesse. In den
USA hat die Satellitenkommunikation aufgrund frühzeitiger Deregulierung bereits
weite Verbreitung gefunden [vgl. Posecker 1992, S. 12ff.].

3.5.3.6.   Value Added Network Services

Über die bisher genannten Basis-Netzwerkdienste hinaus gewinnen sogenannte
Mehrwertdienste bzw. Value Added Network Services (VANS) an Bedeutung. Sie
setzen auf öffentlichen und privaten Netzwerkstrukturen auf und erweitern diese um
ein zusätzliches Leistungsangebot (Mehrwert). Das Spektrum der VANS reicht von
stark technisch orientierten Diensten wie z. B. komfortabler Verbindungsaufbau oder
Netzwerkmanagement bis zu anwendungsnahen Dienstleistungen wie die Übernahme
von Zahlungsabwicklungen (z. B. Swiss Interbank Clearing der Telekurs AG) oder die
Bereitstellung von Mailbox-Funktionen (z. B. arCOM 400 der schweizerischen PTT)
[vgl. auch "Elektronische Marktdienste" in Kap. 4.1.2.4.5. und "Virtual Private
Networks" in Kap. 4.2.2.1.5.].

Die Tendenz zur Breitbandkommunikation wird in der zweiten Hälfte der neunziger
Jahre die Entstehung neuartiger VANS fördern. Beispiele sind multimediale Informationsdienste oder bedarfsgesteuerte Formen des Outsourcings, die flexibel auf im Netz
verfügbare Rechnerleistung zugreifen.[4]

3.6.   Software

Die folgenden Kapitel gehen auf einige wichtige Trends im Softwarebereich ein. Die
Ausführungen zur Klasse der Anwendungssoftware konzentrieren sich auf generelle
Entwicklungen und gehen nicht auf konkrete Softwareprodukte wie Groupware oder
Imaging-Software ein. Diese werden aufgrund ihrer Nähe zur geschäftlichen Anwen-
dung in den Kapiteln zu den Applikationstypen behandelt [vgl. Kap. 4.].

3.6.1.   Betriebssysteme

Anhand der Diskussion um Betriebssysteme wird deutlich, dass nicht nur die technischen Leistungsmerkmale eines Produkts dessen Marktakzeptanz bestimmen, sondern
diese zu einem grossen Teil auch durch die bestehenden Marktverhältnisse wie Instal-
lationsbasis und verfügbare Anwendungssoftware beeinflusst wird. Folgende Ein-

---

[4]   Aspekte der Mobilkommunikation werden in Kap. 4.2.2.3. im Rahmen des Applikationstyps
"Office" behandelt.

schätzung lässt sich zur Entwicklung des Betriebssystemmarktes in den neunziger Jahren treffen [vgl. Berndt 1992, S. 11ff., Yarmis 1991, S. 6f.]:

MS-DOS, als das zur Zeit am weitesten verbreitete Arbeitsplatz-Betriebssystem, wird schrittweise durch andere Betriebssysteme ergänzt oder ersetzt. Windows 3.2 und Nachfolger werden wahrscheinlich, trotz der Verfügbarkeit technisch überlegener Betriebssysteme wie OS/2 Vers. 2.0, Unix oder Windows NT, die Neuinstallationen von Arbeitsplatz-Betriebssystemen bis Mitte der neunziger Jahre dominieren. Die Gründe liegen vorwiegend in der grossen Zahl verfügbarer Standard-Anwendungspakete, der noch weiten Verbreitung von DOS als Basisbetriebssystem und den hohen Hardware-voraussetzungen von OS/2 Vers. 2, Unix oder Windows NT. Apple wird aufgrund seiner Kooperation mit IBM den Marktanteil des Macintosh voraussichtlich etwas ausbauen können, bleibt allerdings klar hinter Windows zurück.

Der Einsatz von Unix, OS/2 und Windows NT bleibt wahrscheinlich bis Mitte der neunziger Jahre noch vorwiegend auf Server, Hintergrundrechner und technische Anwendungen beschränkt. Der bis dann in den Unternehmen vollzogene Ausbau der Hardwareinfrastruktur könnte in der zweiten Hälfte der neunziger Jahre deren breiten Einsatz als Arbeitsplatz-Betriebssysteme begünstigen. Zusätzlich ist das gemeinsam von IBM und Apple angekündigte und auf RISC-Technologie aufsetzende Betriebs-system "Pink" zu berücksichtigen.

Welches der Betriebssysteme in der zweiten Hälfte der neunziger Jahre dominieren wird, ist heute noch nicht abzusehen. Unabhängig davon sind aber einige Merkmale zukünftiger Arbeitsplatz-Betriebssysteme zu erkennen [vgl. Bild 3.6.1./1].

- Unterstützung mehrerer Hardwareplattformen

- Integrationsplattform für verschiedene Sub-Betriebssysteme
  (z. B. MS-DOS, Windows, OS/2, POSIX)

- Echtes Multitasking

- Weitere Verbesserung der Benutzeroberfläche (Objektorientierung)

- Effizientere Nutzung der verfügbaren Hardwareplattformen
  (z. B. 32-Bit-Schnittstelle)

- Multimedia-Erweiterung

- Unterstützung der verteilten Verarbeitung auf mehreren
  Computern

Bild 3.6.1./1: Zukünftige Eigenschaften von
Arbeitsplatz-Betriebssystemen

Hinzu kommen auf die speziellen Bedürfnisse des mobilen Computereinsatzes ausge-richtete Betriebssysteme wie Pen von Go oder Pen-Windows von Microsoft.

Bei Grossrechnern und Midrange-Systemen ist bis Mitte der neunziger Jahre weiterhin eine Dominanz der proprietären Betriebssysteme wie MVS (IBM), VMS (DEC) oder OS/400 (IBM) zu erwarten. Mit dem Vordringen RISC-basierter Systeme im Midrange-Bereich wächst die Bedeutung von Unix. Ab Mitte der neunziger Jahre ist mit einer verstärkten Verbreitung Unix-basierter Transaktionssysteme zu rechnen. Dafür spre-chen die laufende Verbesserung der Transaktionsverarbeitungsfunktionen von Unix und das ständig steigende Softwareangebot. Marktprognosen zu Folge soll in den USA bis 1997 der Anteil von Unix-Software für kaufmännische Aufgaben die 50-Prozent-Marke erreicht haben, bei einem jährlichen Wachstum von 20 Prozent [vgl. hierzu auch Kap. 4.1.2.1.2., Leclerc/Prey 1992, S. 22].

3.6.2. Datenbanksysteme

Datenbanken sind durch lange Lebenszyklen gekennzeichnet, so dass in den Unter-nehmen unterschiedliche Datenbanktechniken koexistieren. Aus den siebziger und frühen achtziger Jahren stammen einfache Dateisysteme sowie hierarchische und netzwerkartige Datenbanksysteme. Seit Mitte der achtziger Jahre findet die relationale Datenbanktechnik zunehmend Verbreitung, und in den neunziger Jahren beherrschen erweiterte relationale bzw. objektorientierte Datenbanken die Diskussion.

3.6.2.1. Hierarchische und relationale Datenbanken

Während sich bei neueren Anwendungen relationale Datenbanksysteme vollständig durchgesetzt haben, basieren viele ältere Grossrechneranwendungen noch auf hierar-chischen bzw. netzwerkartigen Datenbanksystemen. Hierarchische Datenbanksy-steme zeichnen sich durch eine bessere Transaktionsleistung gegenüber relationalen Datenbanksystemen aus. Dieser Vorteil hierarchischer Datenbanksysteme schwächt sich allerdings mit der wachsenden Rechnerleistung und der weiteren Optimierung relationaler Datenbanksysteme zunehmend ab. Der in vielen Unternehmen bereits begonnene Migrationsprozess auf relationale Datenbanktechnik wird sich deshalb in den nächsten Jahren weiter fortsetzen [vgl. Meier 1992b, S. 41].

Daneben sind für die neunziger Jahre folgende datenbanktechnischen Entwicklungen relevant:

3.6.2.2. Verteilte Datenbanken

Mit der Tendenz zur Dezentralisierung wächst in den neunziger Jahren die Bedeutung verteilter Datenbanksysteme. Logisch zusammengehörende und gemeinsam verwal-tete Daten einer Datenbank sind dabei physisch auf miteinander vernetzte Rechner verteilt. Ein verteiltes Datenbankmanagementsystem

- übernimmt die physische Verteilung der Datenbestände auf die Rechner,

- gewährleistet die Unabhängigkeit von Benutzerabfragen oder Anwendungen von der physischen Verteilung der Daten,

- ermöglicht das Arbeiten auf lokalen Datenbeständen, auch wenn nicht alle Rechnerknoten zur Verfügung stehen,

- garantiert die Konsistenz der verteilten Daten und

- optimiert Datenhaltung und Datenabfragen.

Bis Mitte der neunziger Jahre werden die meisten relationalen Datenbankmanagementsysteme Funktionen zur verteilten Datenhaltung anbieten. Die breite Umsetzung verteilter Datenbanksysteme in die Praxis wird unter anderem von deren Fähigkeit abhängen, die von bestehenden Systemen gewohnten Anforderungen an die Datensicherheit und -konsistenz zu gewährleisten.

3.6.2.3.   Multimedia-Datenbanken

Konventionelle relationale Datenbanksysteme sind auf die Verwaltung strukturierter Daten bei begrenzter Feldgrösse ausgerichtet. Datenbanken zur Unterstützung multimedialer Systeme müssen zusätzlich die Verwaltung unstrukturierter Daten wie Text, Bild oder digitalisierte Sprache zulassen. So könnte es beispielsweise sinnvoll sein, in eine Immobilien-Datenbank Bilder von den Kaufobjekten aufzunehmen oder eine Personaldatenbank um die Photos der Mitarbeiter zu ergänzen.

Multimediale Datenbankmanagementsysteme definieren dazu einen neuen Datentyp, sogenannte Binary Large Objects (BLOBs). BLOBs können Texte, Graphiken, Sprachmuster, Bilder oder andere unstrukturierte Daten sein und einen Speicherbedarf bis zu mehreren Gigabyte aufweisen. Einzelne Hersteller relationaler Datenbankmanagementsysteme haben den relationalen Ansatz um BLOBs erweitert und greifen auf diese über SQL-Abfragen zu. Auch in den nachfolgend beschriebenen objektorientierten Datenbankmanagementsystemen werden zukünftig multimediale Daten verwaltet werden können.

3.6.2.4.   Objektorientierte Datenbanken

Anwendungen wie CAD, CASE oder Büroautomation sind durch komplexe Informationsobjekte gekennzeichnet, die sich aus mehreren eigenständigen Informationsobjekten zusammensetzen (z. B. Bauteilstrukturen, Programmmodule, Dokumentenstrukturen). Solche Strukturen lassen sich in konventionellen relationalen Datenbanksystemen nur schlecht abbilden. Objektorientierte Datenbanksysteme sollen zukünftig diese Restriktion beseitigen. Sie unterstützen

- die Definition von Objekttypen (Klassen), die sich wiederum aus anderen Objekttypen zusammensetzen können,

- die eigenständige Identifikation von Datenbankobjekten, unabhängig von ihrem aktuellen Wert (Objektidentifikation),

- die Zuordnung vordefinierter Operatoren bzw. Methoden, die auf Objekte oder
  Teilobjekte wirken (Datenkapselung) und

- die Vererbung von Eigenschaften der Objekte, die sich sowohl auf die Struktur als
  auch auf die Operatoren beziehen können.

Die Relevanz objektorientierter Datenbanken für die neunziger Jahre wird anhand
folgender Aussage deutlich: "Objektorientierte Datenbanken stehen heute dort, wo
relationale Systeme vor etwa 10 Jahren standen. Es liegt eine Vielzahl von For-
schungsergebnissen vor, etliche Prototypen wurden entwickelt, und mittlerweile wird
eine beachtliche Anzahl von Systemen unterschiedlicher Spielarten (...) auf dem Markt
angeboten" [Dittrich 1992, S. 18]. Mit zunehmender Reife werden objektorientierte
Datenbanksysteme vornehmlich in jenen Anwendungsbereichen zum Einsatz kommen, die bislang nur unzureichend durch Standard-Datenbanktechnik unterstützt
werden konnten (z. B. CAD, Büroautomation). Sie dehnen damit das Einsatzfeld der
Datenbanktechnik aus, ersetzen aber kaum relationale Datenbanken in ihren ange-
stammten Anwendungsgebieten.

Abschliessend sind noch wissensbasierte und temporale Datenbanken zu nennen.
Wissensbasierte Datenbanksysteme - auch deduktive Datenbanksysteme genannt -
verwalten neben Fakten Regeln, die eine Ableitung neuer Fakten ermöglichen. Sie unterstützen damit den Aufbau von Wissensbanken. Temporale Datenbanksysteme erlauben die zeitbezogene Ablage von Daten und unterstützen Abfragen, die in die Vergangenheit oder in die Zukunft gerichtet sind (z. B. wie lange war ein Mitarbeiter in
einer bestimmten Funktion tätig?). Nur wenige kommerzielle Datenbanksysteme unterstützen heute deduktive bzw. temporale Aspekte [vgl. Meier 1992a, S. 145ff. u.
154ff.].

3.6.3. Programmiersprachen

3.6.3.1. Programmiersprachen der 3.-und 4.-Generation

Der grösste Teil der betriebswirtschaftlichen Anwendungen in den Unternehmen ist in
der Programmiersprache Cobol erstellt. Bereits in den sechziger Jahren normiert, wurde
Cobol laufend der informationstechnischen Entwicklung angepasst. Die besondere
Eignung zur Handhabung grosser Datenmengen, der hohe Strukturierungsgrad und
die damit verbundenen Vorteile in der Programmdokumentation haben Cobol zur dominierenden Programmiersprache werden lassen. Eine ähnliche Rolle, wie Cobol für

betriebswirtschaftliche Anwendungen zukommt, nimmt die Programmiersprache Fortran im technisch-wissenschaftlichen Bereich ein.

Auch in den neunziger Jahren werden Cobol- und Fortran-Programme weiterhin einen grossen Teil des betrieblichen Applikationsspektrums ausmachen. Neue Anwendungen werden zunehmend in der normierten Programmiersprache C geschrieben, die sich durch ein besonders effizientes Laufzeitverhalten und leichte Portierbarkeit auf unterschiedliche Rechnerplattformen auszeichnet. Für die weitere Verbreitung von C spricht unter anderem die wachsende Tendenz zu Unix, das selbst zu 90 Prozent in C geschrieben ist.

In Ergänzung zu den Programmiersprachen der 3.-Generation haben sogenannte 4.-Generationssprachen in den Unternehmen breite Akzeptanz gefunden. Sie kommen zum einen zur effizienteren Anwendungsentwicklung durch Informatik-Mitarbeiter und zum anderen als Werkzeuge der individuellen Datenverarbeitung zum Einsatz.

3.6.3.2.   Objektorientierte Programmiersprachen

Objektorientierte Programmiersprachen lösen die in anderen Programmiersprachen übliche Trennung zwischen Daten und darauf operierende Funktionen (Methoden) durch die Definition von Objekten auf. Gleichartige Objekte werden in Klassen zusammengefasst, die wiederum Ober- oder Unterklassen zugeordnet sein können. Zwischen Oberklassen und Unterklassen werden Eigenschaften vererbt, d. h. einmal in einer Oberklasse programmierte Eigenschaften können in der Unterklasse übernommen werden. Das Prinzip des Polymorphismus erlaubt es, konzeptionell gleichartige Methoden auch gleich zu benennen, obwohl sie in der konkreten Ausführung variieren (z. B. kann der Befehl "Ausgabe" Drucken oder Bildschirmausgabe zur Folge haben) [vgl. Gassner 1992, S. 4ff.].

Wichtige Vorteile objektorientierter Programmiersprachen liegen in einer realitätsnahen und effizienten Programmierung sowie in der Wiederverwendbarkeit einmal definierter Objekte. Mit dem Entstehen umfangreicher Objekt- bzw. Klassenbibliotheken werden die Vorteile der objektorientierten Programmierung verstärkt zum Tragen kommen. Einmal programmierte Objekte lassen sich dann zur Entwicklung unterschiedlicher Anwendungen wiederholt einsetzen.

Objektorientierte Programmiersprachen eignen sich besonders zur Programmierung objektorientierter Benutzeroberflächen bzw. Entwicklungsumgebungen. Sie stellen zum Teil umfangreiche Objektklassen zur Gestaltung der Benutzeroberfläche (z. B. Menüs, Regler, Symbole) bereit, die sich per Mausbedienung in gewünschter Form auf dem Bildschirm anordnen und miteinander verknüpfen lassen. Die vordefinierten Objektklassen können um eigene Bausteine ergänzt werden. Die Programmierung von Benutzeroberflächen wird damit erheblich vereinfacht.

Objektorientierte Programmiersprachen haben bisher in den Entwicklungsabteilungen der Unternehmen noch keine breite Umsetzung gefunden, wenngleich viele Unternehmen in einzelnen Projekten Erfahrungen mit objektorientierten Konzepten sammeln. Immer mehr Softwareanbieter richten ihre Entwicklungsstrategie auf die Objektorientierung aus und sehen in ihr eine Schlüsseltechnologie für die Softwareentwicklung. In den neunziger Jahren ist somit in wachsendem Masse mit objektorientierten Softwareprodukten zu rechnen.

Neben objektorientierten Programmiersprachen sind noch logische und parallele Programmiersprachen zu nennen, die den besonderen Anforderungen zur Entwicklung wissensbasierter bzw. verteilter, paralleler Systeme gerecht werden. Die am weitesten verbreitete logische Programmiersprache ist Prolog. Wichtige parallele Programmiersprachen sind LINDA, Concurrent C und OCCAM [vgl. Carriero/Gelernter 1992, S. 97ff., Weizer 1991, S. 117]. Zusätzlich gewinnen sogenannte Workflow Languages, die den Dokumentenfluss im Unternehmen steuern, an Beachtung [vgl. Kap. 4.1.2.3.1.].

3.6.4. Anwendungssoftware

3.6.4.1. Softwarearchitekturen

Die von Hard- und Softwareherstellern Ende der achtziger und Anfang der neunziger Jahre veröffentlichten Softwarearchitekturen wie Systems Application Architecture (SAA) von IBM, Network Application Support (NAS) von DEC, Computing Architecture for the 90s (CA 90´s) von Computer Associates oder Open Cooperative Computing Architecture (OCCA) von NCR/AT&T sind der Versuch, die Entwicklung von Anwendungssoftware an einem gemeinsamen Leitfaden auszurichten. Dabei stehen folgende Ziele im Vordergrund:

- *Portabilität*, d. h. Applikationen sollen auf verschiedenen Rechnerebenen und zum Teil herstellerunabhängig einsetzbar sein.

- *Interoperabilität*, d. h. Daten sollen zwischen unterschiedlichen Applikationen und Plattformen frei ausgetauscht werden können.

- *Benutzerfreundlichkeit*, d. h. Applikationen sollen eine einheitliche, komfortable Gestaltung der Benutzeroberfläche aufweisen.

Softwarearchitekturen legen dazu einheitliche Schnittstellen zum Benutzer, zu den Daten, zum Betriebssystem und zu anderen Applikationen fest. Dies soll kurz anhand der Softwarearchitektur NAS von DEC erläutert werden [vgl. Bild 3.6.4./1].

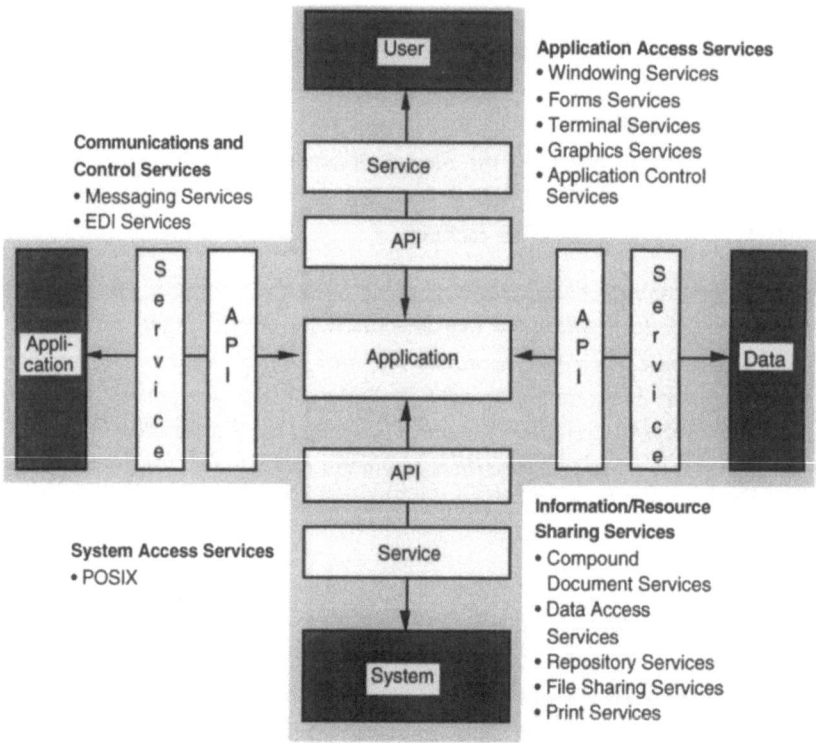

API = Application Programming Interface

Bild 3.6.4./1: Network Application Architecture (NAS) von DEC
[vgl. DEC 1990, S. 2/4]

NAS stellt zur Programmierung von Anwendungen sogenannte "Services" bzw. Pro-
grammierschnittstellen (Application Programming Interfaces) bereit, die die eigentliche
Applikation von den darunterliegenden Systemkomponenten (Datenbanken, Netzwerke, Betriebssysteme und Hardwareplattformen) abschirmen [vgl. Bild 3.6.4./1.].

Sämtliche Services stehen dem Entwickler als Softwareprodukte (z. B. Entwickler-
Toolkits, Softwarebibliotheken) zur Verfügung, die er zur Programmierung von An-
wendungen nutzen kann. Services bilden eine zusätzliche Softwareschicht zwischen
Anwendung und Systemsoftware. Sie stellen den verallgemeinerbaren Teil einer An-
wendung dar. Für diese Kategorie von Software hat die Softwareindustrie den Begriff
"Middleware" kreiert [vgl. auch Kap. 4.2.2.1.2.]. Softwarearchitekturen sind als eine
Kollektion von Middleware-Produkten zu verstehen [vgl. King 1992, S. 58ff.].

Durch den Einsatz von Middleware muss sich der Softwareentwickler nicht mit sy-
stemnahen Spezifika auseinandersetzen, sondern kann sich auf die Anwendungslogik
konzentrieren. Gleichzeitig ist die fertige Anwendungssoftware auf unterschiedlichen

Rechnerplattformen lauffähig (hier: VMS/VAX, ULTRIX/VAX und ULTRIX/RISC) [vgl. DEC 1990].

Die Softwarearchitekturen anderer Anbieter bieten ähnliche Services bzw. Schnittstellen zur Unterstützung der Anwendungsentwicklung an. Deutliche Unterschiede bestehen teilweise in der Berücksichtigung von Standards. Während beispielsweise NAS auf eine heterogene Systemumgebung ausgerichtet ist und sich eng an Standards orientiert, bezieht sich SAA eher auf herstellereigene Systemkomponenten, allerdings mit Tendenz zur Öffnung. Gemeinsam ist allen Softwarearchitekturen deren Ausrichtung auf eine verteilte Verarbeitungsumgebung im Sinne des Client-Server-Konzepts.

Softwarearchitekturen sind als langfristig ausgerichtete Rahmenwerke zu betrachten, die herstellereigenen und externen Softwareentwicklern Richtlinien zur Entwicklung interoperabler, portabler und benutzerfreundlicher Applikationen vorgeben. Sie werden im Laufe der neunziger Jahre zur schrittweisen Realisierung einer verteilten Verarbeitungsumgebung beitragen.

Ziel der Softwarearchitekturen ist zum einen, die Produktivität der Entwicklungsleistungen durch einheitliche Richtlinien zu erhöhen und zum anderen die vorhandenen proprietären Systemwelten durch das Aufzeigen einer langfristigen Perspektive und den schrittweisen Einbau internationaler Standards zu verteidigen. Aus Anwendersicht bieten die Systemarchitekturen eine Ausgangsbasis zur Planung verteilter, kooperierender Systeme in den Unternehmen.

3.6.4.2. Client-Server-Systeme

Client-Server wird häufig mit einem reinen Hardware-Konzept gleichgesetzt, das sich auf die Installation von Servern und Workstations im Netz beschränkt. Mehr als diese hardwaretechnischen Voraussetzungen bestimmt die Verfügbarkeit entsprechend angepasster Anwendungssoftware die Umsetzung des Client-Server-Konzepts.

Ziel des Client-Server-Konzepts ist es, die verfügbaren informationstechnischen Ressourcen optimal auszunutzen. Dazu teilen Client-Server-Systeme die Anwendung in einen benutzernahen Teil, den der Arbeitsplatzrechner bzw. Client übernimmt und in einen zentral vom Server ausgeführten Teil auf. Der Client übernimmt Aufgaben wie das Steuern der Benutzeroberfläche, die Visualisierung von Daten oder die Eingabeprüfung. Durch den Server werden häufig rechenintensive Aufgaben abgewickelt, Funktionen der Datenspeicherung und -manipulation übernommen sowie spezielle Dienste wie beispielsweise das Drucken von Dokumenten oder das Versenden elektronischer Post bereitgestellt. Der Client ruft die vom Server zur Verfügung gestellten Dienste bedarfsgesteuert auf (Remote Procedure Call) [vgl. Schill 1992, S. 79ff.]. Für den Benutzer bleibt diese Aufgabenteilung zwischen Client und Server unsichtbar.

Es ist ein klarer Trend zu Client-Server-Architekturen zu erkennen. Wie in Kapitel 4. noch aufgezeigt wird, richten sich zukünftig sämtliche Anwendungsbereiche

(Applikationstypen) an einer verteilten Informationsverarbeitungsumgebung aus. Die Erfahrungen der Unternehmen in der Entwicklung und im Einsatz von Client-Server-Systemen sind allerdings noch relativ gering. Mit der Verbesserung der infrastrukturellen Voraussetzungen durch lokale Netze und leistungsfähige Arbeitsplatzrechner, dem wachsenden Angebot von Client-Server-Anwendungen sowie weiteren Fortschritten bei den Standardisierungsbemühungen im Bereich der verteilten Datenverarbeitung (z. B. Distributed Computing Environment der Open Software Foundation), ist mit einer zunehmenden Verbreitung von Client-Server-Architekturen in den Unternehmen zu rechnen.

3.6.4.3.   Standard-Anwendungssoftware

Als Standard-Anwendungssoftware kann ein fertiges Softwarepaket bezeichnet werden, das für seinen Anwendungsbereich eine weitgehend allgemeingültige Funktionalität aufweist und auf eine mehrfache Nutzung ausgelegt ist [vgl. Hansen 1992, S. 396]. Das Spektrum am Markt verfügbarer Standard-Anwendungssoftware ist breit und reicht von relativ einfachen Endbenutzerwerkzeugen wie Textverarbeitung oder Tabellenkalulation bis zu komplexen, integrierten Administrationssystemen wie zum Beispiel R/2 bzw. R/3 von SAP. Standardsoftwarepakete haben heute in vielen Bereichen eine sehr hohe Funktionalität erreicht, die Eigenentwicklung in vielen Fällen nicht mehr rechtfertigt.

Einige Gründe für den Einsatz von Standard-Anwendungssoftware sind [vgl. Österle 1990, S. 21ff.]:

- Durch den Zukauf von Standard-Anwendungssoftware lässt sich vielfach eine schnellere Einführungsgeschwindigkeit als bei Eigenentwicklung erzielen.

- Die Entwicklungs- und Einführungskosten liegen in den meisten Fällen erheblich niedriger als bei Eigenentwicklung.

- Die verfügbare Kapazität für Eigenentwicklungen kann auf strategische Applikationen konzentriert werden.

- Mit Standard-Anwendungssoftware erwerben Unternehmen informationstechnisches und organisatorisches Know-how.

- Durch die laufende Verbesserung der Softwarepakete (z. B. neue Funktionen, Anpassung an neue Hard- und Software oder gesetzliche Vorschriften) nehmen Unternehmen automatisch an der informationstechnischen Weiterentwicklung teil und reduzieren damit im Vergleich zur Eigenentwicklung ihre Wartungsaufwendungen.

Bereits 1990 wendeten deutsche Unternehmen ca. 20 Prozent ihrer gesamten Informatik-Ausgaben für Standardprogramme auf. Das entspricht einem Marktvolumen von rund 10 Milliarden DM [vgl. Frey 1990, S. 84].

Die Bedeutung von Standard-Anwendungssoftware wird weiter zunehmen. Bis Mitte der neunziger Jahre prognostiziert das Marktforschungsunternehmen International Data Corporation (IDC) eine durchschnittliche jährliche Zuwachsrate von 22 Prozent, was bis 1995 zu einem Marktvolumen von ca. 27 Milliarden DM führen wird. Kein anderes Segment des Hard- und Softwaremarktes kann ähnlich hohe Wachstumsraten aufweisen [vgl. Frey 1990, S. 84ff., Grobe 1992, S. 5].

3.6.4.4. Künstliche Intelligenz

Das Forschungsgebiet der Künstlichen Intelligenz (KI) beschäftigt sich mit der Übertragung menschlicher Intelligenzleistungen auf den Computer. Unter Software-Gesichtspunkten sind Expertensysteme und neuronale Netze als wichtige Forschungsschwerpunkte der KI hervorzuheben[5].

• Expertensysteme

Neben der Robotik ist die Expertensystemtechnik die bislang am weitesten verbreitete Anwendungsform der KI. In den Kapiteln zu den Applikationstypen wird näher auf die Bedeutung von Expertensystemen eingegangen [vgl. insbesondere Kap. 4.4.2.5.2., Kap. 4.5.2.1.1., Kap. 4.6.2.3.1.]. Expertensysteme basieren auf einer expliziten Wissensrepräsentation, d. h. das Wissen von Experten wird extrahiert und explizit in einer Wissensbasis mit geeigneten Beschreibungsformalismen repräsentiert. Einen anderen vielversprechenden Ansatz der Wissensverarbeitung verfolgen neuronale Netze [vgl. Bechtolsheim/Schweichhart/Winand 1991, S. 8f.].

• Neuronale Netze

Neuronale Netze orientieren sich an neurobiologischen Modellen des Gehirns. Ähnlich der Vielzahl untereinander verbundener menschlicher Nervenzellen, bestehen neuronale Netze aus softwaretechnisch miteinander verknüpften Knoten. Ein Knoten nimmt - vereinfacht gesagt - von anderen Knoten des Netzes Inputwerte gewichtet auf, verarbeitet diese zu einem aktuellen Wert und gibt diesen Wert als Output an nachgelagerte Knoten weiter. Die Gewichtung der Inputwerte kann durch Rückmeldungen über die Richtigkeit der Ergebnisse anhand eines vordefinierten Algorithmus verändert werden. Das führt zu einer der wichtigsten Eigenschaften von neuronalen Netzen: die Lernfähigkeit (maschinelles Lernen). Abhängig von der Aufgabenstellung kommen unterschiedlichste Netzwerkvarianten zum Einsatz, die sich hauptsächlich in der Anzahl der Netzelemente, der Netzstruktur und dem implementierten Lernalgorithmus unterscheiden [vgl. Gisel 1992, S. 148ff.].

Das Einsatzpotential neuronaler Netze ist breit und liegt vorwiegend in Aufgabengebieten in denen es gilt, Muster zu erkennen und unscharfe Informationen zu verarbei-

---

5 Auf Fuzzy-Logik, als eine weitere KI-Technik, wird im Rahmen des Applikationstyps "Prozesssteuerung" eingegangen [vgl. Kap. 4.6.2.3.1.].

ten. Beispiele dafür sind die optische Analyse (z. B. Auswertung von Röntgenbildern, Qualitätskontrollen im Textilbetrieb), die Sprach- oder Handschrifterkennung, die Steuerung von Robotern sowie finanzwirtschaftliche Analysen und Prognosen. Neuronale Netze stossen damit in Aufgabenbereiche vor, die bisher nicht oder nur schwach informationstechnisch unterstützt werden konnten. Sie können in Zukunft bisher übliche statistische Verfahren und in Teilbereichen auch Expertensysteme ersetzen bzw. ergänzen. Ein wesentlicher Vorteil neuronaler Netze gegenüber Expertensystemen ist, dass sie durch ihre Lernfähigkeit den mühsamen Prozess der Wissensakquisition und -repräsentation vermeiden. Allerdings fehlt neuronalen Netzen eine Erklärungskomponente, wie sie bei Expertensystemen möglich ist. Um zukünftig die Vorteile von neuronalen Netzen und Expertensystemen zu kombinieren, stehen hybride Systeme zur Diskussion. So könnte beispielsweise in der medizinischen Anwendung ein neuronales Netz Anomalien auf Röntgenbildern feststellen und ein Expertensystem bei der Diagnose der möglichen Ursachen behilflich sein [vgl. Wilbert/Czap 1992, S. 801, Gisel 1992, S.156].

Neuronale Netze haben noch nicht die Reife für einen breiten Einsatz in den Unternehmen erlangt. Die Einstiegsbarrieren in diese neue Technologie sind noch hoch. Neben relativ teurer Spezialhard- und -software sind zur Entwicklung operativer Systeme sehr gute Fachkräfte notwendig, die sich sowohl im Design neuronaler Netze als auch in der zu lösenden Aufgabenstellung auskennen müssen [vgl. Rehkugler/Podig 1992, S. 57]. Dennoch sind in speziellen Bereichen bereits Anwendungen im Entstehen, die das Leistungspotential neuronaler Netze eindrücklich dokumentieren. Einer dieser Bereiche ist die Finanzprognose. Es gibt wohl kaum eine Grossbank, die sich heute nicht mit neuronalen Netzen beschäftigt. Grund sind die mit neuronalen Netzen erheblich verbesserbaren Trefferquoten bei der Finanzprognose. Tests mit einem Software-System der Schweizerischen Bankgesellschaft haben ergeben, dass bei der Vorhersage der Wechselkurse DM/Dollar für einen Zeitraum von ein bis drei Tagen eine Trefferquote zwischen 60 und 65 Prozent erreicht werden können, während sehr gute Devisenhändler maximal 57 Prozent erreichen. Bei Prognosen, ob die Zinsen in einem, zwei oder drei Monaten höher oder tiefer liegen, lag die Zuverlässigkeit bei über 80 Prozent. Die Datenbasis des Systems bilden die Zinswerte und andere relevante Wirtschaftskennzahlen der vergangenen zehn Jahre, aus denen das neuronale Netzwerk Erklärungsmuster ableitet [vgl. Breu 1992, S. 17].

Neben den hier beschriebenen softwaretechnischen Realisierungsformen neuronaler Netze sind zusätzlich parallelverarbeitende Neurocomputer bzw. Neurochips in Entwicklung, die auf die speziellen hardwaretechnischen Bedürfnisse neuronaler Netze ausgerichtet sind [vgl. Tafti 1992, S. 51]. Damit sind zukünftig weitere Performance-Verbesserungen neuronaler Netze zu erwarten.

3.7.   Informationstechnik und Unterhaltungselektronik

Die vorausgegangenen Kapitel haben wichtige informationstechnische Entwicklungen der neunziger Jahre aufgezeigt. Abschliessend ist darauf hinzuweisen, dass ein genereller Trend zur Annäherung von Unterhaltungselektronik und Informationstechnik zu beobachten ist [vgl. Negroponte 1991, S. 104ff., Schutzer 1991, S. 62]. Traditionelle Technologie-, Markt- und Branchengrenzen verschwimmen zunehmend. Fortschritte in der Unterhaltungselektronik wirken sich direkt oder indirekt auf die Weiterentwicklung der Informationstechnik aus und umgekehrt. So wurde der wirtschaftliche Einsatz der LCD-Technik in mobilen Computern wesentlich durch den Know-how-Transfer aus der Unterhaltungsindustrie (z.B. Videospiele, Minifernseher) beeinflusst. Weitere Beispiele sind die Anwendung der HDTV-Technik bei Hochleistungsscannern, die Entwicklung von Multimedia-CDs (z.B. CD-I, CDTV) für die privaten Haushalte und der Aufbau sogenannter "Information Superhighways", die das Fernsehen und eine Vielzahl weiterer Informations- und Kommunikationsdienste integrieren.

4. Applikationstypen und ihre zukünftige Entwicklung

Nachdem Kapitel 3 einen anwendungsneutralen Überblick über informationstechnische Trends gegeben hat, stellt Kapitel 4 mit den Applikationstypen den Bezug zu den geschäftlichen Anwendungsformen der Informationstechnik her.

Für jeden der sechs Applikationstypen erfolgt zunächst eine Beschreibung seiner Charakteristika. Diese gibt Aufschluss über die durch den Applikationstyp unterstützten Funktionen und andere typische Merkmale (z. B. Infrastruktur, Entwicklungsumgebung) sowie über die bestehenden Restriktionen des Applikationstyps. Vor diesem Hintergrund folgt eine Beurteilung der zukünftigen Entwicklung des jeweiligen Applikationstyps [vgl. Kap. 2.4.]. Einleitend geben die IT-Landkarte und eine ergänzende tabellarische Darstellung einen Überblick über die für den Applikationstyp wichtigen Informationstechniken und die identifizierten Entwicklungsschwerpunkte (IT-Cluster). Anschliessend wird auf die einzelnen Entwicklungsschwerpunkte näher eingegangen. Jeder Applikationstyp schliesst mit einer thesenartigen Zusammenfassung ab.

4.1. Applikationstyp "Administration"

4.1.1. Charakteristika von Administrationssystemen

Administrationssysteme gehören, historisch betrachtet, zu den ersten betrieblichen Anwendungen der Informationstechnik. In den meisten Unternehmen stellen sie auch heute die Basis der betrieblichen Informationsverarbeitung dar. Administrationssysteme unterstützen und übernehmen betriebliche Verwaltungsfunktionen wie

- die Produktionsplanung und -steuerung (PPS) in einem Fertigungsbetrieb,

- die Ausleihe und Rückgabe von Büchern in einer grossen Bibliothek,

- die Buchung von Reisen in einem Reisebüro oder

- das Führen von Einwohnermeldedaten in der öffentlichen Verwaltung.

Neben der effizienten Abwicklung von Verwaltungsprozessen bilden Administrationssysteme aber auch immer stärker die Grundlage für eine den Anforderungen des Wettbewerbs entsprechende Qualität und Geschwindigkeit der Leistungserstellung. Beispielsweise wären Konzepte wie Just-in-Time oder Quick-Response ohne die Unterstützung komplexer Administrationssysteme nicht realisierbar. Dabei geht es nicht mehr primär um das Automatisieren mechanistischer Abläufe, sondern um die integrierte Bereitstellung der zur Administration notwendigen Informationen und Werkzeuge.

Administrationssysteme finden in Aufgabenbereichen Anwendung, die durch einen hohen Routinegehalt gekennzeichnet sind, d. h. es werden eine grosse Zahl gleichartiger Geschäftsprozesse abgewickelt. Der Strukturierungsgrad der Verarbeitung und der Daten ist - verglichen etwa mit Office-Applikationen - sehr hoch. Die Daten sind durch eine starke Granularität gekennzeichnet und die Verarbeitung ist algorithmisch fixiert. Eine grosse Anzahl von Benutzern führt zu hohen Ein-/Ausgaberaten.

In der Regel bilden Transaktionssysteme die technische Grundlage für Administrationssysteme. Trotz der allgemeinen Tendenz zu kleineren, dezentralen Systemen laufen die meisten Administrationssysteme noch auf speziell für die Transaktionsverarbeitung ausgelegten zentralen Mainframes. Die Entwicklungsumgebung ist durch 3.- und 4.-Generationssprachen geprägt; CASE-Werkzeuge finden in Administrationssystemen ihr Haupteinsatzgebiet. Anwendungssoftwarepakete bieten umfassende Standardlösungen für Administrationssysteme. Sie lassen sich durch Parametrisierung an die Betriebsspezifika anpassen.

4.1.1.1. Funktionen

Wichtige, durch Administrationssysteme unterstützte Funktionen sind in Bild 4.1.1.1./1 dargestellt:

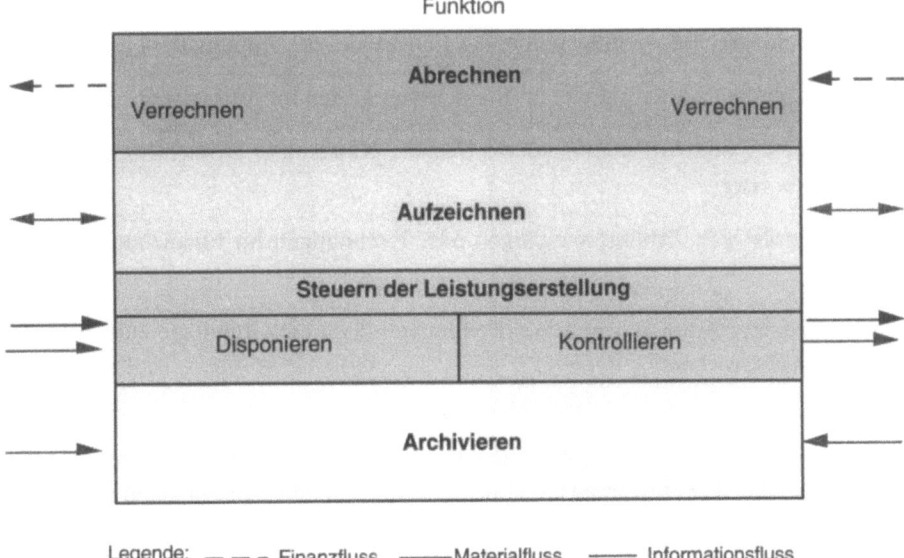

Bild 4.1.1.1./1: Funktionen des Applikationstyps "Administration"

- **Abrechnen**
  Ein klassischer Aufgabenbereich für Administrationssysteme ist das Abrechnen einer grossen Anzahl von Geschäftsvorfällen rund um den Finanzfluss eines Unternehmens.

Beispiele sind

- die Verrechnung von Leistungen innerhalb und ausserhalb des Unternehmens,

- der Quartalsabschluss in der betrieblichen Lohn- und Finanzbuchhaltung,

- die Abrechnung von Kreditkartentransaktionen einer Bank,

- die Abrechnung der Tageseinnahmen einer Einzelhandelskette oder

- die Abwicklung des gesamten Zahlungsverkehrs zwischen den schweizerischen Banken mit Hilfe des Swiss Interbank Clearings (SIC) [vgl. Telekurs 1991].

Die manuelle Durchführung dieser Aufgaben ist in mittleren und grossen Unternehmen aus wirtschaftlichen Gesichtspunkten nicht mehr denkbar.

- **Aufzeichnen**

Die Aufzeichnungsfunktion bildet den Informationsfluss zur Abwicklung des operativen Geschäfts eines Unternehmens ab. Beispiele dafür sind

- die Rückmeldung von Fertigungsaufträgen an das PPS-System über die Betriebsdatenerfassung,

- das Buchen von Lagerein- und -abgängen über das Lagerhaltungssystem,

- das Empfangen von Aufträgen über das EDI-Modul des Administrationssystems,

- das Führen und Aktualisieren von Kundenstammdaten im Administrationssystem,

- das Erfassen von Artikeldaten an der Scanner-Kasse eines grossen Einzelhandelsgeschäfts oder

- die Eingabe von Zahlungseingängen oder Rechnungen im Finanzbuchhaltungssystem.

Die so protokollierten betrieblichen Ereignisse bilden die Grundlage zur Steuerung der Geschäftsprozesse.

- **Steuern**

Die administrative Steuerung der Leistungserstellung stellt einen zentralen Aufgabenbereich von Administrationssystemen dar. In Fertigungsunternehmen übernimmt das PPS-System einen wichtigen Teil dieser Steuerungsfunktion. Basierend auf den über die Aufzeichnungsfunktion bereitgestellten Daten können die zur Fertigung notwendigen Ressourcen disponiert sowie der Materialfluss und der Fertigungsprozess kontrolliert und gesteuert werden.

Aber auch in Bereichen, in denen die Leistungserstellung nicht zwangsläufig durch ein physisches Produkt repräsentiert ist, übernehmen Administrationssysteme Steuerungsfunktionen.

Beispiele dafür sind

- die Steuerung des Bearbeitungsdurchlaufs einer Versicherungspolice in einem Versicherungsunternehmen mit Hilfe eines Vorgangssystems oder

- die elektronische Abwicklung eines Genehmigungsverfahrens in einer öffentlichen Verwaltung.

Eine wichtige Rolle zur Steuerung der Leistungserstellung spielt die Integration von Daten und Funktionen. Integrierte Administrationssysteme fördern die Transparenz der operativen betrieblichen Abläufe, erhöhen die Dispositionsfähigkeit des Unternehmens und ermöglichen folglich eine bessere Leistungsfähigkeit (z. B. Auskunftsbereitschaft, Lieferservice) gegenüber dem Kunden [vgl. Beispiel Administration/1].

• **Archivieren**

Die Archivierungsfunktion von Administrationssystemen dient der Rekonstruktion von Geschäftsvorfällen. Sie hilft beispielsweise beim Wiederauffinden von Auftragsdokumenten bei einer Kundenreklamation oder stellt sicher, dass auf steuerlich relevante Belege gemäss gesetzlicher Aufbewahrungspflicht zugegriffen werden kann.

Die klassische Form der Archivierung findet in Form der Ablage von Dokumenten in Ordnern statt. Grosse Datenmengen zwangen zu raumsparenden Lösungen wie Microverfilmung. Der Einsatz moderner Informationstechnik (z. B. optische Speicher) bietet heute, zusätzlich zur Raumersparnis, schnelle Zugriffszeiten und umfangreiche Retrievalmöglichkeiten. Hinzu kommt die Archivierung der strukturierten Daten des Administrationssystems auf Magnetband oder anderen kostengünstigen Speichermedien.

Das nachfolgende konstruierte Beispiel zeigt das Zusammenspiel der Teilkomponenten eines integrierten Administrationssystems in einem Fertigungsbetrieb.

Beispiel Administration/1

Das integrierte Administrationssystem eines Büromöbelherstellers

"Ergochair" ist ein mittelständisches Unternehmen der Büromöbelbranche mit ca. 500 Mitarbeitern. Das Produktionsprogramm ist durch eine relativ hohe Variantenvielfalt (z. B. Bezüge, Farbkombinationen, Gestellbeschichtungen) gekennzeichnet. Neben der guten Qualität der Produkte ist die hohe Lieferbereitschaft eine der Erfolgspositionen des Unternehmens. Das integrierte Administrationssystem von Ergochair bildet dafür eine wichtige Voraussetzung. Bild 4.1.1.1./2 zeigt, welche administrativen Aufgaben das System unterstützt.

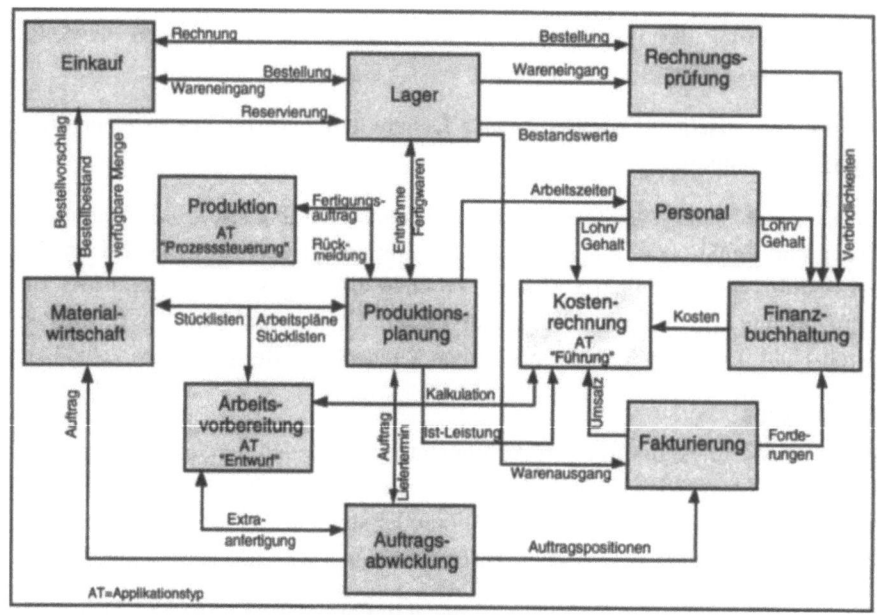

Bild 4.1.1.1./2: Integriertes Administrationssystem eines Büromöbelherstellers
[in Anlehnung an Österle 1991, S. 3]

"Ergochair" plant in seiner jährlichen Absatzplanung, wieviele Stühle voraussichtlich im nächsten Geschäftsjahr zu produzieren sind. Diese bis auf Produktgruppenebene durchgeführte Prognose ist Grundlage für die auf die Monate aufgeteilte Grobkapazitätsplanung. Produkte eines sogenannten Schnelliefer-Programms werden anhand dieser Planung auf Lager produziert, um eine sehr kurze Lieferzeit garantieren zu können. Die Produktion des Standardprogramms, das den grössten Teil des jährlichen Absatzes ausmacht, erfolgt weitgehend bedarfsgesteuert.

Einen von der *Auftragsabwicklung* erfassten Kundenauftrag über 150 Bürostühle aus dem Standardprogramm löst das PPS-System anhand der gespeicherten Stücklisten in den zur Fertigung notwendigen Materialbedarf auf. Die zur Fertigung des Auftrags notwendigen Materialien werden, unter Berücksichtigung der Vorlaufzeit für Halbfabrikate (z. B. Stuhlmechanik, Polster) reserviert, d. h. der verfügbare Lagerbestand entsprechend reduziert. Die *Materialwirtschaft* hat somit jederzeit den Überblick über den verfügbaren, d. h. den noch nicht disponierten Materialbestand. Das PPS-System stösst bei Bedarf, unter Berücksichtigung der Wiederbeschaffungszeit, automatisch Bestellungen beim *Einkauf* an.

Die *Produktionsplanung* übernimmt die Terminvergabe und die Grobsteuerung des Produktionsprozesses. Dazu berechnet das PPS-System anhand der Arbeitspläne aus der *Arbeitsvorbereitung* und der Kapazitätssituation den voraussichtlichen Liefertermin und initiiert die Freigabe von Fertigungs- und Entnahmeaufträgen. Die *Auftragsabwicklung* teilt mit der schriftlichen Auftragsbestätigung dem Kunden den Liefertermin mit. Über die Betriebsdatenerfassung rückgemeldete, abgeschlossene Arbeitsgänge aktualisieren die zur Terminplanung notwendige Kapazitätssituation und erlauben eine Überprüfung des Ferti-

gungsfortschritts. Nach Rückmeldung des letzten Arbeitsganges - in der Regel die End-
montage - werden die Stühle in das (Fertigwaren-)*Lager* eingebucht. Der Versand ruft daraufhin den Lieferschein zur Versendung der Stühle ab, was die *Fakturierung* des Kundenauftrags auslöst.

Die Fakturierung findet in der *Finanzbuchhaltung* als Forderung ihren Niederschlag. Bei
Zahlungsverzug des Kunden generiert das Finanzbuchhaltungssystem automatisch einen
Mahnvorschlag. Die aus Bestellungen des *Einkaufs* eingehenden Rechnungen werden als
Verbindlichkeiten in das Finanzbuchhaltungssystems eingegeben. Zuvor nimmt die *Rech-
nungsprüfung* einen Vergleich der Bestellungen bzw. Lieferungen mit den Rechnungen
vor. Ergänzt um die Bestandsveränderungen aus der *Lagerbuchhaltung* gehen diese Daten
unter anderem in die periodischen Abschlussrechnungen der Finanzbuchhaltung und der
Kostenrechnung ein.

Obwohl nicht alle Funktionen des Administrationssystems in diesem Beispiel beschrieben
sind, zeigt sich, wie eng die einzelnen Komponenten des Administrationssystems miteinander verknüpft sind. Durch den hohen Integrationsgrad des Systems konnte Ergochair die
betrieblichen Abläufe transparenter gestalten, die Durchlaufzeit von Aufträgen optimieren
und Ineffizienzen bei der Abwicklung administrativer Prozesse (z. B. Doppelerfassung)
vermeiden.

4.1.1.2.   Restriktionen

Folgende Restriktionen behindern zur Zeit die volle Ausschöpfung des Anwendungs-
potentials von Administrationssystemen.

• Beschränkung auf strukturierte Information

Heutige Administrationssysteme sind vorwiegend auf die Verarbeitung stark strukturierter Informationen beschränkt. Die Steuerung betrieblicher Abläufe erfordert jedoch
in vielen Fällen die Berücksichtigung schwach strukturierter Informationen wie z. B.
Briefe oder Bildinformationen. Administrationssysteme binden diese Informationen nur
in wenigen Fällen mit ein, d. h. ein wesentlicher Teil der zur Abwicklung des operativen Geschäfts relevanten Informationen kann nicht informationstechnisch bereitgestellt werden. Daraus entstehende Medienbrüche führen zu Ineffizienz.

• Mangelnde Integration

Die Qualität der Steuerungsfunktion von Administrationssystemen hängt in entschei-
dendem Masse von der Integration der Teilkomponenten (z. B. Einkauf, Finanzen,
Produktionssteuerung) ab. Standardsoftwarepakete für Administrationssysteme haben
einen sehr hohen Integrationsgrad erreicht und kommen in zunehmendem Masse zum
Einsatz. In vielen Unternehmen ist jedoch noch eine grosse Anzahl heterogener, eigenentwickelter Systeme anzutreffen. Die Integration der Teilkomponenten des Administrationssystems ist dort, wenn überhaupt, durch mühsame Schnittstellenpro-

grammierung realisiert. Dieses Schnittstellenproblem entsteht auch dann, wenn eine Verbindung zwischen Standardsoftwarekomponenten und eigenentwickelter Software herzustellen ist.

• **Mangel an Flexibilität**

Viele Administrationssysteme haben betriebliche Abläufe zementiert. Organisatorische Änderungen führen zu erheblichen Programmieraufwendungen. Einmal unter früheren Gesichtspunkten als Rationalisierungsinstrument erfolgreich implementierte Administrationssysteme werden zum Hemmschuh für Reorganisationen.

• **Interne Ausrichtung**

Administrationssysteme waren lange Zeit und sind in einer Vielzahl von Unternehmen noch ausschliesslich an der Unterstützung interner Abläufe orientiert. Standardisierungsbestrebungen im EDI-Bereich (z. B. EDIFACT) brechen langsam die betrieblichen Grenzen für Administrationssysteme auf. Die weitreichende Unterstützung von Marktmechanismen durch Administrationssysteme steckt jedoch noch in den Anfängen und ist auf einzelne Branchen und Anwendungsbereiche beschränkt (z. B. Flugreservationssysteme, Finanzapplikationen). Neue Einsatzformen und Nutzenpotentiale durch die Erweiterung von Administrationssystemen um marktorientierte Komponenten bleiben häufig noch ungenutzt bzw. scheitern an technischen Restriktionen wie z. B. fehlenden Standards oder unzureichenden Kommunikationsdiensten.

• **Proprietäre Systeme**

Administrationssysteme sind in den meisten Unternehmen auf zentralen, proprietären Systemen implementiert. Interoperabilität zu anderen Applikationen und Portabilität auf andere Rechnerklassen ist kaum vorhanden bzw. nur durch erhebliche Entwicklungsaufwendungen realisierbar. Die allgemein erkennbare Entwicklung zu offenen Systemen schreitet bei Administrationssystemen nur sehr zögernd voran.

• **Alter der Technik**

Administrationssysteme basieren in den meisten Unternehmen auf veralteter Technik. Von allen Applikationstypen stellen sie den grössten Anteil an den sogenannten "Altlasten". Umfangreiche Wartungsarbeiten an Administrationssystemen - insbesondere bei eigenentwickelten Applikationen - binden wertvolle Informatikressourcen. Informationstechnische Innovationen, wie z. B. neue Datenbankmanagementsysteme oder neue Benutzeroberflächen, finden in Administrationssystemen erst relativ spät ihre Umsetzung.

4.1.2.   Zukünftige Entwicklung von Administrationssystemen

Bild 4.1.2./1 gibt einen Überblick über Informationstechniken, die für die zukünftige Entwicklung von Administrationssystemen von besonderer Relevanz sind.

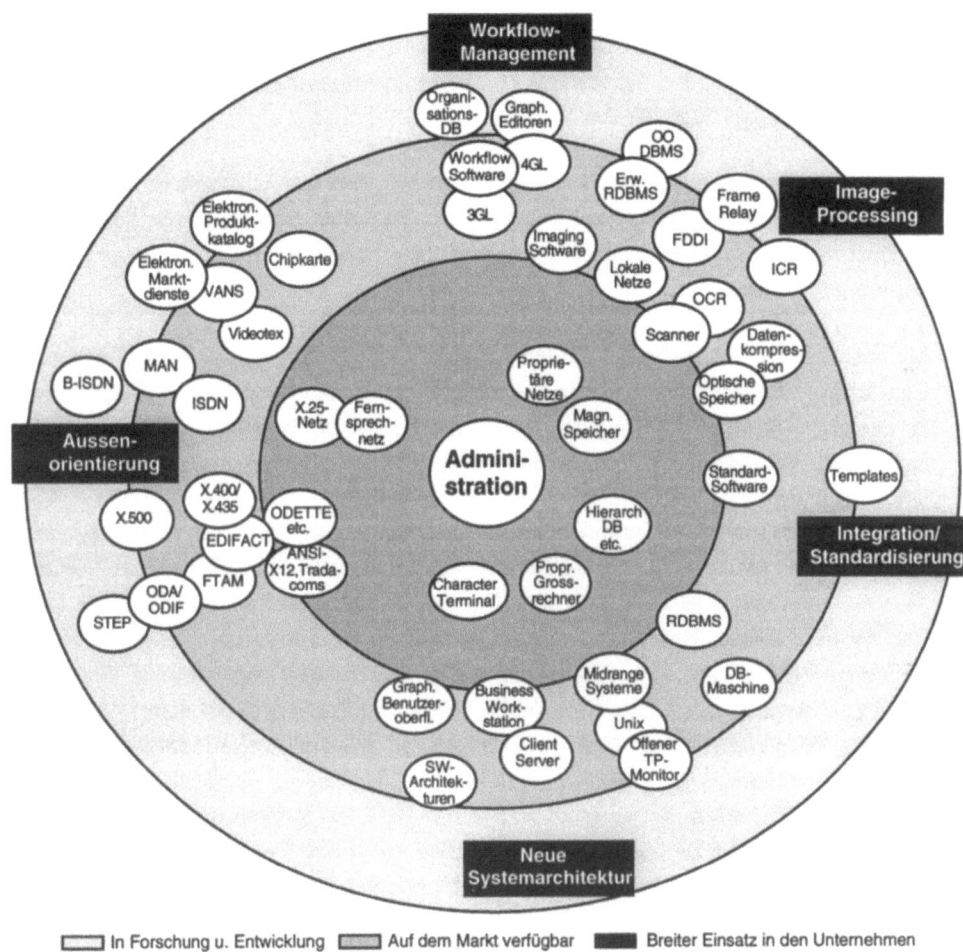

Bild 4.1.2./1 IT-Landkarte "Administration"

Die Weiterentwicklung von Administrationssystemen war in der zweiten Hälfte der achtziger Jahre durch das Thema *"Integration"* geprägt. Auch in den neunziger Jahren steht für viele Unternehmen die Integration ihres Administrationssystems noch im Vordergrund.

Die Aktivitäten der Unternehmen beziehen sich dabei auf

- die Integration der Teilkomponenten des Administrationssystems (z. B. Materialwirtschaft, Finanzbuchhaltung, Personal),

- die Integration des Administrationssystems mit anderen Applikationstypen, insbesondere Entwurf, Prozesssteuerung und Führung [vgl. Bild 4.1.1.1./2.] sowie

- die Integration mit den Administrationssystemen externer Partner (z. B. Kunden und Lieferanten) [vgl. Kap. 4.1.2.4.].

Gewachsene, heterogene Systemstrukturen machen dies häufig zu einem aufwendigen Unterfangen. Die im Zeitverlauf entstandenen, isolierten Komponenten des Administrationssystems können vielfach nur durch mühsame Schnittstellenprogrammierung verbunden werden.

Mehr und mehr Unternehmen werden versuchen, diesen Integrationsbedarf durch den Einsatz branchenspezifischer oder branchenneutraler *Standard-Anwendungssoftware* zu decken [vgl. Kap. 3.6.4.3.]. In den letzten Jahren ist ein breites Softwareangebot entstanden, das für viele Unternehmen umfassende, integrierte Lösungen bietet.

Die Funktionalität und Flexibilität dieser Softwarepakete wird sich in den nächsten Jahren weiter erhöhen. So bieten beispielsweise Softwarehersteller in wachsendem Masse Standardschnittstellen für den Datenaustausch mit externen Partnern (z. B. EDI-Module auf der Basis von EDIFACT) oder für die Integration mit komfortablen Führungssystemen an. Für einzelne Branchen und Anwendungsbereiche sind sogenannte *Branchen- bzw. Applikationsplattformen* im Entstehen, die eine flexible Anpassung vordefinierter Systementwürfe an die spezifischen Anforderungen eines Unternehmens zulassen. Beispiele sind die Financial Application Architecture (FAA) und Insurance Application Architecture (IAA) von IBM für Banken und Versicherungen oder das "Frequent-Flyer"-Application-Template von Texas Instruments für Fluggesellschaften [vgl. hierzu auch Kap. 4.4.2.6.]. Mit solchen Standard- bzw. Branchenpaketen erwerben Unternehmen nicht nur Softwarelösungen, sondern auch organisatorisches Know-how zur Gestaltung integrierter Administrationsprozesse [vgl. I/S Analyzer 1992d, S. 3f., Moad 1989, S. 39f.].

Neben dieser anhaltendenen Tendenz zur Integration und zu Standardlösungen werden aus der IT-Landkarte folgende weitere Entwicklungsschwerpunkte (IT-Cluster) deutlich [vgl. Bild 4.1.2./2]:

Neue Systemar-chitektur	Image-Processing	Workflow-Management	Aussenorientierte Administrations-systeme
• Client-Server • Business Work-station • Graphische Benutzeroberfläche • Midrange-Systeme • Unix • Offener TP-Monitor • RDBMS • DB-Maschine • Software-Architekturen	• Imaging-Software • Optische Speicher • Scanner • Erweiterte RDBMS (BLOBs) • Client-Server • Business Workstation • Lokale Netze • FDDI • OCR/ICR • Datenkompression • Frame Relay	• Informationstechni-ken der Spalte 2 plus • Workflow Software • 3.-Generations-sprache • 4.-Generations-sprache • Graphische Edi-toren • Organisations-Datenbank	• X.400/X.435 • X.500 • FTAM • ODA/ODIF • EDIFACT (ANSI-X.12, Trada-coms, ODETTE,...) • STEP • ISDN • MAN/B-ISDN • Elektronischer Produktkatalog • VANS/ Elektronische Markt-dienste/(Videotex) • Erweiterte RDBMS/ OODBMS • Chipkarte

Bild 4.1.2./2: IT-Cluster Applikationstyp "Administration"[1]

Die nachfolgenden Kapitel gehen auf diese Entwicklungsschwerpunkte näher ein.

4.1.2.1.   Neue Systemarchitektur

4.1.2.1.1.   Downsizing und Client-Server

Hohe Transaktionsraten, viele Benutzer und damit verbundene grosse Datenmengen stellen hohe Anforderungen an die Verarbeitungsgeschwindigkeit und Speicherlei-stung von Administrationssystemen. Grosse Administrationssysteme, wie z. B. das Flugreservationssystem Amadeus, sind in der Lage, mehr als 1000 Transaktionen pro Sekunde abzuwickeln. Mitte der neunziger Jahre werden Systeme in der Lage sein,

---

[1] In die tabellarische Darstellung der Entwicklungsschwerpunkte (IT-Cluster) werden nur neue oder verbesserte Informationstechniken aufgenommen, die wesentlich zur Weiterentwicklung des Applikationstyps beitragen. Informationstechniken, die in den Unternehmen bereits breiten Einsatz finden und kein besonderes Entwicklungspotential für den Applikationstyp aufweisen (z.B. hier Character Terminal, hierarchische Datenbanken) werden ausgeklammert.

mehr als 2000 Transaktionen pro Sekunde zu bewältigen. Das Flugreservationssystem Sabre von American Airlines, als eines der grössten Administrationssysteme, hat bereits heute durch umfangreiche Optimierungsmassnahmen diese Grössenordnung erreicht [vgl. Barth 1990, S. 170, Weizer 1991, S. 136].

Der überwiegende Teil der Administrationssysteme ist heute auf zentralen Grossrechnern mit proprietären Betriebssystemen installiert. Diese Systeme haben einen hohen Reifestand erreicht und bieten eine hohe Funktionalität. Sie erfüllen wesentliche Anforderungen an das sogenannte "Online Transaction Processing (OLTP)" wie z. B. grosse Ausfallsicherheit, hohe Verarbeitungsgeschwindigkeit und kurze Antwortzeiten für eine grosse Anzahl von Benutzern. Die kontinuierliche Leistungssteigerung dieser Systeme in der Vergangenheit wird sich auch in den neunziger Jahren weiter fortsetzen, d. h. mehr Benutzer, grössere Datenmengen und höhere Transaktionsraten werden möglich [vgl. Kap. 3.3.3.].

Parallel dazu setzt sich die Migration auf relationale Datenbanksysteme fort. Der kommerzielle Einsatz relationaler Datenbankmanagementsysteme wurde in den Anfängen durch erhebliche Performanceprobleme behindert. Die zunehmende Reife relationaler Datenbanksysteme und die erhebliche Verbesserung der Rechnerleistungen, insbesondere durch den Einsatz von Multiprozessortechnologie, lösen diese Restriktionen nach und nach auf. Bis Mitte der neunziger Jahre ist zu erwarten, dass auch mit relationalen Datenbanksystemen mehr als 1000 Transaktionen pro Sekunde, mit hochoptimierten Datenbankmaschinen bis zu 2000 Transaktionen pro Sekunde, abgewickelt werden können.

Trotz der positiven Erwartungen an die Leistungsfähigkeit von Grossrechnern zeichnet sich für die neunziger Jahre eine Tendenz zur Abkehr von zentralen Mainframelösungen ab. Dieses unter dem Begriff "Downsizing" bekannte Konzept setzt leistungsfähige Midrange-Systeme und dezentrale Business Workstations ein, um den Verarbeitungsbedarf von Abteilungen oder einzelnen Applikationsbereichen zu decken [vgl. Kap. 3.3.3.]. Anstatt alle Anforderungen über einen zentralen Grossrechner abzuwickeln, wird die Leistung auf dezentrale, kleinere Systeme aufgeteilt. Midrange-Systeme, wie AS/400 von IBM, oder in Zukunft auch verstärkt mit Transaktionsmonitoren ausgerüstete Unix-Systeme, bieten eine ähnliche Funktionalität wie bestehende Mainframelösungen. Ihr Vorteil liegt in einer, verglichen mit zentralen Lösungen, verbesserten Wirtschaftlichkeit und einer höheren Anpassungsfähigkeit des Gesamtsystems.

Ein zentrales Konzept im Rahmen des Downsizings ist der Aufbau von Client-Server-Architekturen. Weiter bildet Client-Server die Grundlage zur Realisierung zukünftiger Anforderungen an Administrationssysteme wie beispielsweise eine graphische Benutzeroberfläche oder die Integration von Images als Datentyp [vgl. Kap. 4.1.2.2.2.].

Die Anwendungssoftware muss dazu so strukturiert sein, dass die Verarbeitungsaufgaben auf unterschiedliche Rechnerhierarchien verteilt sein können. Eine Client-Server-Architektur für Administrationssysteme könnte zukünftig wie in Bild 4.1.2.1.1./1 dargestellt realisiert sein [vgl. SAP 1991, S. 6f.].

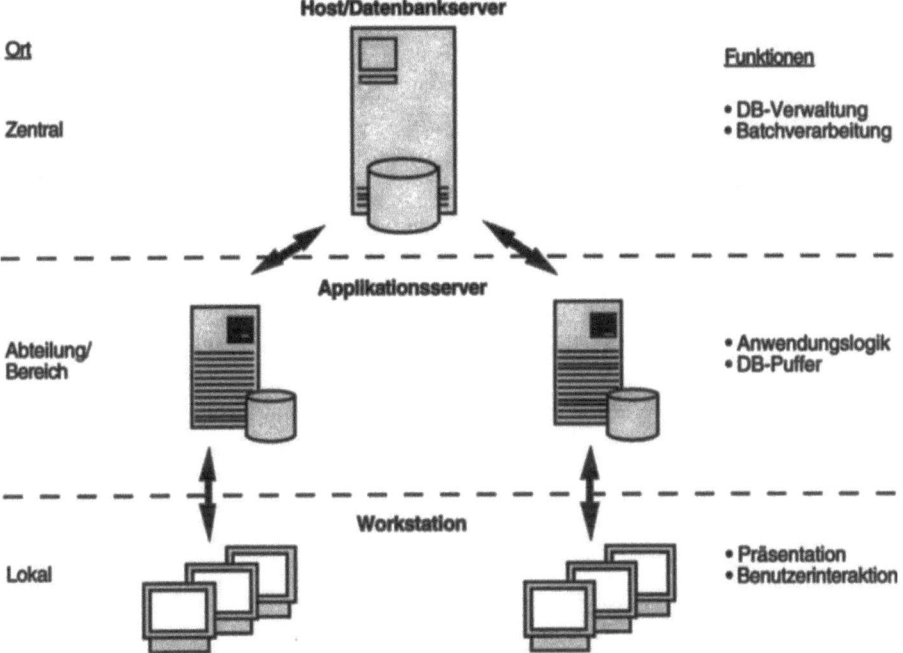

Bild 4.1.2.1.1./1: Client-Server-Architektur eines Administrationssystems

Die hier dargestellte Client-Server-Architektur geht von einer weitgehend zentralisierten Datenhaltung aus. Einen nächsten Schritt würde eine dezentralisierte Datenhaltung auf der Grundlage verteilter Datenbanken darstellen.

Der Erfahrungsschatz für Downsizing-Projekte und für die Client-Server-Programmierung ist noch gering. Lediglich einige innovative Unternehmen werden deshalb bis Mitte der neunziger Jahre grössere Fortschritte verzeichnen können. Die technische Migrationsplanung muss durch eine organisatorische Umgestaltung begleitet sein. Downsizing ist nicht nur ein Instrument um Kosten zu sparen, sondern legt die Grundlage für flexiblere Organisationsstrukturen. Dezentrale Systemarchitekturen unterstützen dabei dezentrale Organisationsstrukturen [vgl. Emery 1992, S. 1ff., Osann 1992].

4.1.2.1.2.   Weiterentwicklung von Unix und offene Transaktionsmonitore

Unix genügt im Vergleich zu eingeführten, proprietären Betriebssystemen (z. B. MVS/ESA von IBM oder VMS von DEC) erst bedingt den Anforderungen einer kommerziellen Transaktionsverarbeitung [vgl. Prey 1991, S. 4]. Wichtige Funktionen bezüglich Sicherheit, Backup und Verfügbarkeit sind in Entwicklung bzw. werden verbessert.

Es ist zu erwarten, dass spätestens ab Mitte der neunziger Jahre auf Unix laufende Administrationssysteme eine ernstzunehmende Alternative zu heutigen Systemen bieten werden. So arbeiten sogar traditionelle Mainframe-Anbieter daran, ihre Systeme Unix-fähig zu machen (z. B. IBM mit seinem Betriebssystem AIX/ESA für den Grossrechner IBM 3090 oder mit MVS/POSIX). Auch die Anbieter von integrierter Standard-Anwendungssoftware richten bereits ihre Entwicklungsstrategie auf Unix-basierte Systeme aus. Das Softwarepaket R/3 der SAP AG beispielsweise baut unter anderem auf Unix auf. Auch Dun & Bradstreet, einer der grössten internationalen Anbieter von standardisierten Administrationssystemen ist dabei, sämtliche Mainframe- und Midrangeprodukte auf Unix zu übertragen.

Die Transaktionsverarbeitung auf offenen Systemen steckt noch in der Entwicklung. Eine wichtige Rolle spielt dabei die Verfügbarkeit von offenen Transaktionsmonitoren. Bisherige Administrationssysteme basieren fast ausschliesslich auf proprietären Transaktionsmonitoren wie z. B. CICS von IBM. Transaktionsmonitore für Unix haben das Forschungs- und Entwicklungsstadium verlassen und sind als Produkt auf dem Markt verfügbar (z. B. TUXEDO von AT&T, Top End von NCR). Sie orientieren sich an internationalen Standards wie dem vorgeschlagenen X-Open Standard für Distributed Transaction Control Support (XA-Interface).

Dennoch haben offene Transaktionsmonitore noch nicht die Reife ihrer proprietären Pendants erreicht. Für die nächsten Jahre ist zu erwarten, dass eine wesentliche Verbesserung der Funktionalität erzielt wird und zumindest eine Annäherung an die Leistungsfähigkeit proprietärer Transaktionsmonitore erfolgt.

Der hier skizzierte Übergang von zentralen, hostbasierten Lösungen zu dezentralen Rechnerarchitekturen ist ein erster Schritt zu verteilten, offenen Systemen. Bestehende Altlasten, Portierungs- und Reengineeringprobleme oder mangelndes Marktangebot lassen allerdings nur eine langsame praktische Umsetzung zu. Viele Unternehmen haben gut funktionierende Administrationssysteme implementiert und verspüren keinen direkten Druck, ihre Systeme auf dezentrale Rechnerarchitekturen zu portieren oder diese zu ersetzen. Neben technischen Problemen, wie z. B. Portierbarkeit von Anwendungen auf neue Plattformen, ist der Wandel von zentralen zu dezentralen Strukturen mit dem Aufbrechen bestehender Organisationsstrukturen verbunden. Diese organisatorischen Altlasten sind häufig stärker zu gewichten als die noch vorhandenen technischen Probleme.

Der Weg zu offenen, verteilten Systemen erfordert eine langfristige, auf die zukünftige Gesamtarchitektur des Informationssystems ausgerichtete Perspektive. Softwarearchitekturen wie NAS von DEC oder SAA von IBM bieten dazu einen Orientierungsrahmen [vgl. Kap. 3.6.4.1.]. Die Mehrzahl der Unternehmen wird auch bis Mitte und Ende der neunziger Jahre ihre administrativen Applikationen auf zentralisierten Grossrechnern abwickeln. Mainframes werden aber zunehmend in ein verteiltes Rechnersystem integriert und geben bisher zentral ausgeführte Verarbeitungsfunktionen an dezentrale Midrange-Systeme und Workstations ab. Die Rolle des Mainframes wird sich mehr und mehr zur unternehmensweiten Datenbankmaschine mit speziellen Retrieval- und Batchverarbeitungsfunktionen wandeln.

4.1.2.2.　Image Processing

Der grösste Teil der betrieblichen Informationen ist, trotz der gestiegenen Computerisierung, nicht in elektronischer Form verfügbar. Schätzungen gehen so weit, dass nur 2-5 Prozent aller Informationen, die ein Unternehmen regelmässig nutzt, in Datenbanken abgelegt sind. 95 Prozent der Informationen sind in Dokumenten gespeichert [vgl. I/S Analyzer 1991a, S. 5, Logan 1991, S. 193, Taylor 1991, S. 1]. Damit ist heute ein erheblicher Teil der administrativen Arbeit noch nicht informationstechnisch unterstützt.

Image Processing stellt somit eine wesentliche Erweiterung bisheriger Administrationssysteme dar. Nicht mehr nur die stark strukturierbaren Informationen stehen zur Abwicklung administrativer Prozesse elektronisch zur Verfügung, sondern auch wichtige Begleitinformationen mit geringem Strukturierungsgrad (z. B. Unfallbild bei der Schadensfallbearbeitung in Versicherungen). Image Processing geht dabei über das Archivieren von Dokumenten hinaus. Ziel ist es, durch ein möglichst frühzeitiges elektronisches Erfassen eingehender Geschäftsdokumente

- den physischen Dokumentenfluss zu reduzieren,

- die durch das Dokument repräsentierte Information mehreren Aufgabenträgern gleichzeitig und schneller zugänglich zu machen und zusätzlich

- eine flexible Ablaufsteuerung, z. B. durch eine belastungsorientierte Arbeitsverteilung, zu ermöglichen.

Die Vision des "papierlosen Büros" ist mit Image-Processing eng verbunden, repräsentiert allerdings bei näherer Betrachtung nur einen Teilbereich dessen Potentials. Der Nutzen liegt nicht nur in der Reduzierung der Papierflut und den damit verbundenen Kosten, sondern vor allem in zusätzlichen Nutzeneffekten wie erhöhte Produktivität oder verbesserter Kundenservice. Um dies zu erreichen, ist eine Reorganisation bestehender Abläufe und Strukturen unumgänglich. Erst durch organisatorische Massnahmen wie das Streichen von Tätigkeiten, der Übergang von seriellen zu parallelen Prozessen oder das Schaffen neuer Stellenprofile können die Potentiale voll ausgeschöpft werden [vgl. Davis 1991, S. 75ff.]. Das nachfolgende Beispiel illustriert das Potential des Image-Processings.

Beispiel Administration/2

Image Processing bei USAA

Die United Services Automobile Association (USAA), eines der grössten Versicherungsunternehmen der USA, hat ein umfangreiches Imaging-System im Einsatz. Vor Einführung des Systems wurden "aktive" Dokumente in Ordnern abgelegt. Diese Form der Archivierung erforderte 3500 Quadratmeter wertvolle Bürofläche. Eine Gruppe von Sachbearbeitern durchforstete alle ein bis zwei Jahre die Ablage, um alte Dokumente herauszunehmen. Diese alten, inaktiven Dokumente wurden dann bis zum Ablauf der siebenjährigen Aufbewahrungspflicht in 80.000 Boxen archiviert. Wenn alle Dokumente auf optischen Platten abgelegt würden, hätte dies eine Reduktion des Platzbedarfs auf 10 Quadratmeter Stellfläche zur Folge. Das Imaging-System ist dabei nicht auf die Archivierung von Dokumenten beschränkt. Ein erheblicher Nutzen dieser Applikation resultiert aus der Fähigkeit, Verwaltungsprozesse elektronisch zu steuern. Jeden Tag werden über 25.000 Seiten eingehende Post gescannt, indexiert, gespeichert und den Anwendern zur Verarbeitung bereitgestellt. Bearbeitungsprozesse werden dadurch elektronisch angestossen, abgeschlossen und dem nachfolgenden Bearbeitungsschritt zur Verfügung gestellt. Durch den direkten elektronischen Zugriff auf Dokumente von jeder Arbeitsstation aus konnte die Transparenz über den Bearbeitungsfortschritt von Vorgängen massiv erhöht werden. Dies verbessert zum einen die Serviceleistung des Unternehmens (z. B. Auskunftsfähigkeit gegenüber Kunden) und zum anderen die Effizienz der Mitarbeiter.

Mit Hilfe des Imaging-Systems konnten die direkten Kosten für Personal, Raum, Ausrüstung und Bereitstellung um durchschnittlich 5 Mio. Dollar pro Jahr reduziert werden. Die Kosten, um das System über die ersten fünf Jahre zu betreiben (inkl. Ausstattung, Personal und Bereitstellung) betrugen pro Jahr durchschnittlich 5 Mio. Dollar, d. h. die direkten Kosteneinsparungen trugen die Kosten des Systems. Weitere Nutzengrössen, wie indirekte Kosteneinsparungen durch erhöhte Produktivität der Mitarbeiter, verbesserter Kundenservice und gesteigerte Sicherheit, sorgen für einen respektablen Return on Investment. Allein die geschätzte Produktivitätssteigerung der Mitarbeiter bei USAA beträgt 2-10 Mio. Dollar pro Jahr [vgl. Plesums/Bartels 1990, S. 343ff.].

In den Anfängen waren Image Processing-Anwendungen teure, den speziellen Anforderungen einzelner Firmen angepasste Archivierungsinstrumente. Die Entwicklung optischer Speicher und erster Standardapplikationen machten Mitte der achtziger Jahre eine weitere Verbreitung möglich. Papierintensive Branchen wie Versicherungen, Banken, Transport oder öffentliche Verwaltungen konnten Produktivitätsfortschritte von mehr als 20 Prozent erzielen [vgl. Leinfuss 1991, S. 1]. Mit der Erweiterung des Image Processing um Steuerungsfunktionen und der Möglichkeit, sie in administrative Applikationen zu integrieren [vgl. Kap. 4.1.2.3.1.], können neue Anwendungsbereiche erschlossen werden. Nach einer Studie von International Data Corporation (IDC) wird sich der weltweite Imaging-Markt von 1990 bis 1995 ungefähr versiebenfachen und auf 7,7 Milliarden Dollar Umsatz wachsen. Für das Ende des Jahrzehnts prognostiziert IDC ein anhaltendes Wachstum auf 25-35 Milliarden Dollar Umsatzvolumen [vgl. Leinfuss 1991, S. 2 ff.].

Die folgenden beiden Abschnitte zeigen die informationstechnischen Voraussetzungen für Imaging-Systeme.

4.1.2.2.1. Komponenten des Image Processing

Bezogen auf die Funktionen "Einlesen", "Speichern", "Erschliessen" und "Verarbeiten" von Bildinformationen innerhalb administrativer Prozesse sind folgende informationstechnischen Entwicklungen von Bedeutung [vgl. Flügel/Zach 1991].

• Einlesen

Ausgangspunkt für das Image Processing ist die Transformation von meist in Papierform vorliegender Information in elektronisch interpretierbare, weiterverarbeitbare Form. Die Leistungssteigerung von Scannern hat in diesem Bereich zu erheblichen Fortschritten geführt. Leistungsfähige Scanner erlauben heute das automatisierte Einlesen grosser Dokumentenmengen (bis zu mehrere hundert Seiten pro Minute). Die Scannergeschwindigkeit hängt dabei erheblich von der gewünschten Bildqualität ab. Hohe Bildqualität (z. B. feine Grauabstufungen oder Farbe) führt zu reduzierter Scanngeschwindigkeit und erhöhtem Datenvolumen.

• Speichern

Optische Speichersysteme haben eine effiziente Verwaltung der im Zusammenhang mit Imaging anfallenden grossen Datenmengen ermöglicht. Image-Processing-Systeme setzen zur Optimierung von Performance und Speichervolumen magnetische und optische Medien in Kombination ein. Heute verwendete optische Platten verfügen über eine Speicherkapazität von 7 GB (12-Zoll) bzw. 1 GB (5 1/4 Zoll). Eine 12-Zoll Disk hat damit ein Fassungsvermögen, das 350 Aktenordnern mit jeweils rund 400 Blatt Papier entspricht. Die leistungsfähigsten optischen Plattenbibliotheken greifen auf bis zu 300 optische Platten zu und erreichen eine Speicherkapazität von ca. 2 TB bzw. über 40 Millionen Dokumentenseiten [vgl. Filenet 1992c, S. 22].

Gleichzeitig reduziert sich das zu speichernde Datenvolumen pro Dokument durch die Entwicklung effizienter Datenkompressionstechniken. Die bisherige Restriktion, grosse Datenvolumen nicht wirtschaftlich handhaben zu können, löst sich mehr und mehr auf. Bis Mitte der neunziger Jahre wird sich bei gleichzeitiger Kostenreduktion die durchschnittliche Zugriffszeit optischer Medien denen der heutigen magnetischen Harddisks angleichen und die Speicherkapazität um 50 bis 100 Prozent erhöhen [vgl. Weizer 1991, S. 98].

Hinzu kommt, dass Anbieter relationaler Datenbankmanagementsysteme, wie Informix, IBM oder Oracle, ihre Produkte um den Datentyp "Image" bzw. "Binary Large Object (BLOB)" erweitern [vgl. Kap. 3.6.2.3.]. Die meisten Imaging-Systeme verwenden noch Image-Directories, die auf ein separates Image-File verweisen, ohne die Bilder direkt zu speichern oder zu verwalten. Erweiterte relationale Datenbanken ermöglichen es zukünftig, die Speicherung von Images (und auch andere BLOBS wie z. B. Sprache oder

Volltext) mit den Vorteilen relationaler Datenbanken, wie standardisierter Zugriff, Konsistenz und Sicherheit, zu verbinden.

• **Erschliessen**

Optical Character Recognition (OCR) bildet die Grundlage zur automatisierten, inhaltlichen Erschliessung eingelesener Dokumente. Im Rahmen von Administrationssystemen geht es dabei vor allem um das Identifizieren von Dokumenten (z.B anhand von Belegnummern), deren Kategorisierung in Dokumententypen (z. B. Rechnung, Brief etc.) und deren Zuordnung zu weiterverarbeitenden Stellen (z. B. Finanzbuchhaltung, Auftragsbearbeitung). Die Qualität des Erschliessens bildet einen Schlüsselfaktor für die Effizienz der weiteren Verarbeitung. Im Sinne einer "Intelligent Character Recognition" (ICR) wird mit Hilfe von Methoden der künstlichen Intelligenz versucht, zum einen die Qualität des inhaltlichen Erschliessens zu verbessern und zum anderen den Prozess des Erschliessens weiter zu automatisieren. In Entwicklung befindliche Produkte nutzen beispielsweise die Fähigkeit neuronaler Netze, Muster zu erkennen, um handgeschriebene Dokumente einzulesen und zu kategorisieren [vgl. Kap. 3.6.4.4., Wright/Scofield 1991, S. 207ff.].

• **Verarbeiten**

Frühe Imaging-Systeme waren weitgehend darauf beschränkt, Bilder zu digitalisieren, abzulegen und wiederaufzufinden (Imaging Software 1. Generation). Ein wesentlich höheres Nutzenpotential liegt jedoch in der Steuerung administrativer Abläufe (Imaging Software 2. Generation). Ein wichtiges Element von Imaging Systemen bildet in diesem Zusammenhang die sogenannte Workflow Software. Obwohl in Verbindung mit Image Processing entstanden, ist ihr Einsatz nicht auf das Imaging beschränkt. Aufgrund dieses über das Image Processing hinausgehenden Potentials von Workflow Software wird in Kapitel 4.1.2.3. gesondert darauf eingegangen.

4.1.2.2.2.   Ausbau der Infrastruktur

Mit dem transaktionsorientierten Verarbeiten von Bildinformationen im Rahmen des Image Processings steigt das über die Netze verteilte Datenvolumen erheblich an. Heutige Administrationssysteme benötigen ein Übertragungsvolumen von ein bis zwei KB pro Transaktion. Die Speicherung einer gescannten A4-Seite, schwarz-weiss und in komprimierter Form, nimmt zwischen 50 und 100 KB in Anspruch. Je nach Verhältnis von strukturierten Daten und Bildinformation ist ein Anwachsen des Übertragungsvolumens um das Zehn- bis Fünfzigfache des heutigen Datenvolumens zu erwarten [Flügel/Zach 1991, S. 15f., Enkelmann 1992, S. 21].

Um annehmbare Antwortzeiten zu erhalten, ist somit in vielen Fällen ein Ausbau der Netzinfrastruktur in Richtung lokale Netze notwendig. Bild 4.1.2.2.2./1 zeigt eine typische Infrastruktur für Image-Processing-Anwendungen.

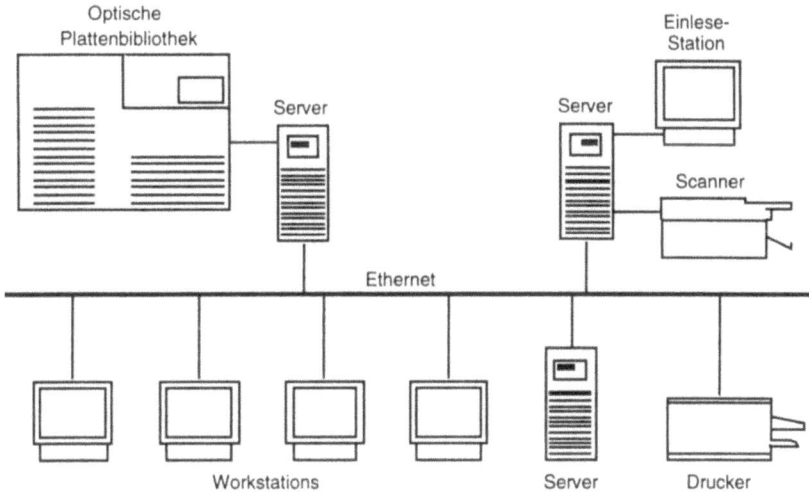

Bild 4.1.2.2.2./1: Image-Processing-Infrastruktur

Die Übertragungsgeschwindigkeiten lokaler Netze von 10 Mbit/s (Ethernet) bzw. 4 oder 16 Mbit/s (Token Ring) reichen für Schwarz-Weiss-Bilder und einzelne farbige Applikationen aus. Die 100 Mbit/s von FDDI-Netzen sind höchstens bei Backbone-Netzen mit grossem Datenvolumen bzw. bei aufwendigen Spezialapplikationen (z. B. Bewegtbild) notwendig. Probleme bereitet die Verteilung der Daten über die geographischen Unternehmensgrenzen hinweg. Die heute üblichen 9600 Kbit/s leisten lediglich Antwortzeiten von mehr als einer Minute pro Dokument. Die Inanspruchnahme leistungsfähigerer Kommunikationsdienste scheitert häufig noch an deren Kostenstruktur. Eine Verbesserung ist durch Fortschritte in der Datenkompression und mit der Entwicklung öffentlicher Frame-Relay-Dienste, die auf eine Übertragungsgeschwindigkeit von bis zu 2 Mbit/s ausgelegt sind, zu erwarten [vgl. Kap. 3.5.3.1.].

Hinzu kommt, dass die Arbeitsplatzstationen leistungsfähig genug sein müssen, um verarbeitungsintensive Kompressionsalgorithmen ausführen und Bilder schnell darstellen zu können (z. B. 32-Bit, 486er-Prozessor, Datenkompressions/-dekompressions-Hardware bzw. -Software, hochauflösender Bildschirm). Bis Mitte der neunziger Jahre werden die zusätzlichen Kosten für eine imagefähige Business Workstation unerheblich sein und eine breite Ausrüstung der Arbeitsplätze erlauben [vgl. Kap. 3.3.1.1.].

Schnelle, untereinander verbundene lokale Netze (LAN) mit Schnittstellen zu leistungsfähigen Wide Area Networks (WAN) sowie dezentrale Rechnerintelligenz im Sinne des Client-Server-Konzepts stellen damit die zukünftige, in vielen Unternehmen allerdings noch nicht vorhandene Grundlage für imageorientierte Administrationssysteme dar.

4.1.2.3.   Workflow-Management

Heutige Administrationssysteme steuern bereits Teilbereiche des administrativen Prozesses, sind dabei jedoch auf die im Transaktionssystem gespeicherten strukturierten Daten und vordefinierten Funktionen beschränkt. Sie decken vielfach nur einzelne Sequenzen des administrativen Prozesses, z. B. durch programmierte Bildschirmfolgen, ab. Die zur Vorgangsbearbeitung notwendige Ablauf- und Aufbauorganisation ist nur punktuell im Administrationssystem implementiert. Vorgänge werden deshalb häufig unwirtschaftlich und nicht den organisatorischen Richtlinien entsprechend abgewickelt [vgl. Kohl/Lutze 1991, S. 811].

Eine zentrale Rolle bei der Beseitigung dieses Problems wird in den neunziger Jahren die Weiterentwicklung von Workflow Software spielen.

4.1.2.3.1.   Workflow Software

Workflow Software bzw. Workflow Languages sind ein Werkzeug, um den Fluss der Informationsobjekte innerhalb eines Administrationssystems zu spezifizieren und zu steuern. Betriebliche Abläufe können damit automatisiert und im Sinne einer integrierten Vorgangsbearbeitung effizienter gestaltet werden.

Wie das Workflow-Management durch den Einsatz von Workflow Software in Kombination mit einem Imaging-System verbessert werden kann, zeigt das folgende konstruierte, aber deshalb nicht unrealistische Beispiel eines Kreditkartenunternehmens.

Beispiel Administration/3

Workflow-Management bei AsianCard

Das Kreditkartenunternehmen "AsianCard" hat als einen der ersten Schritte im Rahmen einer umfangreichen Reorganisation die Kundendienstabteilung mit einer Workflow-Applikation ausgerüstet. Zielsetzung war es, die administrativen Abläufe effizienter zu gestalten und gleichzeitig den Kundenservice durch gesteigerte Auskunftsfähigkeit und schnellere Reklamationsabwicklung zu verbessern. Wie diese Ziele erreicht werden konnten, zeigt folgende typische Abwicklung einer Kundenreklamation.

Per Briefpost geht eine Kundenreklamation bei AsianCard ein. Der Kunde beschwert sich, dass anstatt 450.- sFr., 750.- sFr. abgebucht wurden. Das Dokument wird eingescannt, indexiert und dem Sachbearbeiter als zu bearbeitender Vorgang in seinem elektronischen Briefkasten bereitgestellt. Um zu prüfen, ob die Reklamation berechtigt ist, ruft der Sachbearbeiter, gesteuert durch die Workflow Software, das zur Abrechnungsposition zugehörige Image des Einzelbelegs auf. Er erkennt, dass bei der Eingabe des Einzelbelegs ein Fehler gemacht wurde und springt, wiederum gesteuert durch die Workflow Software, in das Transaktionssystem, um den Buchungssatz zu korrigieren. Die Änderung wird somit mit der nächsten Abrechnung berücksichtigt. Nach Abschluss der Korrektur ruft die Workflow-Applikation zur Benachrichtigung des Kunden das Textverarbeitungssystem mit standardisierten Textbausteinen auf und übernimmt die aktuelle Kundenadresse aus der in die Applikation integrierten Kundendatenbank. Der Sachbearbeiter gibt den individuellen Korrekturbetrag ein und übernimmt mit Hilfe der "Copy&Paste"-Funktion das Bild des Einzelbelegs aus dem Imagingsystem in den Brief. Mit Abschluss seiner Eingaben in das Textverarbeitungssystem veranlasst der Sachbearbeiter das automatische Versenden des Briefes auf traditionellem Postweg oder, wenn möglich, per Telefax. Damit ist ein typischer Vorgang abgeschlossen, d. h. der Status des Vorgangs wird für den Sachbearbeiter auf "erledigt" gesetzt. In Einzelfällen, wie beispielsweise bei grossen Korrekturbeträgen oder wenn spezielle Abklärungen notwendig sind, gibt der Sachbearbeiter den Geschäftsvorfall über die Workflow-Applikation an eine andere Bearbeitungsstelle, z. B. an seine Vorgesetzte, weiter und stösst damit eine weitere Tätigkeit in der Vorgangskette an.

Einfache Workflow Software unterstützt das Verteilen und Weiterleiten von Dokumenten anhand fixierter Belegflussschemata. Damit bleibt jedoch ein grosser Teil des Potentials von Workflow Software ungenutzt. Weiterführende Systeme enthalten intelligente, auf Regeln und Variabeln basierende Ablaufmechanismen, die abhängig von Ereignissen und Zuständen an den Arbeitsstationen eine flexible Ablaufsteuerung ermöglichen. Beispielsweise können organisatorische Engpässe umgangen oder voneinander unabhängige Prozesse parallel abgewickelt werden. Noch einen Schritt weiter gehen Systeme, die, wie in Beispiel Administration/3 aufgezeigt, volle Interoperabilität zu bestehenden Applikationen oder Datenbanken herstellen. Mit Hilfe von Workflow Software muss es zukünftig möglich sein, aus einer Ablaufroutine

- direkt administrative Standardapplikationen (z. B. Finanzbuchhaltung) aufzurufen,

- Datenbankabfragen abzusetzen und

- Verbindungen zu Kommunikationsdiensten (z. B. E-Mail, EDI, Telefax) herzustellen [vgl. Bild 4.1.2.3.1./1].

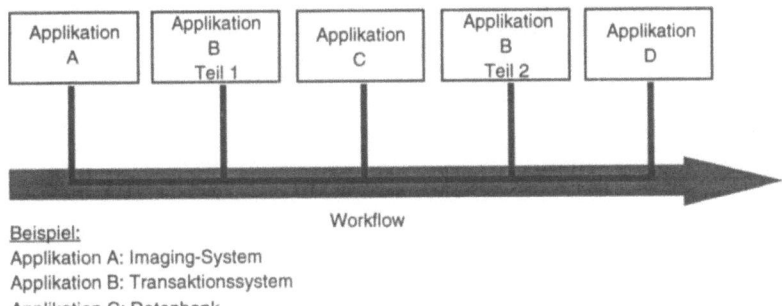

Bild 4.1.2.3.1./1: Integrationswirkung von Workflow Software

Sämtliche Informationen und Werkzeuge, die zur Bearbeitung eines Vorgangs oder zum Treffen von Entscheidungen notwendig sind, werden so integriert am Arbeitsplatz bereitgestellt [vgl. Davis 1991, S. 75f., Buschor et al. 1993, S. 77].

Workflow Software hat das Potential, in Zukunft das steuernde Rückgrat zumindest für Teilbereiche des Administrationssystems zu bilden. Sie bietet im Vergleich zu bestehenden, starr strukturierten Administrationssystemen die Möglichkeit, organisatorische Abläufe den Rahmenbedingungen flexibel anzupassen, ohne bestehende Applikationen unter grossem Zeitverlust und Aufwand umschreiben zu müssen. Das Einsatzpotential von Workflow Software geht damit über das Image Processing hinaus. Kooperierende Bestandteile des Administrationssystems, die verteilt und möglicherweise in unterschiedlichen Programmiersprachen realisiert sind, könnten mit Hilfe von Workflow Software im Sinne der Ablaufsteuerung zusammengebunden werden [vgl. McCready 1992, S. 5]

Workflow Software hat heute noch nicht die Reife erlangt, um das oben skizzierte Potential vollständig realisieren zu können. Viele Produkte beschränken sich noch auf einfache Routingmechanismen, die mit Hilfe erweiterter 3.-Generationssprachen parametrisiert werden. Die Entwicklung von 4.-Generationssprachen bringt aber auch hier erhebliche Fortschritte in der Flexibilität und Entwicklungsgeschwindigkeit von Workflow-Applikationen. Das für die Gestaltung der betrieblichen Abläufe notwendige Prototyping in Zusammenarbeit mit den Fachbereichen vereinfacht sich dadurch erheblich. Hinzu kommt der verstärkte Einsatz graphischer Editoren zur Applikationsentwicklung. Am Bildschirm modellierte Abläufe oder Verbindungen zu bestehenden Applikationen und Datenbankzugriffe lassen sich damit automatisch in kundenspezifische Workflow-Applikationen umsetzen.

Mit dem Anspruch, die unterschiedlichsten Applikationen im Sinne einer durchgängigen Vorgangsbearbeitung integrieren zu können, muss sich Workflow Software an Standards (z. B. SQL, CCITT-Image-Standards, Ethernet/Token Ring) orientieren. Dies darf sich nicht auf Standards unabhängiger Gremien beschränken, sondern muss insbesondere auch bestehende de-facto-Standards (z. B. IBM/SNA, MS-Windows) berücksichtigen. Nur dann kann die Integrationswirkung von Workflow Software voll zum Tragen kommen.

Welches Nutzenpotential hinter Workflow-Applikationen steckt, veranschaulichen folgende konkrete Fälle:

Beispiele Administration/4

Workflow-Management in der Kreditbranche

Einer der grössten Hypothekenanbieter der USA, Great Western, investierte bereits 1987, als Imaging und Workflow Software erst am Anfang ihrer Entwicklung standen, in ein Workflow-Managementsystem. Als eines der grössten Systeme dieser Art speichert es über 40 Millionen Seiten auf mehr als 1.000 optischen Platten; täglich werden über 35.000 Dokumentenseiten gescannt. Das System unterstützt die komplette Vorgangsbearbeitung im Rahmen der Sicherheitenprüfung von Hypotheken. Die Sachbearbeiter sichten und vergleichen Dokumente über die Workstation und greifen integriert auf Daten des Transaktionssystems zu. Die Workflow-Applikation stellt Leistungsberichte, Produktivitätskennzahlen und Statistiken bereit und gibt somit Hinweise auf organisatorische Schwachstellen. Spezielle Funktionen unterstützen Gruppen- und Abteilungsleiter bei der gleichmässigen Verteilung oder notwendigen Umverteilung von Arbeiten. Einer der wichtigsten Fortschritte konnte jedoch im Bereich des Kundendienstes erzielt werden: Zur Beantwortung von Kundenanfragen benötigen die Sachbearbeiter anstatt Stunden bzw. Tagen nur noch Sekunden oder Minuten.

Ein anderes amerikanisches Unternehmen der Kreditbranche, Lomas Mortgage, konnte durch die Installation eines Workflow-Managementsystems ebenfalls erhebliche Produktivitätsfortschritte erzielen. Seit Einführung des Systems sind die Kosten pro Kredit von 1,85 Dollar auf 1,39 Dollar gesunken; die Beantwortungszeit hat sich von 4,5 Tagen auf im Idealfall 10 Sekunden reduziert und die Fehlerquote der Vorgangsbearbeitung hat sich von 2,4 auf 0,4 Prozent gesenkt. Die Zahl der Mitarbeiter konnte halbiert werden [vgl. Filenet 1992a, S. 5ff.].

Wie die Beispiele reflektieren, ist der Einsatz von Workflow-Managementsystemen in den USA wesentlich weiter fortgeschritten als in Europa. In den nächsten Jahren ist zu erwarten, dass auch europäische Unternehmen verstärkt Workflow-Applikationen implementieren werden. So arbeitet beispielsweise die Schweizerische Kreditanstalt an einer Applikation mit dem Namen "Case-processing", welche die Geschäftsvorfälle der Bank im Sinne des Workflow-Managements elektronisch unterstützen und steuern soll [vgl. Cecchini et al. 1992, S. 15ff.].

4.1.2.3.2. Business Process Redesign

Um tatsächlichen Nutzen aus der Einführung von Workflow-Applikationen zu ziehen, reicht es nicht aus, bestehende Abläufe und Strukturen zu automatisieren. Die Verfügbarkeit dieser neuen Gestaltungsinstrumente muss Anlass sein, im Sinne des "Business Process Redesign" das Geschäft neu zu überdenken und Massnahmen zur Reorgansiation anzustossen [vgl. Hammer/Champy 1993, Davenport/Short 1990]. Workflow Software bzw. Imaging-Systeme spielen dabei nur die Rolle einer "enabling technology". Die in vielen Unternehmen anzutreffende Unfähigkeit zum Wandel ist in diesem Zusammenhang eine stärkere Restriktion als die auftretenden technischen

Probleme. Workflow-Management muss deshalb als ein umfassender Ansatz zur prozessorientierten Organisationsgestaltung verstanden werden, der sich an einer arbeitsteiligen, kooperativen Leistungserstellung im Unternehmen orientiert [vgl. Österle 1993, Bellmann 1991, S. 11].

Bisher hat sich noch keine durchgängige Methode von der Analyse bis zum Betrieb von Workflow-Systemen etabliert. Bestehende Ansätze beschränken sich vielfach auf die Phasen Implementierung, Test und Betrieb. Ergänzende Techniken der Organisationsmodellierung, die der Prozessgestaltung Rechnung tragen, sind erst vereinzelt vorhanden (z. B. Business Process Management (BPM) von Wang) [vgl. Lauster 1992, S. 6ff., Rupietta 1992]. Dem Aufbau einer Organisationsdatenbank - eventuell als Bestandteil der Entwicklungsdatenbank - bzw. eines elektronischen Organisationshandbuchs könnte im Rahmen des Workflow-Managements in Zukunft eine zentrale Rolle zukommen. Eine Organisationsdatenbank enthält alle relevanten Daten der Aufbau- und Ablauforganisation eines Unternehmens und erlaubt beliebige Abfragen und Auswertungen (z. B. Schwachstellenanalysen) [vgl. Heilmann/Sach/Simon 1988, S. 120ff.]. Der im Rahmen des Projekts "WISDOM" entwickelte Ansatz des elektronischen Organisationshandbuchs geht einen Schritt weiter und legt die Beschreibung der Organisation (Organisationsmodell) in einer Wissensbasis ab. Es enthält Informationen über die Strukturen und Abläufe einer Organisation, die in ihr vorhandenen Stellen und Stelleninhaber, die herzustellenden Produkte und Dienstleistungen und die verwendeten Arbeitsmittel [vgl. Kohl/Lutze 1991, S. 816]. Durch die Anwendung von Regeln liesse sich daraus ein grosser Teil des Organisationswissens (z. B. konkrete Unterstellungsverhältnisse) ableiten oder generieren und in Workflow-Applikationen nutzen.

Diese Form der informationstechnischen Unterstützung der Organisationsgestaltung befindet sich noch am Anfang der Entwicklung. Die Vernachlässigung organisatorischer Aspekte in den siebziger und achtziger Jahren und die zu erkennende "Renaissance der Organisation" [Österle/Brenner/Hilbers 1992, S. 47] in den neunziger Jahren erfordern den Aufbau und die Weiterentwicklung solcher Hilfsmittel.

4.1.2.4.   Aussenorientierte Administrationssysteme

Das Einsatzfeld von Administrationssystemen dehnt sich immer stärker von einer ursprünglich internen Ausrichtung auf die Unterstützung von Markttransaktionen aus. Diese Aussenorientierung reicht von einfachen Formen des "Electronic Data Interchange" (EDI) im Sinne einer vertikalen Integration starrer Lieferanten-Kunden-Beziehungen bis hin zur Abwicklung komplexer Markttransaktionen durch sogenannte "elektronische Märkte". Tendenziell ist eine Verschiebung von der vertikalen Integration hin zu elektronischen Märkten, d. h. von "1:n"- hin zu "n:m"-Beziehungen, zu erkennen [vgl. Schmid et al. 1991, S. 96ff.].

Das nachfolgend beschriebene System TELCOT gibt ein Beispiel für einen elektronischen Markt.

Beispiel Administration/5

TELCOT - Elektronischer Markt der Baumwollindustrie

Die amerikanische Handelsorganisation Plains Cotton Cooperative Association (PCCA) ist eine 1953 gegründete Genossenschaft von Baumwollfarmern mit dem Ziel, die Vermarktung der Baumwolle ihrer Mitglieder zu verbessern. In der ursprünglichen Form war die Vermarktung auf den Telefonhandel beschränkt, d. h. PCCA versuchte, Angebote telefonisch bei einzelnen potentiellen Käufern zu plazieren. Die Ineffizienz dieser Form der Vermarktung führte zur Entwicklung eines computergestützten Handelssystems durch PCCA, dessen heutige Funktionalität mit den Handelssystemen der grossen Aktienmärkte zu vergleichen ist. Die Farmer bieten ihre Baumwolle, inkl. standardisierter Qualitätsangaben, über das System den Baumwollhändlern an, die ihrerseits versuchen, ihre Nachfrage über das System zu decken. Früher waren die Farmer auf die Baumwollproduzenten angewiesen, wenn sie den Verkaufspreis für eine spezifische Menge Baumwolle bestimmen wollten. Der Produzent rief dann zwei oder drei Baumwollhändler an, um nach Beschreibung von Menge und Qualität Angebote einzuholen. Dieser sehr zeitaufwendige Prozess musste meistens mehrfach wiederholt werden, um sich einer Vereinbarung anzunähern. Auch Anfragen, die lediglich die Feststellung des Marktpreises ohne tatsächliches Verkaufsinteresse von seiten des Farmers zum Ziel hatten, verursachten den gleich hohen Aufwand. TELCOT hat diese Probleme weitgehend beseitigt. Jederzeit können Käufer wie Lieferanten über das System Verkaufsmengen, Qualitätsinformationen und Marktpreise abrufen. Mit Hilfe dieser auf aktuellen Transaktionen basierenden Handelsdaten hat sich die Markttransparenz der einzelnen Marktteilnehmer erheblich erhöht. Über 200 Baumwollbetriebe und 40 Händler sind an TELCOT direkt angeschlossen. Durchschnittlich wickelt das System 115.000 Online-Transaktionen täglich ab und übermittelt seine Daten über 11.000 Meilen Telefonmietleitung.

TELCOT hat das Geschäft von PCCA und die Baumwollindustrie von Texas und Oklahoma massiv verändert. Während PCCA vor Einführung des Systems ausschliesslich als Grosshändler fungierte, hat TELCOT den Einstieg von PCCA in das Brokergeschäft ermöglicht. Kaufte die Genossenschaft einst fast die ganze Baumwolle seiner Mitglieder, sind es heute weniger als 30 Prozent. Die effiziente und effektive Abwicklung von Markttransaktionen durch TELCOT hat es zu einer strategischen Applikation für PCCA gemacht. In den 15 Jahren der evolutionären Entwicklung TELCOTs von 1975 bis 1990 hat sich der Jahresumsatz von PCCA von 50 Millionen auf 500 Millionen Dollar erhöht und wurden 15 Millionen Baumwollballen mit einem Wert von 3,3 Milliarden Dollar gehandelt [Lindsey et al. 1990, S. 347ff.].

Wie das Beispiel zeigt, können elektronische Marktformen zu neuen Unternehmens- und Branchenstrukturen führen. So werden Absatzmittler ausgeschaltet oder bislang isolierte Märkte miteinander verbunden (z. B. Transport- und Versicherungsbranche). Neue Koordinations- und Kooperationsformen zwischen Marktteilnehmern werden möglich [vgl. Ritz 1992, S. 8ff.].

Mit der Unterstützung von Markttransaktionen übernehmen Administrationssysteme neue Funktionen, die nachfolgend beschrieben werden.

4.1.2.4.1.   Neue Funktionen für Administrationssysteme

In Anlehnung an eine Klassifikation der Markttransaktionen von Kirsch können aussenorientierte Administrationssysteme folgende Phasen einer Markttransaktion unterstützen: *Anbahnen, Vereinbaren und Abwickeln* [vgl. Kirsch et al. 1973, Himberger et al. 1991, S. 7f.]. Während die Abwicklungsfunktion - abgesehen von der externen Ausrichtung - als klassische Aufgabe von Administrationssystemen zu bezeichnen ist [siehe Funktion "Abrechnen", Kap. 4.1.1.1.], stellen "Anbahnen" und "Vereinbaren" neue Funktionen dar.

- **Anbahnen**

  In der Anbahnungsphase versuchen die Marktteilnehmer ihr Informationsdefizit bezüglich der Marktgeschehnisse zu überwinden. Informationen über potentielle Anbieter oder Nachfrager, über verfügbare Produkte und über das allgemeine Marktverhalten (z. B. Preissituation, Marktabwicklungsformen, Brancheninformationen) gelten als erster Schritt einer Markttransaktion.

  Informationstechnik kann in dieser Phase helfen, die Vielfalt des Angebots oder der Nachfrage durch individuell definierte Selektionsmechanismen zu reduzieren. Hinzu kommt die Überbrückung räumlicher Distanz und zeitlicher Vereinbarung. Handel ist nicht mehr an einen gemeinsamen Ort (z. B. Marktplatz, Börse) und eine definierte Zeit gebunden, d. h. Marktinformationen können elektronisch verteilt bzw. bereitgestellt und vom Empfänger zu einem anderen Zeitpunkt abgerufen werden. Damit erhöht sich die Markttransparenz massgeblich.

- **Vereinbaren**

  Die Vereinbarungsfunktion ist auf die Entscheidung über den Kauf bzw. Verkauf eines Produktes oder einer Dienstleistung ausgerichtet. Dazu muss eine Einigung zwischen den Handelspartnern herbeigeführt werden. In dieser Phase der Markttransaktion werden, wenn notwendig, noch detailliertere Informationen über die konkreten Marktpartner (z. B. Bonitätsinformationen) und Informationen über die Vertragsaushandlung (z. B. Abschlusskonditionen) ausgetauscht. In bestimmten Märkten (z. B. Wertpapiermarkt) ist die Form des Vertragsabschlusses weitestgehend standardisiert und im Vorfeld geregelt. Solche Märkte sind für eine elektronische Form der Vereinbarung besonders geeignet, wie der umfangreiche computergestützte Handel in den Finanzmärkten zeigt.

- **Abwickeln**

  Die Abwicklungsfunktion von Marktapplikationen beinhaltet die elektronische Übertragung der Abschlussdaten, die elektronische Verrechnung und eventuell das Anhängen zusätzlicher Marktdienstleistungen (z. B. Transportversicherung). "Electronic Fund Transfer at Point of Sale" (EFT/POS), also die elektronische Verrechnung von bargeldlosen Zahlungen am Kaufort (z. B. Supermarkt), einfache Formen der zwischenbetrieblichen Integration durch EDI oder das "Swiss Interbank Clearing" (SIC) der Telekurs AG, das den Zahlungsverkehr zwischen den schweizerischen Banken über ein zentrales Computersystem abwickelt, sind Beispiele dafür [vgl. Telekurs 1991].

Aussenorientierte Administrationssysteme befinden sich erst am Anfang ihrer Entwicklung. Die Abwicklungsfunktion steht in vielen Fällen noch im Vordergrund. Ausnahmen bilden Branchen, die für elektronische Marktformen besonders geeignet sind wie die Finanz-, Transport- oder Reisebranche. Informationstechnische Fortschritte tragen in den neunziger Jahren und darüber hinaus zu einer weiteren Ausdehnung elektronischer Marktformen bei. Dies könnte die Veranlassung zur Bildung eines neuen Applikationstyps mit der möglichen Bezeichnung "Markt (Marktsysteme)" darstellen. Die folgenden Trends unterstützen diese Entwicklung:

- die breite Verfügbarkeit und Akzeptanz von Kommunikationsstandards zum Austausch von Geschäftsdaten,

- die Entwicklung von elektronischen Produktkatalogen und von Kommunikationsstandards, die sich zur Produktbeschreibung eignen,

- die schrittweise flächendeckende Verfügbarkeit leistungsfähiger Kommunikationsnetze und

- die Entstehung elektronischer Marktdienste (VANS).

Die folgenden vier Kapitel gehen näher auf diese Entwicklungen ein.

4.1.2.4.2. Kommunikationsstandards für den Austausch von Geschäftsdaten

Standardisierungsbestrebungen mit dem Ziel, offene Kommunikationssysteme zu schaffen, sind Voraussetzung für eine breite Beteiligung der Marktteilnehmer an elektronischen Marktformen. Dies bezieht sich vorwiegend auf die anwendungsnahen Kommunikationsstandards der siebten Schicht des ISO/OSI-Modells (z. B. X.400, FTAM) und zum anderen auf sogenannte Marktsprachen, die den elektronischen Austausch von Geschäftsdaten standardisieren (z. B. EDIFACT) [vgl. Kap. 4.1.2.4.2.]. Auf beiden Gebieten konnten seit Ende der achtziger Jahre erhebliche Fortschritte erzielt werden.

Für den Datenaustausch zwischen Administrationssystemen ist zu erwarten, dass dem Kommunikationsstandard X.400 zukünftig eine dominante Rolle zukommt. X.400 wurde ursprünglich in erster Linie für die interpersonelle Kommunikation (E-Mail) konzipiert. Ende 1990 verabschiedete die CCITT unter der Bezeichnung X.435 eine Anpassung von X.400 an die Bedürfnisse des EDI. X.400 bzw. X.435 wird sich im Laufe der neunziger Jahre als Basis für den elektronischen Austausch von Geschäftsdaten durchsetzen. Eine Katalysatorfunktion könnte in diesem Zusammenhang die internationale Standardisierung der Directory Services durch X.500 übernehmen. Für den schnellen Austausch grosser Datenmengen wird zunehmend FTAM als internationaler Filetransfer-Standard zum Einsatz kommen. Ob FTAM eine ähnlich bedeutende Rolle wie X.400 spielen wird, ist jedoch fraglich, da er in Konkurrenz zu bereits weit verbreiteten proprietären Standards (z. B. TCP/IP) steht [vgl. Taylor 1991, S. 16].

Formale Marktsprachen dienen der Beschreibung von Handelsobjekten und ermöglichen damit den elektronischen Austausch von Geschäftsdaten [vgl. Schmid/Zbornik 1992, S. 73f.]. Fehlende Standards haben zum Entstehen branchenorientierter bzw. proprietärer Formate (z. B. ODETTE, SEDAS) geführt. Viele realisierte Formen zwischenbetrieblicher Informationssysteme basieren heute darauf. Die weitere Entwicklung wird sich jedoch zunehmend an dem internationalen, branchenübergreifenden Standard EDIFACT ausrichten. EDIFACT erlaubt die formale Beschreibung der Handelsobjekte anhand einer Vielzahl von Datenelementen wie z. B. Menge, Preis, Produktidentifikation und -klassifikation oder Lieferbedingungen. Die einzelnen Datenelemente bilden in unterschiedlicher Kombination und über mehrere hierarchische Zwischenstufen einen Nachrichtentyp (z. B. Rechnung, Bestellung). Heute sind bereits eine Vielzahl von Nachrichtentypen spezifiziert und als Standard verabschiedet. Es ist davon auszugehen, dass sich EDIFACT in den neunziger Jahren als EDI-Standard langsam durchsetzen wird. Bestehende nationale Standards wie ANSI.X12 (USA) und Tradacoms (Grossbritannien) sowie branchenorientierte Formate behalten allerdings aufgrund ihrer weiten Verbreitung in einer Übergangsphase noch ihre Bedeutung [vgl. Alt/Zbornik 1993, S. 93].

Bis heute profitieren vorwiegend Grossunternehmen von EDI. In ihre EDI-Anwendungen sind relativ wenige Geschäftspartner eingebunden, mit denen sie grosse Volumina abwickeln. Für kleine und mittelständische Betriebe ist die kritische Masse für EDI vielfach noch nicht erreicht. Ausnahmen bilden Unternehmen, die mehr oder weniger freiwillig in die EDI-Lösungen von Grossunternehmen oder Branchenverbänden eingebunden sind (z. B. Zulieferanten der Automobilindustrie). Die genannten Standardisierungsfortschritte und die Integration von EDI-Komponenten in Standardanwendungssoftware werden in den neunziger Jahren zu einer weiteren Verbreitung von EDI-Lösungen führen. Bilaterale Formen der zwischenbetrieblichen Integration von Administrationssystemen entwickeln sich mittelfristig zu einer breiten elektronischen Geschäftskommunikation weiter.

4.1.2.4.3.   Elektronische Produktkataloge und Kommunikationsstandards zur Produktbeschreibung

EDIFACT ist in seiner heutigen Form vorwiegend auf den formalen Austausch von Geschäftsdaten ausgerichtet und setzt voraus, dass das Handelsobjekt entweder weitgehend bekannt ist oder keinen hohen Erklärungsbedarf besitzt. EDIFACT dient damit nur stark eingeschränkt der anschaulichen und eindeutigen Beschreibung eines

Produkts oder einer Dienstleistung. Um die Anbahnungs- und Vereinbarungsphase einer Markttransaktion besser elektronisch zu unterstützen, müssen auch weniger formalisierbare Merkmale dargestellt werden können. In diesem Zusammenhang bieten multimediale Systeme neue Möglichkeiten der Produktpräsentation und -beschreibung. Erste elektronische, multimediale Produktkataloge sind im Entstehen wie folgendes Beispiel zeigt.

Beispiel Administration/6

Multimedialer Produktkatalog von DEC

Digital Equipment entwickelt unter dem Namen "DECall" einen elektronischen Produktkatalog. Er enthält sämtliche bisher in Papierform an die Kunden weitergegebenen Informationen und ergänzt diese um Sound und Videoclips. Der Produktkatalog wird zukünftig auf einer CD-ROM ausgeliefert und periodisch aktualisiert. DECall ermöglicht durch die multimediale Präsentation und die Verwendung von Hypertextstrukturen eine völlig neue Form der Informationsaufbereitung für den Kunden. Ausgehend von einer ersten Übersichtsebene, kann sich der Kunde bei Bedarf in eine Vertiefungsebene navigieren, die ihm Produkte, Lösungen und Strategien ausführlich in Text und Bild darstellt. Vom System bereitgestellte Werkzeuge ermöglichen es dem Kunden, Text- oder Bildteile zu markieren, um diese dann auszudrucken oder in einer persönlichen Ablage, nach eigenen Kriterien sortiert, abzulegen. Auf der untersten Ebene stehen dem Benutzer Katalogseiten, Bestellinformationen und Datenbanken zur Verfügung. Alle Ebenen sind zusätzlich durch Sprachsequenzen oder kurze Videoclips unterlegt [vgl. Ivanitzki 1992, S. 3f.].

Elektronische Produktkataloge können, neben ihrer Präsentations- und Visualisierungsfunktion, um Beratungsfunktionen ergänzt werden. Das reicht von einfachen Bedienungsanleitungen (z. B. Videoclip zur Installation eines technischen Geräts) bis zur expertensystemgesteuerten Konfiguration eines komplexen Produktes (z. B. Prüfung der Kompatibilität einzelner elektronischer Geräte) [vgl. Lödel et al. 1992, S. 5].

Ein nächster Schritt ist die Integration elektronischer Produktkataloge mit Bestell-, Buchungs- oder Reservationssystemen wie das folgende Beispiel illustriert.

Beispiel Administration/7

Integrierter, multimedialer Produktkatalog bei American Airlines

SABRE, das Reservationssystem von American Airlines, wurde kürzlich um eine multimediale Komponente erweitert. Mehr als die Hälfte der ca. 87.000 SABRE-Arbeitsplätze in ungefähr 18.000 Reisebüros sind in lokale Netze eingebundene Business Workstations. Auf dieser Infrastruktur aufbauend, bietet American Airlines unter dem Namen SABREvision den angeschlossenen Reisebüros ein mit dem Reservationssystem integriertes Hotelinformationssystem an.

SABREvision setzt dazu das elektronische "Jaguar Hotel Directory" der Reed Travel Group ein. Das Hotelverzeichnis ist auf einer CD-ROM abgelegt, die über das lokale Netz zur Verfügung steht. Neben textuellen Informationen können die Mitarbeiter des Reisebüros über 6.600 farbige Bildseiten (z. B. Luftansicht des Hotels, Räumlichkeiten) und kartographische Informationen (z. B. Wegbeschreibungen) zu mehr als 50.000 Hotels abrufen. Das Verzeichnis wird vierteljährlich aktualisiert. Aktuelle Informationen wie Preise und Buchungssituation liefert SABRE. Diese werden über SABREvision zusammen mit den anderen Informationen integriert bereitgestellt.

Die Hotels lassen sich nach unterschiedlichen, miteinander verknüpfbaren Kriterien (z. B. Ort, Preis, Ausstattung) auswählen. Ist die Entscheidung für ein bestimmtes Hotel gefallen, kann der Reisebüromitarbeiter direkt eine Hotelbuchung vornehmen, ohne SABREvision verlassen zu müssen [vgl. Polilli 1991, S. 27, Pawson/Szlichcinski 1992, S. 57, I/S Analyzer 1991a, S. 1ff.].

Diese Formen elektronischer Produktkataloge sind als multimediale bzw. intelligente Front-Ends von Administrationssystemen zu verstehen. Durch ihre interaktiven, multimedialen Eigenschaften unterstützen sie das Anbahnen von Markttransaktionen und stossen indirekt (DECall) oder direkt (SABREvision) die Abwicklung von Markttransaktionen an.

Elektronische Produktkataloge basieren heute auf lokalen, weitgehend proprietären Lösungen und sind auf elektronische Hierarchien ausgerichtet. Sollen diese Produktinformationen im Sinne elektronischer Märkte einem breiteren Adressatenkreis zugänglich gemacht werden, sind Kommunikationsstandards notwendig, die eine Übertragung multimedialer Daten unterstützen. Der 1988 von der ISO und vom CCITT verabschiedete Standard ODA/ODIF (Open Document Architecture/Open Document Interchange Format) bietet dazu einen vielversprechenden Ansatz. ODA/ODIF strukturiert den Inhalt von Verbunddokumenten, also Dokumenten, die neben alphanumerischen Informationen auch Graphiken und Bilder enthalten können [vgl. auch Kap. 4.2.2.1.3.]. Eine Erweiterung des Standards um gesprochene Sprache und Bewegtbild ist vorgesehen. Auf ODA/ODIF basierende Produkte sind erst im Entstehen und noch nicht weit verbreitet. Kombiniert mit den Übertragungsstandards X.400 oder FTAM hat ODA/ODIF das Potential, eine tragende Rolle beim Austausch produktbeschreibender Dokumente zu spielen.

In diesem Zusammenhang ist auch der sich in Entwicklung befindende ISO-Standard STEP (Standard for the Exchange of Product Definition Data) zu beachten. STEP geht über ein reines Datenaustauschformat hinaus und versucht anhand eines allgemeinen Produktmodells die Repräsentation topologisch/geometrischer, technologischer und organisatorischer Produktdaten zu standardisieren [vgl. Kap. 4.4.2.2.3.]. Diese Daten können von der empfangenden Applikation interpretiert werden, was die Visualisierung (z. B. dreidimensionale Darstellung und Rotation) und Manipulation (z. B. Änderung der Farbe oder anderer Merkmale) der Produktdaten zulässt. STEP ist vorwiegend auf technische Produkte ausgerichtet, jedoch offen und mächtig genug, um auch zur Beschreibung anderer Produkte dienen zu können [vgl. Schmid 1992, S. 147]. Es ist zu erwarten, dass STEP die bestehenden nationalen und branchenspezifischen Standards im Laufe der neunziger Jahre ablösen wird. Im Rahmen der Anbahnungs- und Vereinbarungsphasen von Markttransaktionen könnte STEP seinen Einsatz zur standardisierten Beschreibung eher technischer Produkte finden.

4.1.2.4.4. Leistungsfähige Kommunikationsnetze

Aussenorientierte Administrationssysteme setzen die Verfügbarkeit leistungsfähiger Kommunikationsnetze voraus. Heutige Systeme basieren vorwiegend auf dem öffentlichen Fernsprech- bzw. X.25-Netz und beschränken sich weitgehend auf den Austausch strukturierter Daten.

Mit der oben skizzierten Anforderung, auch multimediale Daten übertragen zu können, steigen die Ansprüche an die öffentlichen Kommunikationsnetze erheblich. Insbesondere dann, wenn nicht nur bilaterale, zwischenbetriebliche Kommunikation betrieben werden soll, kommt neben der Leistungfähigkeit auch der Flächendeckung von Kommunikationsnetzen eine bedeutende Rolle zu. ISDN spielt diesbezüglich in den neunziger Jahren eine Schlüsselrolle. Wie mit Hilfe von ISDN und anderen neuen Informationstechniken innovative Formen der Marktkommunikation realisierbar werden, zeigen folgende beiden Anwendungen.

Beispiel Administration/8

• EUROTOP - Reisekatalog über ISDN
EUROTOP ist ein Kooperationsprojekt europäischer Touristikspezialisten, PTTs und Dienstleistungsgesellschaften mit dem Ziel, einen elektronischen Reisekatalog zu entwickeln. Das Eurotop-System verbindet in der Pilotphase (April bis Ende 1992) sieben Reiseveranstalter und 60 Reisebüros über ISDN [vgl. Bild 4.1.2.4.4./1].

Die Reiseveranstalter illustrieren ihre Reiseangebote mit Text- und Bildmaterial. Diese Informationen werden mit Hilfe spezieller Workstations der Veranstalter digitalisiert, bearbeitet und in komprimierter Form gespeichert. Nach Abschluss der Bearbeitung übertragen die Veranstalter die Daten per ISDN (64 Kbit/s) auf das zentrale EUROTOP-Grosssystem.

Die angeschlossenen Reisebüros übernehmen von dort, wiederum über ISDN, die benötigten Text- und Bildinformationen. Die Workstations der Reisebüros sind mit ausreichender Speicherkapazität (ca. 300 MB) ausgestattet, so dass der grösste Teil der benötigten Daten lokal gespeichert und damit sehr schnell zugreifbar ist. Ist eine gewünschte Information nicht lokal verfügbar, greift das Reisebüro über ISDN auf das EUROTOP-System zu und ruft die entsprechenden Text- und Bildinformationen ab. Die Übertragung eines komprimierten Bildes mit 16 KB erfordert weniger als drei Sekunden.

Zusätzlich ist über die EUROTOP-Arbeitsstation der Zugriff auf das START-Reservationssystem möglich, d. h. es besteht eine direkte Verbindung zu ca. 70 Reiseveranstaltern und allen wichtigen Fluggesellschaften im START-AMADEUS-Verbund [vgl. Lüttich 1992, S. 4f.].

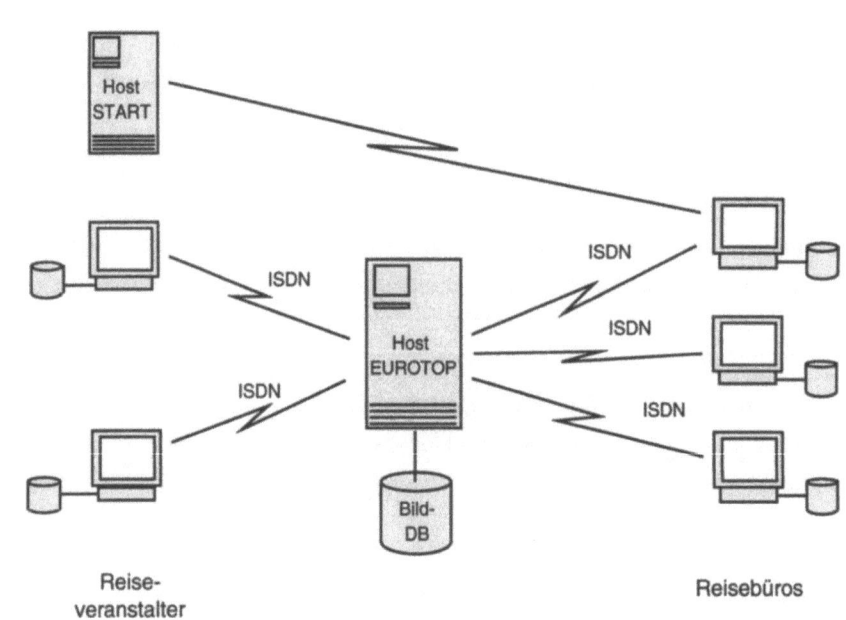

Bild 4.1.2.4.4./1: Struktur des Eurotop-Systems

• **Bilddatenbank über ISDN als Presseservice**

Sygma Photo, die grösste Bild-Presseagentur Frankreichs hat über ISDN einen Bild-Nachrichtendienst für seine Kunden (z. B. Zeitungs- und Zeitschriftenverlage) eingerichtet. Über von Sygma bereitgestellte Workstations und ISDN können die Kunden auf die Bilddatenbanken mehrerer Agenturen zugreifen und nach Photos zu einem bestimmten Themenbereich recherchieren. Bildinformationen zu aktuellen Nachrichten bietet Sygma Photo seinen Kunden in Form kompletter Bildserien an. Dazu werden den Kunden mehrere Bilder zu einer bestimmten Nachricht in einer geringeren Auflösung zur Ansicht über ISDN zugesendet. Hat der Kunde ausgewählt, erhält er das gewünschte Bild in hoher Auflösung. Dieser Service ist besonders zeitkritisch und konnte erst mit ISDN in dieser Form und Geschwindigkeit realisiert werden.

Sygma passt seinen Service ständig neuen technologischen Möglichkeiten an. So erlaubt ein neu entwickelter, auf dem JPEG-Standard basierender Kompressionsalgorithmus das schnellere Versenden der Bilder. Eine Serie von 12 Ansichtsbildern benötigt damit lediglich 200 KB, was einem Kompressionsverhältnis von 15:1 entspricht. Andere Neuentwicklungen sind beispielsweise die Integration von Hochleistungsscannern unter Verwendung von HDTV oder die Verbesserung der Benutzeroberfläche durch Hypertext [vgl. Clements 1990, S. 31, Pawson/Szlichcinski 1992, S. 54].

Beide Beispiele zeigen Anwendungen, die mit Hilfe der aktuellen Bereitstellung von Bildinformationen einen Zusatznutzen erzeugen. Für interaktive, multimediale Anwendungen und Bewegtbild ist das Schmalband-ISDN jedoch wenig geeignet. Die dazu notwendige Breitbandkommunikation (B-ISDN) wird flächendeckend erst im nächsten Jahrzehnt zur Verfügung stehen. Nischenanwendungen, die eher im Bereich elektronischer Hierarchien zu suchen sind, werden tendenziell versuchen, ihren Bedarf nach Breitbandkommunikation über in Kürze verfügbare MANs zu decken [vgl. Kap. 3.5.3.].

Zusammen mit den in Kapitel 4.1.2.4.2. beschriebenen Kommunikationsstandards ODA/ODIF und STEP erweitern leistungsfähige Kommunikationsnetze das Spektrum der über elektronische Marktformen handelbaren Güter und Dienstleistungen. Nicht nur standardisierte, sondern auch stärker erklärungsbedürftige Produkte, können in Zukunft über Kommunikationsnetze angeboten werden.

4.1.2.4.5.   Elektronische Marktdienste

Elektronische Marktdienste reichen von der Bereitstellung eines gemeinsamen Kommunikationsnetzes bis zur Übernahme von Abrechnungs-, Vereinbarungs- und Anbahnungsfunktionen. Sie unterstützen somit alle drei Phasen einer Markttransaktion.

In den nächsten Jahren ist ein starkes Ansteigen sogenannter Value-Added-Network-Services (VANS) zu erwarten. VANS bauen auf der bestehenden Telekommunikationsinfrastruktur auf (z. B. X.25-Netz) und fügen spezielle Dienstleistungen (z. B. Netzwerkmanagement, Kontrollmechanismen, Clearing) hinzu. Eine wichtige Rolle spielt in diesem Zusammenhang wiederum die Ausrichtung an Standards. Ursprünglich auf proprietären Lösungen aufbauend, sind geschlossene "elektronische Clubs" entstanden. Eine flächendeckende Kommunikationsinfrastruktur, die den freien Austausch von Geschäftsdaten zulässt, kann nur durch die konsequente Berücksichtigung von internationalen Kommunikationsstandards geschaffen werden. VANS müssen zukünftig auch untereinander frei kommunizieren können und ihr aus Wettbewerbsgründen aufgebautes Inseldasein aufgeben. Die Kriterien Offenheit und Servicequalität bestimmen in den neunziger Jahren in wachsendem Masse den Wettbewerb zwischen VANS-Anbietern.

Unternehmen werden zunehmend die Dienstleistungen von Clearing-Houses in Anspruch nehmen, um ihre externen Kommunikationsbedürfnisse wirtschaftlich abzuwickeln. Grosse Unternehmen richten eigene Clearing-Center ein, die dem Anwender eine einheitliche Benutzerschnittstelle für unterschiedliche Kommunikationsanwendungen bieten. Diese bisher eher technisch orientierten Dienstleistungen werden in wachsendem Masse um Marktmechanismen unterstützende Funktionen erweitert [vgl. Alt/Zbornik 1993]. Beispiele dafür sind

- Marktvermittlungsdienste, die unterschiedliche Marktteilnehmer mit komplementären Interessen zusammenbringen,

- Markt- und Partnerinformationsdienste, die in der Vereinbarungsphase unterstützend wirken oder

- Zusatzdienste zur Abwicklung von Markttransaktionen wie z. B. eine Transportversicherung.

Solche Dienste basieren auf Datenbankanwendungen, die den Zugriff auf Marktinformationen bzw. den Vergleich von Angebot und Nachfrage ermöglichen. Die oben definierte Forderung nach multimedialen Informationen und die Abwicklung von Marktmechanismen stellen dabei hohe Anforderungen an die eingesetzte Datenbanktechnik. Relationale Datenbanken können die dazu notwendige Integritätsbedingungen erfüllen. Von erweiterten relationalen bzw. objektorientierten Datenbanken sind Verbesserungen in der Multimediafähigkeit dieser Datenbanken zu erwarten. Aktive Datenbanken, die den Marktmechanismen entsprechende Algorithmen und Regeln automatisch auf die Informationsobjekte anwenden, könnten zukünftig das Zusammenbringen von Angebot und Nachfrage (Matching) unterstützen [vgl. Schmid 1992, S. 161].

Wie die bisherigen Ausführungen gezeigt haben, verbessern sich die informationstechnischen Voraussetzungen für eine Verbreitung aussenorientierter Administrationssysteme im Laufe der neunziger Jahre kontinuierlich. Dies bezieht sich zunächst auf Markttransaktionen zwischen Organisationen und dehnt sich später auch auf die privaten Haushalte aus. Informationstechniken wie Chipkarten, Videotex (BTX), ISDN und Multimedia-CDs kommen in diesem Zusammenhang eine Schlüsselrolle zu. Allerdings zeigen die ernüchternden Ergebnisse der Teleshopping- bzw. Telebanking-Anstrengungen der letzten Jahre, dass die Akzeptanz bei den privaten Haushalten nicht allein durch die Verfügbarkeit neuer Informationstechniken bestimmt wird. Die Erwartungen an Videotex beispielsweise konnten bislang bei weitem nicht erfüllt werden und ob die privaten Haushalte ISDN als Telekommunikationsanschluss breit annehmen werden, ist zumindest für die neunziger Jahre noch fraglich.

4.1.3. Zusammenfassung

Die Entwicklung von Administrationssystemen in den neunziger Jahren lässt sich wie folgt thesenartig zusammenfassen.

• Auch in den neunziger Jahren steht für viele Unternehmen die Integration ihres Administrationssystems im Vordergrund. Immer mehr Unternehmen werden versuchen, diesen Integrationsbedarf durch den Einsatz branchenspezifischer oder branchenneutraler Standard-Anwendungssoftware zu decken.

• Die zunehmende Reife des Client-Server-Konzepts, die Weiterentwicklung von Unix und die verbreitete Nutzung von Midrange-Systemen und Business-Workstations bewirken in den neunziger Jahren eine langsame Abkehr von zentralen Mainframe-Lösungen.

• Dezentrale, eher offene Systemarchitekturen bewirken eine Flexibilisierung der dem Administrationssystem zugrundeliegenden Infrastruktur. Organisatorische Anpassungen lassen sich im Vergleich zu den bisherigen zentralen Systemen, einfacher durch die Infrastruktur unterstützen, kürzere Innovationszyklen werden möglich.

- Die momentane Beschränkung von Administrationssystemen auf stark strukturierte Informationen hebt sich durch die Integration von Image-Processing-Systemen schrittweise auf. Zusätzliche Teile der administrativen Arbeit lassen sich damit informationstechnisch unterstützen.

- Workflow Software erlaubt die flexible Steuerung administrativer Arbeitsprozesse und die Integration der dazu notwendigen informationstechnischen Werkzeuge. Workflow Software hat das Potential, zukünftig das steuernde Rückgrat zumindest von Teilbereichen des Administrationssystems zu bilden.

- Administrationssysteme dehnen ihr Einsatzspektrum von internen Prozessen auf die Unterstützung von Markttransaktionen aus. Das reicht von einfachen Formen des bilateralen zwischenbetrieblichen Datenaustauschs bis zu komplexen elektronischen Märkten.

- Bisher durch bilaterale Absprachen realisierte Formen der zwischenbetrieblichen Integration von Administrationssystemen entwickeln sich aufgrund von heute bzw. in naher Zukunft verfügbaren Kommunikationsstandards (wie z. B. EDIFACT, X.400, X.500) zu einer breiten elektronischen Geschäftskommunikation weiter.

- Die Weiterentwicklung von Kommunikationsstandards, Kommunikationsnetzen, elektronischen Marktdiensten und elektronischen Produktkatalogen unterstützten die zunehmende Aussenorientierung von Administrationssystemen in den neunziger Jahren. Neue Koordinations- und Kooperationsformen zwischen Marktteilnehmern entstehen.

Mit diesen Trends dehnt sich die Computerunterstützung administrativer Prozesse weiter aus. Die Weiterentwicklung von Administrationssystemen ist damit, entgegen einer verbreiteten Annahme, nicht auf die Wartung und Aktualisierung existierender Applikationen beschränkt, sondern äussert sich auch in einer umfangreichen Restrukturierung der Infrastruktur und in der Entwicklung neuer Applikationen.

4.2. Applikationstyp "Office"

4.2.1. Charakteristika von Officesystemen

Officesysteme unterstützen allgemeine betriebliche Hilfsfunktionen wie Textverarbeitung, Terminverwaltung, Tabellenkalkulation oder interpersonelle Kommunikation. Sie bilden in ihrer Kombination die weitgehend arbeitsplatzunabhängige Ausstattung des Büros mit elektronischen Hilfsmitteln, haben damit Infrastrukturcharakter und kommen deshalb häufig kombiniert mit anderen Applikationstypen zum Einsatz. Officesysteme waren ursprünglich auf den persönlichen Arbeitsbereich beschränkt, was in den Schlagworten "Personal Information Management" (PIM) oder "Selbstmanagement" seinen Ausdruck findet. Mehr und mehr rücken aber auch kommunikative Funktionen und der Aspekt der Gruppenarbeit in den Vordergrund. Oft verwendete und inhaltlich mit dem Applikationstyp "Office" sehr verwandte Begriffe sind "Büroautomation" bzw. "Office Automation" und "Bürokommunikation".

Im Gegensatz zu Administrationssystemen sind Officesysteme durch einen schwachen Strukturierungsgrad der Daten und der Verarbeitung gekennzeichnet. Flexibel einsetzbare Endbenutzerwerkzeuge geben dem Anwender einen grossen Gestaltungsspielraum. Das zu bearbeitende Datenvolumen ist eher gering, weist aber ein breites Medienspektrum auf. Daten, Text, Graphik und zunehmend auch Bild, Bewegtbild und Sprache können mit Officesystemen integriert bearbeitet werden. In lokale Netze eingebundene Arbeitsplatzrechner und Server bilden die technische Infrastruktur für Officesysteme. Einige Unternehmen stellen über Mainframes unternehmensweite Office-Applikationen wie E-Mail oder elektronische Terminkalender bereit. Standardsoftwarepakete, die teilweise über endbenutzerfreundliche 4.-Generationssprachen verfügen, beherrschen das Bild.

4.2.1.1. Funktionen

Für den Applikationstyp "Office" kann in die fünf Funktionen "Dokumente verarbeiten", "Daten verwalten", "Analysieren", "Kommunizieren" und "Kooperieren/ Koordinieren" unterschieden werden wie in Bild 4.2.1.1./1 dargestellt.

- **Dokumente verarbeiten**

  Das Dokument ist der zentrale Informationsträger in Officesystemen. Die Dokumentenverarbeitung beinhaltet das Erstellen, Bearbeiten und Verwalten von Dokumenten mit Unterstützung der Informationstechnik. Beispiele dafür sind

  - das Schreiben oder Überarbeiten eines Geschäftsbriefes mit Hilfe eines Textverarbeitungssystems,

  - das Erstellen einer Business-Graphik mit einem Graphik- oder Zeichenpaket,

- das Erfassen eines Dokuments mit Hilfe eines Scanners oder

- das Verwalten von Dokumenten im persönlichen Workstation-Verzeichnis.

Dokumente können unterschiedliche Strukturierungsgrade aufweisen und reichen von schwach vorstrukturierten Notizen oder Briefen über Dokumente mit einer gewissen Grundstruktur (z. B. Bestätigungsschreiben) bis zu stark vorstrukturierten, standardisierten Formularen. Die Qualität der Dokumente hat in kurzer Zeit erheblich zugenommen. Waren vor einigen Jahren elektrische Schreibmaschinen das Hauptwerkzeug der Dokumentenverarbeitung, hat der Einsatz von Personal Computern neue Massstäbe gesetzt. Am Markt verfügbare Softwarepakete ermöglichen beispielsweise das komfortable Editieren und Verwalten von Verbunddokumenten (compound documents), d. h. von Dokumenten, die neben Text auch andere Medien wie strukturierte Daten, Graphiken, Bilder oder auch Sprache beinhalten.

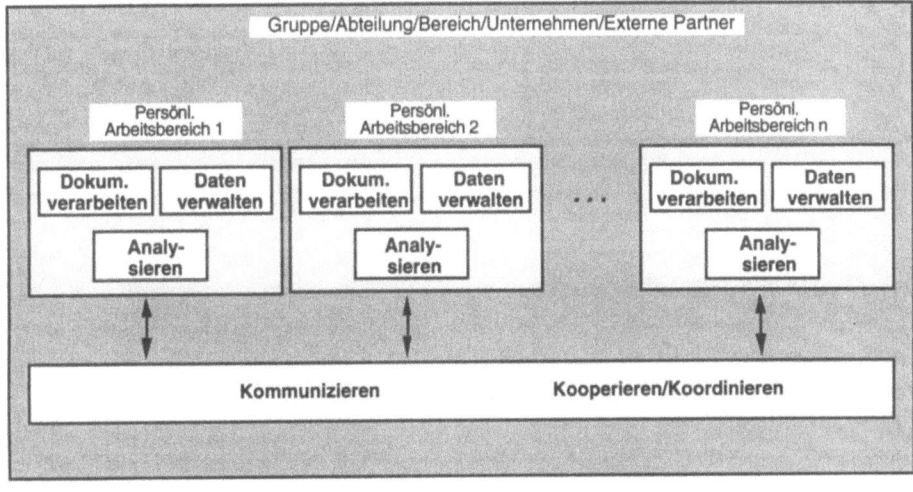

Bild 4.2.1.1./1: Funktionen des Applikationstyps "Office"

• **Daten verwalten**

Die Officefunktion "Daten verwalten" bezieht sich auf die Bearbeitung persönlicher Datenbestände wie z. B. Termine, Aktivitäten, Adressen oder Notizen. Persönliche Datenbestände sind oft dadurch gekennzeichnet, dass sie nicht linear-sequentiell oder hierarchisch strukturiert sind. Werkzeuge zu ihrer Verwaltung müssen flexibel genug sein, um mehrdimensionale Sichten auf die Informationen zuzulassen. Beispielsweise kann die persönliche Aktivitätenplanung unter zeitlichen (z. B. sämtliche zu erledigenden Aktivitäten eines Tages), thematischen (z. B. alle Aktivitäten eines Projekts), personenbezogenen (z. B. Verantwortlichkeiten für Aktivitäten) oder organisatorischen (z. B. Aktivität erledigt oder unerledigt) Gesichtspunkten betrachtet werden.

Unter dem Begriff "Personal Information Management" (PIM) ist eine Vielzahl von Werkzeugen entstanden, welche die Verwaltung persönlicher Daten unterstützen sollen. Ihre Funktionalität reicht von einfachen, relativ starren Terminverwaltungssystemen bis zu sehr flexiblen, multifunktionalen PIM-Werkzeugen, die teilweise unter Verwendung von Hypermedia-Strukturen die Integration unterschiedlicher Medien (z. B. Text, strukturierte Daten, Graphik und Bild) zulassen.

• Analysieren

Analysewerkzeuge des Applikationstyps "Office" unterstützen das Berechnen, Verdichten und Darstellen bzw. Visualisieren von Informationen. Dies sind die klassischen Einsatzfelder von Tabellenkalkulationsprogrammen (Spreadsheets), deren Funktionalität Nastansky als eine "flexible tabellenorientierte Analyse-Plattform für quantitativ-analytisches betriebliches Datenmaterial" beschreibt [Nastansky 1989, S. 392].

Der Plattformcharakter von Tabellenkalkulationsprogrammen erlaubt es dem Endbenutzer, individuelle Problemstellungen in ein Spreadsheet zu übertragen und zu analysieren. Die zur Analyse verwendeten Datenbestände können individuell erstellt oder aus bestehenden Datenbeständen extrahiert werden. Extrahierte Datenbestände erhalten durch die problemspezifische Analyse und Manipulation individuellen Charakter.

Die Flexibilität und Mächtigkeit heutiger Tabellenkalkulationsprogramme hat dazu geführt, dass sie vielfach auch in anderen Applikationstypen wie z. B. Führung als Werkzeuge zum Einsatz kommen [vgl. Kap. 4.3.1.1.].

• Kommunizieren

Kommunizieren ist eine elementare Hilfsfunktion zur Ausübung von Geschäftsfunktionen und bildet insbesondere bei Führungskräften einen Schwerpunkt der Büroarbeit. Neben der "Face-to-Face"-Kommunikation ist das Telefongespräch die am weitesten verbreitete Form der betrieblichen Kommunikation [vgl. Panko 1988, S. 14]. Andere Hilfsmittel wie Telex, Telefax, Electronic Mail oder der Dokumentenaustausch über Filetransfer haben in den letzten Jahren das Spektrum der Kommunikationsinstrumente erheblich erweitert. Ihr Vorteil liegt unter anderem in der Möglichkeit, asynchrone Kommunikation zu betreiben. Mehr und mehr erhält auch die Kommunikation von Gruppen informationstechnische Unterstützung. Beispiele sind das Videoconferencing, das die synchrone Kommunikation geographisch entfernter Sitzungsteilnehmer ermöglicht und Bulletin-Board-Systeme, welche die textorientierte, asynchrone Kommunikation von Gruppen durch eine zentrale Informationsablage unterstützen.

- **Kooperieren/Koordinieren**

  Eine relativ neue, durch Informationstechnik unterstützte Officefunktion ist die Kooperation und Koordination im Rahmen von Gruppenarbeitsprozessen. Schlagworte
  wie "Computer Supported Cooperative Work" (CSCW), "Workgroup Computing"
  oder "Groupware" kennzeichnen diese neue Ausrichtung von Officesystemen [vgl.
  Kap. 4.2.2.2.].

  Kooperation, d. h. die Zusammenarbeit von zwei oder mehr Personen, erfordert den
  Austausch von Informationen. Das können sowohl gemeinsam bearbeitete Objekte
  (z. B. Antragsformular, Brief) als auch zur Koordination des Gruppenarbeitsprozesses notwendige Steuerungsinformationen (z. B. Status eines Vorganges, Verteiler)
  sein. Kooperation kann ad hoc oder auch geplant und stark vorstrukturiert ablaufen.
  Die Koordinationsfunktion gibt dazu den mehr oder weniger vorstrukturierten Ge-
  staltungsrahmen vor, mit dem Ziel, die Effizienz des Gruppenarbeitsprozesses zu
  steigern. Je grösser die Arbeitsteilung bzw. die Gruppe, desto grösser ist der Koordinationsbedarf und desto eher ist das Koordinieren als eine eigenständige Funktion
  zu betrachten [vgl. Ellis/Gibbs/Rein 1991, S. 40].

  Prinzipiell sind die oben genannten Instrumente zur Förderung der Gruppenkom-
  munikation, wie Videoconferencing und Bulletin-Board-Systeme, auch zur Unterstützung der Kooperation zwischen Gruppenmitgliedern geeignet. Weitere Beispiele
  für die Unterstützung der Kooperation bzw. Koordination durch Officesysteme sind:

  - die Abstimmung von Sitzungsterminen über einen unternehmensweiten oder
    gruppenorientierten elektronischen Terminkalender,

  - die gemeinsame Bearbeitung eines Dokuments (z. B. Projektbericht) durch meh-
    rere Autoren mit Hilfe eines Gruppen-Autorensystems,

  - die Koordination der Aktivitäten eines Projekts mit einem gruppenorientierten
    Projektmanagement-Werkzeug,

  - die Unterstützung von Gruppenentscheidungen mit einem Meeting System [vgl.
    Grohowski et al. 1990] oder

  - die elektronische Abwicklung eines Genehmigungsverfahrens (z. B. Investitions-
    antrag) unter Einsatz von Groupware.

  Die Beispiele zeigen die Nähe des Workgroup-Computings zu den im Zusammenhang mit Administrationssystemen behandelten Workflow-Applikationen [vgl. Kap.
  4.1.2.3.]. Workgroup-Computing-Ansätzen bei Officesystemen fehlt allerdings meistens die administrative Stringenz transaktionsorientierter Workflow-Applikationen.
  Sie sind eher auf die Koordination von Ad-hoc-Aktivitäten ausgerichtet [vgl.
  McCready 1992, S. 7].

4.2.1.2.   Restriktionen

Die Anwenderkooperation Bürokommunikation[1] kam in ihrer zweiten Auflage des Anforderungskataloges an integrierte Bürokommunikation 1991 zu folgender Aussage:

"Der Einsatz der Bürokommunikation (...) soll dazu dienen, die Arbeitsabläufe und Kommunikationsprozesse im Büro in einem Masse zu unterstützen, dass sowohl nachhaltige qualitative Verbesserungen als auch messbare Rationalisierungseffekte erzielt werden. Die Erfahrungsberichte kritischer Anwender belegen, dass mit den heute auf dem Markt erhältlichen Standardprodukten dieses Ziel der Wertschöpfung in den Unternehmen noch nicht erreichbar ist" [Anwenderkooperation Bürokommunikation 1991, S. 5].

Bild 4.2.1.2./1 gibt einen Eindruck zu dem aus Anwendersicht im Jahre 1991 erreichten Entwicklungsstand von Officesystemen. Zwar haben sich Officesysteme bis heute in einzelnen Bereichen etwas weiterentwickelt, doch gibt die Tabelle gute Anhaltspunkte für noch bestehende Restriktionen.

• **Mangelnde mediale Integration**

Die Büroarbeit lebt von der flexiblen Kombination unterschiedlicher Medien wie Text, Graphik, Bild oder Sprache. Die dazu zur Verfügung stehenden Werkzeuge sind jedoch häufig auf einzelne Medien konzentriert und nicht integriert. Das Telefon als Werkzeug der Sprachkommunikation ist in den wenigsten Fällen mit einer Workstation verbunden. Videoconferencing erfolgt heute fern vom persönlichen Arbeitsplatz und den dort vorhandenen individuellen Arbeitswerkzeugen. Geschäftsdokumente sind im zentralen Archiv abgelegt oder als Images nur über spezielle Datensichtgeräte elektronisch abrufbar und in den wenigsten Fällen in die persönliche Arbeitsumgebung eingebunden. Bis vor kurzem waren Verbunddokumente softwaretechnisch nicht realisiert, und in vielen Unternehmen herrscht auch heute die reine Textverarbeitung vor. Als Resultat sind effizienzhemmende Medienbrüche oft unvermeidbar. Daraus erwächst die Forderung nach einer stärkeren medialen Integration auf Darstellungs- und Verarbeitungsebene im Sinne von Multimedia.

• **Fehlende Einbindung von Kommunikationsstandards**

Die Kommunikationsinfrastruktur für Officesysteme basiert in den meisten Unternehmen noch auf proprietären Lösungen. Erst langsam implementieren die Anwender X.400 als Kommunikationsstandard, nur wenige Softwarepakete berücksichtigen bisher X.500 oder ODA/ODIF [vgl. Kap. 4.2.2.1.3.]. Die Kommunikationsfähigkeit zwi-

---

[1] Die Anwenderkooperation Bürokommunikation setzt sich aus folgenden Unternehmen und Institutionen zusammen: Allianz AG, BASF AG, Bausparkasse Wüstenrot, Daimler Benz AG, Deutsche Bank AG, Deutsche Bundesbahn, Energieversorgung Schwaben AG, Innenministerium Baden-Württemberg, Rheinisch Westfälische Elektrizitätswerke AG.

schen unterschiedlichen Systemen, z. B. zwischen einer lokalen E-Mail-Lösung und dem unternehmensweiten System, muss vielfach erst über mühsame Schnittstellenprogrammierung hergestellt werden. Das behindert die Ausbreitung der freien elektronischen Kommunikation in den Unternehmen erheblich. Stärker noch bleiben auch die Nutzenpotentiale einer elektronischen Kommunikation mit externen Geschäftspartnern weitgehend ungenutzt. Erst eine weite Verbreitung von X.400-Adressen in den Unternehmen und deren einfache Beauskunftung über einen standardisierten Directory-Service machen eine breite, unternehmensübergreifende elektronische Kommunikation möglich, die mit der Einfachheit des Telefonierens vergleichbar ist.

Textverarbeitung	●
Verbunddokument	◐
Tabellenkalkulation	●
Grafik	◐
Sprachanmerkungen	○
E-Mail	●
Vorgangsbearbeitung	○
Anschluss an Telekommunikationsdienste (z.B. Telefon, Telefax, Teletex)	●
Directory (proprietär)	◐
Dokumentenarchivierung	◐
Arbeitshilfen (z.B. Ressourcen-, Termin-, Projektmanagement)	◐
Integration	
zwischen Officefunktionen	◐
zwischen Officesystem und DV-Applikation	◐
zwischen Architekturebenen (z.B. lokal, zentral) und Multivendor	○
Standards	
X.400	◐
X.500	○
ODA/ODIF	○

● Funktion wird von verfügbaren Produkten gut erfüllt

◐ Basisfunktionalität ist verfügbar

○ Geforderte Funktion ist in kaum einem System verfügbar

Bild 4.2.1.2./1: Funktionalität von Officesystemen
[vgl. Anwenderkooperation Bürokommunikation 1991, S. 30]

• Insellösungen

Officesysteme sind in der betrieblichen Praxis häufig durch heterogene Realisierungsformen gekennzeichnet. Viele setzen isolierte PC-Lösungen ein, einzelne haben bereits teilweise lokale Netze installiert; andere wiederum arbeiten noch mit dedizierten Textverarbeitungssystemen und kommunizieren über eine rudimentäre, hostbasierte E-Mail-Applikation. Dieses heterogene Bild kennzeichnet nicht nur den unterschiedlichen Entwicklungsstand verschiedener Unternehmen, sondern ist vielfach auch bezeichnend für die unterschiedliche Infrastruktursituation einzelner Bereiche innerhalb eines Unternehmens.

Insellösungen prägen meistens noch das Bild der Officesysteme in den Unternehmen. Integrierte Bürokommunikationslösungen sind selten und beschränken sich häufig auf einzelne Bereiche oder Gruppen. Die traditionelle Datenverarbeitung und Officesysteme sind nicht miteinander integriert. Ein integrierter Zugang über eine einheitliche Benutzeroberfläche fehlt vielfach. Die damit verbundenen Medienbrüche wirken einer effizienten Abwicklung von Büroprozessen entgegen.

• Mangelnde Prozessorientierung

Die Mehrzahl heutiger Officeapplikationen ist noch auf die Unterstützung einzelner Tätigkeiten und Personen ausgerichtet. Büroprozesse, die sich aus der koordinierten Kombination einzelner Tätigkeiten ergeben, werden als Ganzes kaum berücksichtigt. Nicht die einzelnen Aufgaben sollten im Vordergrund stehen, sondern die Optimierung gesamter Geschäftsvorgänge, an denen unterschiedliche Personen im Unternehmen beteiligt sind.

• Beschränkte Mobilität

Officesysteme unterstützen die individuelle Arbeitsumgebung von Personen mit Informationstechnik. Vielfach ist diese Unterstützung auf den persönlichen Arbeitsplatz beschränkt. Mobilität im Zusammenhang mit Officesystemen heisst, ortsunabhängig auf Datenbestände und Werkzeuge zugreifen zu können.

In der Miniaturisierung der Hardwarekomponenten konnten in den letzten Jahren erhebliche Fortschritte erzielt werden. Dennoch bestehen noch einige Restriktionen für mobile Officesysteme. Notebooks sind trotz Miniaturisierungsfortschritten in vielen Situationen noch unhandlich. Pocket Computer bzw. Palmtops weisen zum grossen Teil nur beschränkte Funktionalität (z. B. nur Terminverwaltungsfunktionen, wenig Speicherplatz) und eine unzureichende Ergonomie (z. B. kleine Tastatur, kleines Display) auf. Hinzu kommen wesentliche Hindernisse im Bereich der Mobilkommunikation. Im Gegensatz zur mobilen Sprachkommunikation (Cellular Telephone) ist die mobile Datenkommunikation noch weitgehend an örtlich gebundene Kommunikationsanschlüsse (z. B. Telefonanschluss im Hotel) gebunden. Diese technischen Restriktionen stehen einer komfortablen, mobilen Officeumgebung entgegen und lösen sich erst langsam auf.

4.2.2. Zukünftige Entwicklung von Officesystemen

Bild 4.2.2./1 zeigt Informationstechniken, die für die Weiterentwicklung von Office-systemen in den neunziger Jahren von besonderer Bedeutung sind.

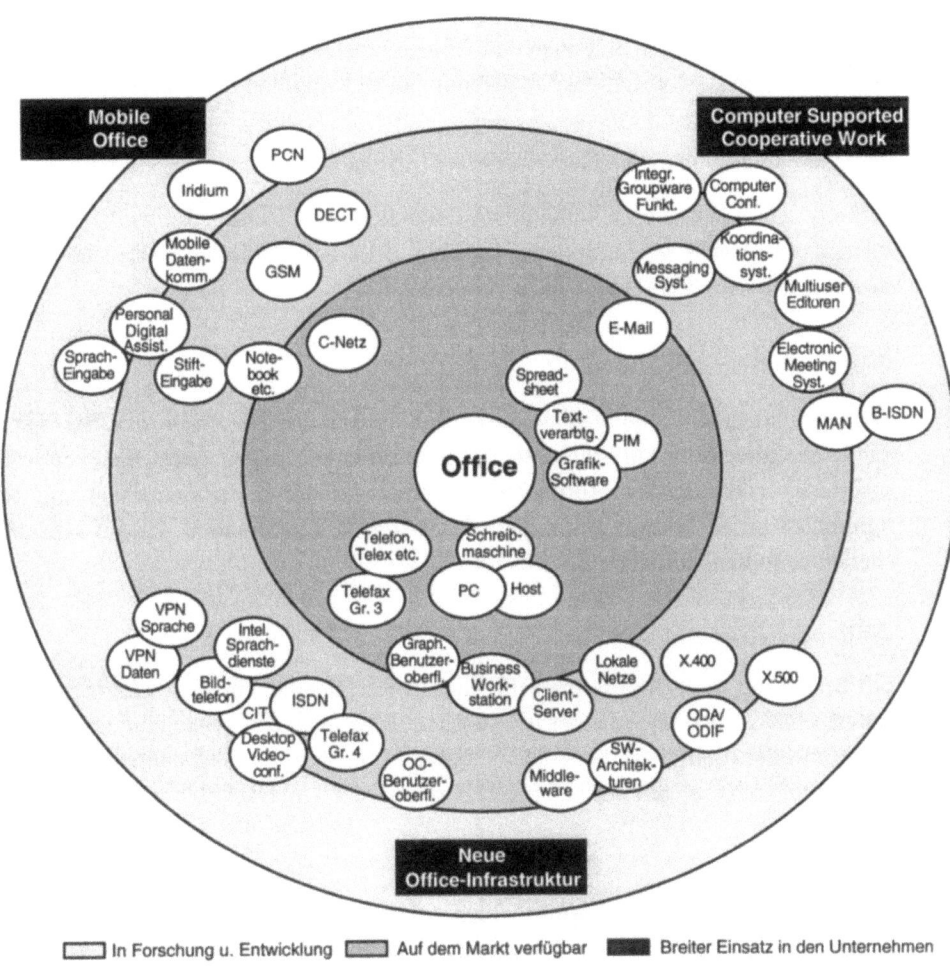

Bild 4.2.2./1: IT-Landkarte "Office"

Auch der Applikationstyp "Office" zeichnet sich durch Integrationsbestrebungen auf technischer wie auch auf organisatorischer Ebene aus. Integration ist als eine der wichtigsten Voraussetzungen zur Realisierung der bisher nicht oder nur teilweise eingetretenen Produktivitätsfortschritte im Bürobereich anzusehen [vgl. Rau 1991, S.11ff.]. Die Integrationsbestrebungen bei Officesystemen lassen sich in folgenden Anforderungen zusammenfassen:

- Werkzeugintegration

  Die durch Officesysteme bereitgestellten Werkzeuge - von der Textverarbeitung bis zu Kommunikationsinstrumenten - müssen miteinander verbunden sein, d. h. sie müssen über definierte Schnittstellen Objekte austauschen können. Dies gilt auch für die Integration von Officesystemen mit anderen Applikationstypen.

- Mediale Integration

  Officesysteme müssen die kombinierte Darstellung und Verarbeitung unterschiedlicher Medien (Text, Daten, Sprache, Graphik, Bild, Bewegtbild) zulassen und darauf ausgerichtet sein, Medienbrüche zu vermeiden.

- Organisatorische Integration

  Werkzeugintegration und mediale Integration müssen die Grundlage für eine organisatorische Integration im Sinne der Prozessorientierung bilden. Ziel ist es, die integrierte Abwicklung von Büroprozessen entweder durch Zusammenführung ursprünglich arbeitsteiliger Teilaufgaben oder durch Koordination der auf einzelne Stellen verteilten Aufgaben zu erreichen.

- Systemtechnische Integration

  Officesysteme müssen auf unterschiedlichen Rechnerebenen (Workstation, Abteilungsrechner, Host) und in einer heterogenen Systemumgebung - d. h. unterschiedliche Hersteller, Betriebssysteme und Netzwerke - mit identischer Funktionalität lauffähig sein, um der gewachsenen Infrastruktur der Unternehmen entsprechen zu können.

Diese Forderungen nach Integration bilden ein zentrales Element zukünftiger Officesysteme. Sie spiegeln sich auch zum grossen Teil in folgenden Entwicklungsschwerpunkten (IT-Cluster) wider [vgl. Bild 4.2.2./2].

Neue Office-Infrastruktur	Computer Supported Cooperative Work	Mobile Office

• Client-Server
 	
• Business Workstation
 	
• Graphische-/OO-Benutzer-oberfläche
 	
• Lokale Netze
 	
• Middleware/Software-Architekturen
 	
• ODA/ODIF/X.400/X.500
 	
• ISDN
  • Intel. Sprachdienste
  • Telefax Gruppe 4
  • Bildtelefon
  • Desktop-Video-conferencing
  • Computer Integrated Telephon (CIT)
  • etc.
 	
• Virtual Private Network (VPN) Sprache/Daten
	• Groupware
	  • Messaging-Systeme
	  • Multiuser-Editoren
	  • Electronic-Meeting-Systeme
	  • Computer Conferencing
	  • Koordinationssysteme
	  • Integrierte Groupware-Funktionen
	
	• Middleware
	
	• Lokale Netze/Business Workstation/Client-Server
	
	• X.400/X.500/ODA/ODIF
	
	• MAN/B-ISDN
		• Notebook, Laptop, Palmtop
		
		• Stift-/Spracheingabe
		
		• Personal Digital Assistant
		
		• Global System for Mobile Communication (GSM)
		
		• Personal Communications Networks (PCN)
		
		• Iridium
		
		• Schnurloses Telefon (DECT)
		
		• Mobile Daten-kommunikation

Bild 4.2.2./2: IT-Cluster Applikationstyp "Office"

In den nachfolgenden Kapiteln wird auf diese Entwicklungsschwerpunkte näher eingegangen.

4.2.2.1. Neue Office-Infrastruktur

4.2.2.1.1. Client-Server-Architektur

Die informationstechnische Infrastruktur von Officesystemen ist in den neunziger Jahren einem architektonischen Wandel unterzogen, der zur Umsetzung der oft propagierten Nutzenpotentiale der Bürokommunikation beitragen könnte [vgl. Bild 4.2.2.1.1./1].

In den siebziger Jahren und auch noch in den Anfängen der achtziger Jahre stand die Textverarbeitung im Mittelpunkt von Officesystemen. Es war die Zeit der zentralen Schreibbüros und der Konzentration von Officefunktionen auf der Sekretariatsebene.

In den achtziger Jahren wurde die Textverarbeitung um Selbstmanagement- und Kommunikationsfunktionen ergänzt. Dabei gab es zwei voneinander unabhängige Tendenzen in der Architektur von Officesystemen: zum einen die Bereitstellung von Officefunktionen über zentrale, hostbasierte Systeme und zum anderen - mit dem Erscheinen des PCs und mächtigen Endbenutzerwerkzeugen (z. B. Tabellenkalkulation) - die Verbreitung flexibler, arbeitsplatzorientierter Systeme. Diese Architektur ist heute noch, häufig in kombinierter, aber nicht integrierter Form, in vielen Unternehmen anzutreffen. Während hostbasierte Systeme sich durch eine gute Skalierbarkeit und ein effizientes Systemmanagement auszeichnen, bieten arbeitsplatzorientierte Systeme die Vorteile der Personalisierung und Benutzerfreundlichkeit.

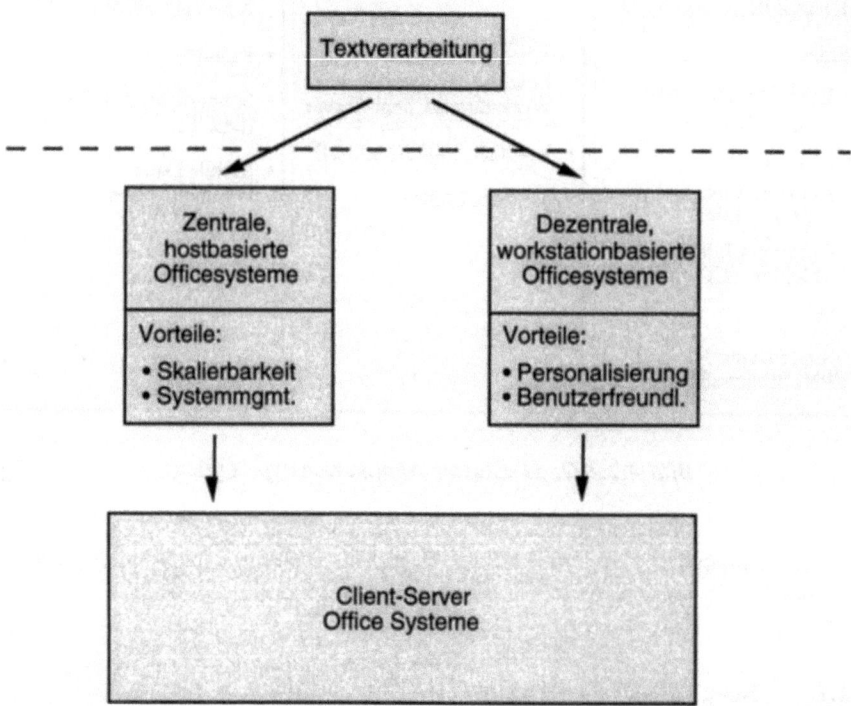

Bild 4.2.2.1.1./1: Entwicklung der Architektur von Officesystemen

Die neunziger Jahre werden durch den Versuch geprägt sein, diese Vorteile miteinander zu verbinden. Wichtige infrastrukturelle Voraussetzungen dafür sind

- die breite Ausrüstung der Arbeitsplätze mit Business Workstations (Klasse 386er und aufwärts),

- miteinander verbundene lokale Netze und Server,

- eine graphische bzw. objektorientierte Benutzeroberfläche als Integrationsplattform und

- auf der Client-Server-Architektur aufbauende Office-Applikationen.

Für Mitte und gegen Ende der neunziger Jahre ist zu erwarten, dass ein grosser Teil der Unternehmen diese neue Infrastrukturgeneration für Officesysteme geschaffen haben wird.

Client-Server-Architekturen ermöglichen es, Applikationen auf Server und Workstations aufzuteilen, auf im Netz verteilte Datenbanken zuzugreifen (z. B. Dokumentendatenbanken, SQL-Server) oder Teile der Kommunikation auf den Server zu verlagern (z. B. Verbindungsaufbau). Beispielsweise kann dann der gemeinsame Datenbestand einer Gruppe oder Abteilung, wie Dokumente, Projektpläne, Besuchsberichte oder die Anwesenheitsliste, auf einem Server abgelegt und über das lokale Netz von jedem Benutzer abgerufen und bearbeitet werden. Replikationsmechanismen machen die Aktualisierung von am Arbeitsplatz gehaltenen Daten möglich. Ein Kommunikationsserver steuert die lokalen Kommunikationsbedürfnisse und leitet bei Bedarf Nachrichten über das unternehmensweite Backbone-Netz weiter. Gleichzeitig sammelt er in seiner Funktion als Mail-Server sämtliche eingehenden Nachrichten und stellt sie dem Benutzer zur Bearbeitung zur Verfügung. Die Officeapplikationen können einerseits ausschliesslich von der Arbeitsstation abgewickelt werden, andererseits erlaubt die Client-Server-Architektur, Teile der Applikationen auf den Server zu verlagern. Die Workstation übernimmt dann beispielsweise die Verarbeitung der Benutzereingaben, die Darstellung der Eingabemaske, Visualisierungsfunktionen oder Plausibilitätsprüfungen. Den Rest des Verarbeitungsbedarfs der Applikation deckt der Server ab. Traditionelle DV-Anwendungen werden über Terminalemulation integriert.

Der Benutzer interagiert mit diesen verteilten Ressourcen über eine einzige, graphische Benutzeroberfläche. Dabei besteht die Tendenz, die Integration der einzelnen Ressourcen nicht nur durch eine über die Fenstertechnik gebündelte Präsentation herzustellen, sondern sämtliche Ressourcen als Objekte zu behandeln (objektorientierte Benutzeroberfläche) [vgl. Kap. 3.4.1.]. Anwendungen müssen dann nicht explizit einem spezifischen System und Daten nicht einer spezifischen Anwendung zugeordnet werden. Der Benutzer greift beispielsweise auf durch eine Ikone repräsentierte Informationen zu, ohne sich darum kümmern zu müssen, wo diese Informationen abgelegt sind und welche spezifische Software zur Interpretation der Daten notwendig ist. Daten und Anwendung können lokal auf der Workstation oder auf einem Server bzw. einer anderen im Netz befindlichen Workstation gespeichert sein. Damit gelingt es, von der Komplexität der systemtechnischen Organisation der Daten und Anwendungen zu abstrahieren und dem Benutzer einen direkten, intuitiv erschliessbaren Informationszugang zu ermöglichen.

Client-Server-Strukturen nutzen somit zum einen die Vorteile der Personalisierung und Benutzerfreundlichkeit von Workstations und zum anderen die Systemmanagement-vorteile, Resource-Sharing-Mechanismen und Ausbaufähigkeit lokaler Netze und Server. So erleichtert sich beispielsweise das Konfigurationsmanagement für Officeappli-kationen wesentlich; neue Releases oder sonstige Änderungen können zentral und über mehrere lokale Netze hinweg installiert werden. Der Entscheidungsspielraum, ob eine Applikation oder Daten lokal, auf Abteilungs- oder Bereichsebene oder zentral, unternehmensweit bereitzustellen sind, erweitert sich. Ursprünglich dominierende technische Entscheidungskriterien verlieren an Bedeutung und weichen wirtschaftli-chen und organisatorischen (z. B. Verantwortung der Fachbereiche) Gesichtspunkten.

Ein Beispiel für die zur Realisierung integrierter Officesysteme notwendigen infra-strukturellen Anstrengungen liefert American Airlines.

Beispiel Office/1

InterAAct - Unternehmensweites Officesystem von American Airlines

InterAAct ist das unternehmensweite Officesystem von American Airlines. Bei dessen An-kündigung Mitte 1989 waren ca. 150 Mio. Dollar zur Ausrüstung von ca. 15.000 Ar-beitsplätzen mit Hardware, Software und Vernetzung geplant. Tragende Bestandteile der Infrastruktur von InterAAct sind 386er-Business-Workstations, ein unternehmensweites X.25-Backbone-Netz (AANet), lokale Netze und die Benutzerschnittstelle NewWave von Hewlett Packard.

InterAAct erlaubt einen einheitlichen Zugang zu Office-Applikationen unterschiedlicher Hersteller wie E-Mail, Tabellenkalkulation, Terminmanagement, elektronische Anwesen-heitsliste, elektronische Vorgangsbearbeitung oder Textverarbeitung, aber auch zum Flugreservationssystem SABRE oder anderen kommerziellen Applikationen. Wesentliche Grundlage dafür ist das unternehmensweite X.25 Netz, das die unterschiedlichen, im Zeit-verlauf gewachsenen Rechnerwelten von American Airlines integriert. Das sind insbeson-dere die firmenindividuelle Umgebung für das Reservationssystem SABRE, die IBM MVS/VM-Umgebung der kommerziellen Systeme und die VAX-VMS- bzw. HP-3000-Umgebung für andere Anwendungen [vgl. Bild 4.2.2.1.1./2].

Die Workstations sind über lokale Novell-Netze miteinander verbunden und greifen über Gateways oder Kommunikationsserver auf das Backbone-Netz zu. Die Benutzerschnitt-stelle NewWave stellt objektorientierte Funktionen bereit. So können die Benutzer Doku-mente oder Applikationen direkt durch das Anklicken von Ikonen aufrufen oder eine ganze Folge von Arbeitsschritten, die unterschiedliche Werkzeuge und Daten einsetzen, durch die"Agent"-Funktion von NewWave automatisiert ablaufen lassen.

InterAAct ermöglicht fast jedem Mitarbeiter von American Airlines die weltweite, inte-grierte Nutzung von Officewerkzeugen und den einfachen Zugang zu verteilten Daten-beständen des Unternehmens. Alles ist in eine einheitliche Benutzeroberfläche integriert, die auf die individuellen Bedürfnisse der Benutzer anpassbar ist. Medienbrüche können da-durch weitgehend vermieden werden [vgl. Johnson/Chappell 1990, S. 210ff., Dern 1991, Crandall 1991, S. 78].

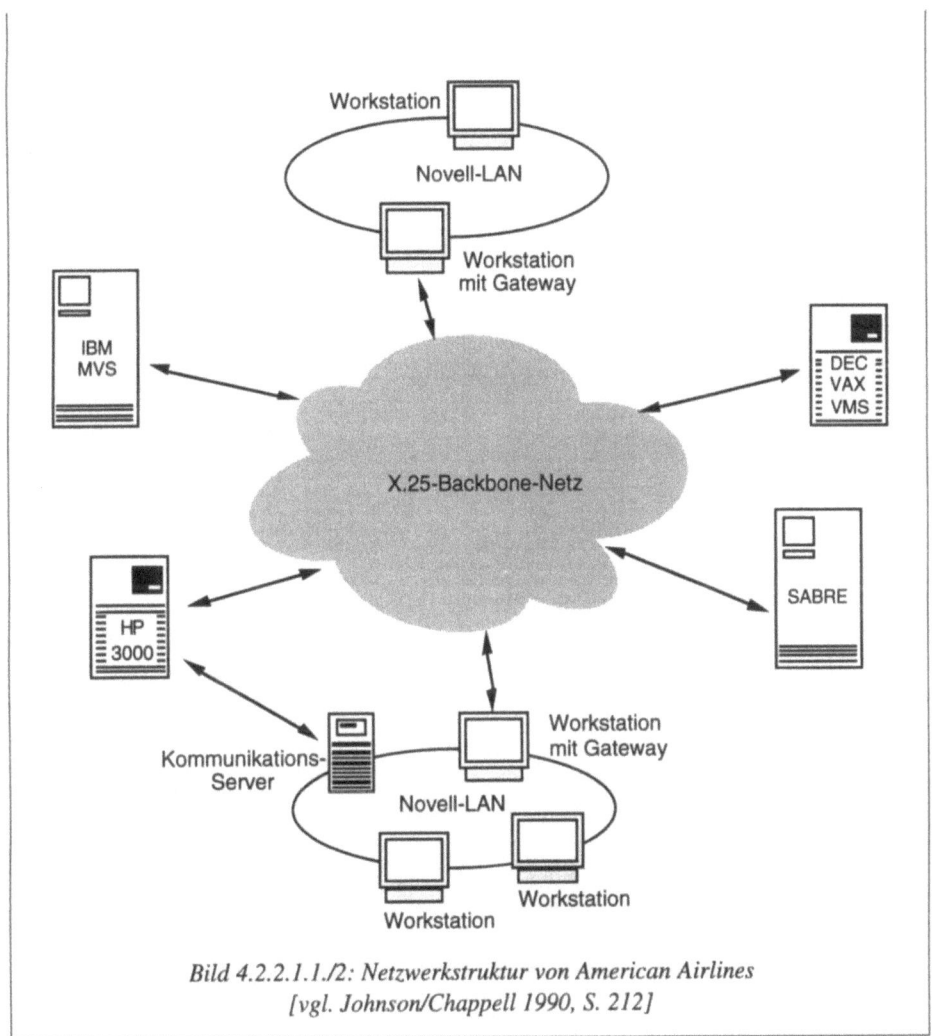

Bild 4.2.2.1.1./2: Netzwerkstruktur von American Airlines
[vgl. Johnson/Chappell 1990, S. 212]

4.2.2.1.2.   Middleware

Selten ist die Situation anzutreffen, Informationssysteme "auf der grünen Wiese" aufbauen zu können. Die Praxis ist in den meisten Fällen durch gewachsene, heterogene
Systemlandschaften gekennzeichnet, die es zu berücksichtigen gilt. Diese Restriktion
hat für die Realisierung integrierter Officesysteme starke Relevanz. Besonders in grösseren Unternehmen müssen Officesysteme über mehrere Rechnerebenen auf unterschiedlichen Netzen und in Multivendor-Umgebungen (z. B. Unix, Apple, DOS) lauffähig sein.

Die Entwicklung sogenannter Middleware spielt bei der Realisierung unternehmens-
weiter, integrierter Officesysteme eine wichtige Rolle. Sie stellt eine einheitliche

Schnittstelle zwischen Systemsoftware und Anwendungssoftware her [vgl. Bild 4.2.2.1.2./1].

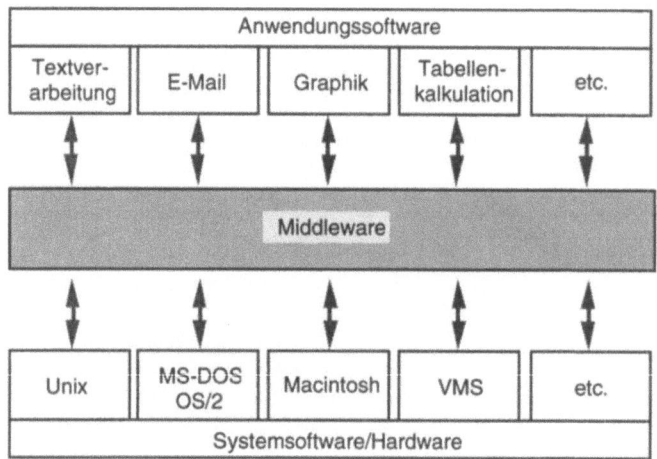

Bild 4.2.2.1.2./1: Das Middleware-Konzept

Middleware-Produkte bilden eine zusätzliche Schicht zwischen Anwendung und Systemsoftware mit dem Ziel, die Interoperabilität, Portabilität und Benutzerfreundlichkeit von Applikationen zu erhöhen. Sie schirmen die Anwendungsentwicklung von der Heterogenität der Systemumgebung ab. Tendenziell, aber nicht zwingend, orientiert sich Middleware an formellen oder de-facto-Standards, um eine möglichst grosse Offenheit zu erreichen. Softwarearchitekturen wie SAA von IBM, NAS von DEC oder OCCA von NCR können dazu den Rahmen bieten [vgl. Kap. 3.6.4.1.].

Middleware ist nicht speziell auf Officesysteme ausgerichtet und durchaus auch für andere Applikationstypen von Bedeutung [vgl. z. B. "Führung" Kap. 4.3.2.1.]. Der Infrastrukturcharakter und die angestrebte Funktionalität (z. B. flexibler Dokumentenaustausch, globales E-Mail, Workgroup-Computing) von Officesystemen bewirken jedoch eine enge Beziehung zwischen der Umsetzung von Softwarearchitekturen bzw. der Verfügbarkeit von Middleware und der Leistungsfähigkeit zukünftiger Officesysteme.

Middleware ist damit ein zentrales Konzept integrierter Officesysteme. Während in den achtziger Jahren versucht wurde, Integration durch eng verknüpfte, geschlossene Gesamtsysteme einzelner Hersteller (z. B. IBM/PROFS, DEC/ALL-IN-1) oder integrierte Standardsoftwarepakete (z. B. Lotus/Symphony) herzustellen, sind die neunziger Jahre dadurch geprägt, die einzelnen Officeapplikationen über gemeinsame, offengelegte Schnittstellen flexibel zu verbinden [vgl. Babcock 1990, S. 9]. So orientieren sich Anbieter einzelner Office-Applikationen (z. B. Textverarbeitung, Tabellenkalkulation, E-Mail) verstärkt an auf dem Markt verfügbarer Middleware. Ein Beispiel dafür ist folgende Entwicklung auf dem E-Mail-Markt:

Ursprünglich war E-Mail-Software stark proprietär. Seit einiger Zeit ist jedoch eine Aufteilung von E-Mail-Software in zwei Komponenten zu erkennen: die sogenannte Mail-Engine als Middleware und die eigentliche E-Mail-Anwendung. Die Mail-Engine stellt Transport-, "store and forward"- und Directory-Funktionen als Programmierschnittstelle bereit. Einige Anbieter von Mail-Engines, wie z. B. DEC mit dem NAS-Produkt Mailbus, orientieren sich dabei an den Standards X.400 bzw. X.500, andere, z. B. Novell mit MHS, bauen auf ihrer bestehenden Marktmacht bei lokalen Netzen auf [vgl. Bridges 1992, Babcock 1991]. Diese Mail-Engines können als Basis zur Entwicklung unterschiedlicher mail-basierter Anwendungen verwendet werden. Sie erleichtern die Anwendungsentwicklung und fördern die Interoperabilität unterschiedlicher, auf derselben Mail-Engine basierender Applikationen.

Mail-Engines repräsentieren nur einen Teil der zukünftig zu erwartenden Middleware-Produkte. In Bereichen, die bereits technologische Reife erlangt haben, werden formelle oder de-facto-Standards die Grundlage von Middleware bilden und die Interoperabilität und Portabilität von Anwendungen erhöhen. Beispiele sind Schnittstellen zur Programmierung von

- windoworientierten Benutzeroberfächen auf Basis von OSF/Motif oder IBM´s Common User Access (CUA/SAA),

- Netzwerkfunktionen auf der Grundlage von X.400, FTAM oder X.500,

- Dokumentenmanagementfunktionen auf Basis von ODA/ODIF oder

- Datenbankfunktionen unter Einsatz von SQL.

Für andere, eher innovative Bereiche wie z. B. objektorientierte Benutzeroberflächen oder Workflow-Applikationen (Workflow-Engines) sind bis Mitte der neunziger Jahre vorwiegend herstellerspezifische Middleware-Produkte zu erwarten [vgl. Finke 1992, S. 25, Conneighton 1991, S. 12].

4.2.2.1.3.   Open Document Architecture

Officesysteme haben in der Textverarbeitung ihren Ursprung. Auch heute noch ist die Bearbeitung von Textdokumenten eine der Grundfunktionen von Officesystemen. Es ist zu beobachten, dass sich die noch weit verbreitete, reine Textverarbeitung hin zu einer integrierten Dokumentenverarbeitung weiterentwickelt. Zentrales Element ist dabei das Verbunddokument (compound document), das unterschiedliche Medien wie Text, Tabellen, Graphik, Bild oder auch Sprache kombiniert enthalten kann. Am Markt verfügbare Systeme erlauben bereits das Erstellen von hochwertigen Verbunddokumenten. Das Einbinden von Graphiken, Bildern, Spreadsheets und teilweise Sprache (voice annotations) ist problemlos möglich.

Damit ist jedoch nur ein Teilbereich der Dokumentenverarbeitung, nämlich die *Dokumentenerstellung*, abgedeckt. Das Dokument in seinen unterschiedlichen Ausprägungen (z. B. Memo, Brief, Bericht, Notiz) ist zentraler Informationsträger im Bürobereich und dient in vielen Fällen der Kommunikation zwischen Kommunikationspartnern. Der freie, elektronische *Dokumentenaustausch* ist somit eine weitere wichtige Anforderung zur Realisierung einer integrierten Officeumgebung. In der Praxis ist diese Voraussetzung bisher selten gegeben. Sind die Quell- und Zielapplikation nicht identisch oder muss zwischen verschiedenen Hardwareplattformen transferiert werden, so ist dies, wenn überhaupt, oft nur durch die bilaterale Vereinbarung von Dokumentenformaten und teilweise nur unter Informationsverlust (z. B. fehlende Formatierung, keine Bilder) möglich. Aus dieser Restriktion leiten sich Standardisierungsbestrebungen zum Aufbau und Austausch von Verbunddokumenten im Bürobereich ab. In diesem Zusammenhang wurde der ISO-Standard ODA/ODIF entwickelt.

Gegenstand des Dokumentenstandards ODA/ODIF sind ein Architekturmodell für Verbunddokumente (ODA) und ein Austauschformat (ODIF), das die originalgetreue Weiterverarbeitung des Quelldokuments erlaubt. Der bestehende ODA-Standard erlaubt die Kombination von Text-, Graphik- und Bildinformationen und integriert dabei etablierte Standards wie "Computer Graphics Metafile" für geometrische Graphiken und die Faksimile-Normen T.6 bzw. T.4 für Rasterbilder. ISO-Arbeitsgruppen arbeiten bereits an Erweiterungen von ODA um zusätzliche Inhaltstypen wie z. B. Sprache oder Bewegtbild.

Ein ODA-Dokument besteht aus einem Dokumenten-Profil, einer logischen Struktur, einer Layout-Struktur und Styles [vgl. Schlupp 1992, Fanderl 1991]. Bild 4.2.2.1.3./1 zeigt den Aufbau eines ODA-Dokuments.

Das *Dokumentenprofil* bestimmt charakterisierende Eigenschaften des Dokuments durch Merkmale wie Autor, Titel, Erstellungsdatum und Dokumentenkategorie (z. B. einfaches Textdokument, Text mit Graphik).

Der Inhalt eines Dokuments ist mit einer *logischen* und mit einer *graphischen Struktur (Layout)* verknüpft. Zur Beschreibung der logischen Struktur dient eine Hierarchie logischer Objekte wie Bericht, Kapitel, Absatz oder Anhang, die mit Regeln verbunden sind (z. B. setzt sich ein Kapitel aus mehreren Absätzen zusammen). Die einzelnen Inhaltsfragmente eines Dokuments werden den logischen Objekten zugeordnet.

Die *Layout-Struktur* definiert die gestalterischen Merkmale des Dokuments. Sie ist ebenfalls als Hierarchie aufgebaut und gliedert ein Dokument in Seitenmenge, Seiten, Rahmen und Blöcke. Auch diese Angaben werden mit den einzelnen Inhaltsfragmenten verknüpft. Layout-Informationen wie z. B. die Seitengrösse und die Breite von Textblöcken innerhalb einer Seite können damit beschrieben werden. Die logische Struktur und die Layout-Struktur eines Dokuments lassen sich in allgemeine und spezifische Strukturmerkmale unterscheiden. Die allgemeinen Strukturmerkmale treffen für eine ganze Gruppe von Dokumenten zu, während die spezifischen Strukturmerkmale die individuelle Struktur eines konkreten Dokuments beschreiben.

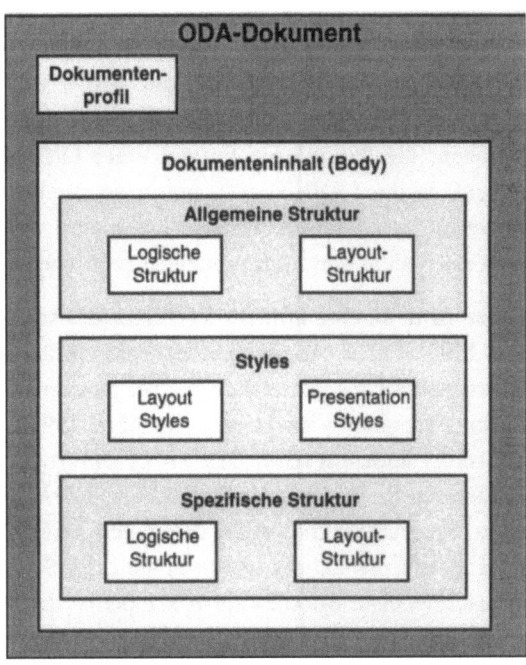

Bild 4.2.2.1.3./1: Struktur eines ODA-Dokuments
[vgl. Schlupp 1992, S. 86]

Zusätzlich enthält ein ODA-Dokument Stilinformationen (Styles), die sich wiederum in *Layout-Styles* und *Presentation-Styles* untergliedern. Die Layout-Styles definieren das endgültige Erscheinungsbild des Dokuments (z. B. Formatangaben für Absätze), während die Presentation-Styles die Darstellung des Dokuments auf unterschiedlichen Präsentationsmedien (z. B. Drucker, Bildschirm) bestimmen.

Mit diesen Angaben sind die Merkmale eines Dokuments vollständig beschrieben. ODIF übernimmt schliesslich die Codierung in ein einheitliches Datenaustauschformat. ODA-Dokumente können dann, vorzugsweise auf Basis des Kommunikationsstandards X.400, zwischen unterschiedlichen Systemen ausgetauscht werden. Beim Austausch von ODA-Dokumenten ist davon auszugehen, dass die sendende und die empfangende Applikation einen unterschiedlichen Funktionsumfang aufweisen. Die ISO unterscheidet dazu in Dokumentenkategorien, sogenannte Document Application Profiles (DAP), die in unterschiedlichem Umfang ODA-Funktionen verwenden. Dokumente der untersten Kategorie sind einfache Textdokumente; die oberste Kategorie sieht Dokumente mit Vektor- und Rastergraphik sowie mit einer komplexen logischen und graphischen Struktur vor. Jedes ODA-Dokument ist einer Kategorie zugeordnet. Office-Applikationen können nur Dokumente jener Kategorie verarbeiten, für die sie entwickelt wurden, wobei eine übergeordnete Kategorie alle untergeordneten beinhaltet [vgl. Eurosinet 1990, S. 14, Schlupp 1992, S. 85].

ODA/ODIF stellt in Kombination mit X.400 und X.500 einen wichtigen Schritt zur Realisierung integrierter, herstellerübergreifender Officesysteme dar. Dazu muss ODA/ODIF in Office-Applikationen integriert werden. Bisher sind erst relativ wenige ODA-Produkte verfügbar. Die meisten bestehenden ODA-Applikationen basieren auf Konvertierungsfunktionen, die das interne Format einer Office-Applikation (z. B. Textverarbeitungssystem) in das ODIF-Format umsetzen. Reine ODA-Editoren, die eine Konvertierung vermeiden würden, haben sich bisher aufgrund mangelnder Benutzerfreundlichkeit noch nicht durchsetzen können [vgl. Fanderl 1991, S. 67].

Bis Mitte der neunziger Jahre ist eine mittlere Verfügbarkeit von ODA-Produkten zu erwarten [vgl. Diebold 1991]. Office-Applikationen werden weiterhin unterschiedliche, teilweise interne Dokumentenformate unterstützen, aber zunehmend ODA/ODIF-Konverter für den Dokumentenaustausch integrieren. Im April 1991 haben sich Anbieter der Computerbranche (unter anderem IBM, DEC, ICL, Unisys) zu einem ODA-Konsortium (ODAC) zusammengefunden, um die Entwicklung ODA-basierter Produkte zu unterstützen. Ziel ist es, Programmierhilfen für diejenigen Teile von ODA-Produkten bereitzustellen, die bei jeder Entwicklung identisch sind. Im Sinne des im vorausgegangenen Abschnitt beschriebenen Middleware-Konzepts ist das daraus resultierende ODA-Toolkit auf unterschiedliche Systemumgebungen portierbar [vgl. Schlupp 1992, S. 88, Fanderl 1991, S. 69].

Dieses gemeinsame Engagement massgeblicher Anbieter lässt auf eine weite Verbreitung ODA-basierter Produkte in der zweiten Hälfte der neunziger Jahre hoffen. Das Verbunddokument könnte dann die geläufige Einheit des Informationsaustausches in der nächsten Generation von Office-Systemen werden.

4.2.2.1.4.   Integrated Services Digital Network

Neben der IT-Architektur bestimmt die Telekommunikationsinfrastruktur eines Unternehmens wesentlich die Funktionalität von Office-Systemen. Unterschiedliche öffentliche und private Sprach- und Datenkommunikationsdienste, wie z. B. Telefon, Telex, Telefax oder E-Mail, müssen zu einer möglichst integrierten Office-Umgebung kombiniert werden. Um diese dem Anwender zur Verfügung zu stellen, setzen die öffentlichen Telekommunikationsgesellschaften (PTTs) bislang unterschiedliche Kommunikationsnetze ein. Ziel der PTTs ist es, möglichst viele der Telekommunikationsdienste in einem einheitlichen, universellen Netz - dem ISDN - anzubieten [vgl. Kap. 3.5.3.2.].

Neben der integrierten Bereitstellung verschiedener Dienste über einen einzigen Netzanschluss wirkt sich ISDN in einer schnelleren Informationsübermittlung sowie in neuen und verbesserten Dienstmerkmalen aus. Dies äussert sich für Officesysteme beispielsweise in

- einer verbesserten Sprachübertragungsqualität und neuen, intelligenten Sprachdiensten im öffentlichen Netz wie Anrufumleitung, automatische Wahlwiederholung,
  Anruferidentifizierung oder Gebührenanzeige,

- einer neuen Telefax-Qualität (Gruppe 4), die über ein digitales Anschlussgerät die
  Übertragungsdauer von Minuten auf Sekunden reduziert, Normalpapier einsetzt, die
  doppelte Auflösung der Gruppe 3 aufweist und damit die Übertragung von Dokumenten in Korrespondenzqualität ermöglicht,

- einer schnelleren Datenübertragung beispielsweise im Vergleich zu modembasierten
  Verbindungen, die unter anderem die Übertragung von Bildern erlaubt,

- einer kürzeren Bildaufbauzeit bei Videotex (BTX) und, bei entsprechender Anpassung der Bildschirmtextvermittlungsstellen und Endgeräte, einer Integration photo-
  graphischer Bilder.

Durch ISDN können neue Office-Anwendungen erschlossen werden wie z. B. Bildte-
lefon, Desktop-Videoconferencing oder computerintegrierte Telefonie (CIT). Die
deutsche Telekom hat beispielsweise bereits Videokonferenz-Anwendungen realisiert,
die unter anderem aufgrund der erheblichen Fortschritte in der Datenkompressions-
technik Videoconferencing über 2x64Kbit/s-ISDN-Verbindungen zulässt [vgl. Jörn
1992, S. 75]. Videoconferencing und damit Multimedia am Arbeitsplatz rücken so in
greifbare Nähe. Im Rahmen der computerintegrierten Telefonie wird die Anruferidentifizierung von ISDN dazu genutzt, bei eingehenden Telefonaten automatisch dem An-
rufer zugeordnete Daten aus einer Datenbank aufzurufen. In einzelnen Nischenan-
wendungsbereichen wie dem Kundendienst oder dem Telemarketing kann dies zu erheblichen Effizienzsteigerungen führen [vgl. I/S Analyzer 1992c, Pissot 1991, S. 15].

Trotz diesen Verbesserungen bestehen von Seiten der Unternehmen Bedenken gegenüber der Einführung von ISDN. Viele Unternehmen, die bereits eine Telekommunikationsinfrastruktur aufgebaut haben, argumentieren, dass sie ISDN nicht wirklich
brauchen, um ihre Kommunikationsbedürfnisse abzudecken, sondern eher ein Bedarf
für zusätzliche neue, breitbandige Dienste (z. B. MANs) besteht [vgl. Clements 1990,
S. 35]. Hinzu kommen Kostenargumente, die sich sowohl auf die Preise der Endgeräte
als auch auf die Nutzungsgebühren beziehen.

Dennoch ist zu erwarten, dass sich ISDN mittelfristig als Zugangsform zu den Telekommunikationsdiensten durchsetzt. Die schweizerische PTT rechnete bis Ende 1993
mit ca. 2.500 Basis- und mit 300 Primärmultiplexanschlüssen. Bis 1995 sollen sich die
Basisanschlüsse verzwölffachen und die Primärmultiplexanschlüsse auf das Doppelte
steigen [vgl. PTT 1992, S. 22]. Die deutsche Telekom prognostiziert für 1995 zwischen

300.000 und 500.000 Basis- und ca. 15.000 Primärmultiplexanschlüsse [vgl. Hansen 1992, S. 754]. Gartner Group rechnet damit, dass sich ISDN bis 1996 zur Basisnetzwerkinfrastruktur von Unternehmen entwickeln wird [vgl. Frank 1991, S. 8]. Auch Butler Cox prognostiziert, dass sich in der zweiten Hälfte der neunziger Jahre ISDN als der Standard für alle *neuen* geschäftlichen Verbindungen über das öffentliche Netz etablieren wird [vgl. Clements 1990, S. 64]. Diese Einschätzungen sollen allerdings nicht darüber hinwegtäuschen, dass bis Mitte der neunziger Jahre erst ein Bruchteil aller geschäftlichen Kommunikationsverbindungen über ISDN-Anschlüsse abgewickelt werden und die Ausbreitung von ISDN nur schrittweise erfolgt.

Den grössten Nutzen von ISDN werden vorerst kleine und mittlere Unternehmen haben, die bislang nicht über eine entsprechende Kommunikationsinfrastruktur verfügen und mit ISDN einen integrierten, kostengünstigen Zugang zu den öffentlichen Telekommunikationsdiensten erlangen. Für grössere Unternehmen bietet ISDN den Ausgangspunkt zur Verbesserung der Sprachkommunikation durch den Anschluss digitaler Nebenstellenanlagen an das öffentliche digitale Netz und den damit verbundenen intelligenten Netzwerkdiensten wie z. B. die im nachfolgenden Kapitel beschriebenen "Virtual Private Networks". Einhergehend mit zu erwartenden Preisreduzierungen ist mit einer zunehmenden Verbreitung ISDN-fähiger Endgeräte zu rechnen, was zu einer wachsenden Inanspruchnahme der ISDN-Dienste führen wird. Ein besonderes Potential weisen dabei ISDN-Adapterkarten auf, die Business Workstations zu multifunktionalen Endgeräten machen.

4.2.2.1.5.   Virtual Private Networks

Ein "Virtual Private Network" (VPN) ist ein intelligenter Netzwerkdienst, der die flexible Nutzung des öffentlichen Netzes für eine logisch geschlossene Benutzergruppe erlaubt [vgl. Darabi/Howard-Healy 1992, S. 1f.]. Im Zusammenhang mit Officesystemen bieten VPNs die Möglichkeit, die Wirtschaftlichkeit, Flexibilität und Qualität der Sprachkommunikation von Unternehmen zu verbessern. Unterschiedliche Standorte eines Unternehmens können über das öffentliche Netz in Form eines virtuellen Netzes miteinander verbunden werden. Das Unternehmen muss dazu keine eigenen privaten Übertragungswege einsetzen, kann aber über Funktionen und Dienste verfügen, die bisher weitgehend den privaten Sprachnetzen (z. B. lokale Nebenstellenanlage) vorenthalten waren. Dazu zählen unter anderem Kurzwahl, Anrufweiterschaltung, Wahlwiederholung, detaillierte Gebührenabrechnung und umfangreiches Netzwerkmanagement. Die Netzwerkmanagementfunktionen erlauben beispielsweise dem Unternehmen, das Netz flexibel zu konfigurieren, on-line Veränderungen vorzunehmen oder Nutzungsanalysen durchzuführen.

Bild 4.2.2.1.5./1 zeigt beispielhaft das Konzept eines VPN.

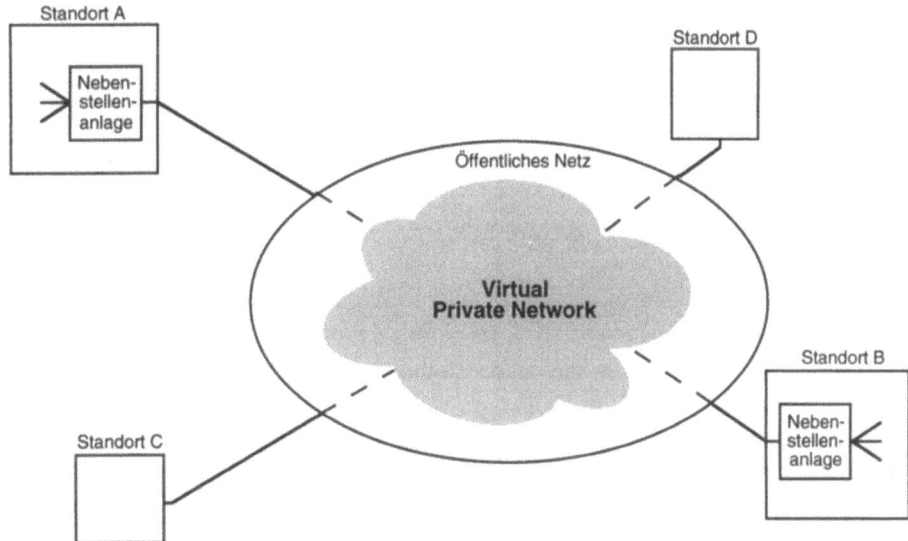

Bild 4.2.2.1.5./1: Konzept eines VPN

Anbieter von VPNs können je nach Mass der Deregulierung sowohl die PTTs als auch private Netzwerkbetreiber sein. Im Gegensatz zu privaten Netzen stellen VPNs keine exklusive Nutzung von Leitungsverbindungen dar, sondern nutzen im Sinne eines logischen, virtuellen Netzwerkes die Übertragungswege für unterschiedliche Teilnehmer mehrfach. Im Vergleich zu Mietleitungen, die als einzelne Einheiten zu betreuen sind, bewirkt dies für die Netzwerkbetreiber eine erhebliche Vereinfachung des Netzwerkmanagements und Kostenreduzierungen. Zudem stellen VPNs für die PTTs und die privaten Netzwerkbetreiber eine Möglichkeit dar, ihre Rolle als umfassende Kommunikationsservice-Unternehmen auszubauen, indem sie - im Sinne des Outsourcings - bisher vom Anwender ausgeübte Kommunikationsmanagement-Funktionen übernehmen.

Die Nutzung eines VPN kann Unternehmen folgende Vorteile bringen [vgl. Darabi/Howard-Healy 1992, S. 2ff., Clements 1990. S. 18ff.]:

• *Wirtschaftlichkeit der Sprachkommunikation*

VPNs können im Vergleich zu privaten Netzen und dem öffentlichen Fernsprechnetz zu erheblichen Kosteneinsparungen führen. Amerikanische Unternehmen konnten beispielsweise durch den Einsatz von VPNs Kosteneinsparungen von bis zu 20 Prozent erzielen [vgl. Clements 1990, S. 19]. Dabei sind auch Personaleinsparungen durch die Verlagerung von Kommunikationsmanagement-Funktionen auf den Betreiber zu berücksichtigen.

• *Flexibilität der Netzkonfiguration*

Der Einsatz eines VPN erlaubt es einem Unternehmen, sein Sprachnetz bedarfsgerecht zu konfigurieren. Anschlüsse können flexibel hinzugefügt, umgeleitet oder aufgehoben werden. Die Netzkonfiguration muss sich nicht am Spitzen- oder Durchschnittsbedarf ausrichten, sondern richtet sich nach dem variierenden Kommunikationsbedarf des Unternehmens. Diese Flexibilität der Netzkonfiguration wirkt sich wiederum direkt auf die Wirtschaftlichkeit der Kommunikationsinfrastruktur aus.

• *Qualität der Sprachkommunikation*

VPNs stellen unabhängig von den unterschiedlichen Standorten eines Unternehmens einen unternehmensweiten Sprachkommunikationsservice bereit, der bisher vielfach nur auf einzelne, mit Nebenstellenanlagen ausgerüstete Standorte beschränkt war. Unter anderem können damit die häufig in Verbindung mit der Telefonkommunikation auftretenden Ineffizienzen (z. B. schlechte Erreichbarkeit des Empfängers) abgeschwächt werden.

Der Wirtschaftlichkeitsaspekt steht für die meisten Unternehmen im Vordergrund. Erfahrungen in den USA haben gezeigt, dass Unternehmen in VPNs in erster Linie ein Instrument zur wirtschaftlicheren Gestaltung ihrer Kommunikationsinfrastruktur sehen und selten bereit sind, für die zusätzliche Funktionalität von VPNs wesentlich höhere Kommunikationskosten in Kauf zu nehmen [vgl. Darabi/Howard-Healy 1992, S. 5].

Während VPNs in den USA bereits seit Mitte der achtziger Jahre eingeführt sind und eine breite Akzeptanz aufweisen, stellen sie für Europa eine relativ neue Entwicklung dar. Wesentliche Einflussfaktoren für die Entstehung und Nutzung von VPNs sind die unterschiedlichen Regulierungsvorschriften und Tarifstrukturen in den einzelnen Ländern. VPNs sind in vielen europäischen Ländern im Entstehen [vgl. Briere 1992, S. 27f., Data Communications 1992, S. 71f.]. France Telecom baut seinen bereits bestehenden VPN-Service "Colisée" aus und implementiert eine intelligente Netzwerkarchitektur, British Telecom startete bereits 1992 mit VPN-Diensten und die Deutsche Telecom befand sich 1993 mit drei intelligenten Netzwerken, die als Plattform für VPN-Dienste dienen sollen, in der Pilotphase. Auch andere Länder (z. B. die Schweiz, Italien, Spanien oder Schweden) treiben die Installation von VPN-Services voran. Das britische Technologieberatungsunternehmen Ovum prognostiziert ein Anwachsen der jährlichen VPN-Einnahmen der europäischen Telekommunikationsgesellschaften von 33 Mio. Dollar im Jahr 1991 auf ca. 3,5 Mrd. im Jahr 1997. Die Einnahmen amerikanischer Anbieter betrugen 1991 bereits ca. 3,9 Mrd. Dollar und sollen nach Ovum bis 1997 auf knapp 9 Mrd. ansteigen. Diese Zahlen beziehen sich auf nationale VPNs für die Sprachkommunikation. International ausgerichtete VPNs sollen 1997 zusätzlich ca. 2,3 Mrd. Dollar im Jahr einbringen [vgl. Darabi/Howard-Healy 1992].

Unabhängig davon, ob die genannten Zahlen tatsächlich erreicht werden, zeigen die Anstrengungen der einzelnen europäischen Netzwerkbetreiber, dass VPNs im Laufe der neunziger Jahre von den Unternehmen als eine konkrete Option zur Gestaltung und Optimierung ihrer Telekommunikationsinfrastruktur zu berücksichtigen sind. Mit zunehmender Akzeptanz sind auch VPNs zur Datenkommunikation zu erwarten, was sich wiederum an der amerikanischen Marktentwicklung verdeutlichen lässt [vgl. Darabi/Howard-Healy 1992, S. 81]. Nachdem sich das Marktwachstum für sprachorientierte VPN-Dienste in den USA verlangsamt hat, stellt die Datenkommunikation über VPNs eine neue Wachstumsquelle dar. AT&T bietet beispielsweise 56 Kbit/s-, 384 Kbit/s- und 1,5 Mbit/s-Übertragungsdienste an. Die beiden letztgenannten Übertragungsraten erlauben in Verbindung mit fortschrittlichen Datenkompressionsverfahren unter anderem hochwertiges Videoconferencing. Bis gegen Ende der neunziger Jahre könnten VPNs in Kombination mit einzelnen privaten Verbindungen für einige Unternehmen die Basisinfrastruktur für den intraorganisationellen Austausch von Sprach-, Daten- (Dokumente), Bild- und Videoinformationen bilden.

Die in diesem Kapitel genannten Entwicklungen - von Client-Server-Architekturen über Middleware und ODA/ODIF bis zu den neuen Telekommunikationsdiensten ISDN und VPN - bilden in den neunziger Jahren die infrastrukturelle Grundlage zur Schaffung einer integrierten Office-Umgebung.

4.2.2.2. Computer Supported Cooperative Work

Officesysteme wandeln sich schrittweise von auf das Individuum konzentrierten Systemen zu solchen, die zusätzlich die Interaktion zwischen Mitarbeitern unterstützen. Begriffe wie Groupware, Computer Aided Team oder Workgroup Computing stehen für den Versuch, die Kommunikation, Kooperation und Koordination von Gruppen bei der Ausübung von Geschäftsprozessen im Büro stärker informationstechnisch zu unterstützen und damit produktiver zu gestalten [vgl. Bild 4.2.2.2./1 Krcmar 1992, S. 7]. All diese Begriffe lassen sich unter der Bezeichnung "Computer Supported Cooperative Work" (CSCW) zusammenfassen.

Die Bandbreite der unter CSCW subsumierten Anwendungen (Groupware) reicht von einfachen, um E-Mail-Funktionen erweiterten Textverarbeitungssystemen bis zu aufwendigen Workflow-Applikationen in Verbindung mit Imaging-Systemen [vgl. Kap. 4.1.2.3.]. Sie unterstützen Gruppenarbeitsprozesse, indem sie

- die Kommunikation zwischen Gruppenmitgliedern erleichtern,

- den Zugriff auf gemeinsame Informationsobjekte ermöglichen und/oder

- den Ablauf von Geschäftsprozessen steuern.

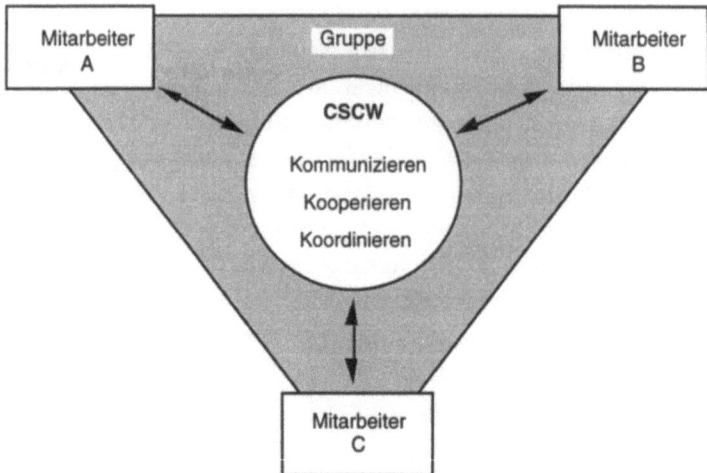

Bild 4.2.2.2./1: Computer Supported Cooperative Work

4.2.2.2.1. Groupware-Kategorien

Eine geläufige Kategorisierung von Groupware-Applikationen orientiert sich an der zeitlichen und räumlichen Dimension ihres Einsatzes. Kriterien der Zuordnung und Positionierung in einer Vier-Felder-Matrix sind dabei, ob die Applikation die synchrone oder asynchrone Kommunikation unterstützt und ob die Teilnehmer sich am selben oder an räumlich getrennten Orten befinden [vgl. Johansen 1988, S. 44, Lewe/Krcmar 1991, S. 346]. Um die unterschiedlichen Formen von Groupware-Applikationen aufzuzeigen, erscheint jedoch folgende, an den funktionalen Aspekten orientierte Kategorisierung sinnvoller [vgl. Ellis/Gibbs/Rein 1991, S. 42ff., Petrovic 1992, S. 17ff.]:

- Messaging-Systeme,
- Multiuser-Editoren,
- Electronic-Meeting-Systeme,
- Computer Conferencing,
- Koordinationssysteme.

• **Messaging-Systeme**

Messaging-Systeme sind die bisher am weitesten verbreitete Groupware-Kategorie. In Form elektronischer Konferenzsysteme (Bulletin-Board-Systeme) stellen sie die gruppenorientierte Ausprägung von E-Mail dar, d. h. den Mitgliedern einer Gruppe können asynchron Nachrichten bereitgestellt werden. Messaging-Systeme entwickeln sich zunehmend von rein textorientierten zu dokumentenorientierten Systemen, die unterschiedliche Darstellungstypen von Information in Form von Verbunddokumenten zulassen. Die gleichzeitige Verbesserung der Datenverwaltungsfunktionen (z. B. freie

Deskribierung, Suchfunktionen, View- und Filtermechanismen) macht aus den bisher weitgehend textorientierten Konferenzsystemen eine leistungsfähige Dokumentendatenbank. Gruppen können solche Dokumentendatenbanken als kooperativ genutzte Informationsspeicher einsetzen, die den Gruppenmitgliedern unter anderem den Zugriff auf gemeinsam erarbeitetes Know-how (z. B. Projektberichte, Reparaturberichte des technischen Kundendiensts) ermöglichen [vgl. Beispiel Know-how/5]. Ein Beispiel für diese gruppenorientierte Erweiterung von Messaging-Systemen ist das Groupwaresystem "Lotus Notes".

• **Multiuser-Editoren**

Multiuser-Editoren (Co-Autorensysteme) dienen der gemeinsamen Bearbeitung eines Informationsobjekts (im Bürobereich meistens Dokumente), indem sie Änderungen, Ergänzungen oder Streichungen durch Gruppenmitglieder unterstützen. Asynchron ausgerichtete Multiuser-Editoren zeichnen auf, wer eine jeweilige Bearbeitung vorgenommen hat. Systeme, die eine synchrone Bearbeitung zulassen, koordinieren die gemeinsame Arbeit an einem Dokument durch die Vergabe von Lese- und Bearbeitungsberechtigungen auf logische Teilbereiche des Objekts (z. B. Textabschnitt, Teilobjekt einer Graphik, Programmmodul). Einzelne Textverarbeitungssysteme erlauben heute bereits einfache Formen der asynchronen Bearbeitung (z. B. Korrekturen, Sprachannotationen, Angabe des Änderungsautors). Synchrone Multiuser-Editoren sind noch im frühen Entwicklungsstadium und scheitern in der praktischen Anwendung häufig am zu grossen Abstimmungssaufwand bei der kooperativen Bearbeitung [vgl. Petrovic 1992, S. 20].

• **Electronic-Meeting-Systeme**

Electronic-Meeting-Systeme unterstützen den Ablauf von Sitzungen, indem sie der Gruppe Werkzeuge beispielsweise zur Sitzungsplanung, zur Kommunikation, zur Ideengenerierung, zur Auswahl von Alternativen oder für Gruppenentscheidungen bereitstellen. Im weitesten Sinne ist auch Präsentationssoftware zur Darstellung von Arbeitsergebnissen diesem Einsatzbereich zuzuordnen. Electronic-Meeting-Systeme sind in den meisten Fällen als komplett eingerichtete Sitzungsräume implementiert und mit vernetzten Workstations, einem computergesteuerten Grossbildschirm (z. B. LCD-Overhead-Display) und teilweise mit Audio- und Videoeinrichtungen ausgestattet. Ein Beispiel ist das von der University of Arizona in Tucson (USA) entwickelte "GroupSystem", das bereits von über 20 Universitäten (unter anderem die Universität Hohenheim) und 12 vorwiegend amerikanischen Unternehmen erworben wurde. Hauptanwender ist bisher die Firma IBM, die 1992 über 50 GroupSystem-Entscheidungsräume im Einsatz haben wollte [vgl. Grohowski et al. 1990, Krcmar/Lewe 1992].

• **Computer Conferencing**

Computer Conferencing war bis vor kurzem vorwiegend auf den Austausch von Mitteilungen im Sinne der oben beschriebenen Messaging-Systeme beschränkt. Die Leistungssteigerung von Workstations und von Kommunikationsnetzen ermöglicht im

Sinne multimedialer Echtzeitkommunikation neue Formen des Computer Conferencing. Die Screen-Sharing-Technik in Verbindung mit der Breitbandkommunikation beispielsweise erlaubt die gemeinsame Arbeit am selben Informationsobjekt durch identische Bildschirminhalte an unterschiedlichen Orten. Potentielle Anwendungsformen sind das Joint-Editing beim gemeinsamen Entwurf von Publikationen oder der kooperative CAD-Entwurf [vgl. Kap. 4.5.2.2.]. Weiter besteht die Tendenz, Videoconferencing von spezialisierten Systemen auf die Workstation zu verlagern [vgl. Kap. 4.2.2.1.4.]. Kombiniert mit der Screen-Sharing-Technik sind damit multimediale Desktop-Conferencing-Systeme im Entstehen, die beispielsweise den Austausch von Bewegtbildern und die gemeinsame Bearbeitung von Dokumenten ermöglichen.

• **Koordinationssysteme**

Koordinationssysteme sind darauf ausgerichtet, die Aktivitäten einzelner Mitarbeiter zur Erledigung einer gemeinsamen Aufgabe zu steuern. Nicht einzelne Tätigkeiten, sondern der Geschäftsprozess als Ganzes steht im Vordergrund. Koordinationssysteme steuern den Fluss der Informationsobjekte zwischen einzelnen Bearbeitungsstationen und finden in Begriffen wie "Workflow-Automation" oder "integrierte Vorgangsbearbeitung" Ausdruck. Der Formalisierungsgrad von Koordinationssystemen kann stark variieren und reicht von flexibel und ad hoc definierbaren Abläufen bis zu stark vorstrukturierten Routinevorgängen. Entsprechend reicht auch die Komplexität von Koordinationssystemen von einfachen mail-basierten Systemen für den Dokumentenaustausch (z. B. elektronischer Umlauf eines Investitionsantrags oder Besuchsberichts) bis zu mit Workflow-Software realisierten Vorgangssystemen [vgl. Kap. 4.1.2.3., McCready 1992, S. 6f., Rau 1991, S. 160ff.].

Die dargestellten Groupware-Kategorien zeigen die Vielfalt der möglichen Ausprägungen von Groupware auf. Die Grenzen zwischen den einzelnen Kategorien sind in der praktischen Realisierung fliessend. Tendenziell ist von Messaging-, von Koordinations- und zum Teil von Computer-Conferencing-Systemen die breiteste Wirkung auf die Unternehmen zu erwarten.

4.2.2.2.2.   Weiterentwicklung von Groupware

Die Groupware-Forschung hatte bereits in den sechziger Jahren ihre Anfänge [vgl. Johansen 1988, S. 2f.]. Dennoch steht Groupware erst am Anfang ihrer kommerziellen Entwicklung, was sich in einer teilweise noch beschränkten Funktionalität und einer proprietären Ausrichtung äussert. Groupware existiert heute vielfach in Form separater, eigenständiger Applikationen. Für die neunziger Jahre ist zu erwarten, dass Groupware-Funktionen zunehmend integrierter Bestandteil von funktionsspezifischen Softwarepaketen oder kompletten Office-Lösungen werden. Beispiele dafür sind um Groupwarefunktionen ergänzte Projektmanagementwerkzeuge, Textverarbeitungssysteme und Terminkalender sowie die Groupware-Features integrierter Office-Lösungen. Gleichzeitig ist eine Tendenz zu Plattformkonzepten zu erkennen, die Groupwarefunktionen wie z. B. E-Mail, Gruppenkonferenzen und gemeinsamer Zugriff auf verteilte Datenressourcen über unterschiedliche Betriebssystemumgebungen, Netzwerkstrukturen und unabhängig von der eingesetzten Applikation bereitstellen.

Mittelfristig werden sich Groupware-Funktionen in die Middleware-Konzepte der Hersteller integrieren. NCR sieht beispielsweise im Rahmen seiner Software-Plattform "Cooperation" Middleware-Produkte für Groupware-Applikationen vor. Sie fördern die effiziente Entwicklung workflow-orientierter Anwendungen [vgl. Hazeltine 1991, S. 9f.]. Computergestützte Werkzeuge zur gruppenorientierten Kommunikation, Kooperation und Koordination werden damit schrittweise zu einem Kernbestandteil von Office-Systemen.

In den neunziger Jahren werden in den Unternehmen die infrastrukturellen Voraussetzungen geschaffen, die einen breiteren Einsatz von Groupware begünstigen [vgl. Kap. 4.2.2.1.1.]. Lokale Netze, die benutzerfreundliche Workstations miteinander verknüpfen und zu Wide Area Networks zusammengebunden werden können, bilden die Grundlage für den zukünftig generellen Einsatz von Groupware als Office-Werkzeug. Zusätzlich unterstützen die bereits angesprochenen Standardisierungstendenzen in der Kommunikation (X.400, X.500) und im Dokumentenaustausch (ODA/ODIF) die Entstehung breitbandiger Kommunikationsnetze (MANs, B-ISDN) und die Implementierung von Client-Server-Architekturen eine zunehmende Verbreitung von Groupware-Applikationen in den neunziger Jahren.

In den Unternehmen fasst Groupware erst langsam Fuss. Einige Unternehmen beginnen, Groupware-Werkzeuge in klar definierten Benutzergruppen, die bereits die notwendige Infrastruktur besitzen, einzusetzen (z. B. PC-Support, Controlling) bzw. haben Pilotprojekte initiiert. Einzelne Unternehmen, wie beispielsweise General Motors Europe [vgl. Bsp. Office/2] oder Price Waterhouse [vgl. Bsp. Know-how/5], haben sich bereits anfangs der neunziger Jahre zu einer unternehmensweiten Einführung von Groupware entschlossen.

Beispiel Office/2

Groupware bei General Motors Europe

General Motors Europe ist einer der grössten Anwender des Groupwarepakets Lotus Notes und plant bis 1996 den schrittweisen Einsatz von 15.000 Notes-Lizenzen in 13 europäischen Ländern [vgl. Fawcett 1991]. Notes kombiniert Dokumentenbearbeitungs-, Datenbank- und Kommunikationsfunktionen zu einem leistungsfähigen Groupwarepaket und baut auf einer Client-Server-Architektur auf. General Motors rüstet dazu seine Arbeitsplätze mit 80386- oder 80486-basierten Workstations aus, die über lokale Netze miteinander verbunden sind. Die Verbindung der lokalen Netze untereinander erlaubt wiederum die Kommunikation zwischen räumlich verteilten Standorten.

General Motors erhofft sich, mit dem Groupwarepaket ein Werkzeug bereitzustellen, das die Kommunikation zwischen den Mitarbeitern effizienter gestaltet, die Koordination der vielfach projektbezogenen, geographisch verteilten Aktivitäten erleichtert und den Zugriff auf gemeinsame Informationsbestände (Dokumentendatenbanken) ermöglicht. Projektgruppen, die sich teilweise aus Teammitgliedern unterschiedlicher europäischer und amerikanischer Standorte zusammensetzen, sollen über das Groupwarepaket besser kooperieren können. Neben dem unternehmensinternen Gebrauch plant General Motors auch seine Händlerorganisation mit Groupware auszurüsten [vgl. Shukowsky 1991, S. 29].

4.2.2.3.   Mobile Office

Mit dem Begriff "Mobile Office" ist das Bestreben verbunden, unabhängig vom geographischen Standort die Funktionen des Officesystems zur Verfügung zu stellen. So konnten in den letzten Jahren erhebliche Fortschritte in der mobilen Sprachkommunikation erzielt werden. Auch ist es heute problemlos möglich, den portablen Computer von einem Standort zum andern zu transportieren und von dort über stationäre Kommunikationseinrichtungen (z. B. Telefonanschluss im Hotel) auf entfernte Datenbestände zuzugreifen. Das Ziel der vollständigen geographischen Unabhängigkeit ist damit allerdings noch nicht erreicht. In den neunziger Jahren werden weitere Fortschritte in der Miniaturisierung und Leistungsfähigkeit mobiler Computer sowie die Entwicklung neuer mobiler Kommunikationsdienste dem vorhandenen Bedarf nach Mobilität Rechnung tragen.

4.2.2.3.1.   Neue Generation mobiler Computer

Durch das Zusammenwirken der in Kapitel 3.3.2. skizzierten technischen Entwicklungen ist - neben einer weiteren Leistungssteigerung und Miniaturisierung von Laptops, Notebooks usw. - eine neue Generation mobiler Computer im Entstehen.

• Personal Digital Assistant

Vorreiter dieser neuen Generation mobiler Computer sind sogenannte "Personal Digital Assistants" (PDA). Im Gegensatz zur Klasse der Notebooks stellen PDAs nicht sämtliche Funktionen einer Desktop-Workstation mobil bereit, sondern beschränken sich auf einen eingegrenzten Funktionsumfang. Dementsprechend sind die ersten Versionen von PDAs auf Notizen, einfache Korrespondenz und grundlegende Selbstmanagement-Funktionen wie Adressbuch, Kalender und Aktivitätenmanagement ausgerichtet.

Der PDA von Apple (Newton) beispielsweise ist ca. 19 x 9 cm klein und wird mit einem Stift über den ca. 15 x 7 cm grossen LCD-Bildschirm bedient. Ein speziell stromsparender 32-Bit-RISC-Prozessor gibt dem PDA die 1,5- bis 2-fache Verarbeitungsleistung eines mit dem 68030-Prozessor ausgerüsteten Mac IIfx. Als Speichermedium setzt Apple Solid State Memory mit einer Kapazität zwischen 1 und 20 MB ein. Das eigens entwickelte Multitasking-Betriebssystem Newt/OS bietet eine dokumenten- bzw. objektorientierte Benutzeroberfläche sowie komfortable Handschrift- und Graphikerkennungsfunktionen. Handschriftliche Notizen werden in maschinenlesbaren Text und Handskizzen in exakte Graphiken umgewandelt. So fasst der PDA beispielsweise mehrere Linien Text automatisch zu einem Absatz zusammen oder erstellt aus einem Quadrat mit krummen Linien eine exakte geometrische Form. Für spätere Versionen sind Spracherkennungsfunktionen geplant.

Ein "intelligenter Assistent" unterstützt den Benutzer bei der Bedienung des Geräts. Ziel dieses Assistenten ist es, die Absichten des Benutzers zu antizipieren und damit die Bedienung komfortabler zu gestalten. Beispielsweise bewirkt der Befehl "Fax an Dieter Meier", dass der intelligente Assistent im elektronischen Adressbuch die Anschrift und Faxnummer findet, die geeignete Formatierung des Textes vornimmt, automatisch das Fax verschickt und bei fehlendem Faxanschluss den Text in einer Ausgangsbox ablegt, um es bei nächster Gelegenheit erneut zu versuchen. Als Kommunikationsverbindung enthält der PDA eine drahtlose Infrarotverbindung mit begrenzter Reichweite. Sie kann zur direkten PDA-PDA-Kommunikation und als Verbindung zu einem AppleTalk-Netz genutzt werden. Ebenso sind Schnittstellen für den Datenaustausch mit Desktop-Workstations realisiert.

Nachfolgende PDA-Versionen werden sich zunehmend von rein geschäftlichen Anwendungen wegbewegen und in den Bereich der Unterhaltungselektronik vordringen [vgl. Ito 1992, S. 45ff., Linderholm/Apiki/Nadeau 1992, S. 128ff].

- **Der "allgegenwärtige" Computer**

Einen Schritt weiter noch geht ein Forschungsprojekt am Palo Alto Research Center (PARC) der Firma Xerox. Die Idee der Wissenschafter geht weg vom "persönlichen" Computer hin zu einer "allgegenwärtigen" informationstechnischen Infrastruktur. Bestandteil dieser Infrastruktur sind höchst mobile, über Stifte bedienbare elektronische Zettel ("Notetabs") und Notizblöcke ("Notepads"), die über Infrarot- und Funknetze mit anderen Computern (z. B. Workstations, Server oder auch metergrossen elektronischen Tafeln, sogenannten Scoreboards) kommunizieren. Sie dienen als allgegenwärtige Ein- und Ausgabemedien und sind anwenderneutral, d. h. jeder kann sie im Gegensatz zu den heutigen "persönlichen" Computern ungezwungen benutzen. Ergänzend zur stationären Arbeitsfläche einer Workstation lassen sich Notetabs und Notepads im Arbeitsbereich ähnlich wie herkömmliches Papier ausbreiten und sortieren. In PARC wurden bereits erste Prototypen produziert und in ihrer Anwendung erprobt [vgl. Weiser 1991, S. 92ff.]. Auch wenn die Umsetzung der allgegenwärtigen informationstechnischen Infrastruktur noch eine Vision darstellt, so wird damit doch deutlich, dass heutige Notebooks und Palmtops nur Vorläufer neuer mobiler Einsatzformen des Computers darstellen.

4.2.2.3.2.   Mobilkommunikation

Die Mobilkommunikation hat sich in den letzten Jahren von der Konzentration auf Spezialanwendungen gelöst und wird mehr und mehr zu einem selbstverständlichen Bestandteil der Kommunikationsinfrastruktur der Unternehmen. Einen wesentlichen Anteil an dieser Entwicklung hatte der Aufbau des analogen, zellularen Mobilkommunikationsnetzes, das überdurchschnittliche Wachstumsraten aufzuweisen hat [vgl. NZZ 1992, S. 15]. Europaweit waren 1992 bereits ca. 5,2 Mio. Personen Benutzer eines zellularen Mobiltelefons. Bis zum Jahr 2000 sollen ca. 24 Millionen Teilnehmer im Bereich der Zellularkommunikation erreicht sein.

Das Wachstum der Mobilkommunikation wird durch das Angebot öffentlicher und zum Teil privater Kommunikationsdienste getragen. In diesem Zusammenhang sind für die neunziger Jahre drei wesentliche Entwicklungsrichtungen zu beachten:

- die *Digitalisierung* der Mobilkommunikation,

- die *Internationalisierung* des Mobilkommunikationsnetzes und

- der Ausbau der mobilen *Daten*kommunikation.

Diese generellen Tendenzen der Mobilkommunikation spiegeln sich in folgenden konkreten Entwicklungsvorhaben wider:

• Global System for Mobile Communication (GSM)

In vielen Ländern sind die Kapazitätsgrenzen des analogen Zellulartelefons bereits überschritten. Die europäischen PTTs haben sich unter der Bezeichnung "Global System for Mobile Communication" (GSM) auf die Implementierung eines grenzüberschreitenden, zellularen Digitalnetzes geeinigt. Zusätzlich haben auch aussereuropäische Länder (z. B. China, Neuseeland, Hongkong, Australien, Singapur) Interesse gezeigt und sich teilweise bereits für dessen Umsetzung entschieden. Charakteristika, die das GSM-Netz vom bisherigen C-Netz unterscheiden, sind unter anderem dessen länderübergreifende Einsatzmöglichkeit, bessere Sprachqualität, erhöhte Abhörsicherheit, digitale Datenkommunikation (bis 9600 Bit/s) und diverse GSM-Dienste (z. B. Informationsdienste, X.400-Kurznachrichten, Voice Mail, Telefax, geschlossene Benutzergruppe). Der Zutritt zum GSM-Netz erfolgt über eine benutzereigene Chipkarte, so dass beliebige Endgeräte europaweit und personenunabhängig genutzt werden können.

Die Einführung von GSM erfolgt stufenweise und vorerst in Koexistenz mit den bestehenden C-Netzen. Prognosen gehen davon aus, dass bis 1995 in Europa ca. 5 Mio. Teilnehmer über GSM-Netze kommunizieren werden [vgl. Buch/Pollerhof 1992, S. 48].

• **Personal Communications Networks (PCN)**

In Verbindung mit der zellularen, digitalen Mobilkommunikation ist eine weitere, besonders in Grossbritannien forcierte Entwicklung zu berücksichtigen. Unter der Bezeichnung "Personal Communications Networks" (PCN) sollen kostengünstige Mobiltelefone einem breiten Nutzerkreis bereitgestellt werden. Während GSM vorwiegend auf kommerzielle Anwender mit europaweiter Reichweite ausgerichtet ist, zielen PCNs mit geringeren Kosten und etwas geringerer Funktionalität auf den Massenmarkt. PCN schliessen jedoch geschäftliche Nutzer auf keinen Fall aus. Zwar sind sie nicht für die Kommunikation aus Fahrzeugen konzipiert, doch ist ähnlich wie bei GSM ein Angebot geschäftsorientierter Services (z. B. Voice Mail, Paging, Telefax) von seiten der PCN-Betreiber zu erwarten. In Grossbritannien war die Einführung von PCN auf Ende 1992 geplant. Für Mitte der neunziger Jahre wird die Einführung handlicher, mobiler Telefone zum Preis von 175 Dollar angestrebt, was einen Nachfrageboom nach PCN auslösen könnte. Andere europäische Länder haben ebenfalls bereits Interesse an PCN-Diensten gezeigt.

Es ist davon auszugehen, dass die in den neunziger Jahren entstehenden PCN-Netze nicht das im Aufbau befindliche GSM-Netz ersetzen werden, sondern eine Ergänzung zu diesem darstellen. In diesem Sinne sind zukünftig Endgeräte denkbar, die sowohl PCN als auch GSM unterstützen [vgl. Clements 1990, S. 8ff.]. Auch das von Motorola initiierte Projekt "Iridium" ist unter diesem Gesichtspunkt der Komplementarität zu betrachten. Im Rahmen von Iridium plant Motorola 77 Satelliten auf einer erdnahen Umlaufbahn zu installieren, um bis 1997 ein weltweites, persönliches Mobilkommunikationsnetz aufzubauen. Iridium ist nicht als Ersatz der oben skizzierten terrestrischen Netze gedacht, sondern soll in Kombination mit diesen eine weltweite Mobilkommunikation ermöglichen. Motorola hat dazu bereits ein Endgerät entwickelt, das zuerst versucht, ein terrestrisches Zellularnetz zu nutzen und erst in zweiter Priorität das satellitenbasierte Iridium-Netz einsetzt [vgl. Kinzie 1992, S. 2].

Schliesslich sind als Ergänzung zu PCN und GSM noch schnurlose Telefone zu nennen, die für den lokalen mobilen Einsatz oder in Form von Telepoint-Anwendungen gedacht sind. Diese Systeme ermöglichen beispielsweise einem Unternehmen, in Kombination mit kabellosen Nebenstellenanlagen ganze Standorte mit einem mobilen Inhouse-Sprachkommunikationssystem auszustatten. Telepoint-Systeme erlauben es, in der Nähe sogenannter öffentlicher Telepoints mit einem mobilen Telefon über Funk Gesprächsverbindungen aufzubauen. Diese schnurlosen Telefonanwendungen werden sich in Zukunft an dem europäischen Standard für kabellose Digitaltelefone DECT (Digital European Cordless Standard) orientieren.

• **Mobile Datenkommunikation**

Der nächste Schritt zum "mobilen Büro" besteht im Ausbau der mobilen Datenkommunikation. Diese steht, im Vergleich zur mobilen Sprachkommunikation, erst am Anfang ihrer Entwicklung. Palmtops und Notebooks bzw. Notepads stellen heute dem mobilen Mitarbeiter komfortable Verarbeitungsfunktionen bereit. Die Kommunikationsfähigkeit dieser portablen Geräte ist jedoch weitgehend auf die Verfügbarkeit fester Leitungsverbindungen beschränkt. Die mobile Datenkommunikation verfolgt das Ziel, die bereits in der Sprachkommunikation erzielte Mobilität analog auch auf die Übertragung von Daten auszudehnen. Das Spektrum reicht dabei von drahtlosen lokalen Netzen über "Metropolitan Wireless Networks" (z. B. über Cityruf) bis hin zu "Wide Area Wireless Networks", die nationale und internationale mobile Datenkommunikation erlauben [vgl. Dvorak 1992, S. 96]. In bezug auf Mobilität interessieren insbesondere Anwendungen, die über die lokale Kommunikation hinausgehen.

Wie bereits oben angedeutet, sieht GSM neben den Sprachdiensten auch die Übertragung von Daten über das GSM-Netz vor. Dies geht über die Nutzung standardisierter Daten- oder Textdienste wie Telefax oder Teletex hinaus und ermöglicht die freie Datenübertragung mit bis zu 9600 Bit/s. GSM sieht damit den mobilen Zugang zu Datennetzen vor wie z. B. dem leitungsvermittelnden Telefonnetz oder paketvermittelnden Netzen (z. B. Telepac, Datex-P). Allerdings besteht das Problem, dass aufgrund der primären Auslegung des GSM-Netzes auf die weniger anspruchsvolle Sprachkommunikation die relativ hohe Bitfehlerrate zu Mängeln in der Datenkommunikation führen kann. Dies zeigt sich auch in der Tatsache, dass mit einem Anteil der Datendienste am gesamten Übertragungsvolumen von weniger als 10 Prozent gerechnet wird [vgl. Böhländer/Gora 1992, S. 33].

In den nächsten Jahren wird es deshalb zur Entwicklung und Einführung von Kommunikationsdiensten kommen, die speziell auf die Datenkommunikation ausgerichtet sind. Die deutsche Telekom hat beispielsweise bereits seit Anfang 1992 unter dem Namen "Modacom" einen mobilen Datenkommunikationsdienst im Test bzw. Angebot. Die Kommunikation kann mit 9600 Kbit/s vom X.25-Netz zu mobilen Endgeräten und umgekehrt erfolgen. Nach Abschluss der Pilotphase ist ein flächendeckender Ausbau bis 1995 vorgesehen. Auch die britische Regierung hat bereits Lizenzen zur Einrichtung mobiler Datenkommunikationsdienste vergeben und möchte bis Mitte der neunziger Jahre 80 Prozent der Bevölkerung abdecken. In den USA kooperieren neun der grössten Anbieter zellularer Kommunikationsdienste und IBM, um seit 1993 einen mobilen Datenkommunikationsdienst anzubieten. Das System basiert auf der sogenannten CelluPlan-II-Technologie von IBM, die ungenutzte zellulare Kanäle zur Übertragung von Datenpaketen nutzt, ohne dabei die Sprachkommunikation zu beeinträchtigen [vgl. Blissmer 1992, S. 14].

Die Ausführungen zur Mobilkommunikation haben gezeigt, dass dem Bedarf nach Mobilität durch die Entwicklung entsprechender Kommunikationsdienste Rechnung getragen wird. Parallel dazu sind im Endgerätebereich in den neunziger Jahren technologische Fortschritte in Hardware (z. B. Miniaturisierung, LCD-Technik) und Software (z. B. Mustererkennung) zu erwarten, die den Komfort und das Anwendungsspektrum mobiler Geräte erheblich steigern. Beide Entwicklungsrichtungen zusammen werden zu einer neuen Generation intelligenter mobiler Kommunikationsgeräte führen. Diese könnten beispielsweise zellulare Sprach- und Datenkommunikation mit den Funktionen eines Personal Digital Assistant [vgl. Kap. 4.2.2.3.1.] kombinieren. Zum Beispiel hat das RACE-Projekt 2029 zum Ziel, mobile Geräte mit der Breitbandkommunikation zu verbinden. 23 Unternehmen arbeiten an einem persönlichen Kommunikationsgerät, das zu einem angestrebten Preis von ca. 70 Dollar Sprache, Bild und Daten mit einer Geschwindigkeit von 2 Mbit/s übertragen kann. Erste Piloteinrichtungen sind für 1995 geplant [vgl. Weizer 1991, S. 195].

4.2.3. Zusammenfassung

Die zu erwartende informationstechnische Entwicklung von Officesystemen in den neunziger Jahren lässt sich mit folgenden Thesen zusammenfassen:

- Die Forderung nach Integration bildet ein zentrales Element zukünftiger Officesysteme und gilt als Grundvoraussetzung zur Realisierung der bisher nur teilweise ausgeschöpften Nutzenpotentiale des IT-Einsatzes im Büro. Eine wichtige Rolle kommt dabei der schrittweisen Umgestaltung der den Office-Systemen zugrundeliegenden Infrastruktur zu.

- Integrierte Office-Systeme der neunziger Jahre bauen auf Client-Server-Architekturen auf. Bis Mitte und gegen Ende der neunziger Jahre ist zu erwarten, dass ein grosser Teil der Unternehmen die dazu notwendige, neue Infrastrukturgeneration - Business Workstations, lokale Netze und graphische bzw. objektorientierte Benutzeroberflächen - geschaffen haben werden.

- Middleware-Produkte machen Office-Applikationen zunehmend von den zugrundeliegenden Systemkomponenten unabhängig. Damit steigt die Interoperabilität, Portabilität und Benutzerfreundlichkeit von Office-Systemen.

- Die reine Textverarbeitung entwickelt sich zur integrierten Dokumentenverarbeitung im Sinne eines freien elektronischen Dokumentenaustauschs weiter. Das standardisierte Verbunddokument (ODA/ODIF) könnte zukünftig die geläufige Einheit des Informationsaustausches in Office-Systemen bilden.

- ISDN wird sich in der zweiten Hälfte der neunziger Jahre als integrierte Zugangsform zu den öffentlichen Telekommunikationsdiensten schrittweise durchsetzen und verbesserte (z. B. Telefax Gruppe 4) sowie teilweise neue Officeapplikationen (z. B. Desktop-Videoconferencing, computerintegrierte Telefonie) ermöglichen.

- Das wachsende Angebot von Virtual-Private-Network-Diensten in den neunziger Jahren bietet Unternehmen die Möglichkeit, die Wirtschaftlichkeit, Flexibilität und Qualität ihrer Sprachkommunikation zu verbessern. Mit der zu erwartenden Ausdehnung auf die Datenkommunikation könnten sich virtuelle private Netze bis gegen Ende der neunziger Jahre für einige Unternehmen zur Basisinfrastruktur für den intraorganisationellen Austausch von Sprach-, Daten- (Dokumente), Bild- und Videoinformationen entwickeln.

• Unter den Sammelbegriffen "Computer Supported Cooperative Work" (CSCW) und "Groupware" wandeln sich Officesysteme schrittweise von auf das Individuum konzentrierten Systemen zu solchen, die zusätzlich die Interaktion zwischen Mitarbeitern unterstützen.

• Groupware wird in den neunziger Jahren sowohl in Form spezieller Groupware-Applikationen als auch durch die Integration von Groupware-Funktionen in funktionsspezifische Softwarepakete (z. B. Projektmanagementwerkzeuge, Terminplaner) und komplette Office-Lösungen Verbreitung finden.

• Weitere Fortschritte in der Miniaturisierung und Leistungsfähigkeit mobiler Computer und die Weiterentwicklung der Mobilkommunikation tragen dem vorhandenen Bedarf nach Mobilität Rechnung, was sich in einer neuen Generation intelligenter mobiler Kommunikationsgeräte äussern wird.

4.3. Applikationstyp "Führung"

4.3.1. Charakteristika von Führungssystemen[1]

Führungssysteme unterstützen den Führungsprozess auf allen Managementstufen und über sämtliche Funktionalbereiche eines Unternehmens. Sie stellen Informationen und Werkzeuge zur Unterstützung von Führungskräfte-Entscheidungen bereit. Mit ihrer Hilfe lassen sich Entscheidungsalternativen besser beurteilen und kann auf Zielabweichungen frühzeitig reagiert werden.

Applikationen vom Typ "Führung" zeichnen sich sowohl durch ihre Nähe zu Administrationssystemen als auch durch ihre Verwandschaft zu Officesystemen aus. Einige der auf dem Softwaremarkt erhältlichen Systeme sind als Erweiterung integrierter Administrationssysteme entstanden, andere bauen direkt auf klassischen Officeprodukten auf (z. B. Tabellenkalkulation, 4.-Generationssprachen). Der Strukturierungsgrad der Daten ist in der Regel hoch, wenngleich auch die Tendenz besteht, unstrukturierte Daten wie Text oder Bildinformationen in Führungssysteme aufzunehmen.

Zur Entwicklung von Führungssystemen kommt zunehmend sogenannte Executive-Information-System-Software (EIS-Software) zum Einsatz, die spezifische Entwicklungswerkzeuge wie Masken- und Graphikgeneratoren oder Datenextraktionsmechanismen zur Verfügung stellt. Die erste Generation von Führungssystemen war durch starre, mainframebasierte Berichtsgeneratoren geprägt. Heutige Führungssysteme tendieren eher zu verteilten Strukturen.

4.3.1.1. Funktionen

Nach Ulrich ist der Führungsprozess als kontinuierlicher, kreisförmiger Vorgang zu betrachten, "in welchem sukzessive Entscheide über anzustrebende Ergebnisse (Soll-Werte) und dafür notwendige Massnahmen getroffen, diese durch Anordnungen in Gang gesetzt und schliesslich die tatsächlich vollzogenen Handlungen und erzielten Ergebnisse (Ist-Werte) erfasst und mit den Entscheidungen verglichen werden" [Ulrich 1990, S. 14]. In Anlehnung an diesen Führungskreislauf unterstützen Applikationen vom Typ "Führung" die Funktionen "Planen", "Entscheiden" und "Kontrollieren" [vgl. Bild 4.3.1.1./1].

Aus der Analyse und Prognose interner und externer Einflussgrössen des Geschäfts (z. B. Kosten, Kapazitätssituation, Konkurrenzverhalten, Kundenverhalten) lassen sich Zielgrössen für die einzelnen Führungsebenen ableiten (*Planen*). Um diese Ziele zu erreichen, werden Massnahmen bestimmt (*Entscheiden*) und zur Umsetzung in Form

---

[1] Unter Führungssystem wird im Rahmen dieser Arbeit - entgegen dem allgemeinen, betriebswirtschaftlichen Begriff des Führungssystems wie ihn beispielsweise Ulrich verwendet - lediglich die computergestützte Form eines Führungssystems betrachtet [vgl. Ulrich 1990, S. 13ff.].

von Soll-Daten an das operative System (z. B. Produktion, Verkauf) weitergegeben. Ist-Daten aus der Umsetzung dienen durch den Vergleich mit den Soll-Daten zur Überwachung der Zielerreichung (*Kontrollieren*). Bei Abweichungen können direkt neue Massnahmen entschieden oder die Planung angepasst werden. Der Führungs-kreislauf ist geschlossen.

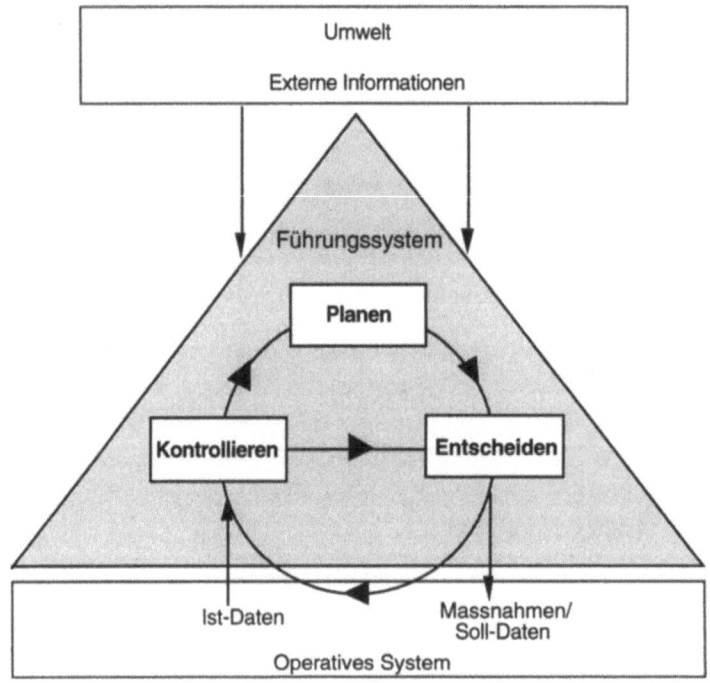

Bild 4.3.1.1./1: Funktionen des Applikationstyps "Führung"

- **Planen**

Planung umfasst die Zusammenfassung von Basisdaten, die Suche nach Alternativen und die Sammlung von Daten für die Bewertung von Alternativen mit dem Ziel, Pläne zu entwickeln und daraus Zielvorgaben abzuleiten [vgl. Schierenbeck 1983, S. 74]. Führungssysteme stellen die zur Planung notwendigen Informationen (z. B. Branchen-, Umsatz-, Konkurrenzdaten) und Verarbeitungsmechanismen (z. B. stati-stische Funktionen, Prognoseverfahren) bereit und helfen damit, die Planungsquali-tät zu verbessern. Beispiele dafür sind

- die Bereitstellung aggregierter Absatz- und Umsatzzahlen des Vorjahres aus dem Administrationssystem (z. B. verkaufte Produkte pro Verkaufsgebiet bzw. Kunde) zur Unterstützung der jährlichen Absatzplanung,

- der Zugriff auf externe Wirtschaftsdatenbanken zur Analyse und Prognose der zu erwartenden Marktentwicklung,

- der Einsatz eines computergestützten Prognosesystems zur Ermittlung der wahrscheinlichen Absatzentwicklung eines Produkts innerhalb der nächsten fünf Jahre (Trendanalyse),

- die computergestützte Unternehmensplanung bzw. -simulation anhand eines auf linearer Planungsrechnung basierenden Unternehmens-Gesamtmodells oder

- ein integriertes Planungssystem, das automatisch Absatzzahlen mit produktbezogenen Vorgabezeiten und kalkulatorischen Kosten verbindet und daraus die Kapazitäts- und Betriebsergebnisplanung ableitet.

Eines der wichtigsten Merkmale computergestützter Planungssysteme ist die Möglichkeit, mehr Planungsalternativen als bei manueller Durchführung berücksichtigen zu können. Umfangreiche Prognose-, Optimierungs- und Simulationsrechnungen liessen sich ohne informationstechnische Unterstützung nicht unter wirtschaftlichen Bedingungen durchführen. Das computergestützte Administrationssystem und in steigendem Masse auch externe Datenbanken liefern die zur Planung notwendige Datenbasis.

• Entscheiden

Führung ist ein kontinuierlicher Prozess, der laufend Entscheidungen zur Sicherung der Zielerreichung erfordert. Führungssysteme dienen zum einen der analytischen Entscheidungsvorbereitung und zum anderen der direkten Versorgung des Managements mit entscheidungsrelevanten Informationen (Berichtssystem).

Zur *Entscheidungsvorbereitung* kommen in erster Linie sogenannte Decision-Support-Systeme zum Einsatz. Sie sind auf spezielle, vielfach schwach strukturierte Entscheidungsprozesse ausgerichtet und enthalten neben Datenzugriffs- und Visualisierungsfunktionen eine ausgeprägte Analysekomponente [vgl. Panko 1988, S. 75, Rockart/De Long 1988, S. 17ff.]. Hauptzielgruppen von Decision-Support-Systemen sind das untere und mittlere Management sowie Stabsmitarbeiter. Typische Beispiele für den Einsatz von Decision-Support-Systemen sind

- die Simulation unterschiedlicher Finanzierungsalternativen für ein Investitionsvorhaben ("What-if"-Rechnung) oder

- die Ermittlung unterschiedlicher Realisierungswege, die zur Zielerreichung führen (z. B. Deckungsbeitragssteigerung um "x" Prozent) mit Hilfe einer "How-to-achieve"-Analyse.

Als Werkzeuge der Entscheidungsvorbereitung finden häufig flexibel einsetzbare Tabellenkalkulationsprogramme Verwendung, die dem Benutzer zur Modellierung seiner Entscheidungssituation einen umfangreichen Funktionsvorrat bieten. Komplexere Problemstellungen der Analyse, Simulation und Prognose werden durch spezifische Programme abgedeckt, die gegebenenfalls in einer Methodenbank abgelegt sind [vgl. Mertens/Griese 1991, S. 32ff.].

Das computergestützte *Berichtssystem* versorgt das Management mit entscheidungsrelevanten Informationen wie Umsatz, Kosten, Anzahl Kundenreklamationen oder Auftrags-Durchlaufzeiten. Unter Begriffen wie Führungsinformationssystem (FIS), Executive Information System (EIS) oder Chefinformationssystem (CIS) sind Systeme entstanden, die den direkten Zugang des Managements zu internen und externen Führungsinformationen ermöglichen [vgl. Back-Hock 1991, S. 48]. Sie sind vorwiegend auf Mitarbeiter der oberen Führungsebene ausgerichtet und haben ihr Schwergewicht in der visuell unterstützten Datenabfrage. Führungsinformationssysteme bauen teilweise auf mit Decision-Support-Systemen ermittelten Analyseergebnissen auf und beinhalten selbst keine oder nur schwach ausgeprägte Analysewerkzeuge. Die einfache und stark graphische Gestaltung der Benutzerschnittstelle kommt den geringen Computerkenntnissen vieler Führungskräfte entgegen.

• **Kontrollieren**

Jeder Führungsprozess erfordert Kontrollmechanismen, die Abweichungen von der Planung aufzeigen und damit Massnahmen-Entscheidungen zur Zielerreichung anstossen. Periodische Berichte des Controllings sind ein klassisches Werkzeug zur Kontrolle des Geschäftsverlaufs. Ist-Grössen, wie z. B. Umsatz, Kosten oder Kapazitätsauslastung, werden den Planwerten gegenübergestellt, der Grad der Zielerreichung festgestellt und Abweichungen lokalisiert. Zur genaueren Analyse von Abweichungen kann auf die zugrundeliegenden Detaildaten zugegriffen werden.

Das computergestützte Berichtssystem liefert jedem Mitarbeiter mit eigenem Entscheidungsbereich die Grundlage zur Kontrolle seiner Zielerreichung. Die Datenbasis dafür liefert das computergestützte Administrationssystem, das sämtliche Geschäftsvorfälle protokolliert und in verdichteter Form dem Führungssystem bereitstellt. Eine ausgeprägte Form der Kontrollfunktion von Führungssystemen sind sogenannte "Exception-Reporting"-Systeme, die auf Zielabweichungen, die über einen bestimmten Toleranzwert hinausgehen, gesondert aufmerksam machen.

Entsprechend dem Regelkreischarakter des Führungsprozesses stehen die Funktionen "Planen", "Entscheiden" und "Kontrollieren" in enger Beziehung zueinander. Funktionierende Führungssysteme müssen alle drei Funktionen miteinander integrieren.

Das nachfolgende Beispiel zeigt eine mögliche Realisierungsform eines Führungssystems.

Beispiel Führung/1

Führungsinformationssystem für Marketing und Verkauf bei Weidmüller

Die Firma Weidmüller Interface GmbH & Co. in Detmold, Deutschland, weltweit einer der Marktführer für elektrische und elektronische Verbindungssysteme, setzt ein Führungssystem zur Unterstützung strategischer und operativer Entscheidungen in den Bereichen Marketing und Verkauf ein. Das System besteht aus zwei Komponenten, die gegenseitig Daten austauschen können: die Marketing-/Verkaufs-Statistik (MARS) und das Markt-Informations-System (MAIS).

- **Marketing-/Verkaufs-Statistik (MARS)**

Grundlage von MARS sind Daten aus operativen Systemen zur Kundenauftragsabwicklung, Fakturierung, Lagerbuchhaltung etc. sowie Daten aus Zeitreihen- und Prognoseprogrammen. Aus den unterschiedlichen operativen Datenbeständen (z. B. VSAM, IDMS) werden mit Hilfe einer 4.-Generationsprache (SIRON/SIROS) automatisch Daten wie Umsatz, Auftragseingang oder Absatz extrahiert und vorverdichtet in einer separaten Datenbank des zentralen Host (IBM 3090) abgelegt. Die Daten sind mehrdimensional, z. B. nach Unternehmensbereichen, Produktgruppen, Ländern, Bezirken oder Vertretern auswertbar. Zum Erstellen von Berichten oder im Rahmen von Ad-hoc-Analysen greifen die Benutzer über ein lokales Netz auf diese Daten zu und verarbeiten sie bei Bedarf auf einer lokalen Workstation (Apple Macintosh) weiter. Typische über MARS bereitgestellte Führungsinformationen sind Quartalsumsatzberichte nach Produkten und Bezirken, Abweichungsanalysen bzw. Erfolgskontrollen pro Verkaufsbezirk, Entscheidungsalternativen bei der Marketingplanung für Produkte, Netto-Umsatzanalysen der Unternehmensbereiche oder Schnellberichte für Monatsstatistiken.

- **Markt-Informations-System (MAIS)**

Die zweite Komponente, das Marktinformationssystem MAIS, baut auf internen sowie externen Informationsquellen auf. Typische Quellen sind Zeitschriften, Marktstudien, statistische Jahrbücher, die Online-Datenbank "Compass" oder interne Verkaufs- und Konkurrenzanalysen. Sämtliche manuell eingegebenen oder aus der externen Datenbank bzw. vom Host übernommenen Daten werden auf der Datenbank einer dezentralen Workstation gespeichert. Mitarbeiter des Marketings bereiten diese Daten mit Hilfe der EIS-Software "macControl" und einer Dokumentenverarbeitungssoftware (RagTime) auf und verteilen sie elektronisch an die Empfänger. Typische über MAIS bereitgestellte Führungsinformationen sind Kunden- und Wettbewerbsinformationen, volkswirtschaftliche Daten, Länder- und Branchenprognosen oder EG-Preisanalysen.

MARS und MAIS werden in Zukunft ein auf Macintosh-Rechnern laufendes Produktinformationssystem mit Daten versorgen. Sämtliche produktbezogenen Informationen, seien es ein Produktphoto, eine technische Zeichnung, die Wettbewerbsstellung des Produkts, Vergleiche zu anderen eigenen Produkten oder Prognose- und Statistikdaten, lassen sich dann zu Analyse- und Berichtszwecken über eine Workstation aufrufen und miteinander kombinieren [vgl. Peemöller 1991, Peemöller 1992].

4.3.1.2.   Restriktionen

• **Starre Berichtssysteme**

In vielen Unternehmen prägen starre Berichtsgeneratoren noch das Bild des implementierten Führungssystems. Monatlich werden die Daten des Administrationssystems in Abrechnungsläufen zusammengestellt, zu Berichten verarbeitet und in Listenform an das Management verteilt. Stäbe bereiten diese Daten weiter auf und geben sie, wiederum meist in Papierform, an das obere Management weiter.

Form, Inhalt und zeitlicher Rhythmus der Berichte sind im voraus definiert. Der tatsächliche Informationsbedarf von Führungskräften lässt sich jedoch nur zum Teil im voraus bestimmen. Oft sind zur Entscheidungsunterstützung andere Sichten auf die Daten notwendig als die vorgesehenen. Der Aggregationsgrad der Informationen ist entweder zu hoch oder zu niedrig und selten genau richtig. Wichtige Informationen sind zwar im System vorhanden, aber im Bericht nicht enthalten. Schliesslich mangelt es den Daten an der Aktualität, weil die Berichte nur periodisch erstellt werden und der Erstellungsprozess oft noch mühsam und zeitaufwendig ist.

Starre Berichtssysteme können somit den Informationsbedarf von Führungskräften nur zum Teil decken und weisen häufig erhebliche Mängel in Relevanz und Aktualität der bereitgestellten Führungsinformationen auf.

• **Mangelnde Akzeptanz bei Führungskräften**

Fehlende Managementunterstützung, Widerstände in den Fachabteilungen, unrealistische Erwartungshaltungen des Managements und nicht managergerechte Benutzerschnittstellen gehören zu den Hauptproblemen bei der Einführung von Führungssystemen [vgl. Kemper 1991, S. 75].

Eine 1988 durchgeführte Befragung von rund 1500 Top-Managern der Bundesrepublik Deutschland hat folgendes Bild ergeben [vgl. Müller-Böling/Ramme 1990]: Trotz einer fast "technikeuphorischen" Haltung, die sich zum Teil in einer starken Forcierung der Informationstechnik im eigenen Unternehmen auswirkt, sind Top-Manager in der persönlichen Nutzung der Informationstechnik eher zurückhaltend und delegieren computerbezogene Arbeiten an ihre Mitarbeiter. Lediglich 29 Prozent der Top-Manager nutzen eigenhändig Terminals bzw. Personal Computer, wobei die Intensität der Nutzung offen bleibt. Die Haupthinderungsgründe, welche die Befragten für die persönliche Nutzung der Informationstechnik nannten, waren mangelnde Fähigkeiten in der Tastaturbedienung (72 Prozent), unzureichende EDV-Kenntnisse (65 Prozent), die Überzeugung, dass EDV-Aufgaben besser delegiert werden sollten (58 Prozent) und die Annahme, dass die Arbeit von Top-Managern zu komplex ist, um automatisiert zu werden (45 Prozent).

Diese auf Top-Manager bezogenen Untersuchungsergebnisse sind sicherlich nur mit starker Abschwächung auf andere Führungsebenen übertragbar. Sie zeigen jedoch Ansatzpunkte für die Ursachen mangelnder Akzeptanz der Informationstechnik bei Führungskräften. Die von Rockart bereits Ende der siebziger Jahre aufgestellte Forderung, dass Führungskräfte ihre Informationsbedürfnisse selbst bestimmen und in Kooperation mit dem Informatikbereich in Informationssysteme umsetzen müssen, hat sich bis heute in vielen Unternehmen noch nicht durchgesetzt [vgl. Rockart 1979, S. 81ff.].

• Probleme des Datenzugriffs

Führungssysteme sind auf die Datenbasis des computergestützten Administrationssystems angewiesen. Besonders in grösseren Unternehmen setzt sich das Administrationssystem aus unterschiedlichen, teilweise mühsam über Schnittstellen verbundenen Komponenten zusammen. Die Daten verteilen sich auf unterschiedliche Hard- und Softwareplattformen.

Eines der meistgenannten Hindernisse für die Einführung von Führungssystemen ist das Fehlen geeigneter Schnittstellen zu den unterschiedlichen Datenquellen, die ein Führungssystem speisen [vgl. Niemeier/Koll 1992a, Hichert/Stumpp 1992, S. 97]. Heterogene Datenstrukturen und inkonsistente Datensammlungen erschweren es, originäre Datenquellen zu bestimmen. Hinzu kommen fehlende Datenmodelle, die eine konzeptionelle Durchdringung der Datenbeschaffung für Führungsinformationssysteme erleichtern würden [vgl. Kemper 1991, S. 75]. Der Aufwand, die notwendigen Schnittstellen einzurichten, wird häufig höher bewertet als der durch ein Führungsinformationssystem erzielbare Nutzen.

Bei Ad-hoc-Analysen zu einem konkreten Entscheidungsproblem fehlt es vielfach an Transparenz über die vorhandenen, auf das Unternehmen verteilten Datenbestände. Mangelndes Wissen über den Ort der Datenspeicherung und die geeigneten Zugriffsmechanismen sowie inkompatible Datenformate erschweren den Informationsbeschaffungsprozess erheblich. Entscheidungsrelevante Informationen bleiben unberücksichtigt und werden durch mehr oder weniger willkürliche Annahmen ersetzt.

• Fehlende Einbindung qualitativer und externer Informationen

Die meisten Führungssysteme sind heute im Sinne traditioneller Berichtssysteme aussschliesslich auf finanzielle Grössen ausgerichtet. Primäre Grössen (z. B. Durchlaufzeit, Qualitätskennzahlen) und eher weiche, qualitative Informationen (z. B. Mitarbeiterzufriedenheit, Produktinformationen) finden nur selten Eingang.

Das gleiche gilt für externe Informationen wie z. B. Marktforschungsdaten, Börsen-kurse, Wettbewerbsinformationen oder Newsletters. Laut einer 1990 in Deutschland durchgeführten Untersuchung hatten lediglich 12 Prozent der Anwender Markt-, 9 Prozent Kunden- und 4 Prozent Wettbewerberinformationen in ihr Führungssystem aufgenommen. Der Bedarf nach externen Informationen zeigt sich in der Tatsache, dass ein grosser Teil der Befragten deren zukünftige Einbindung in das Führungsin-formationssystem planen [vgl. Hichert/Stumpp 1992, S. 93].

• **Defizite in der analytischen Unterstützung**

Von Methoden der Statistik und des Operationsresearch versprach man sich eine neue Qualität der Unternehmensführung. Die Simulation des Geschäftsverhaltens schien an-fänglich nur noch ein Problem der Rechner- und Speicherkapazitäten zu sein. Auch mit der heutigen technischen Leistungsmöglichkeit ist man in vielen Unternehmen nicht viel weiter als vor 25 Jahren [vgl. Hichert/Moritz 1992, S. 101]. Zwar verfügen nach einer Untersuchung des Stuttgarter Fraunhofer-Instituts für Arbeitswirtschaft und Organisation ca. 70 Prozent aller EIS-Produkte über eine Methodenkomponente, doch weisen diese in der Regel noch erhebliche Defizite auf. Noch deutlicher sind die Defizite bei einer "managergerechten" Analyse, die kein Spezialistenwissen erfordert [vgl. Niemeier/Koll 1992a].

Entscheidungsvorbereitende Simulationen und Prognosen, z. B. über das Wettbewer-berverhalten, die Branchendynamik oder Kundenreaktionen, finden deshalb in kon-kreten Entscheidungssituationen der Praxis noch selten Berücksichtigung [vgl. Bullinger 1991, S. 17]. Das liegt zum einen am fehlenden methodischen Know-how in den Unternehmen und zum anderen daran, dass sich komplexe Entscheidungssituatio-nen nur unvollständig in entsprechenden Modellen abbilden lassen.

4.3.2.   Zukünftige Entwicklung von Führungssystemen

Bild 4.3.2./1 gibt einen Überblick über Informationstechniken, die für die Weiterent-wicklung von Führungssystemen von besonderer Bedeutung sind.

Viele Management-Informationssysteme (MIS) scheiterten in den siebziger und frühen achtziger Jahren am damaligen technischen Unvermögen, die Daten über eine einzige zentrale Datenbank zu verwalten und benutzerfreundlich bereitzustellen sowie an der mangelnden Berücksichtigung der tatsächlichen Informationsbedürfnisse und Ar-beitsgewohnheiten von Führungskräften.

In den neunziger Jahren ist eine neue Generation von Führungssystemen im Entste-hen. Sie baut auf einer weiterentwickelten informationstechnischen Infrastruktur auf und löst ursprünglich bestehende Restriktionen auf. Zwei Entwicklungsschwerpunkte

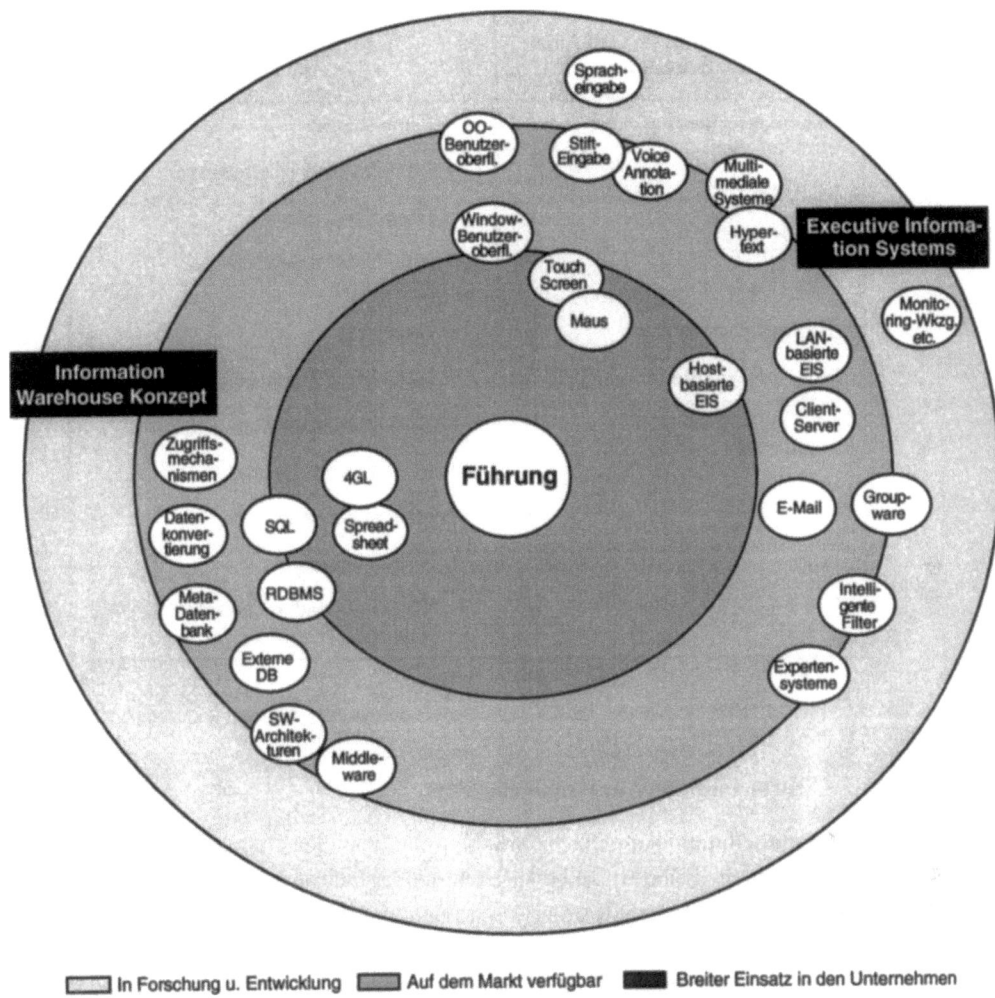

Bild 4.3.2./1: IT-Landkarte Applikationstyp "Führung"

beeinflussen die Funktionalität von Führungssystemen in den neunziger Jahren massgeblich:

- das Konzept des *Information Warehouse* als Grundlage für einen flexiblen Datenzugriff und

- *Executive Information Systems* als leistungsfähige Werkzeuge zur Entwicklung von Führungsinformationssystemen.

Folgende Informationstechniken wirken auf die Weiterentwicklung dieser beiden Schwerpunkte ein [vgl. Bild 4.3.2./2]:

Information-Warehouse-Konzept	Executive Information Systems
• Datenkonvertierung/Zugriffs-mechanismen • RDBMS • SQL • Meta-Datenbank • Externe Datenbanken • Software-Architekturen (z. B. SAA, NAS) • Middleware	• Client-Server • LAN-basierte EIS-Software • Expertensysteme • Stift-/Spracheingabe/Voice Annotation • Hypertext • Monitoring-Werkzeuge etc. • Externe Datenbanken • Multimediale Systeme • Intelligente Filter • E-Mail/Groupware • Window-/Objektorientierte Benutzeroberfläche

Bild 4.3.2./2: IT-Cluster Applikationstyp "Führung"

4.3.2.1.   Information-Warehouse-Konzept

Grössere Unternehmen sammeln, verarbeiten und speichern heute riesige Datenmengen. Nur ein Bruchteil dieser Daten ist leicht zugänglich und kann zur Entscheidungsunterstützung herangezogen werden. Führungsrelevante Daten sind im ganzen Unternehmen auf unterschiedliche, teilweise veraltete, inkompatible Systeme verteilt und stehen nicht zur Verfügung. Allein die Frage, ob und wo Daten zu einem bestimmten Themenbereich gespeichert sind, ist mit wachsender Autonomie und Dezentralisierung von Unternehmensbereichen zunehmend schwerer zu beantworten. Der technische Zugriff auf die Daten scheitert vielfach an uneinheitlichen, komplizierten Zugriffsverfahren und unverträglichen Datenformaten.

Zukünftige IT-Architekturen müssen den flexiblen Zugriff auf unternehmensintern- und -extern verteilte Informationen erlauben. Ziel muss es sein, über vordefinierte Abfragen hinaus, auch die Ad-hoc-Informationssuche möglichst komfortabel und effizient zu gestalten. Jeder definierte Benutzer muss in der Lage sein, sich seinen Warenkorb an (Führungs-)Informationen selbst zusammenzustellen [vgl. Jassoy/Nowak 1991, S. 510]. Das Konzept des "Information Warehouse" ist der Versuch, für die neunziger Jahre die dazu notwendige Infrastruktur aufzubauen. Neben den beiden grossen Herstellern IBM - die 1991 das Information Warehouse offiziell im Rahmen von SAA angekündigt haben - und DEC (Data Warehouse), bemühen sich auch Anbieter von EIS-

Produkten wie Comshare oder SAS um die Umsetzung des Information-Warehouse-Gedankens [vgl. IBM 1991a, Spectrum 1992, Jassoy/Nowak 1991].

Vorrangige Zielsetzung des Information-Warehouse-Konzepts ist der universelle Datenzugriff [vgl. Spectrum 1992, S. 31f.]. Bei idealtypischer Betrachtung bedeutet dies, dass jede Applikation auf jedes Datenformat unabhängig von der zugrundeliegenden Hard- und Softwareplattform und dem Speicherort zugreifen kann. Dazu muss das System wissen,

- ob Daten zu einem bestimmten Themengebiet vorhanden und wo diese gespeichert sind,

- welches Format die Daten besitzen,

- wie die Daten vom ursprünglichen Format in das gewünschte Format zu konvertieren sind,

- wie die Netzwerke des Unternehmens konfiguriert sind und

- wie die Daten vom Speicherort zum Verwendungsort transportiert werden können.

Bild 4.3.2.1./1 zeigt das Konzept des Information Warehouse.

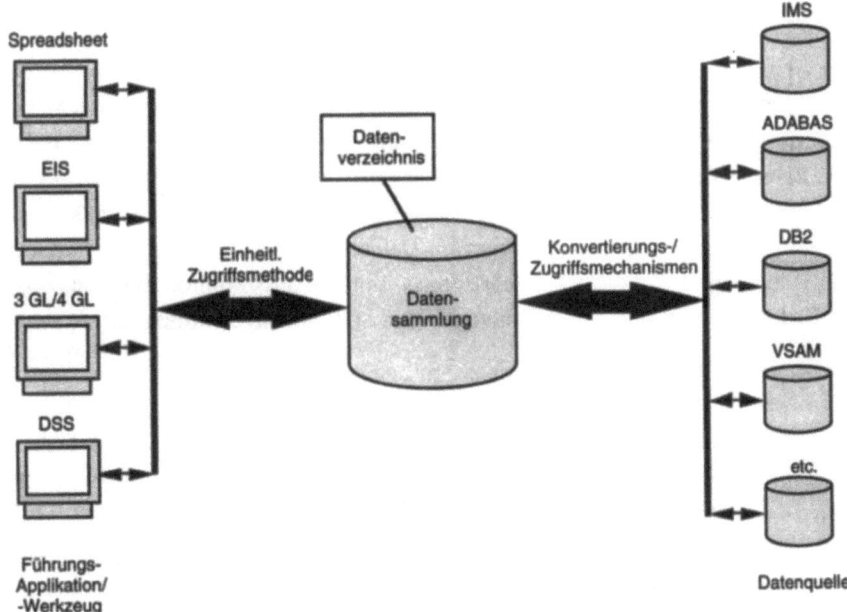

Bild 4.3.2.1./1: Konzept des Information Warehouse
[vgl. Spectrum 1992, S. 31]

Wichtige Bestandteile des Information-Warehouse-Konzepts sind [vgl. Spectrum 1992, IBM 1991a, Hainfeld 1992]:

- *Konvertierungs- und Zugriffsmechanismen*, die den Zugang zu unterschiedlichen Datenformaten zulassen. Dazu ist eine Vielzahl von Schnittstellen zu unterschiedlichen, auf heterogene Plattformen verteilte Datenformate notwendig. Das Produkt EDA/SQL der Firma Information Builders zum Beispiel stellt dazu Schnittstellen zu allen gängigen relationalen Datenbanken (z. B. DB2, Ingres, Oracle), den meisten traditionellen Mainframe-Datenbanken (z. B. IMS, IDMS, ADABAS) und zu einer Vielzahl anderer Datenformate (z. B. dBase, Lotus, Excel) bereit.

- eine *Datensammlung*, die aus den operativen Datenquellen extrahierte Datenbestände bereithält. Das Information-Warehouse-Konzept sieht damit eine Trennung zwischen operativen und "informationellen" Datenbanken vor, um Probleme des konkurrierenden Zugriffs und durch Konvertierung verursachte lange Antwortzeiten zu vermeiden. Die Datensammlung ist eine relationale Datenbank, die unter Einsatz der Konvertierungsmechanismen Datenbestände aus unterschiedlichen Quellen auswählt, extrahiert und relational aufbereitet (Back-End-Server). Datenbankverwaltungsmechanismen sorgen für eine permanente oder periodische Aktualisierung der Datensammlung. Prinzipiell ist auch ein direkter Zugriff auf die operativen Daten denkbar, der mit zunehmender Verbreitung relationaler Datenbanken an Bedeutung gewinnen wird.

- eine *einheitliche Zugriffsmethode* die dem Benutzer eine einfache, von der Datenquelle unabhängige Abfrage der Informationen ermöglicht. SQL spielt dabei als Schnittstelle zwischen der Front-End-Applikation (z. B. Spreadsheet, EIS, 4GL) und der Datenquelle eine wichtige Rolle. Über ein SQL-basiertes Application Programming Interface (API) ist neben dem Zugriff auf relationale Datenbestände auch der einheitliche Zugang zu nichtrelationalen Datenbeständen möglich. Das heisst nicht, dass jeder Benutzer SQL beherrschen muss, sondern dass komfortable Dialogformen der Front-End-Applikation im Hintergrund in SQL-Abfragen umgesetzt werden.

- *Verzeichnisse bzw. Metadatenbanken* die, aufbauend auf einem Datenmodell, dem Benutzer eine Beschreibung der im Unternehmen vorhandenen Informationen bereitstellen. Beschreibungsinhalte sind beispielsweise die Aktualität der Daten, das Datenformat oder die für den Datenzugriff zugelassenen Werkzeuge bzw. Applikationen.

Das Konzept des Information Warehouse darf sich nicht auf interne Datenbestände beschränken, sondern muss auch externe Informationsquellen (z. B. Online-Datenbanken) berücksichtigen. Unterschiedliche Abfragesprachen und Kommunikationsprotokolle behindern auch hier einen benutzerfreundlichen Zugriff auf die Vielzahl externer Datenbanken. Im Rahmen des Projekts ELIAS (ELektronischer InformationsASsistent) am Institut für Wirtschaftsinformatik der Hochschule St. Gallen ist der Prototyp eines Werkzeugs entstanden, der die Beschaffung und Verarbeitung quantitativer Informationen aus unterschiedlichen internen und externen Datenbanken unterstützt. ELIAS bietet dem Benutzer eine einfache Abfragesprache, einen Reportformalismus sowie eine einheitliche logische Sicht auf die Datenbestände. Zusätzlich übernimmt ELIAS den Verbindungsaufbau und stellt Schnittstellen zur Weiterverarbeitung in Standardanwendungen wie Tabellenkalulation und Textverarbeitung zur Verfügung [vgl. Geyer 1993].

Die schrittweise Realisierung des Information-Warehouse-Konzepts in den neunziger Jahren lässt das Problem der Datenbeschaffung langsam in den Hintergrund treten. Modulare, auf die Unternehmensbereiche verteilte Information-Warehouses mit klar definierten Anwendungsbereichen, sollten die Grundlage zur Umsetzung des Information-Warehouse-Konzepts in den Unternehmen bilden. Die Geschwindigkeit, mit der sich das Information-Warehouse-Konzept durchsetzen wird, hängt unter anderem von der breiten Verfügbarkeit entsprechender Middleware-Produkte (z. B. Treiber zur Datenextrahierung, SQL-API, Datenkonvertierung) ab, die Softwareanbieter in ihre Produktpakete integrieren bzw. Anwender zur Entwicklung eigener Systeme einsetzen können [vgl. Kap. 3.6.4.1.]. Front-End, Middleware und Back-End-Server bilden somit die architektonische Grundlage für Führungssysteme der neunziger Jahre.

4.3.2.2. Executive Information Systems

Der Begriff "Executive Information System" findet sowohl für konkrete, unternehmensspezifische Anwendungen als auch für die dazu benötigten Entwicklungswerkzeuge Verwendung. Zur eindeutigen Abgrenzung werden im Rahmen dieser Arbeit fertige Anwendungen als "Führungsinformationssystem" und die zu deren Entwicklung am Markt angebotenen Werkzeuge als "EIS-Produkt" bzw. "EIS-Software" bezeichnet.

Seit Mitte der achtziger Jahre sind eine Vielzahl von EIS-Produkten auf dem Softwaremarkt erschienen. Deren Funktionalität variiert beträchtlich und reicht von unspezifischen Endbenutzerwerkzeugen mit Schnittstellen zur Datenextraktion bis zu umfangreichen Softwarepaketen zur Entwicklung von Führungsinformationssystemen [vgl. Niemeier/Koll 1992b]. Lediglich letztere sind im engeren Sinne als EIS-Produkte zu bezeichnen und bilden den Gegenstand der nachfolgenden Betrachtung.

Führungsinformationssysteme waren lange Zeit vorwiegend auf das starre Generieren von Berichten in Papierform beschränkt. Systeme der neueren Generation bieten dem Management einen direkten, computergestützten Zugang zu führungsrelevanten Daten. EIS-Software stellt die dazu notwendigen Entwicklungswerkzeuge bereit. Die Funktionalität der EIS-Software bestimmt erheblich die Gestaltungsmöglichkeiten beim Aufbau und Betrieb von Führungsinformationssystemen.

EIS-Software gehört zu den schnell wachsenden Segmenten des Softwaremarktes. Mehr und mehr Unternehmen werden in den neunziger Jahren EIS-Produkte zum Aufbau von Führungsinformationssystemen einsetzen. Das Marktforschungsunternehmen IDC prognostiziert einen Anstieg der EIS-Umsätze in den USA von 79 Mio. Dollar im Jahr 1990 auf 230 Mio. Dollar im Jahr 1995 [vgl. Pinella 1991, S. 28].

In den folgenden beiden Kapiteln werden zunächst grundlegende Anforderungen an die Funktionalität von EIS-Softwarepaketen bestimmt und anschliessend Entwicklungstrends aufgezeigt.

4.3.2.2.1.   Anforderungen an EIS-Software

Folgende Anforderungen sind an eine leistungsfähige EIS-Software zu stellen [vgl. Stenz 1992, S. 708ff., Back-Hock 1991, SAS 1990]:

- **Standardberichte**

  Das periodische Berichtswesen ist weiterhin eine der wichtigsten Informationsquellen für Führungskräfte. EIS-Software muss das einfache Generieren von Standardberichten (Briefing Books) unterstützen. Dazu sind interne und externe Informationen aus unterschiedlichen Datenquellen miteinander zu kombinieren, aufzubereiten und den Benutzern elektronisch zu präsentieren. Neben quantitativen, meist finanziellen Grössen sind auch qualitative Grössen (z. B. Kundenzufriedenheit, Produktbeschreibung, Servicegrad) in die Berichte einzubinden.

- **Analytische Funktionen**

  Die Präsentation vordefinierter Standardberichte ist nur eine, wenn auch wichtige Funktion von EIS-Software. Der Nutzen von Führungsinformationssystemen liegt jedoch weniger in der Elektronisierung bisher in Papierform bereitgestellter Berichte, als in der Unterstützung des Benutzers bei der Analyse von Führungsinformationen. Dazu sollten EIS-Produkte zusätzlich folgende analytischen Funktionen beinhalten:

  - *Drill-down*

    Die Drill-down-Funktion erlaubt es, aggregierte Informationen über mehrere hierarchische Ebenen nach unten aufzubrechen, um bei Bedarf Detailanalysen durchzuführen.

  - *Ad-hoc-Analysen*

    EIS-Software muss über vordefinierte Berichte hinaus den einfachen, flexiblen Zugriff auf Daten aus unterschiedlichen Datenquellen erlauben, um sie im Rahmen von Ad-hoc-Analysen oder Ad-hoc-Berichten auswerten zu können.

  - *Ausnahmeberichte (Exception Reports)*

    Diese Funktion übernimmt die Suche nach positiven oder negativen Abweichungen und macht den Benutzer auf kritische Grössen aufmerksam. Die Informationsmenge wird damit auf besonders entscheidungsrelevante Grössen reduziert.

- Prognose und Simulation

Prognose und Simulation sind wichtige analytische Instrumente der Entscheidungsvorbereitung. Ursprünglich vorwiegend auf Decision Support Systeme beschränkt, besteht auch bei Führungsinformationssystemen Bedarf nach einer managementgerechten Bereitstellung analytischer Methoden (z. B. Trendanalysen).

• **Einfache Benutzerschnittstelle**

Die einfache, intuitive Bedienbarkeit von Führungsinformationssystemen ist, trotz wachsender Computerkenntnisse von Führungskräften, immer noch ein zentraler Akzeptanzfaktor. In den letzten Jahren wurden diesbezüglich erhebliche Fortschritte erzielt. Führungsinformationen sind heute bei Bedarf ausschliesslich über Mausbedienung oder Touch Screen abrufbar. Dies kommt der Aversion vieler Führungskräfte in bezug auf Tastaturbedienung entgegen [vgl. Kap. 4.3.1.2.].

• **Benutzergerechte Präsentation von Informationen**

Neben managementgerechten Eingabemedien spielt die Präsentation der Information eine wichtige Rolle. Da nur ein begrenzter Umfang an Informationen durch den Benutzer aufgenommen werden kann, besteht die Forderung nach einer möglichst prägnanten Informationsdarstellung. Im Gegensatz zu den endlosen Zahlenreihen früherer Systeme stellen heutige Führungsinformationssysteme numerische Daten graphisch dar, weisen auf Abweichungen durch Hervorhebung hin, ersetzen alphanumerische Informationen durch Symbole (z. B. Landkarte, Ikone) oder signalisieren den Zustand kritischer Grössen farblich (sogenannte Stop-light Charts, Traffic Lighting). Beispiel Führung/2 zeigt dies anhand der Streckenerfolgsrechnung der Swissair AG.

Beispiel Führung/2

Führungsinformationssystem der Swissair AG

Die Swissair AG setzt zur Unterstützung ihrer Streckenerfolgsrechnung das EIS-Produkt "Commander EIS" der Firma Comshare Inc. ein. Es erlaubt den für die einzelnen Streckenbereiche verantwortlichen Route-Managern, sich über den periodisch aktuellen Geschäftsverlauf zu informieren. Ein Route-Manager kann sich beispielsweise die Umsatzprofitabilität des Swissair-Departements Europe I anhand eines nach Streckenverantwortlichkeiten gegliederten Organigramms anzeigen lassen. Grün ausgefüllte Kästchen (Streckenbereiche) bedeuten mehr als fünf Prozent Zuwachs gegenüber dem Budget, Gelb signalisiert einen Zustand zwischen minus und plus fünf Prozent und rot eine negative Abweichung von mehr als fünf Prozent. Anhand der farblichen Differenzierung erkennt der Route-Manager sofort, dass z. B. die Skandinavien-Routen stark hinter dem Budget zurückbleiben. Um mehr über die Ursachen zu erfahren, lässt er sich die einzelnen Flüge seines Marktes anzeigen und stellt auf einen Blick fest, dass die Destination Stockholm rot eingefärbt ist. Die Betrachtung der Umsatzprofitabilität nach Produktgruppen (First-, Business-, Economy-Class, Fracht, Post) für den Stockholm-Flug zeigt ihm anhand einer Business-Graphik, dass die Umsätze in der Business-Class zusammengebrochen sind.

Diese Analyse ist für den Route-Manager Anlass, mit dem Verkaufsverantwortlichen die Gründe für diesen Einbruch zu besprechen und Massnahmen einzuleiten [vgl. Lüchinger 1991].

EIS-Produkte sollten komfortable Werkzeuge (z. B. Maskengenerator, Graphikgenerator/-editor, Graphikbibliothek, Texteditor) zur benutzergerechten Präsentation von Führungsinformationen bereitstellen.

• **Funktionen zur Weiterverarbeitung**

Führungsinformationen müssen durch den Empfänger komfortabel, d. h. möglichst ohne Medienbruch, weiterverarbeitbar sein. Dazu ist die Integration von EIS-Applikationen in die persönliche, computergestützte Arbeitsumgebung der Anwender notwendig. Wichtige durch EIS-Produkte zu unterstützende Weiterverarbeitungsfunktionen sind das Versenden von Berichtsteilen mit Hilfe von E-Mail und das Kommentieren von Berichtsinhalten über Textannotationen.

EIS-Produkte weisen heute noch Defizite in den genannten Anforderungen auf. So bestehen neben der Problematik des Datenzugriffs insbesondere noch Mängel in den analytischen Funktionen und bei der Integration von EIS-Applikationen in die persönliche Arbeitsplatzumgebung. In den neunziger Jahren sind weitere Verbesserungen bezüglich der Funktionalität von EIS-Produkten zu erwarten, die sich in einer effizienteren Entwicklung und in einer höheren Qualität von Führungsinformationssystemen niederschlagen werden. Das nachfolgende Kapitel zeigt die wichtigsten Entwicklungen auf.

4.3.2.2.2. Weiterentwicklung von EIS-Software

Waren Führungsinformationssysteme ursprünglich im Sinne von Chef- bzw. Vorstandsinformationssystemen auf das oberste Management ausgerichtet, so ist heute deren Ausdehnung auf alle Managementstufen zu beobachten. Die eher analytischen Bedürfnisse des mittleren und unteren Managements lassen sich zukünftig ebenso abdecken wie die stark gefilterten Informationsbedürfnisse des Top-Managements. Dazu tragen folgende Entwicklungen bei:

• **Datengesteuerte EIS-Software**

Führungsinformationssysteme entwickeln sich zunehmend von rein berichtsorientierten, auf die visuelle Datenabfrage weniger Führungskräfte konzentrierten Systemen zu flexibel nutzbaren, datengesteuerten Systemen [vgl. I/S Analyzer 1992a, S. 7].

Rein berichtsorientierte EIS-Software baut auf einer Dokumenten-Bibliothek auf, die präsentationsreif formatierte Führungsinformationen (z. B. Graphiken, Daten, Texte) verwaltet und bei Bedarf dem Benutzer zur Verfügung stellt. Das Dokument ist dabei die kleinste abrufbare Informationseinheit, was die Flexibilität und die analytische Funktionalität des Systems erheblich einschränkt.

Datengesteuerte EIS-Produkte bauen auf einer wesentlich feineren Granularität der Informationen auf. Dem Information-Warehouse-Konzept entsprechend, greifen datengesteuerte Führungsinformationssysteme auf eine oder mehrere relationale Datenbanken zu, die aus unterschiedlichen Quellen extrahierte und aufbereitete Daten enthalten. Die relationale Datenbasis erlaubt eine flexible, multidimensionale Sicht auf die Daten, d. h. analytische Funktionen wie drill-down oder Ad-hoc-Abfragen können erheblich einfacher unterstützt werden. Veränderungen in der Datenbank bewirken eine automatische Anpassung in sämtlichen Masken, Menüs und Reports. Zu erwartende Fortschritte in der Umsetzung des Information-Warehouse-Konzepts begünstigen in den neunziger Jahren eine weitere Verbreitung datengesteuerter Führungsinformationssysteme [vgl. Kap. 4.3.2.1.].

• **Dezentrale EIS-Architektur**

Die klassische Architektur von Führungsinformationssystemen der achtziger Jahre bestand aus einer auf dem Mainframe installierten EIS-Software, die auf eine zentrale Datenbank zugriff und im Sinne einer Host-Terminal-Kopplung dem Empfänger die weitgehend vordefinierten Informationen zur Verfügung stellte. Dieses zentrale Konzept befindet sich am Ende seines Lebenszyklus und wird zunehmend durch dezentrale Client-Server-Strukturen ersetzt [vgl. Niemeier/Koll 1992a].

Die EIS-Software ist dazu auf die dezentralen Workstations bzw. einen EIS-Server verteilt und greift auf einen oder mehrere relationale Datenbank-Server (SQL-Server) zu. Während der Datenbank-Server im Sinne des Information-Warehouse-Konzepts die im Unternehmen verteilten Daten flexibel zur Verfügung stellt, übernimmt die lokale Workstation mit Hilfe der EIS-Software deren Manipulation und Präsentation.

Verteilte, dezentrale EIS-Architekturen befinden sich erst am Anfang ihrer Entwicklung. Sie werden jedoch durch aufkommende workstation- bzw. LAN-basierte EIS-Produkte (z. B. Lightship von Pilot) forciert. LAN-basierte EIS-Produkte geben den Anwendern leicht beherrschbare Werkzeuge zur Entwicklung von Führungsinformationssystemen in die Hand, mit denen sie ihre bereichs- oder aufgabenbezogenen Informationsbedürfnisse decken können. Objektorientierte Programmierkonzepte bzw. Benutzeroberflächen bilden dazu die Grundlage [vgl. Kap. 3.6.3.2.]. Mit dieser Form endbenutzer-orientierter EIS-Software entstehen dezentrale, von den Fachbereichen getragene Führungsinformationssysteme.

• **Wissensbasierte Analysefunktionen**

Bei Führungsinformationssystemen stellt sich das Problem, dass eine grosse Zahl von Einzelinformationen nur schwer zu überschauen ist und wichtige Zusammenhänge nicht erkannt werden. So kann es beispielsweise vorkommen, dass Umsatzverläufe bei aggregierter Betrachtung keine wesentlichen Schwankungen aufweisen und keinen Handlungsbedarf signalisieren, weil sich starke Schwankungen auf niedrigerer Aggregationsstufe kompensieren. Um auf solche Effekte aufmerksam zu werden, sind vielfach zeitraubende Detailanalysen notwendig. Wissensbasierte Methoden können helfen, den Analyseprozess komfortabler und effektiver zu gestalten. Eine Expertensystemkomponente könnte beispielsweise im Rahmen von Ausnahmeberichten verfügbare Datenbestände auf Abweichungen untersuchen, die Diagnose der Abweichungen in bezug auf ihr Zustandekommen übernehmen und darauf aufbauend Therapievorschläge machen [vgl. Schaible/Dräger 1991, S. 132ff.]. Der Benutzer wird dadurch von mühsamer Analysearbeit entlastet und kann sich auf das wesentliche - die Interpretation der Analyseergebnisse und die Ableitung von Massnahmen - konzentrieren.

Der heuristische Charakter von Führungsaufgaben scheint prädestiniert für den Einsatz der Expertensystemtechnik. Führungskräfte-Entscheidungen basieren weniger auf algorithmischen Lösungsverfahren als auf Erfahrungswissen und Interpretation. Dennoch bieten bisher nur sehr wenige EIS-Hersteller wissensbasierte Komponenten an [vgl. Niemeier/Koll 1992a]. Ebenso ist der firmenindividuelle Einsatz der Expertensystemtechnik im Zusammenhang mit Führungsinformationssystemen vorwiegend auf stark spezifische, meist eigenentwickelte Problemlösungen beschränkt, die vielfach das Prototypstadium nicht überschreiten.

Einige EIS-Anbieter streben die zukünftige Erweiterung ihrer EIS-Produkte um Expertensystemfunktionen an. Eine weitere Aufgabe der EIS-Anbieter muss es sein, Schnittstellen zu Expertensystem-Shells bereitzustellen, die eine unternehmensspezifische Integration wissensbasierter Komponenten in Führungsinformationssysteme erlauben.

• **Neue Eingabemedien**

Maus und Touch Screen gehören neben der Tastatur zu den üblichen durch EIS-Produkte unterstützten Eingabemedien. Einige Anbieter ergänzen, angeregt durch die Fortschritte des "Pen-based Computing", ihr Spektrum an Eingabetechniken um den Stift. In Verbindung mit workstationbasierter EIS-Software stellt der Stift ein geeignetes Eingabemedium für mobile EIS-Applikationen dar [vgl. Pilot 1992].

Weitere Verbesserungen der Benutzerschnittstelle sind zukünftig mit den Möglichkeiten der Sprachein- und -ausgabe zu erwarten. Eine einfache, heute bereits realisierbare Form der Einbindung von Sprache sind Sprachannotationen (voice annotation). Berichte könnten in Ergänzung oder als Ersatz textlicher Erläuterungen mit mündlichen Kommentaren der Autoren versehen werden. Ebenso können Empfänger von Führungsinformationen, ohne eine Tastatur bedienen zu müssen, Anmerkungen zu einzelnen Inhalten vornehmen und an Mitarbeiter weiterleiten. Mit Fortschritten in der Spracherkennung sind zukünftig auch eine sprachgesteuerte Bedienung und die zur Dokumentation sinnvolle Umsetzung von Sprach- in Textinformationen im Rahmen von EIS-Produkten denkbar [vgl. Kap. 3.4.2.2.].

• Hypertextuelle Präsentation

Bisher herrscht bei Führungsinformationssystemen eine hierarchische Strukturierung der Informationen vor. Künftig kann die stärkere Berücksichtigung des Hypertext-Konzeptes zu einer weiteren Verbesserung der Präsentation von Führungsinformationen beitragen. Benutzer navigieren dann durch einfaches Anklicken von Objekten (z. B. Region einer Landkarte, Ausschnitt eines Kreisdiagramms) flexibel durch die mehrdimensionale Struktur der Führungsinformationen. Voraussetzungen dafür sind eine verbesserte Verbindung von Hypertext- und Retrievalfunktionen sowie EIS-Produkte, die eine einfache Nutzung von Hypertext-Funktionen bei der Gestaltung von Führungsinformationssystemen zulassen [vgl. Bogaschewsky 1992, S. 139].

• Primäre Leistungskennzahlen

Finanzielle Grössen machen heute noch den grössten Teil der durch Führungsinformationssysteme bereitgestellten Informationen aus. Eine zielorientierte Führung darf sich nicht nur auf sekundäre Finanzgrössen reduzieren, sondern muss versuchen, möglichst direkte Messgrössen für die Zielerreichung zu definieren. Aus den kritischen Erfolgsfaktoren des Unternehmens lassen sich neben Finanzkennzahlen auch primäre Leistungskennzahlen wie Durchlaufzeiten von Aufträgen, Anzahl Kundenreklamationen oder Ausschussraten ableiten. Deren Berücksichtigung im Rahmen von Führungsinformationssystemen scheitert vielfach daran, dass die dazu notwendigen Daten gar nicht oder nur mit grossem Aufwand zu erheben sind. Die Daten sind häufig implizit in den operativen Systemen vorhanden, doch können sie aufgrund mangelnder Werkzeugunterstützung nicht extrahiert und ausgewertet werden. Ein Beispiel sind Transaktionsprotokolle von Monitoring-Werkzeugen für Administrationssysteme, die zur Messung ablauforganisatorischer Kennzahlen (z. B. bereichsbezogene Durchlaufzeit) herangezogen werden könnten [vgl. Saxer 1993]. Mit wachsendem Bewusstsein der Führungskräfte für primäre Leistungskennzahlen steigt der Bedarf, zusätzliche Datenquellen wie Qualitätsinformationssysteme, Monitoring-Werkzeuge oder Kundendatenbanken in Führungsinformationssysteme einzubinden.

• Externe Informationen

EIS-Produkte werden verstärkt den komfortablen Zugriff auf externe Informationen unterstützen. Das Modul News Navigator des EIS-Anbieters Comshare zum Beispiel bindet den Dow Jones News/Retrieval Service in die EIS-Software Commander EIS ein und ermöglicht damit den Zugang zu mehr als 450 Publikationen. Pilot´s EIS-Produkt Command Center bietet eine Schnittstelle zu ECONBASE, eine Online-Datenbank, die Wirtschaftsstatistiken aus unterschiedlichen Quellen anbietet.

• Softinformationen

Ein erheblicher Teil des Informationsbedarfs von Führungskräften ist der Kategorie qualitativer "Softinformationen" (z. B. Branchenneuigkeiten, Markteinschätzungen,

Projektberichte, Produktinformationen) zuzuordnen. Zwei Entwicklungstendenzen können in den neunziger Jahren zu einer stärkeren Berücksichtigung von Softinformationen in Führungsinformationssystemen beitragen:

- die Integration neuer Medien (z. B. Bild, Video, Sprache) und

- die Verfügbarkeit leistungsfähiger Informationsfilter.

Die Einbindung von Softinformationen ist heute bei Führungsinformationsssystemen vorwiegend auf deren textuelle Repräsentation beschränkt. Wichtige Inhalte gehen häufig verloren bzw. können nicht dargestellt werden. Hinzu kommt, dass textuelle Beschreibungen wesentlich schlechter vom Benutzer aufgenommen werden können als Bild- oder Sprachinformationen. Anbieter von EIS-Software planen, zukünftig ihre Produkte um multimediale Komponenten wie Bewegtbild, gescannte Bilder, Sprache oder Verbunddokumente zu ergänzen [vgl. Niemeier/Koll 1992a, Pilot 1992]. Damit lassen sich zum einen Führungsinformationen besser präsentieren, und zum anderen erweitert sich das Spektrum abbildbarer Führungsinformationen. So könnte eine Wettbewerbsanalyse Bilder über Konkurrenzprodukte enthalten oder ein Messebericht die wichtigsten Neuigkeiten in Form eines Videos präsentieren. Unterstützt wird diese Entwicklung durch die Tendenz zu Client-Server-basierten EIS-Produkten, welche die Leistungsfähigkeit dezentraler Workstations zur Verarbeitung multimedialer Informationen nutzen können [vgl. Kap. 3.3.1.1.]. In Verbindung mit Hypertext könnten Führungsinformationssysteme in der zweiten Hälfte der neunziger Jahre zunehmend den Charakter von Hypermedia-Systemen annehmen.

Softinformationen zeichnen sich durch einen geringen Strukturierungsgrad aus. Um die Informationsflut einzudämmen, besteht bei Führungskräften der Bedarf nach wirksamen Filtermechanismen. Filter können sowohl bei der aktiven Informationssuche als auch zur Selektion eingehender Informationen zum Einsatz kommen. So könnte in Zukunft ein "intelligenter Filter" interne und externe Datenbanken nach Dokumenten durchsuchen, die Branchenneuigkeiten enthalten oder elektronisch eingehende Nachrichten (z. B. Börseninformationen, E-Mail) nach einem definierten inhaltlichen Muster selektieren. Erste Produkte, die zum Teil unter Einsatz der Expertensystemtechnik Filterfunktionen ausüben, sind bereits auf dem Softwaremarkt verfügbar (z. B. Beyond Mail, grapeVine oder Verity) und bieten sich für eine Integration in EIS-Produkte an [vgl. I/S Analyzer 1992a, S. 12].

• **Integration in Office-Umgebung**
Führungsinformationssysteme sind bisher nur unzureichend in die bestehende Officeumgebung eingebunden. Mit der zunehmenden Nutzung von Führungsinformationssystemen auf sämtlichen Managementstufen steigt der Bedarf nach deren vollständiger Integration in die persönliche Arbeitsumgebung. Führungsinformationen müssen sowohl leicht zu erstellen als auch komfortabel, d. h. ohne Medienbruch, weiterverarbeitbar sein.

Fortschrittliche EIS-Anbieter haben diese Notwendigkeit erkannt und bieten, unter Orientierung an Softwarearchitekturen wie SAA von IBM oder NAS von DEC, zunehmend besser integrierbare Lösungen an. Diese sind in eine window- bzw. objektorientierte Benutzeroberfläche integriert und bieten Schnittstellen zu geläufigen host- oder LAN-basierten E-Mail-Programmen an. Denkbar ist in diesem Zusammenhang auch eine Anreicherung von EIS-Produkten mit Groupware-Funktionen. Führungsinformationen könnten dann im Sinne einer elektronischen Konferenz einer definierten Gruppe von Personen bereitgestellt und von diesen asynchron kommentiert und diskutiert werden.

Workstationbasierte EIS-Produkte (z. B. Lightship von Pilot, macControl von Breitschwerdt und Partner) erlauben zusätzlich den dynamischen Datenaustausch mit anderen, auf der Arbeitsstation oder im lokalen Netz laufenden Applikationen (z. B. Textverarbeitung, Tabellenkalkulation). Mit solchen Applikationen erstellte Informationen (z. B. Graphik, Spreadsheet) können zur Gestaltung des Führungsinformationssystems importiert und bei Bedarf dynamisch aktualisiert werden (Dynamic Data Exchange bzw. Dynamic Link Library). Ebenso lassen sich die über das Führungsinformationssystem bereitgestellten Informationen in anderen Applikationen (z. B. Textverarbeitung, Tabellenkalkulation) weiterverarbeiten.

4.3.3. Zusammenfassung

Folgende Thesen fassen die wichtigsten informationstechnischen Entwicklungen bei Führungssystemen zusammen:

- Der Einsatzbereich von Führungssystemen dehnt sich auf sämtliche Managementebenen aus.

- Führungssysteme entwickeln sich von starren Berichtsgeneratoren zu flexiblen Führungswerkzeugen, die den einfachen Zugang zu Führungsinformationen ermöglichen.

- Die schrittweise Realisierung des Information-Warehouse-Konzepts lässt die Probleme des Datenzugriffs langsam in den Hintergrund treten. Front-End, Middleware und Back-End-Server bilden die architektonische Grundlage für Führungssysteme der neunziger Jahre.

- Datengesteuerte EIS-Software bildet die Grundlage für eine Verbesserung der analytischen Funktionalität von Führungssystemen. In klar eingrenzbaren Einsatzbereichen kommen Expertensysteme zur Unterstützung des Analyseprozesses zum Einsatz.

- Führungssysteme entwickeln sich weg von zentralen, mainframe-orientierten Lösungen hin zu verteilten Client-Server-Systemen. Mit der Verbreitung endbenutzer-orientierter EIS-Software entstehen dezentrale, von den Fachbereichen getragene Führungssysteme.

- Komfortable Eingabemedien wie Maus, Touch Screen, Stift und Sprache sowie Hypertext-Konzepte erlauben eine komfortable Gestaltung der Benutzerschnittstelle und erhöhen die Akzeptanz von Führungssystemen.

- Mit dem Bedürfnis, neben finanziellen Grössen auch primäre Leistungskennzahlen und externe Informationen über Führungssysteme bereitzustellen, wächst die Notwendigkeit, zusätzliche Datenquellen wie externe Datenbanken, Qualitätsinformationssysteme oder Monitoring-Werkzeuge einzubinden.

- Führungssysteme der neunziger Jahre beschränken sich nicht mehr auf "harte", numerische Informationen, sondern binden "Softinformationen" ein. Die Tendenz zu multimedialen Systemen und "intelligenten" Filterfunktionen unterstützen die Handhabung von Softinformationen.

- Die zunehmende Integration von Führungssystemen in die persönliche Arbeitsumgebung und in das betriebliche Kommunikationssystem ermöglicht das komfortable Erstellen und Weiterverarbeiten von Führungsinformationen.

Die aufgezeigten informationstechnischen Trends führen von starren Finanzberichtssystemen zu flexiblen Führungssystemen, die auf die Arbeitsgewohnheiten und Informationsbedürfnisse der Führungskräfte abgestimmt sind. Der einfache Zugriff auf vordefinierte oder ad hoc benötigte Führungsinformationen erhöht die "Business Intelligence" der Unternehmen.

4.4. Applikationstyp "Entwurf"

4.4.1. Charakteristika von Entwurfssystemen

Entwurfssysteme dienen der Entwicklung gedachter oder physischer Objekte, wie z. B. Produkte, Fertigungsverfahren, Informationssysteme oder Publikationen. Applikationen dieser Kategorie basieren vielfach auf den sogenannten "CA...-Techniken" wie z. B. Computer Aided Design (CAD), Computer Aided Software Engineering (CASE) oder Computer Aided Engineering (CAE). Ihr breitestes Einsatzgebiet finden Entwurfssysteme in der Unterstützung von Ingenieursmethoden. Aber auch in anderen, weniger formalisierbaren Bereichen, wie z. B. der Gestaltung von Anzeigen mit Hilfe eines Desktop Publishing Systems (DTP), sind Entwurfssysteme eine wertvolle Hilfe zur Konzeption und Realisierung von Entwurfsobjekten.

Leistungsfähige Workstations bzw. Graphik-Terminals kennzeichnen den Entwurfsarbeitsplatz. Für rechen- und speicherintensive Anwendungen stehen zentrale Grossrechner und Supercomputer zur Verfügung. Entwurfssysteme sind durch komplexe Datenstrukturen gekennzeichnet, die vorwiegend in Non-Standard-Datenbanken verwaltet werden. Programmiersprachen mit gutem Laufzeitverhalten wie Assembler, Fortran, C und vermehrt auch C++ dominieren in Kombination mit graphischen Editoren die Entwicklungsumgebung.

4.4.1.1. Funktionen

Bild 4.4.1.1./1 gibt einen Überblick über die von Entwurfssystemen unterstützten Funktionen [vgl. Abeln 1990, Eversheim 1989, Krause 1991].

- **Modellieren**

  Die Modellbildung erlaubt es, die Struktur eines physischen oder gedachten Objekts im Hinblick auf seine Gestalt sowie seine wichtigsten funktionalen Eigenschaften zu repräsentieren. Entwurfssysteme unterstützen diesen Modellierungsprozess durch graphische Funktionen und umfangreiche Modellbibliotheken. Die praktischen Einsatzbereiche von Entwurfssystemen zur Modellierung sind vielfältig, wie folgende Beispiele zeigen:

  - Entwicklung des Platinenlayouts für elektronische Geräte

  - Darstellung von Verfahrensprozessen bei der Anlagenplanung

  - Architektonische Gestaltung von Gebäuden

  - Layoutgestaltung einer Publikation

  - Entwurf eines Informationssystems mit Hilfe eines Daten-, Funktions- und Organisationsmodells

- Design von chemischen Verbindungen zur Entwicklung von Medikamenten

- Konstruktion von Werkzeugen wie z. B. Gussformen oder Montagevorrichtungen.

Der Schwerpunkt der Modellierung liegt in der Festlegung und graphischen Umsetzung der gestalterisch-geometrischen und funktionalen Merkmale von Entwurfsobjekten.

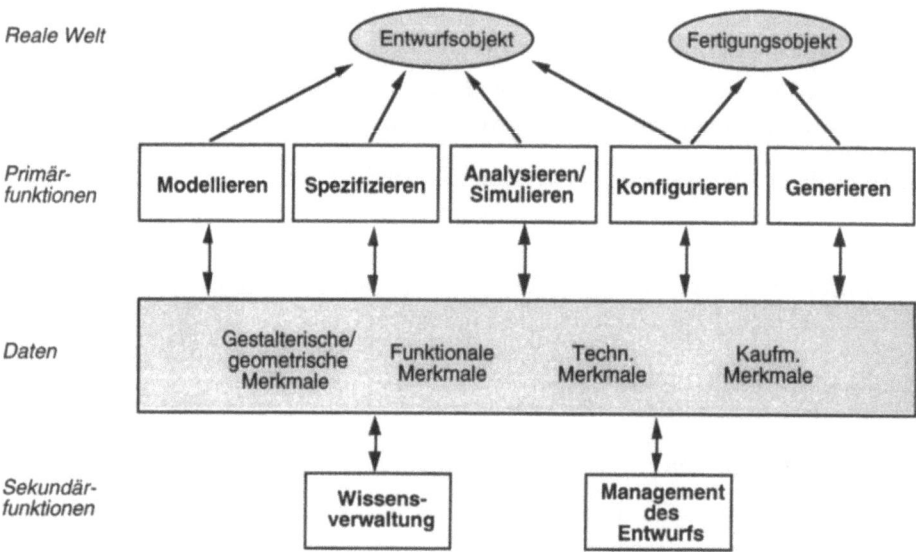

Bild 4.4.1.1./1: Funktionen des Applikationstyps "Entwurf"

• **Spezifizieren**

Neben den vorwiegend gestalts- und funktionsorientierten Daten im Rahmen der Modellierung sind für den Konstruktionsprozess weitere Merkmale des Entwurfsgegenstandes zu spezifizieren. Dies sind zum einen technische Merkmale wie z. B. Aussagen über die Eigenschaften verwendeter Werkstoffe (z. B. Masse, Hitzebeständigkeit) oder fertigungstechnische Daten. Zum anderen sind administrative Daten zu sammeln, welche die kaufmännischen Merkmale des Entwurfsobjekts spezifizieren. Dazu gehören beispielsweise Angaben über Materialkosten, Beschaffungsquellen, Stücklisten oder die Zuordnung zu einer Produktkategorie [vgl. Eigner et al. 1991, S. 60f.]. So hat der Damenschuhhersteller B. & J. Gabor GmbH & Co ein Entwurfssystem im Einsatz, das unter Zuhilfenahme von Schnellkalkulationsverfahren ermittelt, welche Kosten z. B. eine zusätzliche Ziernaht bei einem neuen Schuhmodell verursacht [vgl. Mertens 1991, S. 24].

- **Analysieren/Simulieren**

Die Funktion "Analysieren/Simulieren" dient der Vorbereitung von Entscheidungen durch die Evaluation einer oder mehrerer Gestaltungsvarianten. Voraussetzung dafür ist die Modellierung der Realität, d. h. eine vereinfachte Darstellung der Wirklichkeit unter Berücksichtigung der relevanten Eigenschaften des zu analysierenden bzw. simulierenden Systems. Entwurfssysteme führen dazu komplexe Berechnungen (z. B. Strömungsberechnungen mit Hilfe der Finite-Elemente-Methode) durch und bereiten diese zur Interpretation visuell auf. Beispiele für die computerunterstützte Simulation sind

- die Untersuchung des Crashverhaltens von Fahrzeugen,

- das Studium des Strömungsverhaltens von Flugzeugteilen,

- die Bewegungssimulation von Robotern,

- die Simulation elektronischer Schaltungen,

- die Simulation des Verhaltens chemischer Verbindungen,

- die Analyse der Festigkeit von Bauteilen oder Gebäuden,

- die Untersuchung des Farbverhaltens von Stoffmustern oder

- das Prototyping oder Debugging von Anwendungssoftware.

Die computergestützte Simulation ersetzt mehr und mehr das aufwendige experimentelle Testen von Verfahren, Materialien und anderen Entwurfsobjekten. Sie leistet damit einen wesentlichen Beitrag zur Abkürzung von Entwicklungszeiten, zur Reduzierung des Ressourceneinsatzes und zur Vermeidung unternehmerischer Fehlentscheidungen.

- **Konfigurieren**

Produkte, die aus unterschiedlichen Teilkomponenten bestehen, stark in ihren Ausprägungen variieren oder auf kundenspezifische Bedürfnisse anzupassen sind, bringen eine häufig nur schwer zu handhabende Kombinationsvielfalt mit sich. Konfiguratoren sollen - teilweise unter Einsatz der Expertensystemtechnik - helfen, diese Komplexität zu bewältigen. Sie berücksichtigen beispielsweise Abhängigkeiten zwischen Einzelkomponenten, überprüfen die Vollständigkeit eines Angebots oder wählen anhand der Kundenbedürfnisse die richtige Produktkombination aus. Konkrete Anwendungen wurden beispielsweise für

- die Konfiguration von Rechenanlagen [vgl. McDermott 1982],

- die Verteilung von Messgeräten bei der Installation von Heizungs-, Lüftungs- und Klimaanlagen,

- die Komponentenauswahl und Parametrisierung von Standard-Anwendungssoftware [vgl. Metz 1991],

- die Konfiguration von Kleinturbinen oder

- die Projektierung von Kommunikationsanlagen

realisiert [vgl. Mertens/Borkowski/Geis 1990, S. 71ff.]. Konfigurationssysteme unterstützen häufig die Schnittstelle zwischen den Unternehmensbereichen "Vertrieb" und "Forschung und Entwicklung". Basierend auf im Rechner abgelegten Entwurfsdaten, können beispielsweise komplizierte Angebote direkt, d. h. ohne das Hinzuziehen von Konstrukteuren oder anderen Spezialisten, erstellt werden.

- **Generieren**

  Der Entwurf hat in den meisten Fällen die Herstellung eines konkreten Fertigungsobjekts (Bauteil, Gebäude, Anlage, Computerprogramm etc.) zum Ziel. Die Generierungsfunktion unterstützt die Umsetzung der Entwurfsdaten in reale Objekte. Beispiele dafür sind

  - das Fräsen von Karosseriemodellen anhand von NC-Programmen, die direkt aus den Geometriedaten eines CAD-Systems generiert wurden,

  - das automatische Erstellen von Lichtsatzfiles anhand von DTP-Vorlagen,

  - das Generieren von Cobol-Code aus Funktionsmodellen mit Hilfe von CASE-Werkzeugen oder

  - das Herstellen individueller Hüftprothesen anhand per Computertomographie gewonnener Geometriedaten und durch die Kombination photochemischer Prozesse, Lasertechnologie und Computersteuerung (Stereolithographie) [vgl. Moseng 1992, S. 323ff.].

  Durch diese Form der Integration von Entwurfs- und Herstellungsprozess sind erhebliche Rationalisierungserfolge zu erwarten. In vielen Bereichen (z. B. chemische Industrie) ist man allerdings aufgrund verfahrenstechnischer Probleme noch weit von dieser Integration entfernt.

Die bisher genannten Funktionen sind primäre Funktionen des Entwurfs. Daneben unterstützen Entwurfssysteme folgende Sekundärfunktionen.

- **Management des Entwurfs**

  Ziel der Funktion "Management des Entwurfs" ist es, die primären Entwurfsfunktionen zu integrieren und zu koordinieren. Dies erfolgt durch die informationstechnische Unterstützung organisatorischer Konzepte wie Simultaneous Engineering, Methoden des Software-Engineerings (z. B. SSADM), Projektmanagement-Methoden oder ablauforganisatorischer Regelungen (z. B. Genehmigungs- und Änderungsverfahren, Versionsmanagement).

- **Wissensverwaltung**

  Die Funktion "Wissensverwaltung" repräsentiert die Schnittstelle von Entwurfssystemen zum Applikationstyp "Know-how". Entwurfssysteme kommen in sehr knowhow-intensiven Bereichen (z. B. Forschung und Entwicklung, Softwareentwicklung) zum Einsatz. Der effiziente Zugriff auf Know-how beeinflusst erheblich die Produktivität und Qualität des Entwurfs. Die Funktion "Wissensverwaltung" ermöglicht die Speicherung, die Pflege und die Nutzung bzw. Wiederverwendung von Know-how innerhalb von Entwurfssystemen.

Die beiden Funktionen "Management des Entwurfs" und "Wissensverwaltung" illustrieren den teilweise überlappenden Charakter der Applikationstypen. Bei einer theoretisch ausgerichteten, völlig trennscharfen Klassifizierung hätte die "Wissensverwaltung" dem Applikationstyp "Know-how" und Teile der Funktion "Management des Entwurfs" dem Applikationstyp "Administration" zugeordnet werden müssen. Aufgrund der praktischen Bedeutung der beiden Funktionen für den Entwurfsprozess wurden sie jedoch zusätzlich als Funktionen des Applikationstyps "Entwurf" aufgenommen. Die in Kapitel 2.3.1. definierte Anforderung der praktischen Nachvollziehbarkeit ist hier, trotz der entstehenden Redundanz, stärker zu gewichten als eine trennscharfe Differenzierung der Applikationstypen.

Das nachfolgende Beispiel verdeutlicht einzelne Entwurfsfunktionen anhand des Einsatzes von Entwurfssystemen bei einem Karosseriehersteller.

Beispiel Entwurf/1

Computerunterstützter Entwurf bei Karmann

Die Wilhelm Karmann GmbH in Osnabrück fertigt Automobilkarosserien in kleinen Serien und mit hohen Qualitätsansprüchen. Die gestiegenen Qualitätsansprüche der Kunden haben den Aufwand zur Konstruktion einer Karosserie erheblich erhöht und die Variantenvielfalt stark ansteigen lassen. Gleichzeitig besteht die Forderung nach einer drastischen Verkürzung der Entwicklungszeit. Um diesen Anforderungen gerecht zu werden, unterstützt Karmann den gesamten Entwicklungsprozess mit CA...-Technik. Der Karosseriehersteller setzt dazu einen Grossrechner (IBM 3090/300 J) sowie mehr als 160 CAD-Arbeitsplätze ein. Neben anderen Programmen kommt schwerpunktmässig das CA-System CATIA von IBM zum Einsatz.

Ausgangspunkt für die dreidimensionale Modellierung der Aussenhaut eines Fahrzeugs bildet das Styling-Modell. Zur Vermessung des Styling-Modells stehen moderne CNC-Messmaschinen zur Verfügung, die Messdaten zur exakten Herstellung von Draht- und Oberflächenmodellen der Aussenhaut liefern. Zusätzlich zur Aussenhaut muss das Innenleben der Karosserie im Detail modelliert und spezifiziert werden. Das beinhaltet eine Vielzahl von Komponenten wie z. B. Bodengruppe und Gerippe, Türen und Deckel, Innenausstattung, Schalttafel, Sitze, Rückhaltesystem, Bordnetz, Verdeck oder Stossfängersystem. Ergebnis ist ein komplettes CAD-Modell, dessen Bestandteile über einen Bauteilekatalog verwaltet werden. Umfangreiche Simulationssysteme erlauben unter Verwendung der

Finite-Elemente-Methode das Berechnen des Karosserieverhaltens unter Belastung. So können Schwachstellen der Konstruktion bereits vor der Erprobung eines Prototyps erkannt werden. Weiteres Potential zur Verkürzung der Entwickungszeit erhofft sich Karmann aus der zukünftigen Anwendung der Schichttechnologie (z. B. Stereolithographie). Aus den per CAD erzeugten Volumen- oder Flächenmodellen lassen sich damit beispielsweise reale Modelle von Karosseriekleinteilen generieren, um diese optisch und funktional besser und schneller beurteilen zu können.

Auch zur Konstruktion der zur Karosseriefertigung notwendigen Werkzeuge und Vorrichtungen kommen Entwurfssysteme zum Einsatz. CAD-Arbeitsplätze helfen bei deren Modellierung und Spezifikation. Aus den daraus gewonnenen Modelldaten werden unter anderem NC-Programme zur Steuerung von mehrachsigen Fräsmaschinen generiert, die der Herstellung von Werkzeugen, Urmodellen und Vorrichtungen dienen. Weiter hat Karmann ein System zur Simulation von Fertigungsabläufen im Einsatz, das bereits im Planungsstadium eine Erprobung der zur Karosserieherstellung notwendigen Fertigungssysteme ermöglicht.

Karmann unterstützt damit einen weiten Bereich der Entwurfsfunktionen mit Informationstechnik. Dabei wird eine hohe Integration zwischen den einzelnen Entwurfsfunktionen angestrebt, was zukünftig durch die Realisierung eines technischen Informationssystems weiter verbessert werden soll. Hinzu kommt der intensive Austausch von CAD-Daten mit Lieferanten und Kunden [vgl. Rutsch 1991, Rutsch 1992, Rutsch/Lischke/Kulmann 1992].

4.4.1.2.   Restriktionen

• **Problematisches Datenmanagement**

Mit dem wachsenden Einsatz von technischen Entwurfssystemen in Unternehmen wächst auch der Bedarf nach einer integrierten Verwaltung der damit verbundenen Datenbestände (z. B. Geometriedaten, Konstruktionsunterlagen, NC-Programme). Der Realisierung eines integrierten Datenmanagements im technischen wie auch kommerziellen Bereich kommt eine Schlüsselrolle bei der Umsetzung des CIM-Gedankens zu. In den meisten Unternehmen ist diese Anforderung jedoch nicht realisiert.

Die während des Entwurfsprozesses anfallenden Daten werden in verschiedenen Teilsystemen abgelegt, die häufig nicht miteinander verbunden sind und vielfach Redundanz aufweisen. Dem Wunsch nach einer gemeinsamen Datenbasis unter einem einheitlichen Datenbankmanagementsystem stehen jedoch mehrere Probleme gegenüber. Die meisten Entwurfssysteme verwenden systemspezifische Datenhaltungssysteme mit spezialisierten Verwaltungsfunktionen. Datenbankmanagementsysteme sind erst vereinzelt anzutreffen. Grund dafür ist, neben der ursprünglichen Vernachlässigung der Datenmanagementfunktion durch die Hersteller von Entwurfssystemen, die beschränkte Eignung von Standard-Datenbankmanagementsystemen für technische Anwendungen. Entwurfssysteme arbeiten mit Informationsobjekten, die durch eine komplexe Struktur gekennzeichnet sind. Die Modellierungsfunktion von CAD-Systemen beispielsweise basiert auf rechnerinternen Geometriemodellen, mit deren Hilfe die Entwurfsobjekte berechnet und dargestellt werden können. Heute übliche Standard-Datenbanksysteme sind in der Regel nicht dazu geeignet, diese komplexen Objekte effizient zu handhaben. Aus Performancegründen kommen spezielle Datenhaltungssysteme zum Einsatz oder werden die graphischen Modelle als rechnerinterne Datenstrukturen abgelegt. Das hat zur Folge, dass graphische und technische Informationen, die aus der Modellierung entstehen und die Vielzahl anderer Daten, die im Rahmen des Konstruktionsprozesses benötigt werden, nur mühsam miteinander verbunden werden können.

• Technische Restriktionen

Entwurfssysteme sind durch hohe Anforderungen an die Rechen- und Speicherkapazität gekennzeichnet. Insbesondere die Funktion "Analysieren/Simulieren" erfordert eine sehr leistungsfähige Infrastruktur. Basierend auf mathematischen Modellen, werden komplexe Berechnungsverfahren mit ständig steigendem Genauigkeitsanspruch durchgeführt. Die Visualisierung von Entwurfsergebnissen (z. B. realitätsnahe Darstellung, Bewegtbild, Animation) stellt ebenfalls hohe Anforderungen an die Prozessorleistung und die Darstellungsqualität der Monitore bzw. Graphikkarten.

Entwurfssysteme sind das traditionelle betriebliche Einsatzgebiet von Supercomputern und Hochleistungs-Workstations. Die Fähigkeit, Entwurfsobjekte auf dem Rechner abzubilden, hängt - neben der Verfügbarkeit entsprechender mathematischer Modelle und deren Umsetzung in Software - von der verfügbaren Rechen- und Speicherkapazität ab. Momentan bestehen für bestimmte Anwendungen (z. B. Virtual Reality, Bilderkennung) noch nicht die technischen und wirtschaftlichen Voraussetzungen, um sie breit in den Unternehmen einsetzen zu können. Der Bedarf nach Verarbeitungs- und Speicherkapazität in Entwurfssystemen kann als nach oben offen bezeichnet werden, wie folgendes Zitat aus einer Analyse der Informationsverarbeitung des Flugzeuggetriebeherstellers Rolls-Royce Industries zeigt. "The potential demand for number-crunching capacity for engineering design is almost limitless; Rolls now runs its own Cray machine, having spent about £2 million a year with a Cray bureau for vector processing applications alone" [Johnson/Chappell 1990, S. 194].

• Mangelnde Integration

Integration spielt auch bei Entwurfssystemen eine entscheidende Rolle. Der Integrationsgedanke bezieht sich dabei auf die folgenden drei Aspekte:

- inner- oder zwischenbetriebliche Verbindung einzelner, zum Teil geographisch verteilter Entwurfssysteme (z. B. Kommunikation der CAD-Systeme von Lieferanten und Herstellern der Automobilindustrie),

- Integration des Entwurfsprozesses von der Modellierung bis zur Generierung von Fertigungsvorgaben (z. B. NC-Programme, Anwendungsprogramme),

- Integration von Entwurfssystemen mit Administrationssystemen (insbesondere PPS) und Prozesssteuerungssystemen.

Das Konzept des Computer Integrated Manufacturing (CIM) hat den Integrationsgedanken bei technischen Entwurfssystemen in den achtziger Jahren in den Vordergrund gerückt. Ausgangspunkt war die Erkenntnis, dass Entwurfssysteme nur dann ihre volle Effektivität erlangen, wenn den Systemen ein einheitliches Modell zugrunde liegt und Daten problemlos ausgetauscht werden können. Seither konnten allerdings erst partiell Erfolge erzielt werden; Insellösungen sind noch stark verbreitet. Viele Unternehmen sind von der Realisierung des CIM-Konzeptes noch weit entfernt, und die anfängliche Euphorie hat sich, wie auch bei anderen neuen Konzepten oder Technologien (z. B. Expertensysteme, MIS), auf eine realistischere Einschätzung zurückentwickelt. Neben dem oben genannten mangelnden Datenmanagement und dem nur vereinzelten Einsatz der Datenbanktechnik ist dies auf die nur zögernde Entwicklung und Verwendung von Datenstandards zurückzuführen.

• Informationsbeschaffung/-aufbereitung

Neben der reinen Entwurfsarbeit (z. B. Erstellen von Konstruktionsunterlagen, Durchführung technischer Berechnungen) verwenden Konstrukteure einen erheblichen Teil ihrer Zeit zur Informationsbeschaffung und -aufbereitung. Insbesondere in der konzeptionellen Phase des Konstruktionsprozesses stellt die Suche nach Informationen über Standards, Werkstoffe, Fertigungsverfahren, ähnliche Konstruktionen und dergleichen einen Schwerpunkt dar [vgl. Abeln 1990, S. 12f., Eigner et al. 1991, S. 17]. Heutige Entwurfssysteme unterstützen den Informationsbeschaffungsprozess noch unzureichend. Viele für den Entwurf relevante Informationen sind, sofern sie überhaupt in elektronischer Form vorliegen, nicht transparent oder nicht integriert verfügbar. Eine wichtige Rolle spielt in diesem Zusammenhang die Erschliessung und Aufbereitung des im Unternehmen vorhandenen Wissens und dessen Ablage in Informationssystemen. Die informationstechnische Unterstützung des Know-how-Managements während des Entwurfsprozesses bietet ein grosses Potential zur Produktivitätssteigerung bei der Entwurfsarbeit.

• Koordination des Entwurfsprozesses

Entwurfssysteme waren in ihren Anfängen fast ausschliesslich auf die Zeichnungserstellung ausgerichtet. Isolierte Lösungen, die nur Teilbereiche des Entwurfsprozesses unterstützen, sind auch heute noch in den meisten Unternehmen anzutreffen. Eine durchgängige informationstechnische Unterstützung der Ablauforganisation des Entwurfs fehlt weitgehend.

• Organisatorische Einbettung

Wie auch bei anderen Applikationstypen stand und steht vielfach noch die Implementierung der Technik im Vordergrund. Die zur Realisierung der erhofften Nutzeneffekte notwendigen "weichen" organisatorischen Voraussetzungen bleiben unberücksichtigt.

Erfahrungen bei Versuchen, die CIM-Philosophie umzusetzen und auch bei CASE-Projekten haben gezeigt, dass die Entscheidung für ein bestimmtes Tool (z. B. CAD-System, CASE-Tool) letztlich nur in geringem Masse den Einsatzerfolg von Entwurfssystemen beeinflusst, wenn die organisatorischen Rahmenbedingungen nicht gegeben sind. Die Umsetzung der Nutzenpotentiale von Entwurfssystemen scheitert vielfach an der mangelnden Integration in den Entwurfsprozess und an zu deterministischen, dem kreativen Entwurfsprozess gegenläufigen Ablaufvorgaben. Beispiele dafür sind die ausbleibende Wirkung von Integrated Project Support Environments (IPSE) in der Softwareentwicklung oder isolierter CAD-Systeme [vgl. Brown/McDermid 1992, S. 23ff., Schweitzer/Robert 1991, S. 26].

4.4.2. Zukünftige Entwicklung von Entwurfssystemen

Die folgenden Ausführungen beziehen sich vorwiegend auf Entwurfssysteme in der technischen Konstruktion wie sie beispielsweise in der Automobilindustrie, im Anlagenbau oder in der Architektur anzutreffen sind. Die technische Konstruktion bietet das breiteste Einsatzspektrum und die grösste Verbreitung von Entwurfssystemen. Die Aussagen sind mit Einschränkung auch auf andere Anwendungsbereiche, wie die Softwareentwicklung oder den Entwurf von Publikationen, übertragbar. Dies wird zum Schluss des Kapitels anhand des "Computer Aided Software Engineerings" (CASE) verdeutlicht. Bild 4.4.2./1 gibt einen Überblick über wichtige informationstechnische Entwicklungen bei Entwurfssystemen.

Folgende allgemeine Entwicklung ist bei Entwurfssystemen in den neunziger Jahren zu erwarten:

Die weitere Leistungssteigerung und Kostenreduzierung bei Workstations sowie die Verfügbarkeit ausgereifter Entwurfswerkzeuge führt zu einer verstärkten Verbreitung des computerunterstützten Entwurfs auch in kleineren und mittleren Unternehmen. Daneben werden sich Entwurfssysteme in den nächsten Jahren weiter auf neue Anwendungsbereiche, d. h. neue Aufgaben, neue Branchen, ausdehnen. Die Geschwindigkeit dieser Diversifizierung ist im wesentlichen vom Angebot entsprechender branchen- bzw. anwendungsspezifischer Standardsoftware abhängig (z. B. CAD in der Denkmalpflege, Simulationssoftware für Parallel-Processing-Systeme). Diese Standardsoftware wird sich vielfach nicht auf die Unterstützung von Entwurfsfunktionen beschränken, sondern Entwurfs-, Office- und Information-Retrieval-Funktionen integriert bereitstellen. Zielsetzung dabei ist, die Produktivität und Qualität der Entwurfsarbeit durch einen multifunktionalen Entwurfsarbeitsplatz zu erhöhen.

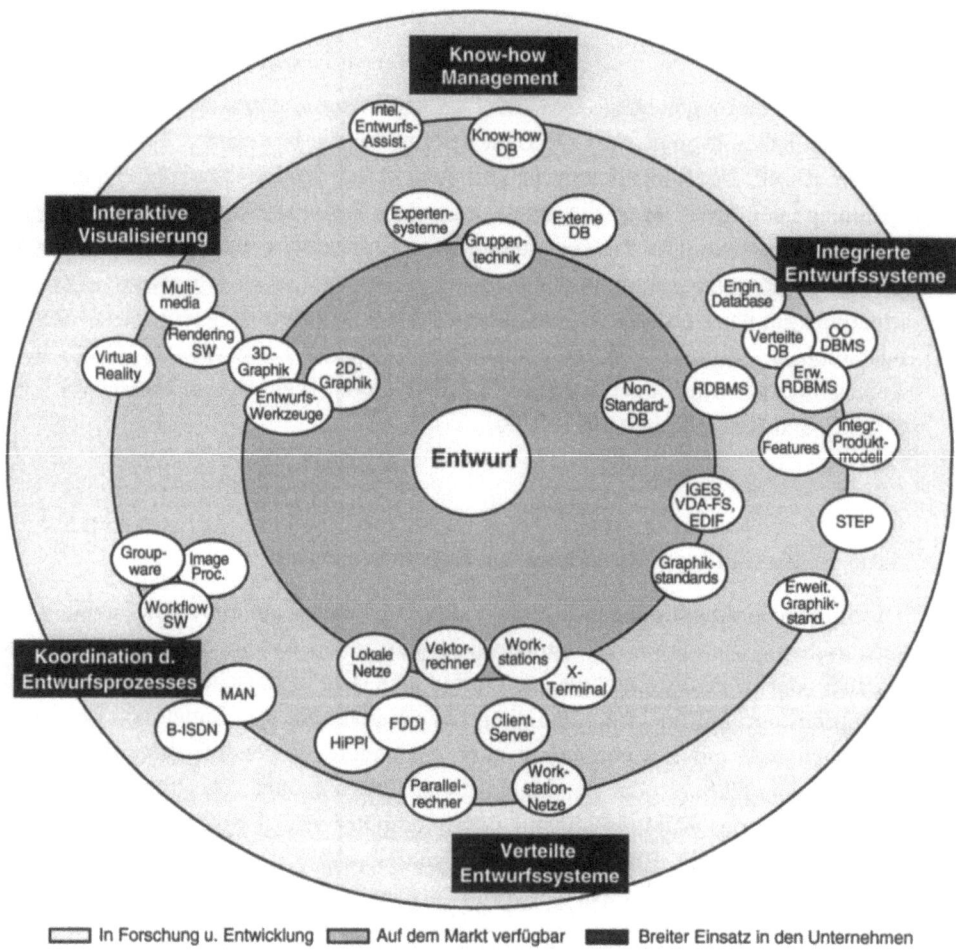

In Forschung u. Entwicklung   Auf dem Markt verfügbar   Breiter Einsatz in den Unternehmen

Bild 4.4.2./1: IT-Landkarte Applikationstyp "Entwurf"

Das Spektrum der dazu eingesetzten Informationstechnik reicht von leistungsfähigen Workstations bis zu Supercomputern. Der durchschnittliche Bedarf an Verarbeitungsleistung ist im Vergleich zu anderen Applikationstypen sehr hoch. In keinem anderenApplikationstyp werden deshalb Fortschritte in der Leistungsfähigkeit der Informationstechnik so schnell umgesetzt wie in Entwurfssystemen. Die fortgesetzte Leistungssteigerung und Kostenreduzierung in der Halbleitertechnik [vgl. Kap. 3.1.], zusammen mit weiteren Fortschritten in der Rechnerarchitektur (z. B. RISC-Prozessoren, massiv-parallele Systeme), wirken sich vorwiegend in einer anhaltenden Verschiebung vom realen Modellversuch zur Computersimulation aus.

Neben dieser allgemeinen Entwicklung von Entwurfssystemen werden aus der IT-Landkarte folgende fünf Entwicklungsschwerpunkte (IT-Cluster) deutlich.

Verteilte Entwurfs- systeme	Integrierte Entwurfs- systeme	Koordination des Entwurfs- prozesses	Interaktive Visualisierung	Know-how- Management
• Workstations • X-Terminal • Client-Server • Lokale Netze • Vektorrechner • Parallelrechner • Workstation-netze • FDDI/HiPPI • MAN • B-ISDN	• Engineering-Database • RDBMS • Erweiterte RDBMS/ OODBMS • Verteilte Daten-banken • Features • Integriertes Produkt-modell • Graphik-standards • Erweiterte Graphikstan-dards • IGES/VDA-FS/EDIF etc. • STEP	• Informations-techniken der Spalte 2 plus • Workflow Software • Image Pro-cessing • Groupware • FDDI • MAN • B-ISDN	• Workstations • 2D-/3D-Entwurfswerk-zeuge • Rendering-Software • Multimedia • Virtual Reality	• Gruppen-technik • Know-how-Datenbank • Externe Datenbank • Experten-systeme • Intelligenter Entwurfs-Assistent

Bild 4.4.2./2: IT-Cluster Applikationstyp "Entwurf"

In den folgenden Kapiteln wird näher auf die einzelnen Entwicklungsschwerpunkte eingegangen.

4.4.2.1.   Verteilte Entwurfssysteme

Wie auch bei den bisher besprochenen Applikationstypen zeigt sich bei Entwurfssystemen eine Tendenz zur Dezentralisierung. Diese Entwicklung wird im wesentlichen durch die enorme Leistungssteigerung technisch-wissenschaftlicher Workstations getragen [vgl. Kap. 3.3.1.2.].

Workstations eignen sich aufgrund ihrer Graphikleistungen und Flexibilität besonders zur Unterstützung von Modellierungsfunktionen. In wachsendem Masse übernehmen Workstations bzw. Workstationnetze auch rechenintensive Aufgaben der technischen Analyse bzw. Simulation, die zuvor Grossrechnern und Supercomputern vorbehalten waren [vgl. Kap. 3.3.4.2.]. Die steigenden Anforderungen an die Genauigkeit der Berechnungsergebnisse, die Verfeinerung der Modellbildung und das Angehen neuer, bisher technisch und wirtschaftlich nicht unterstützter Aufgabenbereiche nähren jedoch weiterhin den Bedarf nach leistungsfähigen Supercomputern. Vektorrechner und zukünftig - mit der Verfügbarkeit entsprechend angepasster Anwendungssoftware - auch verstärkt massiv parallele Systeme werden von Unternehmen als unternehmensweite Ressource zentral bereitgestellt.

Somit wird sich auch in Zukunft kein rein dezentrales Konzept, das sämtlichen Verarbeitungsbedarf durch untereinander vernetzte Workstations und Server abdeckt, durchsetzen. Vielmehr geht die Entwicklung hin zu einer verteilten, hybriden Architektur, in der zentrale und dezentrale Ressourcen miteinander verbunden sind. Diese Architektur kann aus den in Bild 4.4.2.1./1 dargestellten Elementen bestehen.

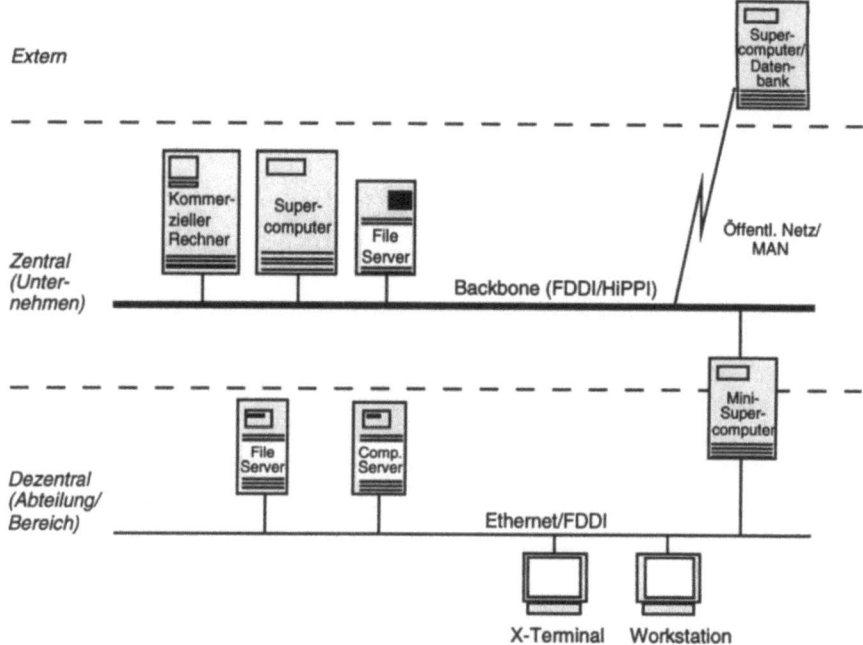

Bild 4.4.2.1./1: Systemarchitektur für Entwurfssysteme

Die Verarbeitungsressourcen sind auf das Unternehmen und zum Teil auf externe Institutionen (z. B. Universität, Rechenzentrum) verteilt. Sie können über eine Netzwerkhierarchie in Anspruch genommen werden; eine graphische Benutzerschnittstelle ermöglicht den integrierten Zugang zum Gesamtsystem.

Die Workstations und X-Terminals auf Abteilungs- bzw. Bereichsebene sind über ein lokales Netz (z. B. Ethernet, FDDI) miteinander verbunden. Sie greifen auf lokale Server und Minisupercomputer zu und decken damit bereits einen grossen Teil des täglichen Verarbeitungs- und Datenbedarfs ab. Spezialanwendungen mit grossen Datenmengen und hohem Berechnungsaufwand wickelt ein zentraler Supercomputer (z. B. Vektorrrechner, Parallelrechner) ab, der über ein schnelles Backbone-Netz (FDDI,

HiPPI) oder ein privates WAN zur Verfügung steht [vgl. Kap. 3.5.2.]. Zur Speicherung der Berechnungsergebnisse und anderer grosser oder allgemein verfügbarer Datenbestände steht ein zentraler Fileserver zur Verfügung. Alternativ zur Beschaffung eines eigenen, teuren Supercomputers oder zusätzlich bei besonders hohem Verarbeitungsbedarf können über öffentliche Netze grosse Rechenkapazitäten und andere Ressourcen bedarfsorientiert abgerufen werden. Entstehende breitbandige Kommunikationsnetze, wie z. B. MANs oder später das B-ISDN, bieten dazu zukünftig eine leistungsfähige Infrastruktur [vgl. Kap. 3.5.3.3./4.].

Die ursprüngliche Host-Terminal-Kopplung bei Entwurfssystemen wandelt sich damit in den neunziger Jahren zunehmend zu einer Rechner-Rechner-Kopplung im Sinne des Network-Computings und des Client-Server-Prinzips. Die dazu notwenige Anwendungssoftware fehlt heute allerdings noch weitgehend. Zukünftig sind technisch-wissenschaftliche Anwendungen zu erwarten, welche die über das Netz zur Verfügung stehenden Ressourcen selektiv nutzen. Ein speziell für Finite-Elemente-Berechnungen ausgelegter Server steuert dann beispielsweise die Eingabe der Gleichungen interaktiv über die Workstation, setzt zur Gleichungslösung den zentralen Vektorrechner ein und speichert die Berechnungsergebnisse auf dem zentralen Fileserver. Die lokale Workstation interpretiert und visualisiert die Berechnungsergebnisse [vgl. Heib/Debus/Brandt 1992, S. 28f., Weizer 1991, S. 153ff.].

Diese Form einer verteilten Systemarchitektur lässt eine flexible und wirtschaftliche Nutzung der vorhandenen Ressourcen zu. Varianten dieser Architektur werden in den Unternehmen in den neunziger Jahren schrittweise implementiert.

4.4.2.2.   Integrierte Entwurfssysteme

Die Integration von Entwurfssystemen steht noch am Anfang der Entwicklung [vgl. Kap. 4.4.1.2.]. Fortschritte in folgenden Bereichen lassen in den neunziger Jahren eine Steigerung des Integrationsgrades von Entwurfssystemen erwarten:

- die Verbreitung der Datenbanktechnik in Form von *Engineering Databases*,

- die Entwicklung *integrierter Produktmodelle* und

- die Standardisierung von *Datenaustauschformaten*.

Zusätzlich können Referenzmodelle, wie beispielsweise für den CAD-Bereich entstanden, eine Orientierungshilfe bei der Entwicklung integrierter Entwurfssysteme bieten [vgl. Abeln 1990, S. 118ff.]. Auch umfassende Architekturkonzepte, wie sie das ESPRIT-Projekt CIMOSA beinhaltet, tragen zur Umsetzung der Integrationsbestrebungen bei. CIMOSA erarbeitet dazu unter anderem ein von Anwendern und Herstellern getragenes Referenzmodell für CIM mit dem Ziel, eine offene Systemarchitektur für CIM-Anwendungen zu schaffen [vgl. König/de Ridder 1992].

4.4.2.2.1.   Engineering Database

Das Konzept der Engineering Database - auch Technisches Informationssystem, Product Data Management System oder Engineering Data Management System genannt - versucht, die oben genannte Restriktion des mangelnden Datenmanagements durch die Integration unterschiedlicher Datenbestände aus den einzelnen CIM-Komponenten (z. B. CAD, PPS, Werkstattsteuerung) zu beseitigen. Zielsetzung ist, eine gemeinsame Datenbasis unter einem einheitlichen Datenmanagementsystem aufzubauen, die den einfachen Zugriff auf geometrische, technische und administrative Produktinformationen erlaubt. Damit ist nicht zwingend das physische Zusammenführen von Datenbeständen gemeint, sondern die Integration unterschiedlicher, zum Teil verteilter Daten anhand eines logischen Modells [vgl. Bild 4.4.2.2.1./1, Encarnação/Lockemann 1990, S. 7ff., Abeln 1990, S. 424, Eigner et al. 1991, S. 83].

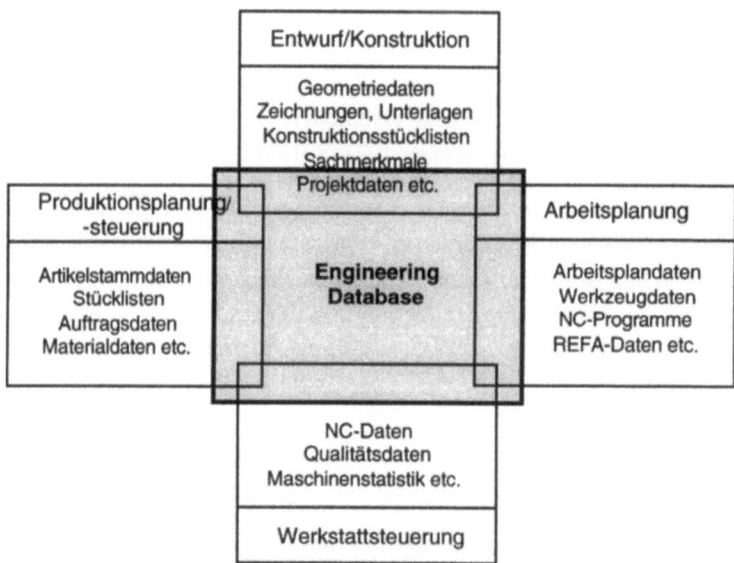

Bild 4.4.2.2.1./1: Konzept der Engineering Database
[vgl. Abeln 1990, S. 424]

Die Anforderungen an die Datenbanksysteme der einzelnen CIM-Komponenten sind sehr unterschiedlich. Datenbanken in der Produktionsplanung und -steuerung sowie in der Arbeitsplanung verarbeiten grosse Mengen strukturierter alphanumerischer Daten. Die Verwaltung von Geometriedaten in CAD-Systemen zum Entwurf und zur Konstruktion von Produkten erfordert den Umgang mit komplexen, heterogenen Datenstrukturen und kurze Antwortzeiten. In der Werkstattsteuerung eingesetzte Datenbanksysteme müssen teilweise zu Echtzeitbedingungen grosse Mengen numerischer Daten verwalten können [vgl. Kap. 4.6.2.1.]. Die anfallenden Daten unterscheiden sich somit wesentlich in Struktur, Speicherbedarf und auf sie anzuwendende Verarbeitungsroutinen.

Diese Problematik spiegelt sich auch im Marktangebot von Engineering Databases wider. Lösungen von PPS-Anbietern stellen die administrative Prozesskette in den Vordergrund und vernachlässigen die Einbindung von Entwurfssystemen. Anbieter von Entwurfssystemen legen wiederum ihre Schwerpunkte in die Verwaltung von Zeichnungen und Geometriedaten und beschränken sich häufig auf eine nur rudimentäre Integration administrativer Daten. Heute übliche Systeme konzentrieren sich stark auf die Verwaltung von Zeichnungen, Stücklisten und Sachmerkmal-Leisten[1]. Sie setzen dazu vorwiegend relationale Datenbankmanagementsysteme ein. Der Zugriff auf komplexe Datenbestände (z. B. Geometriedaten) wird meistens durch Referenzen auf die Erzeugersysteme (z. B. CAD-System) realisiert. Fortschrittlichere Systeme erlauben den direkten Zugriff auf unstrukturierte Modelldaten z. B. in Form von Images (BLOBs), ohne diese allerdings interpretieren oder manipulieren zu können [vgl. Kap. 3.6.2.3.].

Für die neunziger Jahre ist zu erwarten, dass die Funktionalität von Engineering Databases erheblich ausgebaut wird. Neben der Verwaltung der Produktdaten bieten Engineering Databases zunehmend auch Hilfsmittel für das Management des Konstruktions- und Entwicklungsprozesses (z. B. Projektmanagement, Freigabeverfahren, Auftragsabwicklung) an. Die eingesetzte Datenbanktechnik entwickelt sich im Laufe der neunziger Jahre von relationalen zu erweiterten relationalen (z. B. NF2) und objektorientierten Datenbanken weiter. Engineering Databases werden eine der ersten betrieblichen Anwendungsformen objektorientierter Datenbanken darstellen. Zusätzlich fördert der dezentrale Charakter von Entwurfssystemen den Einsatz verteilter Datenbanken [vgl. Kap. 3.6.2.]. Neben den Fortschritten in der Datenbanktechnik spielt die Entwicklung integrierter Produktmodelle eine wichtige Rolle bei der Umsetzung des Engineering-Database-Konzepts. Auf diese wird im nachfolgenden Kapitel näher eingegangen [vgl. Abramovici 1992, S. 73f., Matthes/Koch/Fischer 1992, S. 55, Kissling/Reuter 1991, S. 572ff.].

Die Praxis ist noch weit von vollständig integrierten Lösungen entfernt und baut nur langsam das Know-how für die Realisierung von Engineering Databases auf. Die Volkswagen AG beispielsweise arbeitet unter dem Namen "Globales Technisches Informationssystem" (GTI) an einem umfassenden Engineering-Database-Projekt, dessen Einführung für 1996 geplant ist. Die Komplexität dieses Vorhabens zeigt sich unter anderem im budgetierten Entwicklungs- und Implementierungsaufwand von rund 40 Mio. DM [vgl. Hultzsch 1992].

---

[1] Zum Begriff der Sachmerkmal-Leiste siehe Kap. 4.4.2.5.1.

4.4.2.2.2.   Produktmodell

Integrierte Produktmodelle, die eine vollständige Beschreibung von Produkten zulassen, sind bereits seit längerer Zeit Gegenstand der Forschung. Sie sollen dazu geeignet sein,

- geometrische Entwurfsdaten,

- fertigungsorientierte Daten (z. B. Arbeitsgänge, Toleranzen, Werkzeuge, Materialien) und

- gestalterisch-funktionale Eigenschaften eines Produkts

umfassend wiederzugeben. Ein solches Produktmodell beinhaltet sämtliche "Daten, sowie Nutzungsregeln und Programmverknüpfungen, die für die komplette Herstellung eines Produktes notwendig sind, abgesehen von den zum spezifischen Auftragsablauf gehörenden Zeit- und Mengenangaben" [Abeln 1990, S. 424].

Die schrittweise Realisierung und softwaretechnische Umsetzung von Produktmodellen ist eine der wichtigsten Aufgaben der neunziger Jahre zur Integration von Entwurfssystemen. Aufgrund der Komplexität und des umfassenden Anspruchs integrierter Produktmodelle wird parallel auch an teilintegrierten Produktmodellen gearbeitet [vgl. Abramovici 1992, S. 74]. Erste Modellierungsansätze belegen geometrische Daten mit konstruktions- oder fertigungsorientierter Semantik und bilden daraus sogenannte Features. Diese enthalten neben den Geometriedaten Attribute (z. B. benötigte Werkzeuge, Betriebsmittel) und Programmaufrufe, die beispielsweise Arbeitsgänge zur Erzeugung bestimmter geometrischer Formen generieren. Fernziel sind Produktmodelle, die neben dem Produkt- und Prozesswissen zusätzlich Wissen über die Branche (Branchenmodell) sowie den Gebrauch und die betriebsspezifische Fertigung von Produkten (Nutzungs- und Fabrikmodell) integrieren [vgl. Krause 1991, S. 286f. u. 328].

In diesem Zusammenhang wird auch das Potential objektorientierter Datenbanken deutlich. Sie erlauben die leichtere Handhabung komplexer, in sich strukturierter Objekte und ordnen diesen Objekten die auf ihnen ausführbaren Operationen (z. B. Fertigungsprozesse) zu. Die Entwicklung von integrierten Produktmodellen könnte zusammen mit objektorientierten Datenbankkonzepten in den späten neunziger Jahren zu einer neuen Generation von Engineering Databases führen.

4.4.2.2.3.   Standardisierte Datenaustauschformate

Zur Integration des Entwurfsprozesses ist ein reibungsloser Datenaustausch notwendig. Die Standardisierung von Datenaustauschformaten zur Weiterverarbeitung, Darstellung, Dokumentation oder Archivierung von Entwurfsdaten spielt dabei eine Schlüsselrolle.

Die heute verfügbaren Standards variieren in ihrer Mächtigkeit und damit auch im Speicher- und Interpretationsbedarf. Der Standard IGES (Initial Graphics Exchange Specification) beispielsweise baut auf einem umfangreichen Geometriemodell auf, das eine aktive Weiterverarbeitung der Geometriedaten durch das empfangende Entwurfssystem erlaubt. Grosser Speicherbedarf und aufwendige Interpretation sind die Folge. Andere Standards wie z. B. TIFF (Tag Image File Format) dienen lediglich der graphischen Ausgabe oder passiven Darstellung und sind durch geringen Speicherbedarf und einfache Interpretation gekennzeichnet [vgl. Pfaff 1992, S. 100ff.].

Gebräuchliche Schnittstellen wie VDA-FS (Flächen-Schnittstelle), EDIF (Electronic Design Interchange Format) oder IGES erfüllen nur teilweise die Anforderungen an einen offenen Datenaustausch. Sie sind auf spezifische Branchenbedürfnisse zugeschnitten (z. B. VDA-FS/Automobilindustrie, EDIF/Elektronikindustrie), auf nationale Anwendung beschränkt oder erfordern partielle Nachbehandlungen durch das empfangende Entwurfssystem (z. B. keine eindeutige Definition für Bemassung und Struktur bei IGES). Aus diesen Gründen ist ein weiterführender, umfassender Schnittstellenstandard mit dem Namen STEP (Standard for the Exchange of Product Definition Data) in Entwicklung. Er basiert auf einem integrierten Produktdatenmodell und ist zum Austausch geometrischer, technologischer und organisatorischer Daten geeignet. STEP besitzt das Potential, zukünftig zum international akzeptierten Standard für den Austausch von Produktdaten zu werden. Mit der Entwicklung von STEP sind auch weitere Hoffnungen bezüglich der Weiterentwicklung der oben genannten Produktmodelle verbunden [vgl. Abeln 1990, S. 508f., Eigner et al. 1991, S. 240].

Neben diesen Datenaustauschformaten, die komplexe Datenstrukturen beschreiben, haben spezielle Graphikstandards wie z. B. CGM (Computer Graphics Metafile), GKS (Graphical Kernel System) oder PHIGS (Programmer's Hierarchical Interactive Graphics Interface) ihren Platz. Sie ermöglichen den verlustfreien Graphikaustausch zwischen verschiedenen Anwendungspaketen bzw. Rechnerplattformen. Graphikstandards hinken grundsätzlich der technischen Entwicklung der Benutzerschnittstelle hinterher. Die heutigen Ansprüche an Graphiksysteme, wie z. B. dreidimensionale, naturgetreue Darstellung oder Bewegtsimulation, bilden den Massstab für zukünftige, erweiterte Standards. So standardisiert beispielsweise PHIGS+ durch den Einsatz von Beleuchtungsmodellen die räumliche Darstellung realitätsnaher Bilder [vgl. Pfaff 1992, S. 103].

Entwurfssysteme werden auch zukünftig, trotz der Tendenz zum einheitlichen, internationalen Standard STEP, mehrere Standards integrieren müssen. Standards mit spezifischer Ausrichtung, wie z. B. der verbreitete Graphikstandard GKS oder der auf die Elektronikindustrie zugeschnittene Datenaustauschstandard EDIF, behalten aufgrund ihrer Effizienz noch längere Zeit ihre Bedeutung.

4.4.2.3.   Koordination des Entwurfsprozesses

Entwurfssysteme sind vielfach noch auf die Unterstützung von Einzelfunktionen wie z. B. Zeichnungserstellung oder Simulation ausgerichtet. Mit Konzepten wie dem Concurrent bzw. Simultaneous Engineering tritt zunehmend die Koordination des gesamten Entwurfsprozesses in den Vordergrund. Ziel ist es, die organisatorische Trennung der am Entwurf beteiligten Stellen zu überwinden und zu einem koordinierten, gemeinsamen Entwurfsprozess zusammenzuführen. Die simultane statt sequentielle Ausführung von Entwurfstätigkeiten führt dabei zu erheblichen Zeiteinsparungen. Der ständige Informationsaustausch zwischen den am Entwurf beteiligten Stellen trägt zu einer Verbesserung der Entwurfsergebnisse bei.

Integrierte Entwurfssysteme, wie im vorausgegangenen Abschnitt dargestellt, fördern die Koordination des Entwurfsprozesses durch eine einheitliche Datenbasis und einen problemlosen Datenaustausch. Daneben sind zwei weitere informationstechnische Entwicklungen zu nennen, die in den neunziger Jahren zu einer verbesserten Koordination beitragen werden:

- der Einsatz von Werkzeugen zur Steuerung des Entwurfsprozesses und

- die inner- und zwischenbetriebliche Kooperation über leistungsfähige Kommunikationsnetze.

4.4.2.3.1.   Werkzeuge zur Steuerung des Entwurfsprozesses

Werkzeuge zur Steuerung des Entwurfsprozesses koordinieren ablauforganisatorische Massnahmen wie z. B. den Dokumentenfluss zwischen am Entwurf beteiligten Stellen, das Freigabe- und Änderungswesen oder die Kommunikation zwischen einzelnen Entwurfsphasen.

Das nachfolgende Beispiel verdeutlicht dies anhand einer Workflow-Applikation, wie sie im technischen Änderungswesen zum Einsatz kommen könnte.

Beispiel Entwurf/2

Technisches Änderungsmanagement durch Workflow-Applikation

Technische Dokumentationen sind ständigen Änderungen unterworfen. Sie werden beispielsweise an neue Fertigungsverfahren, variierende Produkteigenschaften oder neue Bauteile angepasst. Insbesondere bei grossen technischen Unternehmen, wie z. B. im Kraftwerks- oder Flugzeugbau, ist das eine aufwendige Aufgabe.

Die Änderungs- und Versionsverwaltung ist ein stark arbeitsteiliger Prozess, den es zu koordinieren gilt. Änderungen können von unterschiedlichen Stellen eines Unternehmens beantragt werden und müssen zur Freigabe an alle betroffenen Stellen weitergeleitet werden. Bild 4.4.2.3.1./1 zeigt typische Arbeitsschritte einer Änderung.

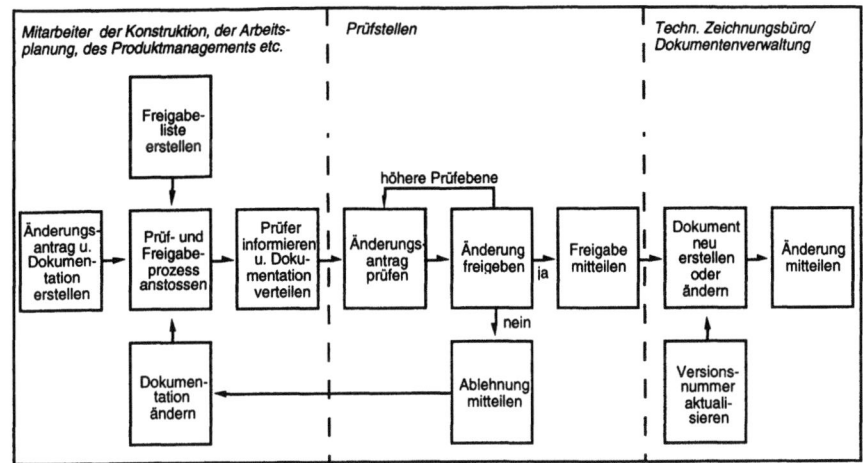

Bild 4.4.2.3.1./1: Typische Arbeitsschritte einer technischen Änderung [vgl. Filenet 1992b, S. 3]

Workflow-Applikationen können in Verbindung mit Imaging-Systemen zu einem verbesserten Änderungsmanagement beitragen. Der gesamte Änderungs- und Freigabeprozess wird durch Workflow Software gesteuert, die Daten und Regeln zur Organisation (z. B. prüfende Stellen, Ablauforganisation) enthält. Folgender Ablauf ist denkbar:

Der Antragsteller nimmt Änderungen an einem Dokument direkt über das Imaging-System vor. Dazu greift er auf die Dokumentendatenbank zu und kennzeichnet bzw. kommentiert die zu ändernden Stellen, ohne das Original dabei zu verändern (Overlay-Technik). Mit Hilfe der Workflow-Applikation verteilt er die Dokumente zusammen mit einem elektronischen Antragsformular automatisch an die betroffenen Stellen und stösst damit den Änderungs- und Freigabeprozess an. Die einzelnen Prüfer kommentieren den Antrag, geben ihn frei oder senden ihn bei Bedarf an den Antragsteller zur Nachbesserung zurück. Der Status des Änderungs- und Freigabeprozesses kann jederzeit eingesehen werden. Nicht in den Änderungs- und Freigabeprozess eingebundene Personen, die auf das Dokument zugreifen wollen, erhalten einen entsprechenden Hinweis. Ist schliesslich die Freigabe erfolgt und ist keine Anfertigung eines neuen Dokumentes notwendig, aktualisiert das System das betroffene Dokument und vergibt automatisch eine neue Versionsnummer [vgl. Filenet 1992b].

Das Potential von Imaging-Systemen bzw. Workflow-Applikationen geht über das Änderungs- und Freigabewesen hinaus und kann zu einem umfassenden Dokumentenmanagement-System ausgebaut werden. Wichtig erscheint in diesem Zusammenhang die Integration mit anderen Systemen des Entwurfs wie dem CAD-System oder technischen Datenbanken. Rolls-Royce and Associates Ltd. kombiniert beispielsweise ein Imaging-System mit einem Teileinformationssystem, über das Bauteile selektiert werden können und die dazugehörige Dokumentation direkt über das Imaging-System aufgerufen werden kann [vgl. Pawson/Szlichcinsky 1992, S. 40].

Neben Workflow-Applikationen, die eher stark strukturierbare Prozesse abdecken, ist eine zunehmende Einbindung flexibler Groupware-Funktionen in Entwurfssysteme zu erwarten. Sie unterstützen die Kommunikation und Kooperation zwischen am Entwurfsprozess beteiligten Personen. In diesem Zusammenhang ist auch zu beobachten, dass Anbieter von CAD-Systemen oder Engineering Databases zunehmend Funktionen zur Steuerung des Entwicklungsprozesses in ihre Lösungen integrieren.

4.4.2.3.2.   Kooperation über leistungsfähige Kommunikationsnetze

Die Qualität und Geschwindigkeit des Entwurfs hängt immer stärker von der engen Kooperation verschiedener unternehmensinterner und -externer Partner ab. Leistungsfähige Kommunikationsnetze sind dazu eine Grundvoraussetzung. Die Kommunikation zwischen Entwurfssystemen ist durch ein hohes Datenvolumen gekennzeichnet. Bisher verfügbare Kommunikationsnetze lassen aufgrund ihrer Übertragungskapazitäten nur eingeschränkte Kooperationsformen zwischen am Entwurf beteiligten Personen zu. Wesentliches Kriterium ist die für ein Entwurfsobjekt benötigte Übertragungsdauer. Bild 4.4.2.3.2./1 zeigt einen Vergleich zwischen 64Kbit/s (z. B. Standleitung, ISDN) und 10 Mbit/s.

Anwendung	Datenvolumen	Übertragungsdauer	
		64 Kbit/s	10 Mbit/s
CAD-File	1-5 MB	3-13 Min.	1-5 Sek.
Layoutseite	6 MB	15 Min.	6 Sek.
Zeitungsseite	30 MB	> 1 Std.	30 Sek.
Computeranimation	1,6 GB	7 Std.	25 Min.
Computersimulation	1-2 GB	>8 Std.	35 Min

Bild 4.4.2.3.2./1: Vergleich der Übertragungsdauer von Entwurfsobjekten
[vgl. Telekom 1992, S. 16]

Leitungen mit 64 Kbit/s weisen Übertragungszeiten im Minuten- oder Stundenbereich auf. Sollen interaktive Kooperationsformen realisiert werden, sind Übertragungszeiten von wenigen Sekunden notwendig. Dies kann teilweise bereits durch eine Übertragungskapazität von 10 Mbit/s, wie sie bei heutigen lokalen Netzen üblich ist (z. B. Ethernet), realisiert werden [vgl. Bild 4.4.2.3.2./1]. Zukünftige Kommunikationsnetze weisen ein Vielfaches dieser Übertragungskapazität auf. So erzielen im lokalen Bereich FDDI-Netze eine Übertragungsgeschwindigkeit von 100 Mbit/s. Breitbandige öffentliche Kommunikationsdienste wie MANs oder B-ISDN erlauben zukünftig eine Leistungsfähigkeit von bis zu 140 Mbit/s. Eine farbige Druckseite (DIN A3, ca. 32 MB), die zuvor bei 64 Kbit/s etwas mehr als ein Stunde benötigte, ist mit 140 Mbit/s dann nur noch knapp eindreiviertel Sekunden unterwegs [vgl. Pape/Sandkuhl 1991, S. 142]. Welche Anwendungmöglichkeiten sich aus dieser Leistungssteigerung zur Koordination des Entwurfs ergeben, zeigt folgendes Beispiel aus dem Printmedienbereich.

Beispiel Entwurf/3

BILUS - Breitbandkommunikation zur Koordination der Layouterstellung

Die Herstellung von Printmedien ist durch sehr schnelle Zyklen vom Entwurf (Layouterstellung) bis zur Produktion (Druck) gekennzeichnet. Dabei entsteht ein starker Koordinationsbedarf zwischen den beteiligten Stellen. Im Rahmen des Projekts BILUS (Breitband-integrierte Layoutunterstützung) haben sich unterschiedliche Firmen der Publishing-Branche zur Erprobung neuer Koordinationsformen unter Einsatz der Breitbandkommunikation zusammengefunden. Als Kommunikationsinfrastruktur dient das BERKOM-Testnetz der Deutschen Telekom und der Stadt Berlin. Folgendes Anwendungsszenario wurde in Pilotform umgesetzt:

Drei Firmen aus Berlin, eine Werbeagentur, ein Satzbetrieb und ein Reprobetrieb, arbeiten in der Herstellung von Druckerzeugnissen zusammen. Die Werbeagentur gestaltet mit Hilfe eines DTP-Systems das Layout und überträgt dieses über das Breitbandnetz an den Satzbetrieb und an das Reprounternehmen. Der Satzbetrieb veredelt die Textbestandteile des Layouts (z. B. spezielle Schriftarten) mit Satzsystemen. Parallel dazu reproduziert das Reprounternehmen die Bildbestandteile des Layouts (z. B. Farbkorrekturen, Retuschen). Beide Unternehmen senden die so behandelten Layoutbestandteile in Feinauflösung über das Breitbandnetz zurück an die Werbeagentur zur Begutachtung. Notwendige Änderungen kennzeichnet die Werbeagentur mit Hilfe eines speziell entwickelten Kommentareditors (Co-Autorensystem) und schickt diese an das Satz- bzw. Reprounternehmen. Dieser Zyklus kann sich im Rahmen der Feinabstimmung mehrfach wiederholen. Schliesslich belichtet der Satzbetrieb den Text auf Film und das Reprounternehmen stellt die Farbauszüge der Bilddaten her. Die Übertragungszeiten sinken dabei durch die Breitbandkommunikation von einigen Stunden (64 Kbit/s) auf wenige Minuten oder sogar Sekunden (bis zu 140 Mbit/s). Als gemeinsames Datenaustauschformat für den Kommentareditor wurde TIFF gewählt [vgl. Pape/Sandkuhl 1991, S. 139ff.].

Eine ähnliche Anwendung erprobt das Versandhaus Quelle in Fürth in Zusammenarbeit mit dem Druck- und Verlagshaus Sebald zur Koordination der Katalogerstellung [vgl. Pape/Sandkuhl 1991, S. 144f.]. Weitere innerhalb des BERKOM-Testnetzes angesiedelte Projekte beschäftigen sich unter anderem mit

- dem Joint-Editing, d. h. dem gemeinsamen, verteilten und koordinierten Erstellen bzw. Bearbeiten von Dokumenten mit Hilfe von Desktop-Publishing-Systemen [vgl. Golm 1991, S. 126f.] oder

- der Einrichtung interaktiver CAD-Konferenzen durch den Austausch produktdefinierender Daten auf der Basis von STEP [vgl. Nowacki 1991, S. 274].

Diese Beispiele geben einen Eindruck über das Potential der Breitbandkommunikation zur Koordination des Entwurfsprozesses. Die breite Verfügbarkeit von B-ISDN ist allerdings frühestens gegen Ende der neunziger Jahre zu erwarten. MANs werden zum Teil bereits in der ersten Hälfte der neunziger Jahre zur Verfügung stehen und erste kommerzielle Anwendungsformen der "Breitbandkoordination" zulassen [vgl. Kap. 3.5.3.3./4.].

4.4.2.4.   Interaktive Visualisierung von Entwurfsobjekten

Die Visualisierung der Entwurfsobjekte in Entwurfssystemen ist schon relativ weit fortgeschritten. CAD-Systeme erlauben beispielsweise die dreidimensionale, bewegte Darstellung von Konstruktionselementen, Desktop-Publishing-Systeme binden hochauflösende Bildinformationen ein und Simulationssysteme ermöglichen die graphische Aufbereitung technisch-wissenschaftlicher Berechnungsergebnisse. Diese Möglichkeiten der Visualisierung sind, neben der ständigen Verbesserung der Graphik- bzw. Animationssoftware und der Bildschirmtechnik, vorwiegend auf die Leistungssteigerung von Workstations zurückzuführen. Mit der fortgesetzten Zunahme der Verarbeitungsleistung von Workstations in den nächsten Jahren ist ein weiterer qualitativer Sprung zu erwarten: die realitätsnahe, interaktive Visualisierung von Entwurfsobjekten.

4.4.2.4.1.   Realitätsnahe Visualisierung

Das Spektrum von Entwurfsobjekten, die unter wirtschaftlichem Ressourceneinsatz realitätsnah visualisiert werden können, wird sich aufgrund der Leistungssteigerung von Workstations und der Verbesserung der Visualisierungssoftware in den nächsten Jahren rasant ausdehnen. Bereits heute erlauben fortschrittliche Systeme, die in einem CAD-System erzeugten 3D-Modelle zu realistischen Bildern (sogenannte Rendered Images) weiterzuverarbeiten [vgl. Beispiel Entwurf/4]. Mit Hilfe von Rendering-Software werden einzelnen Objekten Materialien (z. B. Holz, Metall, Spiegel) zugeordnet, Lichtquellen bestimmt sowie Standpunkte und Blickwinkel definiert. So lassen sich beispielsweise die Inneneinrichtung eines Raumes oder die Gestalt eines neuen Produkts bereits vor ihrer Herstellung naturgetreu präsentieren. Die Anwendungssoftware greift dabei auf umfangreiche Modellbibliotheken zurück. Umgekehrt sind in den nächsten Jahren auch Systeme zu erwarten, die, ausgehend von einem oder mehreren Bildern eines realen Gegenstands, Modelle generieren, die sich dann in Entwurfssystemen weiterverarbeiten lassen [vgl. Pawson/Szlichcinsky 1992, S. 29ff.].

Beispiel Entwurf/4

• Realitätsnaher Entwurf bei Schwan STABILO

Ein konkretes Beispiel zur Visualisierung von Entwurfsobjekten bietet Schwan STABILO, Hersteller von Schreib-, Mal- und Kosmetikstiften aller Art. Der Schwerpunkt des CAD-Einsatzes liegt dort weniger in der Rationalisierung des Konstruktionsprozesses als in der Fähigkeit, schnell dreidimensionale, realitätsnahe Ansichten neuer Produkte zu erhalten und diese präsentieren zu können. Von Anfang an realisiert die Design-Abteilung die Entwürfe als dreidimensionale Modelle und legt diese als realistische Designs unternehmensintern oder Kunden in Papierform zur Begutachtung vor. Besonders bei den Kunden der

Kosmetikindustrie hat diese Form der Produktpräsentation starken Anklang gefunden. Schon in einer frühen Phase lassen sich neue Produkte von unterschiedlichen Seiten betrachten und können Variationen (z. B. Oberflächeneigenschaften, Farbtöne) flexibel diskutiert werden. Eine Bauteile-Datenbank erlaubt der Design- und Entwicklungsabteilung z. B. Kosmetikstifte nach Kundenwunsch im Baukastenprinzip zusammenzustellen. Kundenlogos werden per Scanner übernommen und an der gewünschten Stelle angebracht. Ist die Entscheidung für ein Produkt gefallen, erleichtert das vorliegende dreidimensionale Modell den Übergang zur Konstruktionszeichnung. Der nächste Schritt ist die Übergabe der Geometriedaten und Stücklisten an die Fertigung [IBM 1991b].

• **Designstudien mit CAD und HDTV bei Ford Europe**

Ford Europe kombiniert zweidimensionale Zeichen-Software, dreidimensionale Rendering-Software und HDTV-Technik, um Styling-Modelle neuer Produkte zu visualisieren. Ursprünglich auch auf die dreidimensionale Modellierung ausgerichtet, erkannte Ford, dass bereits das Erstellen zweidimensionaler Designskizzen durch Informationstechnik unterstützt werden kann.

Eine spezielle Zeichen-Software stellt dem Designer sämtliche Werkzeuge zur Verfügung, die er bisher auch für Papierzeichnungen einsetzte. Zusätzlich kann er existierende Bilder oder Photographien als Vorlage scannen und beliebig manipulieren. Varianten der Designstudie können leicht und mit geringerem Zeitaufwand erstellt werden. Zur Präsentation der Designstudien geht Ford mit dem Einsatz der HDTV-Technik ebenfalls neue Wege. HDTV erlaubt es, die Bilder in hoher Auflösung und realistischer Grösse auf eine Leinwand zu projizieren und zur Diskusssion zu stellen. Mit der Rendering-Software erstellte dreidimensionale, photorealistische Bilder können in das zweidimensionale System übertragen und ebenfalls über HDTV präsentiert werden. Trickfilmartige Animation und die Auswahl des passenden Bildhintergrundes runden die Visualisierung der Designstudien ab.

Diese Form der Visualisierung macht zwar das Anfertigen von Modellen nicht völlig überflüssig, reduziert jedoch deren Anzahl erheblich. Design- und Konstruktionsprozesse sind stärker integriert. So kann aus dem dreidimensionalen CAD-Modell direkt das Programm für eine computergesteuerte Modellfräsmaschine generiert werden. Eine Reduzierung des "time-to-market" um mehrere Monate ist die Folge [vgl. Pawson/Szlichcinsky 1992, S. 4ff.].

4.4.2.4.2.   Interaktiver, realitätsnaher Entwurf

Der Rendering-Prozess, d. h. die Berechnung des Bildes anhand der vorgegebenen Parameter, dauert heute mit einer Workstation mittlerer Leistungsfähigkeit vielfach noch mehrere Minuten und bei sehr guter Qualität (z. B. hohe Auflösung, hohe Farbtiefe, Lichtbrechungen, Reflektionen) teilweise noch bis zu mehreren Stunden. Eine Interaktion ist nur bedingt möglich. Auch der Aufbau einer Animation durch eine Abfolge von Bildern ist zwar softwaretechnisch unterstützt, wird jedoch durch den grossen Rechenaufwand noch erheblich behindert. Mit der Leistungssteigerung von Workstations - unter anderem durch den Einsatz immer schnellerer Grafikhardware - sinkt die Berechnungsdauer und steigt die Möglichkeit der Interaktion mit den visualisierten Entwurfsobjekten [vgl. Bild 4.4.2.4.2./1].

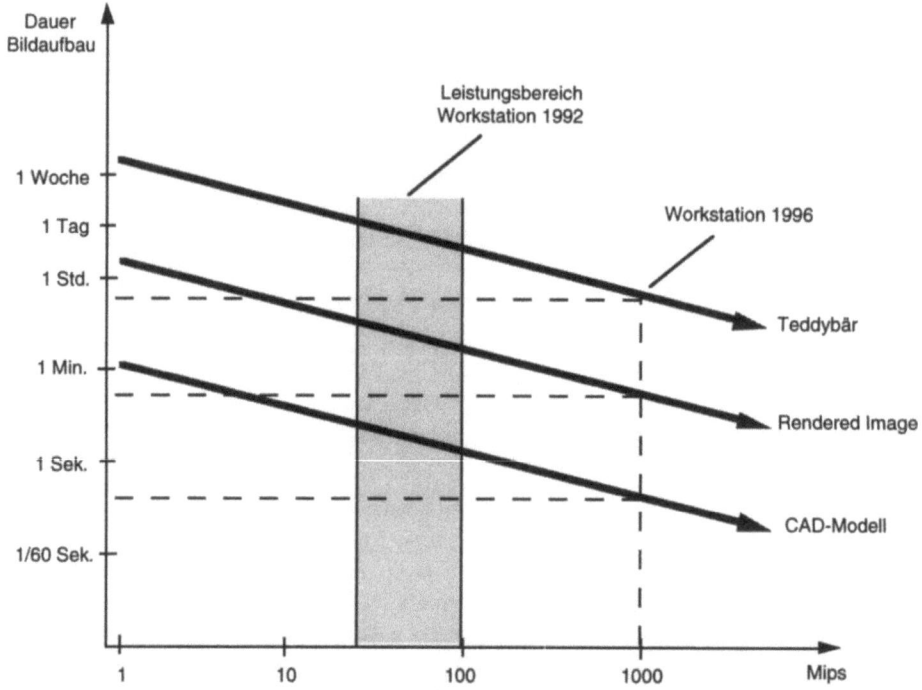

Bild 4.4.2.4.2./1: Interaktive Visualisierung von Entwurfsobjekten
[vgl. Pawson/Szlichcinski 1992, S. 31]

Bild 4.4.2.4.2./1 zeigt exemplarisch den Zusammenhang zwischen der Dauer des Bildaufbaus und der Verarbeitungsgeschwindigkeit von Workstations. Die zu visualisierenden Gegenstände sind ein einfaches, dreidimensionales CAD-Modell, ein hochwertiges Rendered Image und das Bild eines Teddybären, bei dem jede einzelne Pelzfaser separat abgebildet wird. Interaktives Modellieren ist mit Antwortzeiten im Sekundenbereich möglich. Eine Berechnungsdauer im Zehntel-Sekundenbereich erlaubt Echtzeit-Animation [vgl. Pawson/Szlichcinski 1992, S. 31].

Heute übliche Workstations sind für das interaktive Modellieren zwei- und dreidimensionaler CAD-Modelle geeignet. Bis Mitte der neunziger Jahre werden sie die Echtzeit-Animation komplexer CAD-Modelle erlauben, das interaktive Modellieren realitätsnaher Bilder zulassen und bei Bedarf multimediale Komponenten (z. B. Bewegtbild, Ton) in den Entwurf integrieren. Durch diesen interaktiven Charakter von Entwurfssystemen ergeben sich neue Anwendungsformen, beispielsweise in der Kommunikation mit dem Kunden. So könnte ein Innenarchitekt seinem Kunden den Entwurf plastisch präsentieren und in direkter Zusammenarbeit mit diesem Varianten durchspielen oder Änderungen vornehmen. Auch eine Animation, die freie Bewegungen durch den Raum simuliert, wäre realisierbar. Das Entwurfssystem wird damit zum Kommunikationsinstrument zwischen Anbieter und Kunde. In diesem

Zusammenhang könnte auch von einer zunehmenden "Aussenorientierung" von Entwurfssystemen gesprochen werden [vgl. Kap. 4.1.2.4.].

Die nächste Stufe der Interaktion mit Entwurfssystemen ist unter dem Schlagwort "Virtual Reality" in Entwicklung. Der Benutzer glaubt dabei, sich in einem dreidimensionalen Raum zu befinden, und interagiert über Navigationsinstrumente, die den Gesichts-, Gehör- und Tastsinn ansprechen (z. B. Stereodisplayhelm, Datenhandschuh) mit wirklichkeitsnahen, dreidimensionalen Objekten. Die dazu notwendige Technik steckt noch weitgehend in den Kinderschuhen, d. h. sie ist durch beschränkte Funktionalität und hohe Kosten gekennzeichnet. So basiert Virtual Reality noch auf relativ primitiven, dreidimensionalen Formen, ist vielfach noch langsam bzw. ungenau und erfordert eine unkomfortable Ausrüstung. Eine der Hauptursachen liegt in den sehr hohen Anforderungen an die Verarbeitungskapazität der eingesetzten Computer. Aufgabe des Computers ist es, photorealistische Darstellungen und Animationen der Objekte eines virtuellen Raums in Echtzeit synthetisch zu erzeugen. Bei einer Bildwiederholfrequenz von 20-25 Bildern pro Sekunde ist dazu eine Rechenkapazität erforderlich, die von heute verbreiteten Systemen noch nicht zufriedenstellend geleistet werden kann. Weitere Restriktionen bestehen beispielsweise noch in der mangelnden Auflösung der LCD-Stereobildschirme und in der Ungenauigkeit der Positions-sensoren [vgl. Stucki 1992, S. 65].

Erste Anwendungen zeigen bereits das kommerzielle Potential von Virtual Reality. Ein Unternehmensbereich von Matsushita Electric Works hat eine Applikation mit dem Namen "Virtuelle Küche" entwickelt, mit der Kunden ihre individuelle Küche durch die Kombination von Möbeln, Geräten und Ausrüstung kreieren können. Die Kunden bewegen sich, ausgestattet mit Helm und Brille, durch die simulierte Küche und können bei Bedarf Veränderungen vornehmen [vgl. Newquist 1992, S. 7]. Die Architektur ist ein häufig genanntes zukünftiges Einsatzgebiet von Virtual Reality. Am Architekturdepartement der ETH Zürich entsteht eine Virtual-Reality-Umgebung, die deren praktische Erprobung und Weiterentwicklung für den Architekturbereich vorantreiben soll [vgl. Schmitt 1992, S. 66]. Andere Beispiele kommen unter anderem aus dem Bereich der Flugsimulation, des Produktdesigns, der pharmazeutischen Forschung (Molekulardesign), der Vorbereitung chirurgischer Eingriffe, dem Netzwerkmanagement oder aus der Unterhaltungsindustrie [vgl. Krueger 1991, S. 24, Kikinis 1992, S. 67, Pawson/Szlichcinski 1992, S. 33f., Henger 1992, S. 6ff.].

Virtual Reality befindet sich zur Zeit in der Euphoriephase. In den nächsten Jahren wir es zu einer Konsolidierung der Erwartungshaltungen kommen. Bis Ende der neunziger Jahre sind Fortschritte bezüglich Technik und Wirtschaftlichkeit zu erwarten, welche die oben skizzierten Restriktionen schrittweise auflösen und zu einer weiteren Verbreitung von Virtual Reality führen werden. Die Übergänge von einer erweiterten graphischen Simulation zu Virtual-Reality-Anwendungen werden dabei fliessend sein.

4.4.2.5.   Know-how-Management im Entwurf

Entwurfssysteme kommen vorwiegend in know-how-intensiven Bereichen des Unternehmens zum Einsatz. Das computergestützte Know-how-Management spielt deshalb zur Unterstützung des Entwurfsprozesses eine wichtige Rolle. Aus diesem Grund soll an dieser Stelle als Ergänzung zu den allgemeineren Ausführungen in Kapitel 4.4. (Applikationstyp "Know-how") gesondert auf das Know-how-Management im Entwurf eingegangen werden.

Die für den Entwurf benötigten Informationsquellen sind vielschichtig. Abeln nennt unter anderem folgenden Know-how-Bedarf für den Konstruktionsprozess [vgl. Abeln 1990, S. 14]:

- Konstruktionswissen,

- bereits erarbeitete Lösungen,

- fertigungstechnologisches Know-how,

- Normen und Standards,

- Vorschriften, Verordnungen, Richtlinien und

- Materialeigenschaften.

Dieser Know-how-Bedarf kann durch

- den Aufbau und die Nutzung interner und externer Datenbanken sowie

- die Integration von Expertensystemen in Entwurfssysteme

informationstechnisch unterstützt werden. Zusätzlich fördert die bereits in Kapitel 4.4.2.3.2. dargestellte Kooperation über leistungsfähige Kommunikationsnetze den Austausch von Know-how.

4.4.2.5.1.   Gruppentechnik und Know-how-Datenbanken

Beim Aufbau von Datenbanken im Entwurf spielt die Gruppentechnik eine zentrale Rolle. Ursprünglich unabhängig von einer informationstechnischen Unterstützung entstanden, hilft die Gruppentechnik gleiche oder ähnliche Entwurfsgegenstände (z. B. Teile, Baugruppen, Erzeugnisse) wiederaufzufinden. Dazu werden die Gegenstände anhand konstruktiver und fertigungstechnischer Merkmale (sogenannte Sachmerkmale) beschrieben. Innerhalb der Normenreihe DIN 4000 des Deutschen Instituts für Normung wurde eine einheitliche Beschreibungssystematik entwickelt, die mit wenigen, aber entscheidenden Merkmalen Gegenstände vergleichbar macht. Dazu werden aus einander ähnlichen Teilen Gegenstandsgruppen (Teilefamilien) gebildet, die wiederum in Untergruppen unterteilbar sind. Jeder Gegenstandsgruppe ist ein Satz von Merkmalen zugeordnet, die in einer sogenannten Sachmerkmal-Leiste dokumentiert sind. Die DIN 4000 enthielt 1992 bereits über 300 solcher Sachmerkmal-Leisten [vgl. DIN 1992, S. 11].

Die Unterstützung durch die Datenbanktechnik, z. B. als integrierter Bestandteil einer Engineering Database, macht die Gruppentechnik zu einem mächtigen Instrument des Know-how-Managements im Entwurf. Auf bereits erarbeitete Lösungen kann effizient zugegriffen werden. Studien haben ergeben, dass bei einer sogenannten Neukonstruktion 80 Prozent der Teile bereits existieren oder aus bestehenden Teilen abzuleiten sind. Lediglich 20 Prozent der Teile sind tatsächliche Neukonstruktionen [vgl. Eigner et al. 1991, S. 26f.].

Das Prinzip der Gruppentechnik kann in angepasster und weniger standardisierter Form auch bei sogenannten Know-how-Datenbanken Anwendung finden. Erfahrungswissen, z. B. aus bereits abgewickelten Projekten, wird aufbereitet (z. B. textuelle Beschreibung, Zeichnungen, Projektpläne, Skizzen) und in einer Datenbank abgelegt. Das Wiederauffinden des Erfahrungswissens erfolgt über Deskriptoren, die unterschiedliche Sichten auf das gespeicherte Know-how zulassen. Handelt es sich um technische Produkte, kann die Know-how-Datenbank um Sachmerkmale ergänzt werden. Ein Beispiel ist die Know-how-Datenbank TADDY (Technical Applications Documentation and Decision Systems) der INA-Wälzlager Schaeffler KG, einem Hersteller von Wälzlagern. TADDY sammelt Informationen über kundenindividuelle Problemlösungen und enthält unter anderem CAD-Zeichnungen, Kundenskizzen, Fertigungsdaten sowie verbale Beschreibungen der Problemlösungen [vgl. Mertens/Griese 1991, S. 82f.].

Hinzu kommt die Möglichkeit, über Online- und verstärkt auch über CD-ROM-Datenbanken den Zugriff auf externe Informationsquellen zu vereinfachen. Das für den Entwurfsprozess interessante Datenbankangebot reicht von bibliothekarischen Datenbanken für technisch-wissenschaftliche Fachliteratur über Patent- und Normendatenbanken bis hin zu Faktendatenbanken für Werkstoffe oder chemische Verbindungen.

### 4.4.2.5.2.	Expertensysteme im Entwurf

Der Entwurf ist eines der wichtigsten potentiellen Einsatzgebiete von Expertensystemen. In den vergangenen Jahren sind in diesem Bereich eine Vielzahl von Prototypen und einige kommerziell eingesetzte Expertensysteme entstanden. Einen grossen Anteil bilden dabei in CAD-Systeme integrierte Expertensysteme [vgl. Mertens/ Borkowski/Geis 1990, S. 29f., Böhm 1991, S. 223ff.]. Diese können beispielsweise

- die Berücksichtigung firmen-, branchen-, kunden- oder produktspezifischer Richtlinien bzw. Normen sicherstellen,

- auf Konstruktionsfehler hinweisen (z. B. Unverträglichkeit von Werkstoffen, Montagehindernisse),

- Konstruktionsalternativen anbieten und diese z. B. anhand der Kosten bewerten oder

- Entwürfe auf ihre Funktionalität testen.

Expertensysteme in CAD-Systemen unterstützen damit vorwiegend die Funktionen "Modellieren" und "Spezifizieren". Sie entwickeln sich zukünftig zu komfortablen "intelligenten Entwurfs-Assistenten" weiter [vgl. Weizer 1991, S. 170].

Einen weiteren Schwerpunkt bilden Expertensysteme, die das Konfigurieren komplexer Produkte (z. B. Anlagen, Rechnernetze, Dienstleistungen) unterstützen. Konfiguratoren überprüfen beispielsweise die Verträglichkeit von Teilkomponenten, optimieren deren Zusammenstellung und kontrollieren Angebote auf Vollständigkeit. Diese vertriebsnahe Anwendungsform von Expertensystemen macht häufig das zeitaufwendige Hinzuziehen teurer Konstruktionsspezialisten überflüssig [vgl. Krause 1991, S. 301f.].

Eines der bekanntesten Beispiele dafür ist das Expertensystem XCON zur Konfiguration von Rechenanlagen der Firma Digital Equipment (DEC). Das Expertensystem übernimmt die Konsistenzprüfung der Teilkomponenten, macht Vorschläge zur Optimierung der Gesamtanlage und bestimmt die dazu notwendigen Leitungsverknüpfungen [vgl. McDermott 1982, S. 39ff.]. Ein anderes Beispiel ist das Expertensystem OptiNet der schweizerischen PTT-Betriebe [vgl. Beispiel Entwurf/5].

Beispiel Entwurf/5

Konfiguration von Virtual Private Networks mit OptiNet

Zusammen mit dem Institut für Informatik und angewandte Mathematik der Universität Bern arbeitet die PTT an einem System, das die Planung, Konfiguration und Optimierung virtueller privater Netze (VPN) unterstützen soll. Virtuelle private Netze stehen Unternehmen wie ein privates Netz zur Verfügung, kombinieren aber dazu mehrere Telekommunikationsdienste, wie Telepac, Mietleitungen, Swissnet oder Megacom [vgl. Kap. 4.2.2.1.5.]. Die Kombination dieser Dienste zu einer auf ein Unternehmen zugeschnittenen und kostengünstigen VPN-Konfiguration ist die Aufgabe von OptiNet.

Mit Hilfe des OptiNet-Moduls Kommat (Kommunikationsmatrix-Managementtool) modelliert der Telekomberater die Telekommunikationsbedürfnisse des Kunden. Neben den logischen Kommunikationsverbindungen werden Qualitätsmerkmale wie Fehler- und Ausfallwahrscheinlichkeit, Verfügbarkeit und Sicherheit sowie Zusatzdienste bestimmt. Darauf aufbauend nimmt Kommat eine Vorselektion der den Qualitätsansprüchen genügenden Dienste vor. Das OptiNet-Modul Nedemus (Network design for multiple services) konfiguriert dann, unter Berücksichtigung von Tarifstrukturen, Datenvolumen und Verbindungsdauer, den für den Kunden kostengünstigsten VPN-Entwurf [vgl. Oppliger/ Weber/Liver 1992, S. 43ff.].

Expertensysteme besitzen das Potential, in nahezu allen Phasen des Entwurfs unterstützend zu wirken. Die oben genannten Beispiele dürfen jedoch nicht darüber hinwegtäuschen, dass ein grosser Teil des Potentials noch nicht in operative Systeme umgesetzt ist. Für die neunziger Jahre ist zu erwarten, dass mit den gewachsenen Erfahrungen in der Entwicklung von Expertensystemen die Funktionalität von Entwurfssystemen durch wissensbasierte Komponenten weiter gesteigert werden kann. Ein
wichtiger Erfolgsfaktor dabei ist, wie gut es gelingt, Expertensysteme mit konventionellen Entwurfssystemen (z. B. Verbindung von Geometrie- und Wissensverarbeitung)
zu koppeln [vgl. Warnecke 1991, S. 40f., Krause 1991, S. 299].

4.4.2.6.   Computer Aided Software Engineering

Unter dem Begriff Computer Aided Software Engineering (CASE) ist in den letzten
Jahren eine Vielzahl von Werkzeugen entstanden, die zu einer Produktivitätssteigerung und Qualitätsverbesserung des Softwareentwicklungsprozesses beitragen sollen.

Die während des Softwareentwicklungsprozesses wahrzunehmenden Aufgaben sind
als eine Ausprägung der für Entwurfssysteme allgemein definierten Funktionen "Modellieren", "Spezifizieren", "Analysieren/Simulieren", "Konfigurieren" und "Generieren"
zu betrachten [vgl. Bild 4.4.2.6./1].

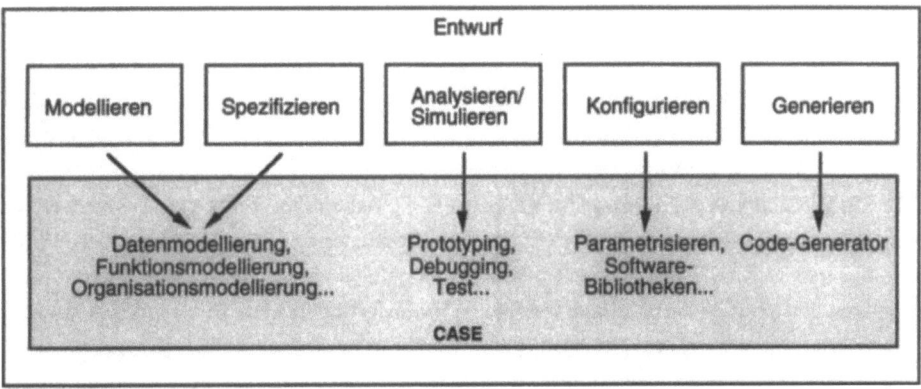

Bild 4.4.2.6./1: Ausprägung der Entwurfsfunktionen in der Softwareentwicklung

Den Funktionen "Modellieren" und "Spezifizieren" entsprechen im Software-Engi-
neering die Daten-, Funktions- und Organisationsmodellierung in ihren unterschiedlichen Detaillierungsstufen. Prototyping, Debugging und Testläufe sind eine Form der
Simulation, und das Zusammenfügen von Programmbausteinen aus Softwarebibliotheken oder das Parametrisieren von Standardsoftware kann als eine Form des Konfi-
gurierens betrachtet werden. Schliesslich erlauben heutige CASE-Systeme auch das
Generieren von Programmcodes aus der vorausgegangenen Modellierungs- und Spe-
zifikationsarbeit.

Die in der Vergangenheit in CASE gesetzten Erwartungen konnten weitgehend nicht erfüllt werden. Nach einer Befragung der Butler Cox GmbH unter 75 Organisationen betonten über 80 Prozent der Befragten, dass die Vorteile, die sie sich von ihrer Investition in CASE erhofft hatten, nicht eingetreten sind [vgl. CW 1992b, S. 1]. Dieses Ergebnis ist unter anderem auf übertriebene Erwartungen in CASE und auf zu stark technikorientierte Einsatzkonzepte zurückzuführen. Dennoch besitzt CASE ein hohes Potential zur Verbesserung der Softwareentwicklung, das mit zunehmender Reife der Technik und der Anwender schrittweise umgesetzt werden dürfte. Folgende Entwicklungen sind innerhalb von CASE während der neunziger Jahre zu erwarten:

• **Integriertes CASE**

Unter einem integrierten CASE ist eine Entwicklungsumgebung zu verstehen, "die eine methodisch lückenlose Integration von der Planung bis zur Konstruktion von Informationssystemen unterstützt. Sie unterstützt sämtliche Tätigkeiten der Systementwicklung mit Werkzeugen" [Österle/Gutzwiller 1992, S. 25].

Die Anwendung von CASE-Tools in klar eingegrenzten Aufgabenbereichen (z. B. Analyse- und Design-Werkzeuge, Code-Generatoren) wird in den nächsten Jahren stark voranschreiten. Eine Integration der einzelnen Werkzeuge erfolgt nur partiell. Damit bleiben wesentliche Nutzenpotentiale, die durch eine integrierte CASE-Umgebung (I-CASE) realisierbar wären, vorerst ungenutzt [vgl. Bild 4.4.2.6./2, Butler Cox 1990, S. 2].

Integrierte CASE-Umgebungen stehen noch am Anfang ihrer Entwicklung. Bisher beschränkt sich das Angebot der meisten Hersteller auf einzelne Komponenten einer Entwicklungsumgebung. Erst wenige Anbieter, wie Texas Instruments mit dem Produkt Information Engineering Facility (IEF), haben ihre Entwicklungswerkzeuge im Sinne eines integrierten CASE zusammengebunden. Die Integration der Werkzeuge unterschiedlicher Hersteller scheitert vielfach an der mangelnden Kommunikationsfähigkeit der einzelnen CASE-Tools aufgrund fehlender Standards und an den heterogenen methodischen Grundlagen des Software-Engineerings [vgl. Forte/Norman 1992, S. 30ff.].

Auch zukünftig ist kein "Standard-Case-Tool" zu erwarten, das multifunktional für alle Applikationsarten (z. B. Expertensysteme, Transaktionssysteme, Multimedia-Applikationen, Kommunikationssysteme) und über alle Phasen der Softwareentwicklung eingesetzt wird. Zu unterschiedlich sind die Anforderungen an die Entwicklung der einzelnen Informationssystemtypen [vgl. Österle/Gutzwiller 1992, S. 37f.]. Integrierte CASE-Umgebungen werden schrittweise aus dem Zusammenführen von Teilmodulen entstehen, die sich an methodischen und technischen Standards (z. B. Euromethod, CDIF) orientieren. Mit einer breiteren Umsetzung integrierter Entwicklungsumgebungen in den Unternehmen ist frühestens ab Mitte der neunziger Jahre zu rechnen [vgl. Butler Cox 1990, S. 9, Gutzwiller/Österle 1990, S. 17ff.].

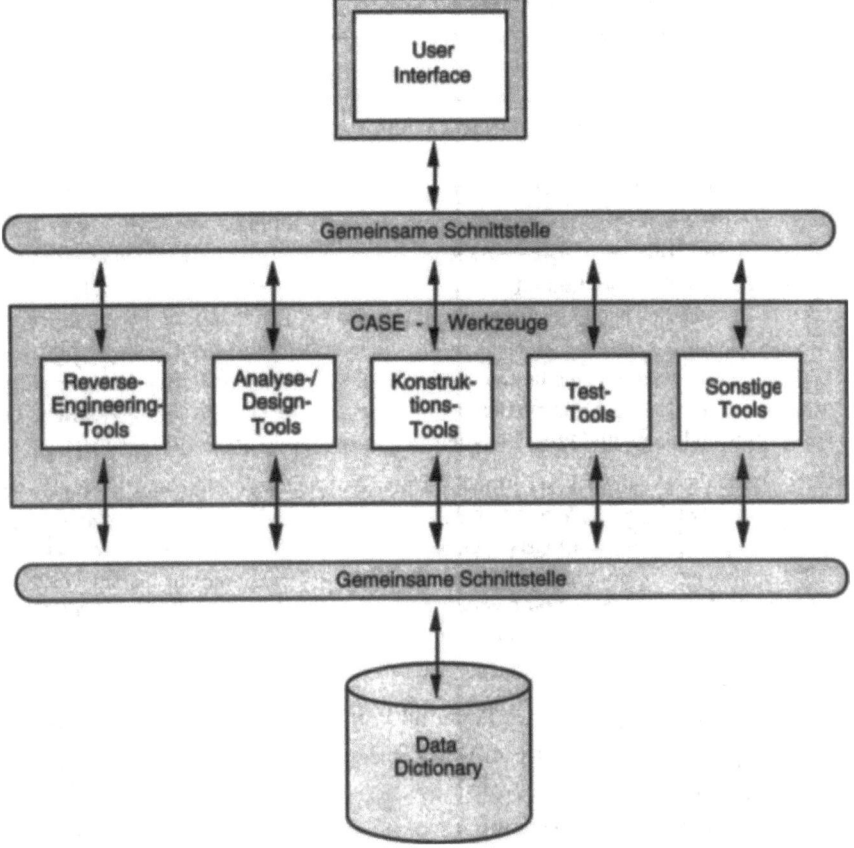

Bild 4.4.2.6./2: Integriertes CASE

- **Zusammenwachsen von Eigenentwicklung und Fremdbezug**

Für die neunziger Jahre ist ein Zusammenwachsen von Eigenentwicklung und Fremdbezug im Softwarebereich zu erwarten. Standard-Anwendungssoftware lässt sich zunehmend flexibler an die konkreten Bedürfnisse der Unternehmen anpassen. Daneben sind in den neunziger Jahren sogenannte Branchen- bzw. Anwendungsplattformen im Entstehen. Diese Plattformen - auch Templates genannt - stellen branchen- bzw. anwendungsspezifische Entwürfe für Informationssysteme bereit. Sie werden in einer Entwicklungsdatenbank abgelegt und zusammen mit CASE-Werkzeugen angeboten [vgl. Österle/Sanche 1993, S. 38f.]. Beispiele für solche Plattformen sind die Financial Application Architecture (FAA) und die Insurance Application Architecture (IAA) von IBM sowie die nachfolgend beschriebene Frequent-Flyer-Plattform von Canadian Airlines [vgl. IBM 1992a, IBM 1992b].

Beispiel Entwurf/6

Frequent-Flyer-Anwendungsplattform von Canadian Airlines

Die Frequent-Flyer-Applikation von Canadian Technology Services (CTS), der Technologiedivision von Canadian Airlines, ist ein gutes Beispiel für das Potential von Anwendungsplattformen. Aufgabe von CTS war es, die bestehende, batchorientierte Frequent-Flyer-Applikation abzulösen, um neuen Anforderungen, wie z. B. einem grösseren Kundenstamm, gerecht werden zu können. Zwei Entscheidungen wurden dazu getroffen: die Implementierung relationaler Datenbanktechnik sowie der Zukauf und die Anpassung einer Frequent-Flyer-Applikation einer anderen Fluggesellschaft. Diese Applikation war mit Hilfe des CASE-Werkzeugs Information Engineering Facility (IEF) von Texas Instruments erstellt und in diesem als Template abgelegt worden. Aufgrund des noch rudimentären Charakters dieses Templates nahm CTS erhebliche Anpassungen und Erweiterungen vor, um den eigenen geschäftlichen Anforderungen gerecht werden zu können. Damit entstand eine umfangreiche Frequent-Flyer-Plattform mit einem ausgeprägten Daten- und Funktionsmodell und implementierungsnahen Spezifikationen. Datenbankanwendungen und Programmodule wurden daraus automatisch generiert.

CTS konnte das Frequent-Flyer-Projekt in nur 10 Monaten abschliessen. Eine vollständige Eigenentwicklung hätte mindestens 2 Jahre beansprucht. Hinzu kommt eine erhebliche Verbesserung der Wartbarkeit des Systems. Die Deutsche Lufthansa AG hat kürzlich eine Lizenzvereinbarung mit Canadian Airlines International zur Nutzung und Anpassung der Frequent Flyer Plattform sowie dem zugehörigen Kundendatenbanksystem getroffen [vgl. I/S Analyzer 1992d, S. 3f.].

Wie das Beispiel zeigt, liegt das Potential von Anwendungs- bzw. Branchenplattformen darin, den Entwicklungsaufwand für die Softwareentwicklung zu reduzieren, das Entwicklungsrisiko abzuschwächen und vorhandenes Branchen- bzw. Anwendungs-Know-how einzukaufen und an die eigenen Bedürfnisse anzupassen. Der objektorientierte Entwicklungsansatz könnte bei der zukünftigen Entwicklung solcher Plattformen eine Schlüsselrolle einnehmen [vgl. Lindtner 1992, S. 101ff.].

- **Schrittweiser Aufbau der CASE-Umgebung**

  CASE wird in den nächsten drei bis fünf Jahren vor allem bei grossen Neuentwicklungen oder beim Ersatz vorhandener Informationssysteme den grössten Nutzen bringen. Je mehr Entwicklungsprojekte über CASE-Produkte abgewickelt werden und in einer Entwicklungsdatenbank dokumentiert sind, desto grösser wird auch der Nutzen z. B. bei kleineren Änderungsprojekten sein. Mit der Entwicklungsdatenbank wächst schrittweise die Basis für eine produktive CASE-Umgebung [vgl. Österle/Gutzwiller 1992, S. 34ff.].

- **Anpassung an neue Entwicklungen**

  CASE-Tools in der heutigen Form sind auf die Entwicklung und Wartung traditioneller, monolithischer Transaktionssysteme ausgerichtet. Zukünftige CASE-Tools müssen neue Entwicklungen wie verteilte Systeme, Multimedia oder Workflow-Applikationen berücksichtigen. So erfordern verteilte Systeme eine stärkere Berücksichtigung der Kommunikationsprozesse, multimediale Systeme die Koordination unterschiedlicher Medien und Workflow-Applikationen neue Konzepte der Organisationsmodellierung [vgl. Norman/Chen 1992, S. 14].

- **Methoden-Engineering**

Zukünftige CASE-Werkzeuge werden weniger Systementwicklungsmethoden fest implementiert haben, als dass sie stärker eine anpassbare Entwicklungsumgebung anbieten (Meta-CASE). Dieser Ansatz erlaubt die unternehmensindividuelle und projektspezifische Anpassung der Entwicklungsmethode und Toolumgebung. Eine wesentliche Voraussetzung dafür ist deren Ausrichtung an Richtlinien und Standards [vgl. Heym 1993].

- **Objektorientierung**

Das Software Engineering wird sich im Laufe der neunziger Jahre am objektorientierten Ansatz ausrichten. Diese Entwicklung wird weniger in Form eines revolutionären Sprungs als vielmehr in Form einer sukzessiven Erweiterung der Softwareentwicklung um objektorientierte Konzepte ablaufen.

Bisher am weitesten fortgeschritten sind objektorientierte Programmiersprachen wie z. B. C++ oder Smalltalk [vgl. Kap. 3.6.3.2.]. Auf dem Markt sind bereits einige objektorientierte Datenbankmanagementsysteme (z. B. Ontos, GemStone) verfügbar; sie befinden sich allerdings noch am Anfang ihrer kommerziellen Verbreitung [vgl. Kap. 3.6.2.4.]. Um die Vorteile der Objektorientierung über den gesamten Softwareentwicklungsprozess nutzen zu können, ist die Entwicklung und Einführung objektorientierter Analyse- und Designmethoden notwendig. Bisher hat sich noch keine durchgängige Methode etabliert.

Einer der grössten Nutzeneffekte der Objektorientierung ist aus dem Aufbau von Objektbibliotheken zu erwarten. Softwareobjekte, vereinfacht verstanden als eine Kombination von (klassifizierten) Daten und der auf diesen Daten ausführbaren Funktionen, repräsentieren dabei Objekte der realen Welt (z. B. Auftrag oder Kunde) und können aufgrund ihres modularen Charakters zu Applikationen zusammengebunden werden. Damit unterstützt die Objektorientierung die Wiederverwendbarkeit von Softwarebausteinen und kürzt den Entwicklungsprozess ab. Mit zunehmender Reife des objektorientierten Ansatzes im Laufe der neunziger Jahre werden Unternehmen schrittweise Objektbibliotheken aufbauen. Neben eigenentwickelten Modulen werden diese auch in wachsendem Masse zugekaufte Pakete zusammengehöriger Objekte im Sinne der oben genannten Branchen- bzw. Anwendungsplattformen beinhalten.

• Koordination des Entwurfs

Softwareentwicklung ist ein kooperativer Prozess. Bei grossen Softwareentwicklungsprojekten arbeitet eine Vielzahl von Personen an unterschiedlichen Orten an Aufgaben mit teilweise hoher Interdependenz. Der Erfolg des Projekts hängt unter anderem von der Koordination dieser Teilaufgaben ab. Neben bereits verfügbaren Projektmanagement-Tools kann zukünftig die Integration von Groupware-Funktionen in die Entwicklungsumgebung die Kommunikation und Kooperation zwischen den Teammitgliedern verbessern und zur Koordination des Entwurfs beitragen [vgl. Forte/Norman 1992, S. 30].

Die obigen Ausführungen zeigen, dass CASE starke Parallelen zu anderen Entwurfssystemen wie z. B. denjenigen der technischen Konstruktion, aufweist. So ist in beiden Bereichen die Integrationsproblematik ein dominierendes Thema und in beiden Fällen spielen Datenbanken (Engineering Database/Entwicklungsdatenbank) und Standardisierungsbemühungen (z. B. CIMOSA/Euromethod) zu deren Lösung eine zentrale Rolle. Sowohl bei der technischen Konstruktion als auch bei der Softwareentwicklung beeinflusst die Wiederverwendbarkeit einmal erarbeiteter Lösungen (Teile/Softwaremodule) erheblich die Produktivität des Entwurfsprozesses. Auch ist eine gewisse Ähnlichkeit zwischen der Entwicklung integrierter Produktmodelle (evtl. erweitert um Branchenwissen) und Branchen- bzw. Anwendungsplattformen zu erkennen. CIM und I-CASE können somit mit Einschränkung als analoge Konzepte für zwei unterschiedlichen Einsatzbereiche bezeichnet werden.

4.4.3.   Zusammenfassung

Die in den neunziger Jahren zu erwartende Entwicklung von Entwurfssystemen lässt sich in folgenden Thesen zusammenfassen.

• Die Leistungssteigerung und Kostenreduzierung bei Workstations sowie die Verfügbarkeit ausgereifter Softwarepakete führt zu einer weiteren Verbreitung des computerunterstützten Entwurfs auch in kleineren und mittleren Unternehmen.

• Entwurfssysteme dehnen sich in den nächsten Jahren weiter auf neue Aufgaben und Branchen aus. Fortschritte in der Leistungsfähigkeit von Entwurfssystemen bewirken eine anhaltende Verschiebung vom realen Modellversuch zur Computersimulation.

• Zukünftige Entwurfssysteme stellen Entwurfs-, Office- und Information-Retrieval-Funktionen im Sinne eines multifunktionalen Arbeitsplatzes integriert bereit und erhöhen damit die Produktivität der am Entwurfsprozess beteiligten Personen.

• Die noch weit verbreitete isoliert-arbeitsplatzorientierte bzw. zentral-rechenzentrumsorientierte Infrastruktur von Entwurfssystemen entwickelt sich zu einer verteilten, hybriden Systemarchitektur weiter. Damit wird eine flexible und wirtschaftliche Nutzung der im Unternehmen vorhandenen Ressourcen möglich.

- Engineering Databases, integrierte Produktmodelle und standardisierte Datenaustauschformate führen in den neunziger Jahren zu einer stärkeren Integration der Entwurfsumgebung.

- Die Integration von Entwurfssystemen, die Unterstützung kooperativer Funktionen durch Groupware bzw. Workflow-Applikationen und die Verfügbarkeit leistungsfähiger Kommunikationsnetze fördern in Zukunft die Koordination des Entwurfsprozesses.

- Das Spektrum von Entwurfsobjekten, die unter wirtschaftlichem Ressourceneinsatz realitätsnah visualisiert werden können, dehnt sich aufgrund der Leistungssteigerung von Workstations und der Verbesserung der Visualisierungssoftware in den nächsten Jahren stark aus.

- Mit der zunehmend interaktiven Form der Visualisierung von Entwurfsobjekten entstehen neue Anwendungsformen und Einsatzgebiete von Entwurfssystemen, z. B. in der Verkaufsunterstützung.

- Die erweiterte Nutzung der Gruppentechnik, der Aufbau von Know-how-Datenbanken und der Einsatz von Expertensystemen tragen in den neunziger Jahren zu einer Verbesserung des Know-how-Managements im Entwurf bei[2].

Mit den dargestellten Entwicklungen werden langsam die informationstechnischen Grundlagen so ambitiöser Konzepte wie Simultaneous Engineering oder CIM geschaffen. Für deren tatsächliche Umsetzung ist allerdings die Berücksichtigung der organisatorischen Rahmenbedingungen von mindestens gleichrangiger Bedeutung.

---

[2] Auf eine nochmalige Zusammenfassung der Trends im CASE-Bereich wird an dieser Stelle verzichtet und auf die bewusst kurzgehaltenen Ausführungen in Kapitel 4.4.2.6. verwiesen.

4.5.   Applikationstyp "Know-how"

Die Innovationskraft eines Unternehmens hängt in starkem Masse davon ab, wie gut es Know-how aufbauen und bestehendes Know-how nutzen kann. Dem Know-how-Management ist deshalb eine wachsende Bedeutung für die Wettbewerbsfähigkeit von Unternehmen zuzumessen.

Know-how kann als Information verstanden werden, die in konkretem Bezug zu einer Problemlösung steht. Know-how-Systeme stellen demnach Informationen zur Problemlösung bereit, sei es in Form konkreter Problemlösungsvorschläge (z. B. bei Expertensystemen), in Form von Schulungsinhalten oder in Form von im situativen Kontext zu interpretierender Information (z. B. bei externen Informationsbanken). Die Grenze zwischen Informationssystemen und Know-how-Systemen ist damit fliessend.

Know-how ist in Unternehmen in vielfältiger Form vorhanden. So ist es in der Produktentwicklung die wissenschaftliche und technische Kompetenz, in der Rechtsabteilung die juristische Erfahrung, im Marketing die Marktkenntnis, in der Fertigung die Kenntnis der Verfahrenstechnik oder im Rechnungswesen der buchhalterische Sachverstand [vgl. Sveiby/Lloyd 1990, S. 13]. Aufgabe des Know-how-Managements ist es, die Rahmenbedingungen für den Aufbau, die Nutzung und die Pflege von Know-how im Unternehmen zu schaffen [vgl. Winand 1991, S. 378f.]. Fehlende Transparenz über vorhandenes Know-how, geographische Distanz zwischen Know-how-Trägern oder mangelnde problemorientierte Aufbereitung von Informationen behindern häufig ein effektives Know-how-Management. Der Einsatz von Informationstechnik kann helfen, diese Hindernisse zu überwinden.

4.5.1.   Charakteristika von Know-how-Systemen

Die Mehrzahl betrieblicher Applikationen unterstützt heute Aufgabenbereiche mit klar formalisierbaren Problemstellungen. Applikationen vom Typ "Know-how" finden in Bereichen Einsatz, die einen relativ geringen Formalisierungsgrad aufweisen, wie z. B. betriebliche Ausbildung, Kreditberatung, Fehlerdiagnose oder Zugriff auf Fachinformationen. Der Strukturierungsgrad der Daten und der Verarbeitung ist tendenziell gering.

Expertensysteme spielen hier eine bedeutende Rolle, decken allerdings nur einen Teilbereich aller Applikationen des Typs "Know-how" ab. Eine Applikation muss nicht zwingend ein wissensbasiertes System sein, um das betriebliche Know-how-Management unterstützen zu können. Vielmehr nehmen auch Systeme, die den Kommunikationsprozess zwischen Personen fördern (z. B. Groupware, Videoconferencing), den Zugriff auf Know-how erleichtern (z. B. Know-how-Datenbanken) oder die Präsentation von Wissen verbessern (z. B. Hypermedia-Systeme), eine gleichbedeutende Rolle ein. Entsprechend vielfältig sind auch die Entwicklungsumgebungen für Know-how-Systeme. Sie reichen von Endbenutzer-Plattformen zur Erstellung von Groupware-Applikationen über Autorensysteme zur Entwicklung eines multimedialen Schulungssystems bis zu Expertensystem-Shells und Programmiersprachen wie Prolog und Lisp.

4.5.1.1. Funktionen

Bild 4.5.1.1./1 zeigt fünf Funktionen, die durch Know-how-Systeme unterstützt werden und dazu beitragen, den betrieblichen Know-how-Bedarf zu decken.

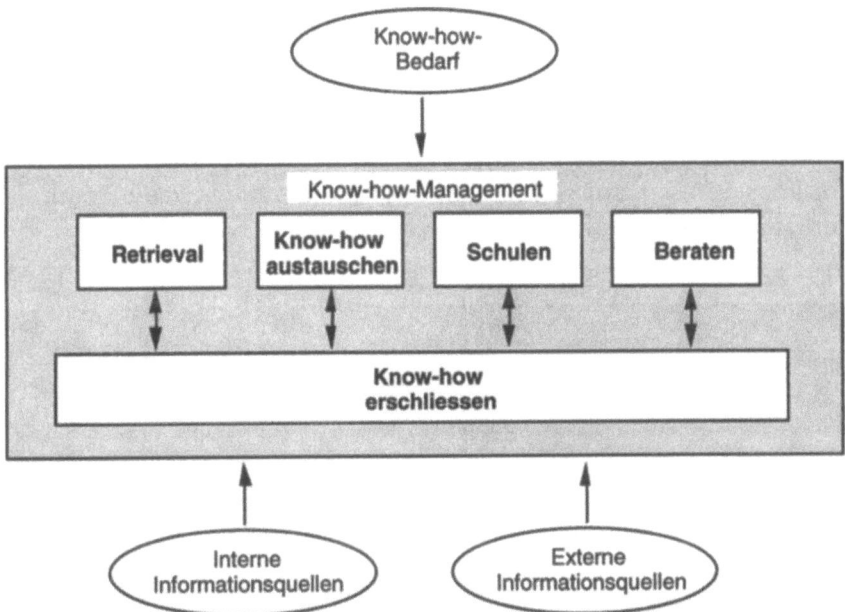

Bild 4.5.1.1./1: Funktionen des Applikationstyps "Know-how"

• Know-how erschliessen

Das Erschliessen von Know-how, d. h. das problemorientierte Aufbereiten interner und externer Informationen, ist eine der wichtigsten Voraussetzungen für ein effektives Know-how-Management. Beispiele dafür sind

- das Indexieren von Dokumenten im Rahmen der Dokumentenverwaltung,

- das Knowledge Engineering zur Entwicklung eines wissensbasierten Systems,

- das Aufbereiten und Bereitstellen von Erfahrungswissen über Werkstoffe in einer technischen Datenbank,

- das Beschreiben von Bauteilen mit Hilfe von Sachmerkmal-Leisten in der technischen Konstruktion oder auch

- die visuelle Präsentation komplexer Zusammenhänge.

Mit dieser Aufbereitung von Informationen wird die Grundlage geschaffen, auf Know-how leichter zuzugreifen, es weiterzugeben, aufzunehmen oder zu verarbeiten. So hilft das Deskribieren von Dokumenten anhand eines Thesaurus (Inhaltserschliesssung) beim Zugriff auf Dokumente ähnlichen Inhalts oder zu gleichen Themenbereichen. Im Rahmen des Knowledge Engineerings wird Expertenwissen extrahiert und einem breiteren Benutzerkreis durch intelligente Verarbeitungsmechanismen (Inferenzmaschine) zur Verfügung gestellt. Sachmerkmal-Leisten ermöglichen die standardisierte Beschreibung technischer Merkmale und unterstützen das Auffinden ähnlicher Bauteile [vgl. Kap. 4.4.2.5.1.]. Schliesslich erlaubt die Visualisierung von ursprünglich in numerischer oder textueller Form repräsentierten Informationen, Know-how leichter aufzunehmen.

• **Retrieval**

Der Zugriff auf Know-how wird häufig dadurch behindert, dass weder bekannt ist, ob relevante Informationen zum jeweiligen Problembereich vorhanden sind, noch Klarheit besteht, wie diese Informationen beschafft werden können. Ziel des Retrieval ist es, Mechanismen und Werkzeuge bereitzustellen, die einen effizienten Zugriff auf Know-how zulassen. Beispiele dafür sind

- die Suche nach ähnlichen Fällen der Rechtssprechung in einer Volltextdatenbank einer grossen Anwaltskanzlei,

- das Auffinden von ähnlichen Bauteilen und dem damit verbundenen Konstruktionswissen in einer technischen Datenbank oder

- das freie Navigieren in einer hypertextartig strukturierten Online-Dokumentation zur Behebung eines Softwarefehlers.

Neben dem Zugriff auf unternehmensinternes Know-how (z. B. technische Datenbanken, Kundendatenbanken) sollen Retrievalsysteme auch externes Know-how bereitstellen. Beispiele dafür sind die weltweit über 5.000 Online-Datenbanken, die den rechnergestützen Zugriff auf Fachinformationen von der Firmen- über die Literatur- bis zur Werkstoffdatenbank ermöglichen [vgl. Kap. 4.5.3.2.1.].

- **Know-how austauschen**

Die Funktion "Know-how austauschen" rückt den Kommunikationsaspekt von Know-how-Systemen in den Vordergrund. Die Informationstechnik übernimmt dabei eher eine Vermittlerfunktion, als dass sie selbst als Know-how-Träger fungiert. Das kann zum einen über das Bereitstellen von Metainformationen (wer besitzt welches Know-how) als auch durch das Einrichten der dazu notwendigen Kommunikationskanäle (z. B. Videokonferenz) passieren. Know-how-Systeme fördern damit den Austausch von Know-how zwischen Personen. Beispiele dafür sind

- die Kommunikation zwischen zwei Konstruktionsabteilungen über Videokonferenz zur Lösung eines technischen Problems,

- der Zugriff auf die unternehmensweite Datenbank eines grossen Beratungsunternehmens, die darüber Auskunft gibt, welche Mitarbeiter über welche Fachkenntnisse und Projekterfahrungen verfügen oder

- der gemeinsame Entwurf eines Produkts über kooperierende, räumlich verteilte CAD-Systeme, die durch ein leistungsfähiges Kommunikationsnetz miteinander verbunden sind.

Diese Form von Kommunikationsanwendungen weisen im Vergleich zu anderen Know-how-Systemen den geringsten Formalisierungsgrad und die höchste Flexibilität auf. Lediglich die technischen Kommunikationsprotokolle sind im voraus festgelegt; die Kommunikationsinhalte, also das Know-how selbst, sind im Gegensatz zu beispielsweise Datenbanken oder Expertensystemen nicht vordefinierter Bestandteil des Systems.

- **Schulen**

Know-how-Applikationen können den Aufbau von Know-how im Unternehmen fördern. Vom Wettbewerb geforderte kürzere Produktlebenszyklen und sich durch die technologische Entwicklung verändernde Arbeitsumgebungen stellen hohe Anforderungen an die Lernfähigkeit der Mitarbeiter eines Unternehmens. Ob die Einführung eines neuen Produktes, einer neuen Technologie oder einer neuen organisatorischen Massnahme den erhofften Erfolg bringt, hängt häufig von der Vorbereitung der davon betroffenen Mitarbeiter ab. Schulungsmassnahmen sollen die dazu notwendigen Fachkenntnisse vermitteln. Probleme bereitet hier insbesondere die möglichst schnelle Verbreitung des Wissens bei den Betroffenen.

Der Einsatz von Informationstechnik kann helfen, die bestehenden zeitlichen und räumlichen Restriktionen der Wissensverbreitung zu überwinden [vgl. MacFarlane 1990, S. 22]. Unter den Schlagworten "Computer Assisted Learning" (CAL), "Computer Based Training" (CBT) oder "Computer Assisted Instruction" (CAI) entstehen Applikationen, die beispielsweise die Bedienung von Personal Computern schulen, den Aussendienst über die Funktionalität neuer Produkte informieren oder das Kundendienstpersonal in der technischen Produktwartung instruieren. In Ergänzung zu konventionellen Aus- und Weiterbildungsmassnahmen fördern sie die Qualität der Schulungsmassnahmen.

• Beraten

Beratungssysteme sind Know-how-Applikationen, die aus einer Analyse der Problemstellung Handlungsempfehlungen für den Benutzer ableiten. Sie sind ein klassisches Einsatzgebiet von Expertensystemen. Wesentliches Abgrenzungsmerkmal zu den oben genannten Know-how-Applikationen ist die selbständige Bearbeitung der Aufgabenstellung unter Berücksichtigung einer Vielzahl von Regeln und Fakten über einen klar eingegrenzten Wissensbereich. Beispiele sind Systeme zur Werkstoffauswahl, Finanzanlageberatung, Kreditwürdigkeitsprüfung oder Risikoabschätzung [vgl. Mertens/Borkowski/Geis 1990, S. 9].

Eine besondere Form von Beratungssystemen sind Applikationen, die den Anwender bei der Lösung eines akuten Problems unterstützen. Beispiele sind hier intelligente Help-Desks bei Computerapplikationen, elektronische Bedienungsanleitungen oder Diagnosesysteme zur Behebung technischer Fehler.

Es wird an dieser Stelle auf eine feinere Unterscheidung in z. B. Beratungs-, Diagnose- und Expertisesysteme, wie sie [Mertens/Borkowski/Geis 1990] zur Typisierung von Expertensystemen vorschlagen, verzichtet.

4.5.1.2.   Restriktionen

• Keine elektronische Repräsentation von Know-how

Ein grosser Teil der Informationen, die ein Unternehmen benötigt, und insbesondere solche Informationen, die tendenziell der Kategorie "Know-how" zuzuordnen sind, ist nicht in elektronischer Form verfügbar. Dokumente in Papierform (z. B. Konstruktionszeichnungen, Erfahrungsberichte, Marktanalysen) beherrschen in den meisten Unternehmen noch das Bild. Der weitaus bedeutendste Teil des betrieblichen Knowhows steckt in den Köpfen der Mitarbeiter und ist in den wenigsten Fällen informationstechnisch erschlossen. Liegen die Informationen dennoch in elektronischer Form vor, so behindern vielfach inkompatible Datenformate und unkomfortable Zugriffsmechanismen deren Nutzung.

• Aufwand und Qualität der Know-how-Erschliessung

Das Erschliessen von Know-how ist eine der Schlüsselfunktionen und gleichzeitig eine der bedeutendsten Restriktionen für ein effektives Know-how-Management. Das Erschliessen von Know-how ist ein aufwendiger intellektueller Prozess, der sich bisher nur partiell automatisieren lässt. Beispielsweise nimmt das Knowledge Engineering, d. h. die Extraktion und Aufbereitung von Wissen, bei der Entwicklung von Expertensystemen einen wesentlichen Teil der Entwicklungszeit in Anspruch. Mangelhaftes Knowledge Engineering ist häufig Ursache für das Fehlschlagen von Expertensystemprojekten. Das gleiche gilt für das Deskribieren von Dokumenten, den Aufbau von Thesauri bzw. Directories, die Einführung und Pflege einer Engineering Database oder auch die Visualisierung von Informationen. Vielen Unternehmen fehlt das Know-how zur systematischen Erschliessung ihrer Informationsressourcen. Die dazu notwendigen Spezialisten (z. B. Dokumentare, Knowledge Engineers, Graphiker) sind erst in wenigen Unternehmen vorhanden, und den Fachbereichen fehlen die notwendigen Grundkenntnisse.

• Verteiltes Know-how

Know-how ist eine betriebliche Ressource, die auf das ganze Unternehmen verteilt ist. In vielen Unternehmen sind im Laufe der Zeit "Know-how-Inseln" entstanden, die lokal in Datenbanken Informationen speichern, ohne diese nach aussen zu öffnen. Bestehendes Know-how bleibt ungenutzt, weil nicht bekannt ist, ob und wo Informationen zu einem Themenbereich vorhanden sind. Besonders in know-how-intensiven Bereichen, wie z. B. der Forschungs- und Entwicklungs-Abteilung eines Unternehmens oder in grösseren Beratungsunternehmen, wird die Produktivität erheblich durch die Koordination des im Unternehmen verteilten Know-hows beeinflusst. Komplizierend kommt die Notwendigkeit hinzu, auf externes Know-how zuzugreifen.

• Technische Restriktionen

Einige Informationstechniken, die für eine Erweiterung des Einsatzspektrums von Know-how-Systemen von besonderer Relevanz sind, stehen erst am Anfang ihrer Umsetzung in operative Systeme. Das sind insbesondere

- wissensbasierte Systeme,

- multimediale Systeme,

- Groupware und

- Breitbandkommunikation.

Viele Unternehmen haben in den letzten Jahren Versuche mit wissensbasierten Systemen unternommen; die Zahl der im täglichen Geschäft eingesetzten Applikationen ist aber noch verhältnismässig gering. Für den wirtschaftlichen Einsatz von multimedialen Systemen lösen sich die technischen Restriktionen allmählich auf, Groupware hat erst vereinzelt in Unternehmen Fuss gefasst, und die öffentliche Breitbandkommunikation beschränkt sich noch auf einzelne Versuchsnetze bzw. geographisch begrenzte Gebiete.

• Umgang mit neuen Medien und Verarbeitungsformen

Know-how-Systeme sind durch schwach strukturierte Daten und Verarbeitungsformen gekennzeichnet, d. h. das Informationssystem des Unternehmens wird um neue Medien und wenig formalisierbare Komponenten erweitert. Die Unternehmen lernen jedoch erst langsam den Umgang mit neuen Medien und Verarbeitungsformen der Informationstechnik. Dies zeigt sich sehr deutlich an der Entwicklung von Expertensystemen. Übertriebene Erwartungen an deren Leistungsfähigkeit, zu schwach abgegrenzte Einsatzgebiete, mangelndes Entwicklungs-Know-how und isolierte Insellösungen sind typische Ursachen dafür, dass viele Expertensysteme nie das Prototypenstadium verlassen haben. Der Erfahrungsschatz in der Entwicklung wissensbasierter Systeme ist, verglichen mit traditionellen Anwendungen, noch relativ gering.

Ein ähnliches Bild zeigt sich auch bei multimedialen Systemen. Es werden zwar mehr und mehr die technischen Restriktionen für Multimedia-Applikationen beseitigt, aber in den wenigsten Unternehmen ist das Know-how zur Entwicklung multimedialer Systeme vorhanden. Diese Lücke zwischen technischer Realisierbarkeit und effektivem betrieblichem Einsatz repräsentiert den Lernprozess der Unternehmen im Umgang mit neuen Informationstechniken.

• Mangelndes Bewusstsein

Viele Unternehmen haben die Bedeutung eines konsequenten Know-how-Managements noch nicht erkannt. Kürzere Innovationszyklen, die wachsende Bedeutung des "Time-to-market" und die damit verbundene Verkürzung der Lebensdauer von Produkten machen jedoch eine Systematisierung und informationstechnische Unterstützung des Know-how-Managements zu einer wettbewerbsrelevanten Grösse. Know-how-Management ist nicht mit der Entwicklung eines Expertensystems getan, sondern erfordert zusätzlich ein Bewusstsein der Mitarbeiter, das der Bedeutung von Know-how als betriebliche Ressource Rechnung trägt. Ein systematisches Know-how-Management baut auf der Bereitschaft der Mitarbeiter auf, ihr Wissen weiterzugeben und zu pflegen. Die Mitarbeiter bleiben, trotz der zunehmenden Unterstützung durch Informationstechnik, die wichtigsten Träger und Produzenten von Know-how.

4.5.2. Zukünftige Entwicklung von Know-how-Systemen

Bild 4.5.2./1 gibt einen Überblick über wichtige informationstechnische Entwicklungen bei Know-how-Systemen.

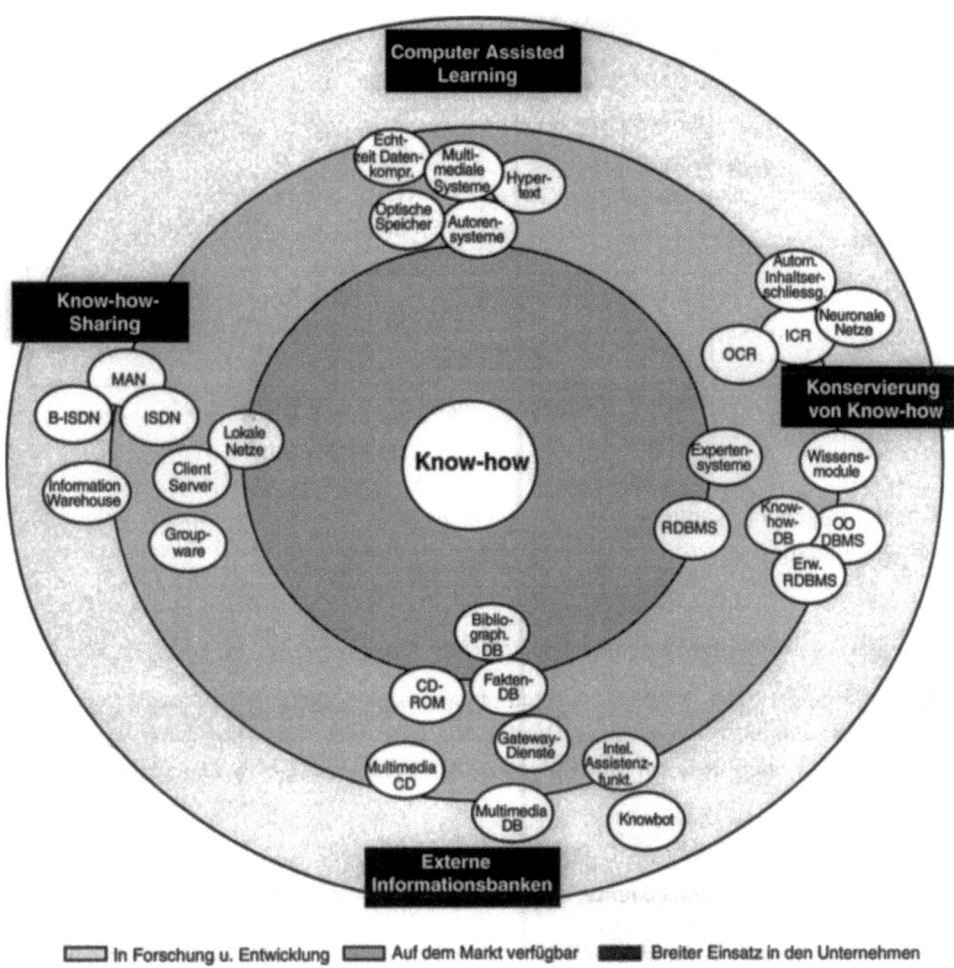

Bild 4.5.2./1: IT-Landkarte "Know-how"

Know-how-Systeme stehen erst am Anfang ihrer Entwicklung und gewinnen mit zunehmender Reife neuerer Informationstechniken wie wissensbasierter oder multimedialer Systeme an Effektivität. Dies äussert sich für die neunziger Jahre in folgenden Entwicklungsschwerpunkten [vgl. Bild 4.5.2./2]:

Konservierung von Know-how	Know-how-Sharing	Externe Informationsbanken	Computer Assisted Learning
• Expertensysteme • Wissensmodule • Know-how-Datenbanken • Erw. RDBMS/ OODBMS • Automat. Inhaltserschliessung • Neuronale Netze • OCR/ICR	• MAN • ISDN/B-ISDN • Groupware • Lokale Netze • Client Server • Information Warehouse	• Fakten-Datenbanken • Multimedia-Datenbanken • Gateway-Dienste • Intelligente Assistenzfunkt. • Knowbot • ISDN/B-ISDN • CD-ROM • Multimedia-CD	• Autorensysteme • Multimediale Systeme • Hypertext • Echtzeit-Datenkompression • Optische Speicher • ISDN/B-ISDN

Bild 4.5.2./2: IT-Cluster Applikationstyp "Know-how"

In den folgenden Kapiteln wird näher auf die einzelnen Entwicklungsschwerpunkte eingegangen.

4.5.2.1.   Konservierung von Know-how

Know-how-Systeme helfen, im Unternehmen vorhandenes Wissen zu konservieren und einem breiten Nutzerkreis zur Verfügung zu stellen. Dies kann durch Expertensysteme[1], aber auch in Form von Datenbanklösungen (Know-how-Datenbanken) realisiert werden.

4.5.2.1.1.   Expertensysteme

"Ein Expertensystem ist ein Softwaresystem, das anhand der Struktur von Wissensbasis und Inferenzkomponente das Wissen von Experten in Teilausschnitten repräsentieren und zur Problemlösung anwenden kann" [Bechtolsheim/Schweichhart/Winand 1991, S. 9].

---

[1] An dieser Stelle ist zu bemerken, dass Expertensysteme oft nur als Bestandteil anderer Applikationen bzw. Applikationstypen den erhofften Nutzen bringen können [vgl. Kap. 4.4.2.5.2., Kap. 4.6.2.3.1.]. Trotzdem soll hier gesondert auf das allgemeine Anwendungspotential dieser Informationstechnik hingewiesen werden.

Laut einer umfangreichen Datensammlung an der Universität Erlangen-Nürnberg ist die Anzahl laufender Expertensysteme im deutschsprachigen Raum von Anfang 1987 (unter 10 Systeme) bis Anfang 1990 (ca. 140 Systeme) kontinuierlich angestiegen [vgl. Mertens/Borkowski/Geis 1990, S. 8f.]. Es ist zu erwarten, dass sich diese Tendenz weiter fortsetzt. Viele Unternehmen haben in den letzten Jahren im Rahmen von Pilotprojekten Kenntnisse und Erfahrungen in der Entwicklung von Expertensystemen gewonnen und werden versuchen, dieses Know-how in produktive Systeme umzusetzen.

Gleichzeitig ist auch eine Relativierung der Erwartungen an Expertensysteme erfolgt. Entgegen früheren globalen Ansätzen bleiben wissensbasierte Systeme im betrieblichen Einsatz auch in den nächsten Jahren auf klar eingrenzbare Wissensbereiche beschränkt. Ihren stärksten Einsatz finden wissensbasierte Systeme voraussichtlich weiterhin in Konfigurations- [vgl. Kap. 4.4.2.5.2.] sowie in Beratungs- bzw. Diagnosesystemen [vgl. Beispiel Know-how/1, Mertens/Borkowski/Geis 1990, S. 8f., Berendt 1990, S. 36]. Die Vorteile der Expertensystemtechnik und die Anforderungen an das Problemlösungsverfahren decken sich in diesen Anwendungsbereichen sehr stark, was sich in wirtschaftlich attraktiven Einsatzformen niederschlägt. In diesen Einsatzbereichen nähert sich die Expertensystemtechnik bereits der Reifephase.

Beispiel Know-how/1

Beratungssysteme und Diagnosesysteme in der Finanzanlageberatung und technischen Fehlerbehebung

- Die KKB Bank AG (heute: Citibank AG) setzt das Expertensystem RAMSES zur Verbesserung der Anlageberatung ein. Das System unterstützt den Bankmitarbeiter im Wertpapiergeschäft (Fonds, festverzinsliche Wertpapiere etc.) und bei sonstigen Anlageprodukten (z. B. Sparkonten, Zertifikate) durch die Ausgabe bedarfsorientierter Anlageempfehlungen [vgl. Wolters/Lenz 1991, S. 147ff.].

- Die amerikanische Fast-Food-Kette Wendy´s hat ein Expertensystem im Einsatz, das ihren mehr als 1.100 Restaurant-Managern die selbständige Wartung ihrer technischen Infrastruktur (z.B POS-Registrierkassen) ermöglicht. Die Restaurant-Manager rufen eine zentrale Supportstelle von Wendy´s an, die auf das Expertensystem zugreift. Basierend auf der Beschreibung des Managers, bestimmt das Expertensystem das fehlerhafte Teil und gibt Ratschläge für die Reparatur [vgl. Keyes 1990, S. 48ff.].

- Die Rieter AG, Winterthur, setzt ein fest in der Anlage installiertes Expertensystem zur Störungsdiagnose und Instandsetzung eines Spulenwechselroboters bei den Spinnmaschinen ihrer Kunden ein. Es unterstützt den Anlagenbediener unter anderem bei der Fehlerdiagnose [vgl. Mertens/Borkowski/Geis 1990, S. 175].

Einer der Gründe, warum wissensbasierte Systeme in vielen Bereichen die Erwartungen nicht erfüllen konnten, liegt in deren unzureichenden Integration in bestehende Abläufe und Systeme. Die zukünftige Entwicklung geht weg von reinen Standalone-Systemen hin zu in konventionelle DV-Applikationen eingebettete wissensbasierte

Komponenten. Dazu sind portable, d. h. in unterschiedliche Anwendungen integrierbare, wissensbasierte Module im Entstehen. Sie werden zunehmend auf dem Markt verfügbar sein und sind mit klassischen Standard- oder Modularprogrammen vergleichbar.

Gleichzeitig ist eine Tendenz zu Entwicklungswerkzeugen (Shells) zu erkennen, die auf einen spezifischen Anwendungsbereich zugeschnitten sind. Darin liegt besonders dann ein grosses Potential, wenn es gelingt, für diese Einsatzbereiche einen allgemein akzeptierten Satz an Wissen (Common Sense) zu definieren und diesen mit dem Entwicklungswerkzeug oder als separates "Wissensmodul" auszuliefern. Ein Entwicklungswerkzeug für technische Diagnosesysteme weiss dann beispielsweise bereits, dass die Temperatur für ein spezifisches Material nicht über einem bestimmten Wert liegen darf, oder ein Wissensmodul zur Anlageberatung schliesst bestimmte Finanzkonstellationen von vornherein aus. Damit sinkt der Entwicklungsaufwand und steigt die Qualität von Expertensystemen [vgl. Warnecke 1991, S. 34, Winand 1991, S. 385].

4.5.2.1.2.   Know-how-Datenbanken

Die informationstechnische Unterstützung der Know-how-Konservierung muss nicht zwangsläufig mit Hilfe wissensbasierter Systeme realisiert sein. Das strukturierte Sammeln von Problemlösungen und Erfahrungen in Datenbanken kann ebenfalls zu einer Verbesserung des Know-how-Managements beitragen.

Technische Datenbanken, kombiniert mit der Sachmerkmal-Leisten-Technik, helfen beispielsweise beim Wiederauffinden ähnlicher oder identischer Bauteile und des damit verbundenen Konstruktionswissens. Zusätzlich können Erfahrungen aus Projekten in dieser Datenbank abgelegt werden. Im Anlagenbau wären das beispielsweise die unter den konkreten Installationsbedingungen von Aufträgen realisierten Problemlösungen [vgl. Kap 4.4.2.5.1.]. Eine ähnliche Rolle der Know-how-Konservierung können Marketing-Datenbanken übernehmen, in denen systematisch Informationen über das Kundenverhalten gesammelt werden. Die dadurch gewonnene bessere Marktkenntnis stellt die Grundlage für eine gezielte Marktbearbeitung dar (Database-Marketing). Eine andere denkbare Anwendungsfom ist eine Datenbank, die Qualitätsinformationen über ausgelieferte Produkte enthält. Systematisch ausgewertete Kundenreklamationen und Mängelberichte und deren Aufbereitung in einer Datenbank unterstützen dort eine kontinuierliche Verbesserung der Marktleistung. Übertragen auf die Bedürfnisse eines Softwareherstellers wäre das eine Datenbank, die Informationen über auftretende Fehler bei einem Softwareprodukt und deren Behebung sammelt und damit zum einen die Auskunftsfähigkeit des Kundendiensts erheblich steigert und zum anderen wertvolle Informationen für folgende Software-Releases liefert. Auch methodisches Know-how kann in Know-how-Datenbanken abgelegt sein. So ist am Institut für Wirtschaftsinformatik der Hochschule St. Gallen der Prototyp eines Know-how-Pools entstanden, der den Zugriff auf Methoden des Software-Engineerings und deren Weiterentwicklung erlaubt. Neben teilweise unternehmensspezifischem Methodenwissen sind darin auch Anwendungserfahrungen der Partnerunternehmen des Instituts abgelegt. Grundlage für diesen Know-how-Pool ist ein spezifisches Repräsentationsmodell für Software-Entwicklungsmethoden [vgl. Heym/Österle 1992a u. b].

An dieser Stelle wird die Nähe von Know-how-Datenbanken und üblichen Informationssystemen deutlich. Wichtigstes, wenn auch nicht sehr trennscharfes Merkmal von Know-how-Datenbanken ist, dass sie die strukturierte Suche nach Problemlösungen und Erfahrungen zulassen. In den meisten Fällen liegen die in Know-how-Datenbanken gesammelten Informationen ursprünglich nicht in strukturierter Form vor, sondern müssen beispielsweise durch Deskribierung erst inhaltlich erschlossen werden. Die dabei eingesetzten Strukturierungshilfsmittel reichen von detaillierten Datenmodellen, die das abzubildende Know-how in einzelne Objekte und deren Beziehungen stark vorstrukturieren, bis hin zu grob strukturierenden Deskriptorenlisten, die beispielsweise den Inhalt von Dokumenten beschreiben. Erst diese mehr oder weniger aufwendige Aufbereitung und das explizite Sammeln der Informationen machen den problemorientierten Zugriff auf das Know-how möglich.

Eine wesentliche Erweiterung erfahren Know-how-Datenbanken zukünftig durch die Integration neuer Medien. Die Repräsentationsform von Informationen hat für die Weitergabe von Know-how eine wichtige Bedeutung. Die bisherige Beschränkung auf strukturierte Daten und Text sowie Referenzinformationen (z. B. Verweis auf Printmedium) hebt sich mit der zunehmenden Verfügbarkeit und Reife erweiterter relationaler bzw. objektorientierter Datenbanktechnik auf [vgl. Kap. 3.6.2.3./4.]. Zukünftig wird Information in der Form repräsentierbar sein, wie sie der Anwender am besten aufnehmen bzw. weiterverarbeiten, also in Know-how umsetzen kann. Eine Knowhow-Datenbank mit Qualitätsinformationen könnte dann beispielsweise Bilder enthalten, die auftretende Qualitätsmängel (z. B. Bruch- oder Roststellen) illustrieren, oder in einer Know-how-Datenbank gespeicherte Videosequenzen könnten die Erfahrungen bei der Montage komplexer Anlagen verdeutlichen. Mit dieser Form multimedialer Datenbanken steigt die Bandbreite an elektronisch verfügbarer Information [vgl. Meyer-Wegener 1991, S. 11]. Know-how kann damit wesentlich effektiver abgebildet und weitergegeben werden.

4.5.2.1.3.   Automatische Inhaltserschliessung

Viele Unternehmen scheuen den Aufwand zur Erschliessung und Pflege von Knowhow. Zukünftige Fortschritte in der automatischen Inhaltserschliessung könnten zu einer Verbesserung der Situation beitragen. Gelingt es beispielsweise, unterstützt durch neuronale Netze, Muster bei eingehenden Dokumenten zu erkennen [vgl. Wright/Scofield 1991] und diese darauf aufbauend automatisch zu deskribieren oder auszuwerten, wäre eine Rationalisierung des Erschliessungsprozesses möglich. Eine

Versicherung könnte dann beispielsweise durch diese intelligente Form der Inhaltser-schliessung neue Erkenntnisse aus der Auswertung ihrer Schadensfallbeschreibungen gewinnen und daraus neue Produkte ableiten. Eine andere, weniger aufwendige Al-ternative wäre, die Automatisierung der Inhaltserschliessung auf die Umsetzung der Originaldokumente in ein elektronisch auswertbares Format (OCR) zu beschränken und diese in einer Volltextdatenbank abzulegen. Obwohl dabei die Qualität der Suchergebnisse leidet, werden die auf Dokumenten gespeicherten Informationen nutzbar gemacht, was manuell beispielsweise aufgrund der Vielzahl der Dokumente nicht möglich gewesen wäre.

Die zunehmende Reife von OCR-Software, deren Weiterentwicklung durch Erkennt-nisse aus der künstlichen Intelligenz (Intelligent Character Recognition, ICR) und ko-stengünstige Speichermedien begünstigen die skizzierte Entwicklung. Die Automati-sierung der intellektuellen Inhaltserschliessung ist jedoch - wie die seit den sechziger Jahren laufenden Versuche des automatischen Abstracting beispielhaft zeigen - wei-terhin Gegenstand der Forschung und noch relativ weit von einer wirtschaftlichen Umsetzung entfernt [vgl. Kuhlen et al. 1989, S. 90]. Hinzu kommt, dass nur das textuell in Dokumentenform repräsentierte Know-how abgedeckt ist. Andere Know-how-Quellen bleiben der maschinellen Erschliessung noch weitgehend vorenthalten.

4.5.2.2. Know-how-Sharing

Die Qualität von Leistungen, sei es in der technischen Konstruktion, in der Software-entwicklung oder in anderen know-how-intensiven Bereichen, wird massgeblich durch den kooperativen Austausch von Know-how zwischen Personen (Know-how-Sharing) beeinflusst. Heutige Informationssysteme fördern vorwiegend die Kommuni-kation des Benutzers mit dem System. Erheblich seltener unterstützen sie die Kommu-nikation und Kooperation zwischen den Benutzern; Know-how-Inseln entstehen. So erlauben die wenigsten CAD-Systeme das gemeinsame Bearbeiten eines Entwurfsob-jektes durch zwei räumlich getrennte Ingenieure. Die Kooperation bleibt vielfach auf den asynchronen Austausch der Entwurfsvarianten und die telefonische Abstimmung beschränkt [vgl. Ellis/Gibbs/Rein 1991, S. 40].

Informationstechnische Restriktionen für ein computerunterstütztes Know-how-Sharing bestanden bislang vor allem

- in der mangelnden Bandbreite von Telekommunikationsdiensten und

- in fehlender Anwendungssoftware, die den Kommunikations- und Kooperations-prozess effektiv unterstützt.

Fortschritte in beiden Bereichen können in den neunziger Jahren zu einer Verbesse-rung des Know-how-Sharings beitragen.

4.5.2.2.1.   Breitbandkommunikation

Die Breitbandkommunikation erlaubt das schnelle Versenden grosser Datenvolumina und die synchrone Übertragung verschiedener Medien wie Daten, Graphik oder Bewegtbild. Damit werden neue Kommunikationsformen möglich, die den Austausch von Know-how unterstützen. Erste Pilotprojekte zeigen bereits das existierende Potential [vgl. Beispiel Know-how/2 u. 3].

Beispiel Know-how/2

Telemedizin über Breitbandkommunikation

Das Universitätsklinikum Rudolf Virchow der Freien Universität Berlin tauscht über ein Glasfasernetz Expertenwissen bei der medizinischen Diagnose aus. Der Schwerpunkt liegt auf der simultanen Übertragung hochauflösender radiologischer Bilder zwischen zwei Standorten der Klinik. Ergänzt wird der Austausch der medizinischen Daten durch Video- und Sprachkommunikation, so dass eine direkte Diskussion der Diagnose möglich ist. Durch diese Form der Telemedizin bündelt die Klinik das gesamte Wissen der auf die Standorte verteilten Mediziner.

Ausschlaggebend für die Realisierung dieses Projekts war die Möglichkeit der Breitbandkommunikation im Rahmen des Forschungsprojekts BERKOM (140 Mbit/s). Konkreter Nutzen ist eine erhebliche Steigerung der Behandlungssicherheit für die Patienten und die Vermeidung von Reisezeiten für die Mediziner [vgl. Felix et al. 1991, S. 86, Schoon 1991, S. 5ff.]. Weitere Versuche haben gezeigt, dass diese Form des Wissensaustausches nicht auf zwei Standorte beschränkt bleiben muss. Das Projekt Telemed innerhalb des EG-Forschungsprogramms RACE hat die europaweite medizinische Kommunikation zum Ziel [Mavridis/Weser 1991, S. 108ff.].

Übertragen auf betriebliche Problemstellungen, sind ähnliche Anwendungen denkbar, die zum Beispiel die Bereitstellung von Spezialistenwissen im technischen Bereich unterstützen [vgl. Beispiel Know-how/3].

Beispiel Know-how/3

Technische Produktbetreuung über Breitbandkommunikation

Die Mercedes Benz AG hat im Rahmen des Projekts AKUBIS (Automobil-Kundendienstorientiertes Breitband-Informationssystem) zusammen mit der SEL AG und dem Fraunhofer Institut für Arbeitswirtschaft und Organisation (IAO) folgendes Anwendungsszenario entwickelt:

Die meisten Automobilhersteller bieten heute ihren Aussenorganisationen eine technische Produktbetreuung als Dienstleistung an. Technische Fragen und Probleme können telefonisch diskutiert und gelöst werden. Mit Hilfe der Breitbandkommunikation wäre eine Verbesserung der technischen Produktbetreuung und damit der Serviceleistung der Kundendienstorganisation möglich. Die Wirksamkeit der Produktbetreuung könnte durch die

Möglichkeit der direkten Interaktion und die Unterstützung durch Ton und Bild gesteigert werden.

Über einen "breitbandigen Hotline-Service" könnten Werkstattmitarbeiter der Aussenorganisation zusammen mit Experten der Produktbetreuungsgruppe des Automobilherstellers technische Problemstellungen bearbeiten. Werkstatt- und Objektkameras würden die Arbeit am konkreten Objekt erlauben. Bei Bedarf könnten Spezialisten aus der Fertigung oder Konstruktion hinzugezogen werden. Zusätzlich könnte eine Art "werkseigene Wochenschau des Kundendienstes" produkttechnische Änderungen oder allgemeine Hilfestellungen zu Problemlösungen über das Breitbandnetz an die Aussenorganisationen verteilen [Brossmann 1991,S. 168f.].

Die flächendeckende und kostengünstige Verfügbarkeit der Breitbandkommunikation (B-ISDN) ist nicht innerhalb der neunziger Jahre zu erwarten [vgl. Kap. 3.5.3.3.]. Breite Nutzungsformen wie die oben skizzierte Unterstützung des technischen Kundendienstes sind somit noch realtiv weit entfernt. Einzelne Anwendungsbereiche, wie z. B. der kooperative Entwurf komplexer technischer Produkte, werden voraussichtlich bereits in den neunziger Jahren über spezifische bzw. geographisch begrenzte Breitbandkommunikationsdienste (z. B. Megacom/2Mbit/s oder MANs/bis140 Mbit/s) von innovativen Unternehmen realisiert. Einfache Anwendungen werden dabei auf stationären oder mobilen Videoconferencing-Einrichtungen beruhen und hauptsächlich den Kommunikationsprozess unterstützen. Weitergehende Applikationen werden Computerkonferenzen, wie beispielsweise den interaktiven CAD-Entwurf in der Gruppe, ermöglichen [vgl. Bullinger/Fröschle/Hofmann 1992, S. 12f.].

4.5.2.2.2.   Groupware

Auf dem Softwaremarkt stehen eine wachsende Anzahl von Standardpaketen zur Unterstützung des Gruppenarbeitsprozesses zur Verfügung. Unter dem Begriff Groupware variiert deren Funktionalität von spärlich erweiterten E-Mail-Programmen bis zu integrierten Groupwarepaketen. Sie erlauben unter anderem den Austausch von Dokumenten und anderen Objekten (z. B. Spreadsheets, CAD-Files), das gemeinsame Bearbeiten von Objekten, das Einrichten von Computerkonferenzen oder den Zugriff auf gemeinsame Datenressourcen. Sie erfordern in den meisten Fällen die Installation lokaler Netze und arbeiten nach dem Client-Server-Prinzip [vgl. Kapitel 4.2.2.2.].

Der Einsatz von Groupware kann auf zwei Arten zu einer Verbesserung des Knowhow-Managements in den Unternehmen beitragen [vgl. Finke 1992, S. 27]. Zum einen durch

- die gemeinsame Nutzung von Know-how-Beständen einer Gruppe, zum Beispiel durch die elektronische Publikation von Projektberichten oder anderen Arbeitsergebnissen in einer Dokumentendatenbank, und zum anderen durch

- die Intensivierung des Know-how-Austausches zwischen den Mitarbeitern, beispielsweise durch elektronische Konferenzsysteme [vgl. Beispiel Know-how/4].

Beispiel Know-how/4

Information Technology Assessment Pool

Am Institut für Wirtschaftsinformatik der Hochschule St. Gallen wurde unter dem Namen "Information Technology Assessment Pool" (ITA-Pool) der Prototyp einer Groupware-Applikation entwickelt, die den Zugang zu aktuellen Technologieinformationen erlaubt [vgl. Toenz 1991]. Die Grundlage dafür bildet das Groupware-Paket Lotus Notes.

Aus unterschiedlichen Quellen (z. B. CD-ROM-Datenbanken, Literatur, Messebesuche) werden Informationen über informationstechnische Entwicklungen gesammelt und als Dokumente (Compound Documents) per Server und lokalem Netz der Gruppe bereitgestellt. Die Applikation erlaubt es dem Benutzer, aufgrund eines mehrstufigen Deskriptorschemas (z. B. IT-Klassen, Applikationstypen, bibliographische Angaben) unterschiedliche Sichten auf diese Dokumente zu bilden oder über Freitextsuche einzelne Dokumente zu selektieren [vgl. Bildschirmausdruck in Anhang]. Ein flexibler Zugriff auf die Technologieinformationen ist damit gewährleistet. Ausserdem können die Dokumente über das lokale Netz gezielt an Gruppenmitglieder verschickt werden.

Gruppenmitglieder können unter anderem als Autoren von Dokumenten auftreten, die Erfassung einer bestimmter Quelle initiieren oder elektronisch Kommentare (z. B. ergänzende Technologieinformationen) zu den Dokumenten abgeben. Zusätzlich ist in die Applikation eine nach demselben Deskriptorschema gegliederte Diskussionsdatenbank integriert, die den Know-how-Austausch der Benutzer zu einzelnen Technologiebereichen unterstützt. Der Einsatz des ITA-Pools kann auf lokale Gruppen beschränkt sein (z. B. Informatikabteilung eines Unternehmens oder Lehrstuhl einer Hochschule), aber auch mehrere räumlich verteilte Gruppen über verteilte Datenhaltungsmechanismen (z. B. Replikation von Datenbeständen zwischen Servern) integrieren.

Unternehmen beginnen langsam, das Potential von Groupware für das Know-how-Management zu erkennen. Dies muss sich nicht in dedizierten Applikationen wie dem oben beschriebenen ITA-Pool äussern, sondern kann sich auch auf die endbenutzerorientierte Bereitstellung von Groupware-Werkzeugen beschränken, die den Zugriff auf gemeinsame Informationsbestände oder den Know-how-Austausch zwischen Gruppenmitgliedern fördern. Das amerikanische Wirtschaftsprüfungs- und Beratungsunternehmen Price Waterhouse gibt dazu ein Beispiel [vgl. Beispiel Know-how/5].

Beispiel Know-how/5

Groupware bei Price Waterhouse

Das amerikanische Wirtschaftsprüfungs- und Beratungsunternehmen Price Waterhouse war eines der ersten Unternehmen, das in breitem Masse Groupware als Endbenutzerwerkzeug für seine Mitarbeiter einführte. 1989, als sich das Groupwarepaket Lotus Notes noch in der Betatest-Phase befand, entschied sich Price Waterhouse für den Kauf von

10.000 Notes-Lizenzen. Zur Mitte des Jahres 1992 waren bereits ca. 700 Notes-Applikationen entstanden, die zum grössten Teil von den einzelnen Fachbereichen selbst entwickelt wurden.

Diese Applikationen unterstützen nach Aussage von Price Waterhouse die Mitarbeiter bei einer ihrer wichtigsten Aufgaben: "to collect, manage, and access cumulative expertise" [vgl. John 1990]. Hierzu einige Beispiele:

- Eine der Anwendungen stellt Informationen über den Beraterbestand - man könnte hier auch von Know-how-Bestand sprechen - von Price Waterhouse bereit. Sucht ein Partner nach Projektmitarbeitern mit bestimmter Ausbildung oder Erfahrung, greift er auf eine Dokumentendatenbank zu, über welche er geeignete Mitarbeiter selektiert. Zusätzlich erfährt er über die Datenbank, wo der jeweilige Berater stationiert ist sowie wann und zu welchem Beratersatz dieser für Projekte zur Verfügung steht. Price Waterhouse setzt diese Anwendung unter anderem zur Erstellung von Beratungsangeboten ein.

- Viele der Arbeitsgruppen haben sogenannte "Hot Topic"-Konferenzen eingerichtet, über welche die Gruppenmitglieder elektronisch Neuigkeiten, Erfahrungen und Meinungen zu aktuellen Themen und Projekten austauschen.

- Die Wirtschaftsprüfer von Price Waterhouse können auf eine Datenbank zugreifen, die eine Sammlung der unternehmenseigenen Analysen zu Gerichtsentscheiden enthält.

- Eine weitere Anwendung erlaubt den Zugriff auf sämtliche seit 1989 an Kunden weitergegebene "Business Proposals".

Die einzelnen Applikationen und Daten sind auf eine Vielzahl von Servern verteilt, auf die über lokale Netze und über ein X.25-WAN von unterschiedlichen Standorten zugegriffen werden kann.

In einem nächsten Schritt der Nutzung unternehmenseigenen Know-hows stellt Price Waterhouse seinen Kunden Informationsprodukte wie News Services oder Informationsbanken über Groupware-Applikationen bereit [vgl. Mehler 1992, S. 160ff., Seybold 1990, S. 10].

Dieses und die weiter oben genannten Beispiele zum computerunterstützten Know-how-Sharing zeigen, dass Know-how-Applikationen nicht immer auf aufwendigen KI-Konzepten basieren müssen. Auch relativ einfache, vorwiegend den Kommunikationsprozess fördernde Anwendungen können das Know-how-Management eines Unternehmens verbessern. Der zunehmende Ausbau der Netzinfrastruktur und die zu erwartende Integration von Groupware in die IT-Architektur der Unternehmen werden zu einer Kommunikationslandschaft führen, die den Know-how-Austausch verstärkt unterstützt [vgl. Kap. 4.2.2.2.2.]. Hinzu kommen Anstrengungen, den Zugriff auf die im Unternehmen verteilten Daten möglichst komfortabel zu gestalten. Das in Kapitel 4.3.2.1. dargestellte Information-Warehouse-Konzept spielt in diesem Zusammenhang eine zentrale Rolle. Einer der bedeutendsten Nutzeffekte für das Know-how-Management ist dabei die erhöhte Transparenz über die im Unternehmen verfügbaren Informationen.

Die Grenze zwischen Know-how- und Officesystemen ist auch hier fliessend. Auf der-selben Infrastruktur basierend, können beispielsweise Groupwarepakete sowohl zur einfachen Übermittlung elektronischer Nachrichten als auch zum Know-how-Austausch zwischen Experten genutzt werden [vgl. Kap 4.2.2.2.]. Daran zeigt sich, dass mehr die konkrete Anwendung als die zugrundeliegende Technik die Zuordnung zu einem Applikationstyp bestimmt.

4.5.2.3. Externe Informationsbanken

Ein Unternehmen steht als offenes System in dauerndem Kontakt mit seiner Umwelt und ist auf eine systematische Auswertung externer Informationsressourcen angewie-sen. Das Spektrum benötigter externer Informationen ist breit. Mit Konkurrenzdaten, Fachliteratur, aktuellen Wirtschaftsdaten, Beschaffungsquellen, Technologieinforma-tionen und Marktanalysen sei nur ein Teil davon genannt. Durch den Zugriff auf ex-terne Informationsressourcen kann fehlendes Know-how aufgebaut bzw. Information zur Lösung eines konkreten Problems gewonnen werden. Externe Informations-banken - Online- wie auch CD-ROM-Datenbanken - spielen in diesem Zusammenhang eine immer grössere Rolle.

4.5.2.3.1. Online-Datenbanken

Die ersten Online-Datenbanken - eine Patentdatenbank und die Chemiedatenbank "Chemical Abstracts" - standen bereits in den sechziger Jahren zur Verfügung. In den späten siebziger und insbesondere in den achtziger Jahren ist die Anzahl der auf dem Markt angebotenen Online-Datenbanken rasant angestiegen. Heute decken ca. 5.000 Datenbanken ein breites fachliches Spektrum ab [vgl. Marcaccio 1993]. Allerdings er-füllen viele der Online-Datenbanken noch nicht die Voraussetzungen für einen kom-fortablen, endbenutzerorientierten Informationszugang. Komplizierte Zugriffsmecha-nismen, unterschiedlichste Abfragesprachen und mangelnde Kenntnis verfügbarer Da-tenbanken und ihrer Inhalte führen dazu, dass häufig erst das Konsultieren von Infor-mationsvermittlern den Zugriff auf externe Informationsbanken zulässt. Grosse Unter-nehmen unterhalten dazu eigene Fachinformationsstellen.

Standardisierungs- bzw. Integrationstendenzen bei den Abfragesprachen, die Ent-wicklung komfortablerer Benutzerschnittstellen und intelligente Assistenzfunktionen werden zukünftig die Nutzung von Online-Datenbanken vereinfachen. Beispiele da-für sind das Angebot sogenannter Gateway-Dienste, die den einheitlichen Zugang zu unterschiedlichen Online-Datenbanken ermöglichen, intelligente Filter, die in Daten-banken abgelegte Informationen nach einem vorgegebenen Muster selektieren oder die Verbesserung des Information Retrieval durch die Berücksichtigung von Hyper-textkonzepten [vgl. Projekt ELIAS Kap. 4.3.2.1., Kuhlen 1991, S. 212ff., Tan 1990].

In dieselbe Richtung zeigt die Entwicklung sogenannter "Knowbots" (Abkürzung für "knowledge robots"). Knowbots sind Programme, die sich selbständig von Maschine zu Maschine bewegen und nach Informationen zu einem bestimmten Themenbereich suchen. Unabhängig von unterschiedlichen Zugriffsverfahren und Datenformaten selektieren sie relevante Informationen und präsentieren sie dem Benutzer in einer allgemein verständlichen Form. An dem amerikanischen Forschungsinstitut "Corporation for National Research Initiatives" (CNRI) wurde ein Knowbot der ersten Generation entwickelt, der öffentliche Datenbanken der medizinischen Nationalbibliothek nach bestimmten Krankheitsbefunden durchsucht. Ziel ist es, daraus statistische Erkenntnisse über das regionale oder zeitliche Auftreten von Krankheiten oder über Nebenwirkungen eines neuen Medikaments zu gewinnen [vgl. Dertouzos 1991, S. 63f., Cerf 1991, S. 68f.].

Hinzu kommt eine klare Tendenz zu Faktendatenbanken, d. h. die Informationsanbieter stellen nicht mehr nur Hinweise auf die Informationsquellen (bibliographische Datenbanken), sondern auch die Information selbst bereit. In Faktendatenbanken gespeicherte Informationen sind häufig auf die Medien Text und strukturierte Daten beschränkt. Erst wenige Datenbanken binden auch Graphiken oder Bilder mit ein [vgl. Beispiel Know-how/6].

Beispiel Know-how/6

Neue Medien in Online-Datenbanken

- Die Online-Datenbank PATGRAPH des Hosts STN International ist Teil der deutschen Patentdatenbank PATDPA und ermöglicht den Zugriff auf in Offenlegungsschriften des Deutschen Patentamts enthaltene Graphiken. Diese sind als Vektorgraphiken abgelegt und über Workstations, die mit der Frontend-Software STN EXPRESS ausgestattet sind, abrufbar.

- Die Datenbank Beilstein Online, ebenfalls von STN International sowie den Hosts DIALOG und ORBIT angeboten, ist die elektronische Form des Standardwerks "Beilstein Handbuch der organischen Chemie" und enthält Millionen von organischen Substanzen mit den zugehörigen Fakten (z. B. physikalische Eigenschaften, chemische Daten, allgemeine Informationen und Hinweise auf weiterführende Literatur). Auch hier sind die textuellen und numerischen Daten um die graphische Darstellung der Strukturformeln ergänzt. In über 300 Suchfeldern ist unter anderem auch die Suche nach Strukturen oder Teilstrukturen möglich [vgl. Marx 1992, S. 69f.].

- Die über den Host DIALOG verfügbare Datenbank TRADEMARKSCAN - FEDERAL enthält Informationen über alle aktiven, in den USA registrierten Trademarks. Neben einer Vielzahl von beschreibenden Feldern enthält die Datenbank auch Trademark-Logos in Form von Images und Graphiken. Auch hier ist eine lokale Frontendsoftware notwendig, welche die Darstellung der Bilder ermöglicht. Zusätzlich sind die Graphiken inhaltlich erschlossen, d. h. es kann beispielsweise nach Trademarks gesucht werden, in deren Logo ein Adler vorkommt.

Die drei Beispiele stellen noch Ausnahmen im gesamten Datenbankangebot dar. So sind auch die meisten Volltextdatenbanken noch auf rein textuelle Informationen beschränkt und verweisen bei Graphiken und Bildern auf die zugehörigen Printmedien. Mit der stufenweisen Einführung schnellerer Kommunikationsnetze (ISDN, später B-ISDN), der Migration auf neue Datenbanktechniken [vgl. Kap. 3.6.2.3.] und dem Wechsel zu Client-Server-Architekturen sind Online-Datenbanken denkbar, die den Zugriff auf multimediale Daten zulassen.

Auch Anstrengungen, bisher auf Referenzinformationen beschränkte Bibliotheksysteme um die vollen Informationen zu erweitern, deuten in diese Richtung. Anfänglich auf lokale Anwendungen ausgerichtet, wird auf vollelektronische Bibliotheken mit der Zeit auch über nationale und internationale Telekommunikationsnetze zugegriffen werden können [vgl. Beispiel Know-how/7].

Beispiel Know-how/7

Vollelektronische Bibliothek der Carnegie Mellon University in Pittsburgh

Die Carnegie Mellon University in Pittsburgh hat unter dem Namen Mercury ein Projekt zur Entwicklung einer vollelektronischen Bibliothek gestartet. Waren bisher nur die Kataloge elektronisch verfügbar, soll zukünftig die volle Information über Rechnernetze abrufbar sein. In einer ersten Phase wurden sieben wissenschaftliche Zeitschriften mit 27.000 Dokumentenseiten elektronisch gespeichert. Bis zum Abschluss des Projekts sollen mehrere Millionen Seiten zur Verfügung stehen, die um multimediale Dokumente (z. B. Videofilme, Tonerzeugnisse) ergänzt sind.

Über eine auf den Industriestandards X-Window und OSF/Motif aufbauende Benutzeroberfläche können Suchbegriffe eingegeben werden. Existiert zu dem Suchbegriff ein Indexeintrag, erscheint ein Symbol, das beim Anklicken mit der Maus die erste Seite des Dokuments zeigt. Die dazu notwendige Suche, Übertragung, Dekomprimierung und Darstellung dauert nur ca. zwei Sekunden. Im nächsten Schritt soll das seitenweise Durchblättern einer Zeitschrift ermöglicht werden. Das System baut auf einer verteilten Rechnerarchitektur auf und setzt dazu vier Dokumenten- und Datenbankserver ein, die über ein lokales Netz mit Terminals und Workstations verbunden sind. Die Dokumente, d. h. Text und Bilder, sind als Bitmaps auf Magnetplatten abgelegt. Um dem wachsenden Datenbestand zu begegnen, plant Carnegie Mellon den Einsatz optischer Speichermedien. Mercury soll so weit wie möglich auf standardisierten Formaten und Protokollen aufbauen, um zukünftig den Zusammenschluss mit anderen elektronischen Bibliotheken zu gewährleisten [vgl. Computerworld 1992a].

4.5.2.3.2.   CD-ROM-Datenbanken

Eine Alternative bzw. Ergänzung zu Online-Datenbanken stellt die CD-ROM dar.
Ende 1992 waren bereits mehr als 1300 CD-ROM-Datenbanken auf dem Markt [vgl.
Williams 1993].

Das CD-ROM-Angebot deckt ein breites Fachspektrum ab. Daraus seien folgende
beiden Datenbanken beispielhaft ausgewählt.

Beispiel Know-how/8

TECHS und Computer Select - Informatik-Know-how über CD-ROM-Datenbanken

TECHS von Computer Library ist eine monatlich aktualisierte CD-ROM-Datenbank, die
Informatikabteilungen wertvolle Informationen für den technischen Support von Hard- und
Software bereitstellt. Aktuelle technische Informationen, Testberichte, Manuals, Installa-
tionshilfen sowie Tips zur Fehlerbehebung sind über leistungsfähige Zugriffsmechanismen
(z. B. Freitextsuche, Deskriptorsuche) abrufbar. Die Datenbank enthält Dokumente zu ca.
69.000 Hard- und Softwareprodukten und die Profile der ca. 12.000 Hersteller.

Einen ähnlichen Service liefert die CD-ROM-Datenbank "Computer Select". Ebenfalls monatlich aktualisiert, stellt sie unter anderem Artikel zum Themenbereich Informationstechnik aus ca. 170 Zeitschriften bereit. Die Informationen sind teilweise als Volltexte und
teilweise als Abstracts mit bibliographischen Angaben verfügbar. Auf "Computer Select"
sind ca. 75.000 Dokumente gespeichert.

Eine neue Dimension des CD-ROM-Einsatzes, insbesondere im Hinblick auf die multimediale Präsentation von Know-how, bieten Multimedia-CDs. Oxford University Press
hat beispielsweise unter dem Titel "Molecular Structures in Biology" eine multimediale
CD-ROM im Angebot, die eine Proteindatenbank mit ca. 500 Molekularstrukturen
sowie die dazugehörigen räumlichen Farbbilder und textuellen Erläuterungen enthält.
Der Zugriff auf die gespeicherten Informationen kann zum einen über hypertextuelle
Strukturen und zum anderen direkt über konkrete Datenbankabfragen erfolgen.

Für die nächsten Jahre ist mit einer erheblichen Zunahme des Angebots von Multimedia-CDs zu rechnen. Mit dem Vorteil gegenüber Online-Datenbanken, bereits heute
die multimediale Darstellung von Informationen zu erlauben, könnte damit die CD-
ROM in Teilbereichen zum bevorzugten Träger externen Know-hows werden.

4.5.2.4.   Computer Assisted Learning

Der wachsende Aus- und Weiterbildungsbedarf der Unternehmen verlangt nach effizienten Schulungsformen. Der Einsatz von Informationstechnik kann helfen, die Qualität und Wirtschaftlichkeit betrieblicher Schulungsmassnahmen zu erhöhen.

Die Entwicklung und Anwendung von Software für den Schul-, Aus- und Weiterbildungsbereich - hier unter dem Begriff Computer Assisted Learning (CAL) zusammengefasst[2] - begann bereits Ende der fünfziger und anfangs der sechziger Jahre. Unternehmen der Computerbranche waren die ersten, die zur Schulung ihrer Mitarbeiter Computer einsetzten. Seitdem konnten unter anderem durch die Verstärkung der interaktiven Komponente von Lernprogrammen und die Variation der Instruktionsformen (z. B. Simulation, Modellierung) einige Fortschritte in der Qualität von Lernprogrammen erzielt werden. Mit dem Aufkommen des Personal Computings dehnte sich das potentielle Einsatzspektrum von Lernprogrammen aus. Dennoch kann bisher nicht von einer weiten Verbreitung computerunterstützter Lernformen in den Unternehmen gesprochen werden. Einer der Gründe dafür ist die mangelnde Verfügbarkeit qualitativ hochstehender Lernprogramme [vgl. Karrer 1989, S. 2ff.].

Die Qualität von Lernprogrammen hängt zum einen stark von der Güte der methodischen und didaktischen Aufbereitung ab. Die dazu eingesetzte Informationstechnik tritt dabei in den Hintergrund [vgl. Janotta 1990, S. 122f.]. Zum anderen erlaubt der informationstechnische Fortschritt vielfach erst die Umsetzung methodisch-didaktischer Alternativen. Einer der wichtigsten Entwicklungen ist in diesem Zusammenhang - vor anderen Weiterentwicklungen wie beispielsweise der Integration wissensbasierter Komponenten [vgl. Lusti 1992] - die Tendenz zu multimedialen Systemen.

Pädagogen sind sich weitgehend einig, dass zur Vermittlung von Wissen ein einzelnes Medium oft nicht ausreicht [vgl. Barker 1989, S. 13]. Mit Multimedia erweitern sich die potentiellen Repräsentationsformen der Lerninhalte. Beispielsweise kann eine Reparaturanleitung für ein technisches Gerät wesentlich deutlicher durch eine Bildfolge oder Videosequenz dargestellt werden als durch textuelle Beschreibung. Diese Eigenschaft multimedialer Systeme, kombiniert mit Hypertext-Konzepten (Hypermedia), nutzen bereits einige Unternehmen zur effizienteren Schulung ihrer Mitarbeiter, wie folgende Beispiele zeigen:

Beispiele Know-how/9

Multimedia in der Ausbildung

- Bethlehem Steel, ein amerikanisches Unternehmen der Stahlbranche, setzt interaktive Multimediasysteme zur Ausbildung seines Personals ein. Ungefähr 60 Kurse stehen rund 3.000 Nutzern zur Verfügung. Die Trainingsprogramme beinhalten unter anderem Anleitungen zur Prozesssteuerung, das Walzen und Giessen von Stahl und das Warten von elektronischen und hydraulischen Anlagen [vgl. Digital Review 1991, S. 28).

---

2 Andere für die computerunterstützte betriebliche Aus- und Weiterbildung verwendete Begriffe sind "Computer Assisted Instruction" (CAI) und "Computer Based Training" (CBT) [vgl. Karrer 1989, S. 9].

- Die Deutsche Bundeswehr hat ein aufwendiges Multimediasystem zur Führungsausbildung ihrer Offiziere entwickelt. Professionelle Filmaufnahmen, die typische Führungssituationen zeigen, sind in ein interaktives System eingebettet. Der Auszubildende kann jederzeit eingreifen und damit den Lernvorgang selbst bestimmen.

- Die Mercedes Benz AG setzt ein multimediales System zur Schulung der Autotürmontage ein und unterstützt damit ein neues "job rotation"-Konzept.

- Die Schweizerische Kreditanstalt AG unterhält eine Gruppe von ca. 15 Mitarbeitern, die für die Bank unter anderem multimediale Schulungssysteme (z. B. zur Einführung neuer Finanzprodukte) erstellen.

Sogenannte Autorensysteme unterstützen die Entwicklung von CAL-Applikationen. Bisher gestaltet sich die Einbindung von Audio- und Videokomponenten in vielen Fällen sehr aufwendig und unflexibel, weil analoge Quellen integriert werden müssen. Nachträgliche Änderungen oder Aktualisierungen erfordern häufig einen unverhältnismässig hohen Aufwand. Von einer Digitalisierung sämtlicher Medienkomponenten erhofft man sich zukünftig erhebliche Erleichterungen in der Produktion multimedialer CAL-Applikationen [vgl. Kling 1991, S. 63]. Die in den nächsten Jahren zu erwartenden Fortschritte in hard- und softwarebasierten Echtzeit-Datenkompressions-/ -dekompressionstechniken (z. B. DVI oder QuickTime) in Verbindung mit direkt adressierbaren optischen Speichermedien spielen in diesem Zusammenhang - neben einer Verbesserung der Entwicklungswerkzeuge - eine Schlüsselrolle [vgl. Kap. 3.3.1.1.].

Multimedia erleichtert den Know-how-Transfer und erweitert damit das potentielle Einsatzspektrum von CAL-Applikationen. Mit der skizzierten Verbesserung der Entwicklungsumgebung für CAL-Applikationen werden Unternehmen langsam dazu übergehen, multimediales Schulungsmaterial modular aufzubauen, dieses um zugekaufte CAL-Materialien zu ergänzen und in CAL-Pools abzulegen. Daraus könnten dann zum Beispiel Hersteller erklärungsbedürftiger Produkte ihren Kunden individuelle Informations- und Schulungsmaterialien zu einzelnen Produkten anbieten und damit ihre Servicequalität erhöhen.

Mit dem Ausbau der Kommunikationsinfrastruktur werden auch neue Formen der Teleschulung entstehen, wie Beispiel Know-how/10 zeigt.

Beispiel Know-how/10

EPOS - Öffentlicher Schulungsservice über ISDN

Im Zuge des steigenden Aus- und Weiterbildungsbedarfs haben die PTTs der Schweiz, Deutschlands, der Niederlande, Schwedens, Spaniens und Italiens das Forschungs- und

Entwicklungszentrum European Open Learning Service (EPOS) gegründet. EPOS beschäftigt sich mit den Möglichkeiten des Fernunterrichts über das öffentliche Telekommunikationsnetz und insbesondere über ISDN. Ein elektronischer Katalog soll den Überblick
über das angebotene Ausbildungsmaterial geben und eine gezielte Suche ermöglichen. Ziel
ist es, multimediale Lernprogramme aus einer Datenbank von ganz Europa aus abrufen zu
können.

In einer ersten Phase wird EPOS vorwiegend die PTT-internen Aus- und Weiterbildungs-
bedürfnisse abdecken. Eines der Schulungsprogramme soll beispielsweise das Qualitäts-
bewusstsein der Mitarbeiter fördern. Zusätzlich ist ein Kommunikationsdienst geplant, der
Computer- und Audiokonferenzen sowie elektronischer Anschlagbretter zu Ausbildungs-
zwecken anbietet. Per Videokonferenz ist dann eine Art "virtuelles Klassenzimmer bzw.
Ausbildungszentrum" realisierbar, über das Ausbilder und Auszubildender von unterschiedlichen geographischen Standorten aus kommunizieren können [vgl. Computerworld
1992b, S. 5].

Auch das in Beispiel Know-how/3 vorgestellte Projekt AKUBIS hat zu Szenarien geführt, wie die Kundendienstmitarbeiter der Automobilhersteller zukünftig über das
Telekommunikationsnetz mit einer Art Broadcasting-System geschult werden könnten. Interaktive Schulungsformen, die dem Lernenden Rückfragen erlauben, erfordern
auch hier breitbandige Kommunikationsnetze.

4.5.3. Zusammenfassung

Folgende Thesen fassen die zu erwartende Entwicklung von Know-how-Systemen
zusammen:

- Know-how-Systeme stehen erst am Anfang ihrer Entwicklung und gewinnen mit
  der Reife neuerer Informationstechniken wie wissensbasierte und multimediale Systeme an Effektivität und Verbreitung.

- Expertensysteme finden in klar eingegrenzten Wissensgebieten zur Konservierung,
  Weitergabe und Multiplikation von Know-how zunehmend operative Anwendung
  und nähern sich in Teilbereichen bereits der Reifephase.

- Mit wachsendem Bewusstsein der Unternehmen für die Bedeutung des Know-how-
  Managements kommen Know-how-Datenbanken zum Einsatz. Sie ermöglichen den
  strukturierten Zugriff auf Problemlösungen und Erfahrungen.

- Die zu erwartende Verbreitung von Groupware und die Entstehung leistungsfähiger
  Kommunikationsnetze fördern in den neunziger Jahren den Know-how-Austausch
  zwischen Fachleuten ("Know-how-Sharing").

- Know-how ist eine Ressource, die auf das ganze Unternehmen verteilt ist. Zukünftige IT-Architekturen, wie sie das Information-Warehouse-Konzept vorschlägt, erlauben den flexiblen Zugriff auf im Unternehmen verteilte Informationen und bilden die Basis für ein unternehmensweites Know-how-Management.

- Die Verbesserung der Benutzerschnittstelle bei Online-Datenbanken und das steigende Angebot von CD-ROM-Datenbanken unterstützen den Zugriff der Unternehmen auf externe Informationsressourcen.

- Die Qualität von CAL-Materialien steigt mit der Integration multimedialer Komponenten. Unterstützt durch eine effizientere Anwendungsentwicklung, erweitert sich der betriebliche Einsatzbereich des CAL und verbessert sich die Effektivität betrieblicher Aus- und Weiterbildung.

- Eine der wesentlichsten Restriktionen für Know-how-Systeme bleibt auch in den neunziger Jahren die Ineffizienz bei der Erschliessung von Know-how.

Mit diesen Trends entwickelt sich die betriebliche Informationsverarbeitung hin zur Wissensverarbeitung. Damit ist nicht gemeint, dass die Wissensverarbeitung die konventionelle Datenverarbeitung ersetzt, sondern dass zusätzlich auch heterogene, weniger strukturierbare Bereiche informationstechnisch unterstützt werden können.

4.6. Applikationstyp "Prozesssteuerung"

4.6.1. Charakteristika von Prozesssteuerungssystemen

Prozesssteuerungssysteme übernehmen die computerunterstützte Steuerung und Überwachung technischer Prozesse. Einer ihrer Einsatzschwerpunkte liegt in der industriellen Fertigung und lässt sich unter dem Begriff "Computer Aided Manufacturing" (CAM) zusammenfassen. So sorgen Prozesssteuerungsapplikationen beispielsweise

- in der Automobilindustrie für die maschinelle Ausführung von Schweissarbeiten,

- in der Textilindustrie für die Optimierung des Webvorgangs,

- in der Elektronikindustrie für die Montage mikroelektronischer Bauteile oder

- in der Chemieindustrie für das Anstossen und Überwachen chemischer Prozesse.

Der Einsatz von Prozesssteuerungssystemen ist jedoch nicht ausschliesslich auf die industrielle Fertigung beschränkt. Beispiele dafür sind

- die automatisierte Geldausgabe bei Banken über Bancomat,

- die Briefverteilung in grossen Postämtern durch Briefsortieranlagen,

- die tierindividuell dosierte Futterausgabe in fortschrittlichen Landwirtschaftsbetrieben,

- die Geldentsorgung von Kassen eines Einkaufszentrums über eine mikroprozessorgesteuerte Rohrpostanlage oder

- die Regulierung des Strassenverkehrs im öffentlichen Bereich durch Verkehrsleitsysteme.

Hinzu kommt eine steigende Verbreitung von Prozesssteuerungskomponenten in Produkten für private Haushalte wie mikroprozessorgesteuerten Haushaltsgeräten, Videokameras, Heizanlagen oder Automotoren. Die Informationstechnik ist dabei integrierter Bestandteil des Produkts und beeinflusst erheblich dessen Funktionalität.

Hohe Echtzeiterfordernisse und erschwerte Umweltbedingungen prägen das Einsatzgebiet von Prozesssteuerungssystemen. Mikroprozessorgesteuerte Maschinen, Sensorsysteme, Prozessrechner, Fertigungsnetze und andere den speziellen Anforderungen der Prozesssteuerung angepasste Informationsverarbeitungs-Komponenten bilden die Infrastruktur. Der Strukturierungsgrad der Daten und der Verarbeitung ist in der Regel hoch. Mit zunehmendem Bedarf nach "intelligenten" Prozesssteuerungssystemen müssen auch schwach strukturierte Informationen wie Bild oder Sprache verarbeitet werden können. Die Programmierung von NC-Maschinen, Robotersteuerungen oder speicherprogrammierbaren Steuerungen (SPS) bringt eine spezielle, teilweise graphisch unterstütze Entwicklungsumgebung mit sich (werkstattorientierte Programmierung).

4.6.1.1.   Funktionen

Es können zwei Ebenen der Prozesssteuerung unterschieden werden: die einzelne operative Einheit (z. B. Maschine, Roboter, mikromechanisches Bauteil) und die Leitebene, die mehrere operative Einheiten (z. B. gesamte Fertigung, Werkstatt, Maschinengruppe) koordiniert und steuert. Bild 4.6.1.1./1 zeigt die Wechselwirkung der drei Prozesssteuerungsfunktionen "Steuern", "Daten erfassen" und "Kontrollieren" auf diesen beiden Ebenen.

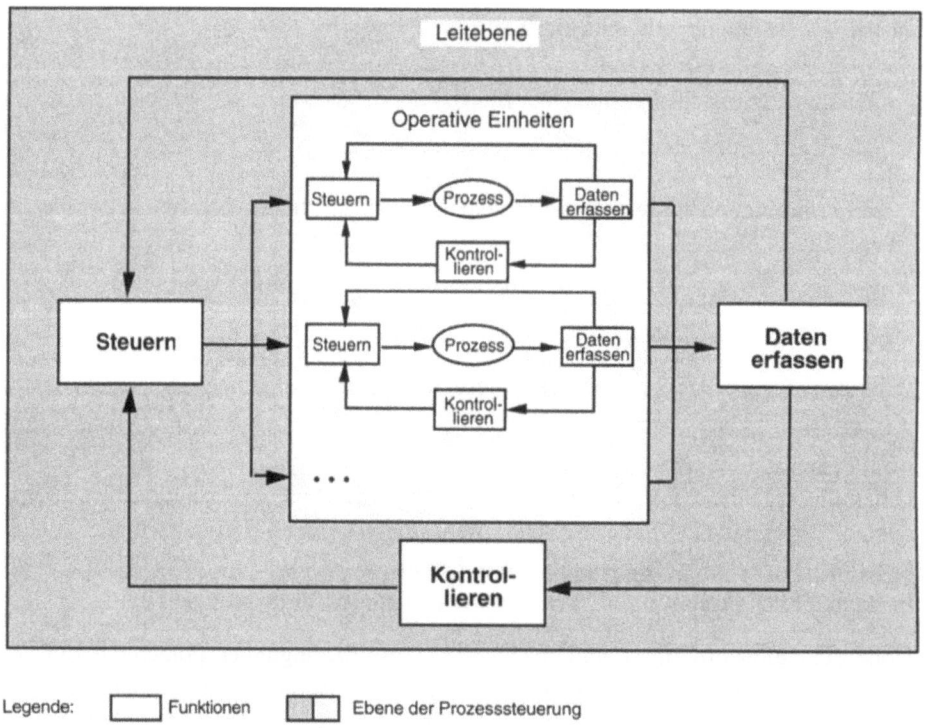

Bild 4.6.1.1./1: Funktionen des Applikationstyps "Prozesssteuerung"

- **Steuern**[1]

Auf der Ebene der einzelnen *operativen Einheiten* ermöglichen Prozessrechner, Mikroprozessoren und Sensoren die direkte Steuerung des jeweiligen Prozesses in Echtzeit. Beispiele dafür sind

- die selbständige Ausführung von Fräsarbeiten durch eine CNC-Werkzeugmaschine,

- das robotergestützte Punktschweissen von Automobilkarosserien,

- die automatische Positionierung von Montageteilen mit Hilfe einer optischen Bauteilerkennung,

- die Optimierung der Bewegungsbahn bei Bahnschweissrobotern durch Abtasten der Schweissnaht mit Lasersensoren,

- die Sortierung von Briefen nach Zielort mit Hilfe intelligenter Mustererkennung oder

- die computergesteuerte Einzelfütterung von Schweinen durch Tiererkennung mittels Transponder.

Dabei kann grob in sensorlose und in sensorintegrierte Anwendungen unterschieden werden [vgl. Bartl/Stalmann 1991, S. 401ff.]. Sensorlose Anwendungen (z. B. CNC-Fräsen, Punktschweissen) können an abweichende Bearbeitungssituationen nur durch Programmänderung angepasst werden. Mit Sensoren kombinierte Steuerungssysteme erlauben es, visuelle, taktile und akustische Signale aufzunehmen, zu verarbeiten und, darauf aufbauend, den Prozess flexibel zu steuern.

Auf der Leitebene geht es um die Koordination, Steuerung und Überwachung des auf mehrere operative Einheiten verteilten Leistungserstellungsprozesses. Innerhalb der industriellen Fertigung beispielsweise übernimmt die Fertigungsleittechnik Funktionen der administrativen Steuerung (z. B. Reihenfolgeplanung, Arbeitsgangfreigabe und -überwachung, Betriebsdatenerfassung) sowie Funktionen zur technischen Steuerung der operativen Einheiten (z. B. Verwaltung von Steuerungsprogrammen, Übergabe von NC-Programmen an Werkzeugmaschinen, Auswertung von Messdaten). Die Leittechnik bildet damit die Schnittstelle zwischen dem Administrationssystem und der Prozesssteuerung. So entsteht eine durchgängige Hierarchie

---

[1] Die Ingenieurwissenschaften unterscheiden zwischen "Steuern" und "Regeln". Steuern ist das unidirektionale Anstossen von Prozessen, während Regeln eine dauernde Anpassung der Steuerung durch Feedback beinhaltet. Zur Vereinfachung fasst hier der Begriff "Steuern" beide Aspekte zusammen.

von Steuerungselementen, die von den PPS-Funktionen des Administrationssystems über die Steuerungsfunktionen der Fertigungsleittechnik bis zur direkten Steuerung von einzelnen operativen Einheiten reicht.

Das Prinzip der Leittechnik kommt über die industrielle Fertigung hinaus auch in anderen Bereichen (z. B. Kraftwerkssteuerung, Verkehrsleitsysteme, Hafensteuerung) zur Anwendung. Beispiel Prozesssteuerung/1 zeigt dies anhand der Steuerung des Containerhafens von Singapur.

- **Daten erfassen**

Eine grundlegende Funktion der Prozesssteuerung ist das Erfassen der zur Steuerung und Kontrolle notwendigen Daten. Analog der obigen Unterscheidung in zwei Steuerungsebenen lässt sich auch hier in die auf Leitsysteme ausgerichtete Betriebsdatenerfassung (BDE) und die zur direkten Steuerung von operativen Einheiten notwendige Datenerfassung differenzieren. In Industriebetrieben übernimmt die Betriebsdatenerfassung die dezentrale Aufzeichnung und Auswertung von Auftrags-, Personal-, Material- und Maschinendaten und stellt sie zur weiteren Verarbeitung der Leitebene bereit. Ziel ist es, eine möglichst hohe Transparenz über die betrieblichen Abläufe zu erhalten. Beispiele für die Betriebsdatenerfassung sind

- die manuelle Eingabe von Auftragsdaten über ein lokales BDE-Terminal,

- die Erfassung von Arbeitsgangrückmeldungen über Strichcode-Leser,

- die Werkstückverfolgung über an Materialträgern oder Fertigungsteilen angebrachte, codierte Datenträger (Mikroprozessoren),

- die Materialdatenerfassung über mobile Infrarot-Endgeräte oder

- die direkte Erfassung von Maschinendaten (z. B. Stillstandszeiten, Mengen pro Zeiteinheit) über speicherprogrammierbare Steuerungen (SPS).

Auf der Ebene der operativen Einheit liefert die Messtechnik Daten, die von Prozessrechnern oder Mikroprozessoren in Echtzeit verarbeitet werden und die als integrierter Bestandteil oder im Dialog mit der operativen Einheit die automatisierte Ausführung von Tätigkeiten steuern. Die Sensorik spielt in diesem Zusammenhang eine zentrale Rolle [vgl. Funktion "Steuern"].

Eine zunehmend grössere Bedeutung kommt der Erfassung von Qualitätsdaten zu. Qualitätsdaten werden direkt aus der Betriebsdatenerfassung bzw. Maschinensteuerung gewonnen oder resultieren aus einer separaten Prüfdatenerfassung mit spezialisierten Messvorrichtungen.

• **Kontrollieren**

Die Funktion "Kontrollieren" hat zum einen die Aufgabe, die Funktionstüchtigkeit der zur Prozessabwicklung notwendigen Betriebsmittel zu überprüfen, und zum anderen, die Qualität der Leistungserstellung sicherzustellen. Auch hier kann der Kontrollprozess sowohl auf Ebene der einzelnen operativen Einheit als auch auf Leitebene stattfinden. Beispiele sind

- die Überwachung des Reaktionsverlaufs bei chemischen Prozessen oder Kernkraftwerken mit automatischer Abschaltung bei Abweichungen,

- die automatische Behebung eines Fadenbruchs bei einer Webmaschine als Reaktion auf die Messwerte von Sensoren (Schussfadenwächter),

- die automatische Funktionsprüfung und Fehlerdiagnose bei der Endkontrolle von gedruckten Schaltkreisen mit Hilfe eines Expertensystems oder

- die Sammlung von Maschinenmesswerten und deren statistische Auswertung durch die Fertigungsleittechnik zur Optimierung des Produktionsprozesses.

Die einzelnen Kontrollfunktionen können integrierter Bestandteil einer umfangreichen computergestützten Qualitätssicherung (CAQ) sein, die Qualitätsdaten über den gesamten Leistungserstellungsprozess erhebt und auswertet.

Um eine durchgängige Ablaufsteuerung zu erreichen, sind Prozesssteuerungssysteme auf die Integration mit Entwurfs- und Administrationssystemen angewiesen. So erhält die Leittechnik aus dem PPS-System administrative Vorgaben für die Fertigung (z. B. freigegebene Aufträge, Arbeitspläne, Prüfaufträge) und meldet Zustandsdaten an dieses zurück. Ebenso liefern CAD-Systeme produktdefinierende oder verfahrenstechnische Daten (z. B. Masstoleranzen, Oberflächengüte, NC-Programme) zur Steuerung und Kontrolle des Fertigungsprozesses.

Beispiel Prozesssteuerung/1 beschreibt den Einsatz eines Prozesssteuerungssystems im Bereich der Hafensteuerung.

Beispiel Prozesssteuerung/1

Steuerung des Containerhafens von Singapur

Der Containerhafen von Singapur zählt zu den grössten der Welt. Zu dessen Steuerung setzt die Hafenleitung, Port of Singapore Authority (PSA), ein komplexes Prozesssteuerungssystem ein, das sich aus einer Vielzahl von Applikationen zusammensetzt. Nachfolgend sind einige zentrale Bestandteile des Systems beschrieben:

• **Computer Integrated Terminal Operations Systems (CITOS)**

Die unter CITOS zusammengefassten Applikationen sollen sämtliche Operationen des Containerhafens (Tanjong Pagar Terminal und Brani Terminal) informationstechnisch unterstützen. Sie übernehmen - zum Teil unter Einsatz der Expertensystemtechnik - folgende Steuerungsfunktionen [vgl. Lim 1991, PSA 1990, S. 32f., Lay 1990, S. 7ff.]:

- Zeitplanung sowie Zuordnung von Personal und Betriebsmitteln für das Be- und Entladen der Schiffe,

- Vergabe der Anlegestellen zur Reduzierung der Schiffswartezeiten und zur optimalen Nutzung der Anlegestellen,

- Optimierung der Containerallokation zur Be- und Entladung der Schiffe,

- Steuerung der Containerplatzvergabe zur Reduzierung des Raumbedarfs und zur Minimierung der Containerbewegungen,

- Echtzeit-Steuerung der Hafeninfrastruktur, wozu die Kräne und das Container-Equipment mit Computern und kabellosen Datenterminals ausgerüstet sind.

Zusätzlich beinhaltet CITOS für häufige Nutzer des Containerhafens ein elektronisches Zugangssystem [vgl. Liew 1990]. Über das PSA-Netzwerk PORTNET oder per Voice Mail übermittelt die Spedition bzw. der Lastwagenfahrer die zur Abwicklung notwendigen Informationen (z. B. Grund der Einfahrt, Containernummer) an die Hafenleitung. Der ankommende Lastwagen identifiziert sich durch einen am Wagen angebrachten Transponder und durch eine sogenannte "Container Gate Entry Card". Daraufhin wird die Verarbeitung der zuvor deklarierten Containerbewegung angestossen. Der Lastwagenfahrer erhält automatisch eine Lagebeschreibung des jeweiligen Containerplatzes. Um sicherzustellen, dass die richtigen Container hinein- oder hinaustransportiert werden, findet bei der Ein- bzw. Ausfahrt ein Vergleich der Containernummern statt. Bis 1991 wurde diese Überprüfung von Mitarbeitern der Hafenleitung vorgenommen. Heute übernimmt das sogenannte "Container Number Recognition System" (CNRS), unter Einsatz neuronaler Netze und Methoden der Bildinterpretation, den automatischen Vergleich der tatsächlichen mit der deklarierten Containernummer [vgl. Tiang 1991]. Die Abwicklungszeiten konnten durch diese Massnahmen von Minuten auf ca. 30 Sekunden reduziert werden.

• **Computer Integrated Marine Operations Systems (CIMOS)**

Bis zu Beginn der neunziger Jahre wurden die Schiffsbewegungen in und um den Hafen von Singapur durch die Protokollierung auf Papiercharts und den Blick aus dem Fenster des Kontrollzentrums gesteuert. Eine ineffiziente Abwicklung des Schiffsverkehrs war die Folge. CIMOS steht für ein ca. 90 Mio. Dollar teures Projekt, das durch die Kombination eines satellitenbasierten Überwachungssystems mit Datenbankapplikationen und Expertensystemen eine präzise Steuerung des Schiffsverkehrs ermöglicht. Kern von CIMOS ist das sogenannte "Port Traffic Control System" (PTCS), das die drei Funktionen Verkehrs-Monitoring, Ankerplatz- und Fahrwassermanagement sowie Verkehrsinformation abdeckt. Im Rahmen des Verkehrs-Monitoring werden die über unterschiedliche Kommunikationskanäle eintreffenden Verkehrsinformationen gebündelt und in Verbindung mit elektronisch generierten Landkarten visualisiert. Das Ankerplatz- und Fahrwassermanagement setzt Expertensysteme zur Vermeidung von Verkehrsstaus und zur Reduzierung unnötiger

Schiffsbewegungen ein. Das Verkehrsinformationssystem schliesslich basiert auf einer Datenbank, die sämtliche Details über diejenigen Schiffe beinhaltet, die gerade die Hafeninfrastruktur nutzen. Die Datenbank liefert zum einen dem Hafenpersonal wertvolle Informationen zur Steuerung des Schiffsverkehrs, zum anderen können PSA-Kunden via PORTNET aktuelle Informationen über den aktuellen Bearbeitungsstatus ihrer Schiffe abrufen. CIMOS ist bisher in der kommerziellen Schiffahrt ohne Beispiel; Kernbestandteile wurden bereits 1992 implementiert [vgl. Chia 1990, PSA 1990, S. 32f., Siang 1990].

4.6.1.2. Restriktionen

• Mangelnde Fertigungsnähe

In vielen Unternehmen übernimmt das zentrale Administrationssystem (PPS-System) noch die Steuerung der Auftragsabwicklung bis auf die Stufe der einzelnen operativen Einheit. Da der Schwerpunkt der meisten heute eingesetzten PPS-Systeme in der mittelfristigen Planung der Material- und Zeitwirtschaft liegt, können kurzfristige Veränderungen der Fertigungssituation nur schlecht oder gar nicht abgebildet werden, d. h. eine computergestützte zeitnahe Prozesssteuerung ist nicht möglich [vgl. Scheer 1991, S. 367]. Der tatsächliche Zustand in der Fertigung stimmt nicht mit den Steuerungsdaten innerhalb des PPS-Systems überein, was zu ineffizienten Steuerungsmassnahmen aufgrund mangelnder Transparenz über den Fertigungszustand führt. Schlecht ausgelastete Maschinen, lange Durchlaufzeiten und kostenintensives "Troubleshooting" sind häufig anzutreffende Symptome dieser Situation. Die heute noch weit verbreitete Lösung, die Fertigungssteuerung mehr oder weniger dem Gespür des Meisters zu überlassen, lässt sich bei wachsender Losgrössenreduzierung und Terminbindung nicht mehr durchhalten.

• Insellösungen

Das CIM-Konzept sieht eine vollständige Integration zwischen Administrationssystem (PPS), Entwurfssystem (CAD) und Prozesssteuerungssystem vor. Diese Kopplung der einzelnen Teilbereiche des betrieblichen Informationssystems ist bisher in der Praxis meist nur partiell realisiert, d. h. Insellösungen herrschen vor. Für die Prozesssteuerung äussert sich dies vorwiegend

- in einer mangelnden Durchgängigkeit der Steuerung vom Administrationssystem über die Werkstattsteuerung zur Fertigung im Sinne eines geschlossenen Regelkreises,

- in einer fehlenden oder ungenügenden Koordination und Synchronisation gekoppelter Fertigungsbereiche und

- in einer aufwendigen manuellen Übertragung von CAD-Daten in das Prozesssteuerungssystem.

Eine der Hauptursachen dafür liegt in den unterschiedlichen Schnittstellen der einzelnen Steuerungskomponenten. Beispiele dafür sind inkompatible Kommunikationsprotokolle, NC-Programme oder speicherprogrammierbare Steuerungen, die nur über mühsame Schnittstellenprogrammierung integrierbar sind. Zum Teil verfügbare Standards setzen sich aufgrund der gewachsenen Fertigungsstrukturen erst langsam durch.

• **Fehlende Infrastruktur**

Vielen Unternehmen fehlt die zu einer integrierten Prozesssteuerung notwendige technische Infrastruktur. Dies zeigt sich unter anderem in

- einem heterogenen Maschinenpark, der verschiedene Technologiegenerationen mit unterschiedlichem Automatisierungsgrad beinhaltet,

- fehlenden Rechnern und Kommunikationsnetzen auf Fabrikebene und/oder

- fehlenden Einrichtungen zur Erfassung von Betriebs- und Maschinendaten.

Der Umstellungsaufwand zur Modernisierung der Infrastruktur ist mit Investitionen verbunden, die entweder nicht durch den erzielbaren Nutzen zu rechtfertigen sind oder die Kapitalkraft des Unternehmens übersteigen.

Ein ähnliches Bild ergibt sich auch ausserhalb der industriellen Anwendung, beispielsweise in der Verkehrssteuerung. Die Infrastruktur für intelligente Verkehrsleitsysteme ist - ausser in einzelnen Pilotanwendungen - noch nicht implementiert bzw. noch nicht entwickelt. Die dazu notwendigen Investitionen sind nur durch gemeinsame Anstrengungen staatlicher und privater Institutionen zu bewältigen [vgl. Karamitsos 1992].

• **Steigende Komplexität**

Die Anforderungen an Prozesssteuerungssysteme steigen mit der Flexibilität der Fertigung. Die neunziger Jahre werden durch eine weitere Flexibilisierung der Fertigungsstrukturen (Ziel: Losgrösse 1) gekennzeichnet sein, was sich in einer ständigen Steigerung der Steuerungskomplexität niederschlägt.

Fortschritte in der Flexibilisierung und Automatisierung auf Fertigungsebene bleiben vielfach aufgrund der relativ starren und trägen Planungs- und Steuerungssysteme ungenutzt. Eine Untersuchung des Arbeitskreises "Flexible Fertigung" des VDI-Gemeinschaftsausschusses CIM hat ergeben, dass Mängel in der Fertigungsplanung und -steuerung die Effektivität des Einsatzes von flexiblen Fertigungssystemen erheblich behindern [vgl. VDI 1990, S. 63ff.]. Der Arbeitskreis führt dies vorwiegend auf die oben dargestellten Mängel von PPS-Systemen in der Werkstattsteuerung zurück.

4.6.2. Zukünftige Entwicklung von Prozesssteuerungssystemen

Bild 4.6.2./1 gibt einen Überblick über wichtige informationstechnische Entwicklungen bei Prozesssteuerungssystemen.

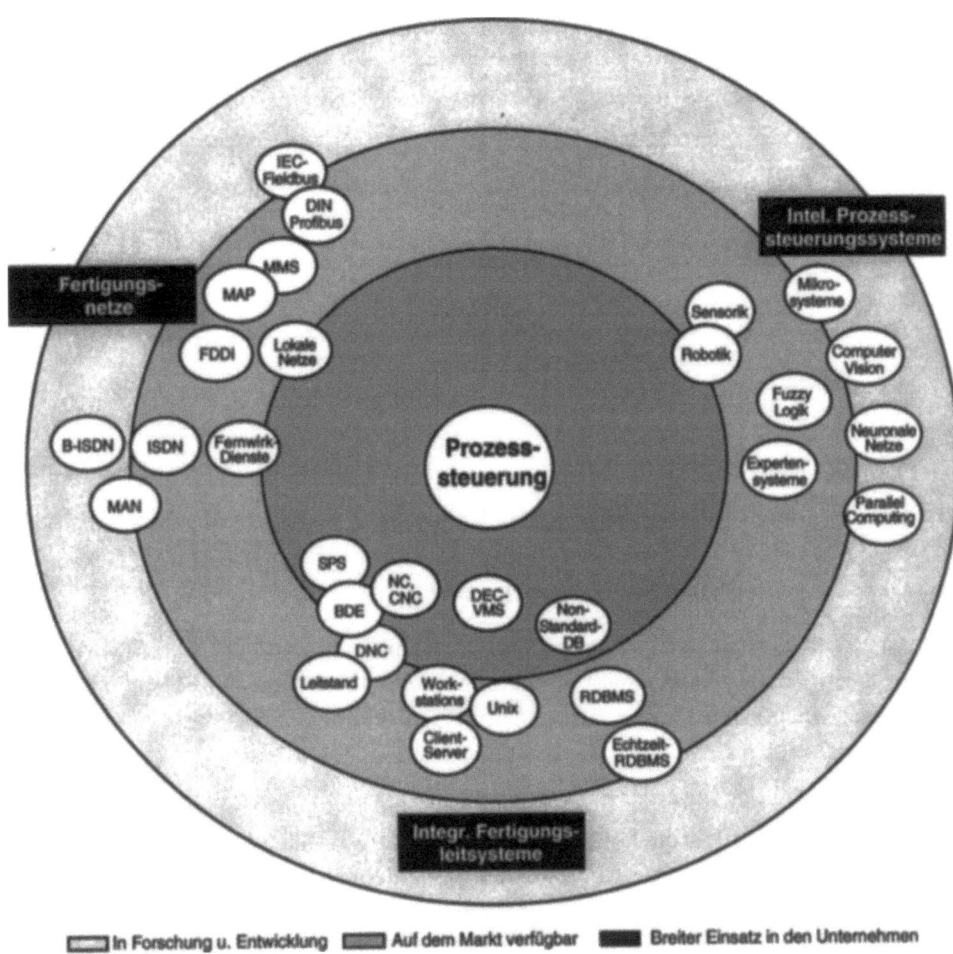

Bild 4.6.2./1: IT-Landkarte "Prozesssteuerung"

Folgende Schwerpunkte beherrschen die Entwicklung von Prozesssteuerungssystemen in den neunziger Jahren [vgl. Bild 4.6.2./2]:

Integrierte Fertigungsleitsysteme	Fertigungs- netze	Intelligente Prozesssteuerungs- systeme
• Leitstand • DNC • Workstations • Unix • Client-Server • RDBMS/ Echtzeit-RDBMS	• Lokale Netze • Manufacturing Automation Protocoll (MAP) • Manufacturing Message Specification (MMS) • IEC-Fieldbus/ DIN-Profibus • FDDI • ISDN • B-ISDN/MAN • Fernwirk-Dienste	• Robotik • Expertensysteme • Fuzzy Logik • Neuronale Netze • Parallel Computing • Computer Vision • Sensorik • Mikrosysteme

Bild 4.6.2./2: IT-Cluster "Prozesssteuerung"

Auf die einzelnen Entwicklungsschwerpunkte wird in den nachfolgenden Kapiteln näher eingegangen.

4.6.2.1.   Integrierte Fertigungsleitsysteme

Integrierte Fertigungsleitsysteme übernehmen alle Funktionen der kurzfristigen Steuerung und Überwachung eines Produktionssystems. Das beinhaltet sowohl administrative als auch technische Steuerungsfunktionen. Bild 4.6.2.1./1 gibt dazu einen Überblick [vgl. Abeln 1990, S. 333ff., Beier/Schwall 1991, S. 54ff.].

Mit den administrativen Funktionen der kurzfristigen Fertigungsplanung und -steuerung decken Fertigungsleitsysteme einen Aufgabenbereich ab, der von zentralen PPS-Systemen bislang nur sehr unbefriedigend gelöst werden konnte. Der sogenannte elektronische Leitstand übernimmt sämtliche Funktionen der Werkstattsteuerung wie die Feinterminierung freigegebener Aufträge oder die Reihenfolgeplanung von Aufträgen. Durch diese Verschiebung der kurzfristigen Fertigungsplanung und -steuerung vom zentralen PPS-System auf eine fertigungsnahe, autonome Ebene kann die Genauigkeit und Flexibilität der Werkstattsteuerung erheblich gesteigert werden. Gleichzeitig wird das PPS-System von den Branchenspezifika der Feinplanung und -steuerung abgeschirmt [vgl. Poensgen 1992, S. 561].

Eine wichtige Rolle spielt die Visualisierung der Steuerungsdaten. Aus der Fertigung zurückgemeldete Daten werden graphisch aufbereitet und erlauben eine aktuelle Beurteilung der Fertigungssituation. Windowbasierte Benutzeroberflächen tragen zu einer komfortablen Bedienung bei, wie z. B. die gleichzeitige Betrachtung des Fertigungsfortschritts zweier Fertigungszellen. Darüber hinaus stellt das Fertigungsleitsystem wertvolle Planungs- und Steuerungsinstrumente bereit. Beispiele dafür sind die automatische Verfügbarkeitsprüfung von Ressourcen, die Reihenfolgeplanung anhand von Prioritätsregeln oder die Simulation alternativer Maschinenbelegungen. Unterschiedliche Planungs- und Zuteilungsmethoden sind dazu im Fertigungsleitsystem softwaretechnisch verankert. Um den steigenden Anforderungen an die Flexibilität und Genauigkeit der Werkstattsteuerung genügen zu können, wird ständig an neuen Methoden der Fertigungsplanung und -steuerung gearbeitet. Unter anderem kann die heuristische Vorgehensweise von Expertensystemen zukünftig zu einer Verbesserung der Steuerungsergebnisse beitragen [vgl. Warnecke 1991b, S. 64ff., Mertens 1991, S. 165ff.].

Fertigungsleitsystem	
Administrative Funktionen	Technische Funktionen
• Übernahme freigegebener Aufträge aus PPS-System	• Übernahme von NC-Programmen aus Entwurfssystem
• Feinterminplanung auf Arbeitsgangebene	• NC-Programme editieren und verwalten
• Kapazitätsbelastung planen und simulieren	• Übertragung von Steuerungsdaten an Maschinen
• Reihenfolgeplanung (simulieren u. optimieren)	• Maschinenüberwachung und Störungsbehandlung
• Betriebsdatenerfassung u. -auswertung	• Materialbewegung anstossen und Transport führen
• Weitergabe von Betriebsdaten an PPS-System	• Lagerbetrieb überwachen
• Materialverfügbarkeit prüfen und Betriebsmittel verwalten	• Qualitätsvorgaben weitergeben und auf Einhaltung überprüfen

Bild 4.6.2.1./1: Funktionen von Fertigungsleitsystemen

Neben den administrativen Funktionen übernehmen Fertigungsleitsysteme durchsetzende Funktionen der technischen Steuerung wie die Übertragung von NC-Programmen an Maschinen (Direct Numeric Control, DNC) oder das Anstossen von Material-

bewegungen [vgl. Bild 4.6.2.1./1]. Die idealtypische Implementierung von Fertigungsleitsystemen in Verbindung mit der Automatisierungstechnik mündet in einer vollintegrierten Produktionsumgebung wie sie im Beispiel Prozesssteuerung/2 dargestellt ist.
Dass das darin beschriebene Fertigungsleitsystem bereits Ende der achtziger Jahre "auf
der grünen Wiese" realisiert wurde, darf nicht darüber hinwegtäuschen, dass viele Unternehmen von dieser vollintegrierten Form noch weit entfernt sind.

Beispiel Prozesssteuerung/2

Integriertes Fertigungsleitsystem bei der Siemens Nixdorf AG

Mit dem "Werk für Arbeitsplatzsysteme" in Augsburg hat Siemens Nixdorf eine Ferti-
gungsstätte realisiert, die durch ein integriertes Logistikkonzept die strategische Zielsetzung
"Senken von Beständen und Durchlaufzeiten bei gleichzeitiger Flexibilitätssteigerung" erreichen sollte. Zentraler Bestandteil ist ein integriertes Fertigungsleitsystem, das den Mate-
rial- und Informationsfluss des Werkes steuert.

Die Fertigung ist in produktbezogene Montage- und Prüflinien unterteilt, denen jeweils ein
Materialbereitstellungssystem zugeordnet ist. Die von LKWs angelieferte Ware wird eingebucht und dem dezentralen Materialbereitstellsystem gemeldet. Ein über Funk gesteuer-
tes, fahrerloses Transportsystem übernimmt die Ware und befördert sie zum vorgesehenen
Materialbereitstellsystem, welches diese vollautomatisch zwischenlagert. Jeder Materialbe-
hälter ist zur Identifikation mit einem Barcode versehen. Das Materialbereitstellsystem
übergibt dann das Material der angeschlossenen Montagelinie, wo es vom Montagemitar-
beiter oder vom Roboter übernommen wird. Der gesamte Material- und Informationsfluss,
vom Wareneingang über den Materialtransport bis hin zur auftragsbezogenen Ein- und
Auslagerung, wird durch das Softwarepaket PUMA (Prozesslinienbezogenes universelles
modulares Automatiklager) gesteuert. Einmal täglich stösst PUMA in Abstimmung mit
dem PPS-System die linienbezogene Material-Nachschubsteuerung an. Die angebundene
Software LAUS (Lieferantenanbindung unter SINIX) ermittelt die Abrufmenge und gibt
die Bestellung papierlos (z. B. über Telex oder X.400 mit EDIFACT) an den Lieferanten
weiter.

Das Produktionssteuerungssystem WESPE (Werkstattsteuerung für Personal Computer)
sorgt für die Steuerung und Kontrolle des Kundenauftrags vom Auftragsstart bis zum Versand. Jede Produktionslinie verfügt über ein eigenes WESPE-System mit eigenem Rechner. Vom übergeordneten PPS-System erhält WESPE täglich die freigegebenen Aufträge
pro Produktionslinie. Dazu werden die Daten per Filetransfer vom Host an den Hallenleit-
rechner übertragen, der diese wiederum auf die einzelnen Liniensysteme aufteilt. In Pro-
gramm-zu-Programm-Kommunikation zu PUMA prüft WESPE, ob alle Teile verfügbar
sind. Bei Auftragsstart wird auf jedem Werkstückträger ein gerätespezifischer Strichcode
angebracht, der zur Identifikation der Teile an den jeweiligen Bearbeitungsstationen dient.
WESPE steuert dann jeden Auftrag durch alle Montagestationen bis zum Versand durch.
Dazu steht es in direkter Kommunikation mit den operativen Einheiten und übernimmt
bzw. erhält Betriebs- und Maschinendaten von Robotern, Scannern, Schrankensteuerun-

gen und dergleichen. Für das PPS-System relevante Betriebsdaten (z. B. Fertigmeldungen, Versandinformationen) gibt WESPE direkt weiter. Trotz dem hohen Automationsgrad ist es möglich, das Produktionspensum für die einzelnen Linien flexibel zu bestimmen. Das WESPE-System bietet dazu Dispositionsspielräume und einen Überblick über den Fertigungsprozess.

Parallel dazu werden laufend Fehlerdaten erfasst und an das Qualitätssicherungssystem FUCHS weitergeleitet. FUCHS (Funktionsorientiertes technisches Controlling in der Herstellung und Qualitätssicherung) prüft am Ende der Montage per Strichcode-Leser, ob die richtigen Teile montiert wurden [vgl. Steinmetz 1989, Kaltenstadler/Rethfeld 1988].

Wie das Beispiel zeigt, beginnen sich auch bei Fertigungsleitsystemen verteilte Rechnerkonzepte durchzusetzen. Ziel ist es, möglichst autonome Fertigungsbereiche mit einem hohen Mass an Flexibilität zu schaffen, ohne die Abstimmung mit dem gesamten Leistungserstellungsprozess zu vernachlässigen. Untereinander vernetzte Rechner übernehmen für Teilbereiche der Fertigung (z. B. Werkstatt, Fertigungszelle, Maschinengruppe, Maschine) steuernde und kontrollierende Funktionen und sind dazu direkt mit übergeordneten (z. B. Leitrechner), untergeordneten (z. B. Robotersteuerung, SPS) oder anderen kooperierenden Steuerungssystemen (z. B. Lagerleitrechner) verbunden. Workstations, die weitgehend autonom dezentrale Verarbeitungs- und Datenverwaltungsaufgaben übernehmen, finden in diesem Zusammenhang zunehmende Verbreitung. Waren früher DEC-VMS-Systeme im Segment der sogenannten Prozessrechner dominant, ist heute eine Tendenz zu verteilten, Unix-basierten Systemen zu verzeichnen. Gartner Group prognostiziert bis 1996 ein langsames, aber kontinuierliches Anwachsen des Anteils installierter Unix-Applikationen im Bereich der Prozesssteuerung auf 45 Prozent (8 Prozent/1990, 14 Prozent/1991, 22 Prozent/1992) [vgl. Gartner 1991, S. 7]. Daneben finden kostengünstige DOS-Rechner bzw. Terminals als Vor-Ort-Systeme und OS/2 als Serverbetriebssystem in lokalen Netzen Anwendung. Häufig kommen zur Unterstützung von Spezialaufgaben auch dedizierte Hard- und Softwarearchitekturen zum Einsatz.

Mit der Verteilung von Rechnerleistung gewinnt das Client-Server-Prinzip auch im Fertigungsbereich an Bedeutung. Beispielsweise kann es bei verteilten, graphischen Leitständen sinnvoll sein - anstatt der üblichen redundanten, lokalen Datenhaltung an jedem Leitstand - auf zentraler Leitebene einen Datenbankserver zu installieren, der den lokalen Leitstand-Workstations die relevanten Daten über SQL-Services bereitstellt [vgl. Beier/Schwall 1991, S. 93ff.]. Die Verarbeitung findet teilweise (z. B. Übernahme von Visualisierungsfunktionen) oder vollständig auf der lokalen Workstation statt, die Daten sind auf dem Datenbankserver abgelegt. Dadurch wird der zentrale Leitrechner entlastet und im Vergleich zur lokalen Datenhaltung die Datenkonsistenz erhöht. Ebenso sinnvoll kann es sein, für abgrenzbare Teilbereiche der Fertigung getrennte Datenbanken auf mehrere Server zu verteilen, um den Datenzugriff der Client-Workstations zu beschleunigen und das Ausfallrisiko im Sinne autonomer Steuerungsbereiche zu reduzieren.

In echtzeitsensitiven Bereichen scheitert dieser Ansatz vielfach noch an Performanceproblemen relationaler Datenbanken und dem damit verbundenen Einsatz echtzeitorientierter Non-Standard-Datenbanken. Fortschritte in der Erweiterung von relationalen Datenbanken um Echtzeitfunktionen, wie prioritätengesteuertes Multitasking und kurze, garantierte Reaktionszeiten, unterstützen zukünftig auch in Prozesssteuerungssystemen den gezielten Einsatz von Datenbanksystemen [vgl. Windauer 1991, S. 506ff.]. Auf fertigungsnahen Workstations implementierte, echtzeitorientierte Datenbanksysteme (z. B. Datenbank zur Erfassung von Qualitätsdaten, Datenbank zur Dokumentation von Produktionsdaten) lassen sich dann nach dem Client-Server-Prinzip mit Datenbanken auf Leit- oder Planungsebene integrieren.

Mit der dargestellten Tendenz zu verteilten Rechnerkonzepten sind Fertigungsleitsysteme auf eine leistungsfähige Kommunikationsinfrastruktur angewiesen. Fertigungsnetze bilden deshalb einen weiteren Schwerpunkt in der Entwicklung von Prozesssteuerungssystemen.

4.6.2.2.   Fertigungsnetze

Nachdem im administrativen Bereich die Vernetzung verhältnismässig weit fortgeschritten ist, ist auch im Fertigungsbereich ein zunehmender Ausbau der Kommunikationsinfrastruktur zu beobachten. Fertigungsnetze binden Automatisierungsinseln zu integrierten Produktionssystemen zusammen. Bild 4.6.2.2./1 zeigt beispielhaft die Struktur eines Fertigungsnetzes, wie sie sich typischerweise in den neunziger Jahren in den Unternehmen durchsetzen könnte [vgl. Adam/Linnemann/Menevidis 1992, S. 360].

Ein Fertigungsnetz verbindet Leitrechner, Zellenrechner, Vor-Ort-Rechner und Steuerungen zu einem integrierten Prozesssteuerungssystem und stellt Schnittstellen zum Administrationssystem und zu Entwurfssystemen bereit. Für viele Unternehmen ist dies ein mühsamer Prozess des Zusammenbindens gewachsener, heterogener Strukturen. "Grüne-Wiese-Lösungen", wie in Beispiel Prozesssteuerung/2 dargestellt, sind selten. Die Beherrschung der software- und hardwaretechnischen Heterogenität wird zu einem entscheidenden Realisierungsfaktor für Fertigungsnetze. Kommunikationsstandards spielen in diesem Zusammenhang eine wichtige Rolle. Für den Fertigungsbereich relevante Standards sollen unter Bezugnahme auf das in Bild 4.6.2.2./1 beispielhaft dargestellte Fertigungsnetz erläutert werden. Anschliessend wird auf die in Bild 4.6.2.2./1 angedeuteten Möglichkeiten der standortübergreifenden Prozesssteuerung eingegangen.

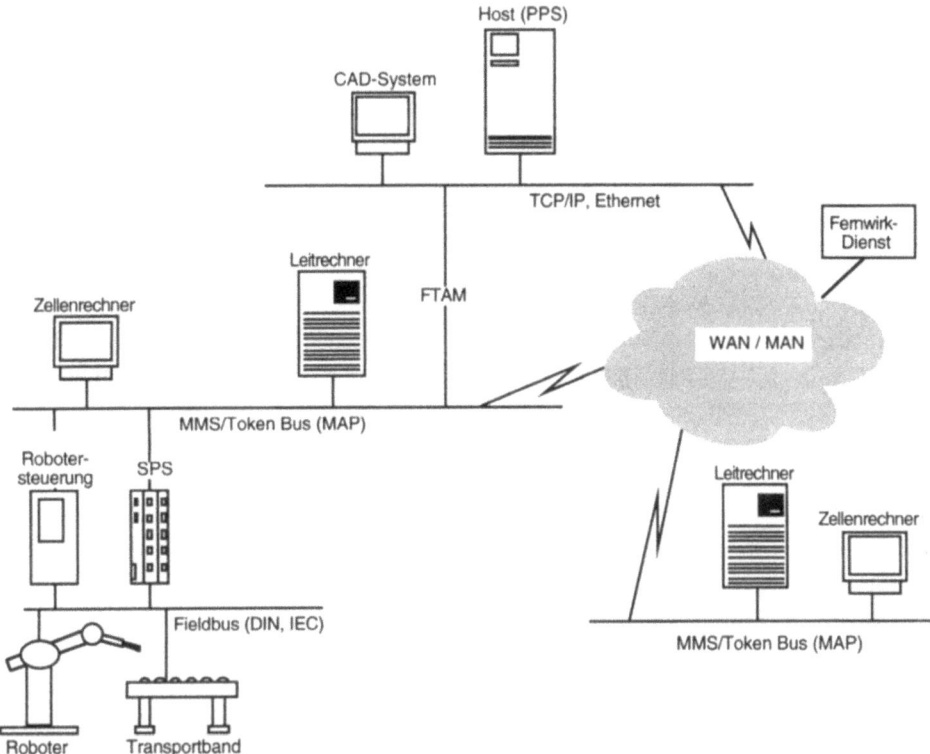

Bild 4.6.2.2./1: Fertigungsnetz der neunziger Jahre

4.6.2.2.1.   Kommunikationsstandards im Fertigungsbereich

Eine der bedeutendsten Standardisierungsinitiativen im Fertigungsbereich ist das von General Motors in Zusammenarbeit mit zahlreichen Anwendern und Anbietern vorangetriebene "Manufacturing Automation Protocol" (MAP). MAP baut auf dem OSI-Referenzmodell auf und kombiniert für die einzelnen Schichten definierte ISO-Standards zu einer Protokollhierarchie, die den Anforderungen einer rechnerintegrierten Fertigung entspricht. MAP deckt dabei alle sieben Schichten des OSI-Referenzmodells ab. Für zeitkritische Anwendungen kann zur Beschleunigung des Kommunikationsprozesses auf die Schichten drei bis sechs verzichtet werden, ohne die Zuverlässigkeit der Kommunikation zu gefährden. MAP ist seit den frühen achtziger Jahren in Entwicklung und wurde 1988 mit der Version 3.0 bis 1994 festgeschrieben, um Anwendern und Anbietern eine einheitliche Basis zu bieten.

Auf den unteren beiden Schichten setzt MAP sowohl Breitband- (10 Mbit/s) als auch Trägerbandtechnik (5 Mbit/s) ein und verwendet Token-Bus (IEEE 802.4) als Zugriffsverfahren. Auf Breitbandtechnik basierende MAP-Netze sind als Backbone-Verknüpfung zwischen PPS-Systemen, Leitrechnern und Zellenrechnern gedacht. Im prozessnahen Bereich können auch auf Trägerbandtechnik basierende, kostengünstigere MAP-Netze zum Einsatz kommen, die an das Backbone-Netz angeschlossen sind. In Bild 4.6.2.2./1 wurde bis auf Zellenebene ein Breitbandnetz mit 10 Mbit/s installiert. Zukünftige Versionen von MAP werden auch Glasfasernetze vorsehen. Gründe für deren Einsatz sind - neben Übertragungsraten bis zu 100 Mbit/s - die Unempfindlichkeit des Übertragungsmediums für elektromagnetische Störungen, die problemlose Verknüpfung auch weit entfernter Fertigungsbereiche und zu erwartende Kostenreduzierungen von FDDI-Lösungen [vgl. Kap. 3.5.2.]

Auf der obersten, anwendungsnahen Schicht sieht MAP unterschiedliche anwendungsspezifische Dienste vor. Neben dem Dateitransfer-Standard *FTAM*, der beispielsweise zur Übertragung von Auftragsdaten vom PPS-System zum Fertigungsleitsystem zum Einsatz kommen kann [vgl. Bild 4.6.2.2./1], ist der speziell für die Fertigungsautomatisierung geschaffene Standard *MMS* (Manufacturing Message Specification) hervorzuheben. MMS ist auf den Nachrichtenaustausch zwischen programmierbaren Einheiten der Fertigung und dort insbesondere auf die Kommunikation zwischen einem Rechner mit Leitfunktion und einer Steuerung (z. B. Laden von Programmen, Überwachen der Steuerung) ausgerichtet. Bezogen auf Bild 4.6.2.2./1, kann MMS für folgenden Ablauf zum Einsatz kommen: Der Leitrechner gibt einen Fertigungsauftrag an den Zellenrechner weiter, welcher wiederum die angeschlossene Robotersteuerung bzw. SPS-Steuerung mit den dazu notwendigen Daten und Programmen versorgt. Nach dem Start der Programme erhält der Zellenrechner permanent Daten von den Steuerungen, anhand derer er den Fertigungsablauf in der Zelle überwacht und steuert.

MMS deckt damit einen grossen Bereich der Prozesssteuerung ab und kann als genereller Standard zur Kommunikation zwischen Steuerungen, Zellenrechnern, Leitrechnern und anderen steuernden und kontrollierenden Systemen betrachtet werden. Nächste Versionen von MAP werden zusätzlich sogenannte MMS Companion Standards beinhalten. MMS Companion Standards wählen aus einem anwendungsunabhängigen MMS-Kern einzelne Funktionen für spezifische Anwendungsbereiche wie beispielsweise speicherprogrammierbare Steuerungen, numerische Steuerungen oder Robotersteuerungen aus bzw. definieren neue hinzu [vgl. Valenzano/Demartini/ Ciminiera 1992, S. 306ff]. Sie bilden die Grundlage für zukünftige standardbasierte Softwareprodukte im Bereich der Prozesssteuerung.

Die unterste Ebene der Prozesssteuerung, d. h. die Übertragung von Daten zwischen Steuerungen und sogenannten Feldgeräten (Sensoren, Aktoren), ist bisher noch nicht durch einen verabschiedeten ISO-Standard abgedeckt. Die Gründe dafür, dass dieser Bereich nicht ebenfalls in den MMS-Standard integriert ist, liegen zum einen in der Komplexität des MMS-Protokolls, die von den Sensor- und Aktorsystemen nicht bewältigt werden kann; zum anderen weichen die Netzwerkanforderungen im Feldbereich (z. B. Störungssensibilität, Reaktionsfähigkeit) erheblich von denen auf Zellenebene ab. Auf nationaler (z. B. DIN-Profibus) und internationaler Ebene (z. B. IEC-Fieldbus) bereits initiierte Standardisierungsbemühungen werden zukünftig auch in diesem Bereich zu einer einheitlichen Kommunikationsbasis führen [vgl. Bild 4.6.2.2./1]. Da der internationale Normungsprozess noch einige Jahre beanspruchen wird, werden kurzfristig zunächst nationale Standards Umsetzung finden [vgl. Neumann/Diedrich/Hähniche 1992, S. 365].

Obwohl eine wachsende Zahl von Anbietern und Anwendern MAP unterstützen bzw. anwenden, werden viele Fertigungsnetze auch in Zukunft nicht vollständig auf MAP basieren. Gründe dafür sind unter anderem Verzögerungen im Standardisierungsprozess sowie Kosten- und Leistungsvorteile herstellerspezifischer Lösungen. Generell kann jedoch davon ausgegangen werden, dass in den neunziger Jahren die Vernetzung des Fertigungsbereichs weiter zunimmt und dabei verstärkt internationale und branchenspezifische Standards Berücksichtigung finden.

4.6.2.2.2. Standortübergreifende Prozesssteuerung

Die bisherigen Ausführungen haben sich vorwiegend auf den lokalen Anwendungsbereich bezogen. Die räumliche Verteilung von Fertigungsstätten kann die Ausdehnung des Fertigungsnetzes auf regionale (z. B. Stadtgebiete), nationale oder internationale Ebene erforderlich machen [vgl. Bild 4.6.2.2./1]. Beispielsweise können im Hauptsitz eingehende Kundenaufträge zunächst durch ein auf dem zentralen Host laufendes PPS-System bearbeitet und dann an die unterschiedlichen Fertigungsstätten über ein WAN verteilt werden. Dort übernimmt ein autark arbeitendes Fertigungsleitsystem die Feinplanung und -steuerung des Fertigungsauftrags. Bisher ist der dabei ablaufende Verteilungsmechanismus vorwiegend durch vordefinierte Fertigungsorte bestimmt. Mit wachsender Flexibilisierung der Fertigung und verbesserter Werkzeugunterstützung der Fertigungsplanung und -steuerung sind neue, standortübergreifende Formen der flexiblen Kapazitätsnutzung denkbar.

Eine andere Form der Nutzung von Weitverkehrsnetzen innerhalb der Prozesssteuerung besteht in der Fernüberwachung und -steuerung, dem sogenannten *Fernwirken*. Über das Telekommunikationsnetz werden von einem entfernten Standort Signale an eine zu steuernde oder zu überwachende Empfangsstation gesendet, was die Übertragung bestimmter Daten zum Absender auslöst oder an die Empfangsstation angeschlossene Anlagen steuert. Geographisch verteilte Prozesssteuerungskomponenten können damit über eine zentrale Leitstelle kontrolliert und gesteuert werden.

Neben privaten Fernwirknetzen sind in den letzten Jahren vermehrt öffentliche Fernwirkdienste (z. B. Temex in Deutschland) entstanden, die zukünftig eine breite Nutzung der Fernwirktechnik begünstigen [vgl. Martens/Pissot 1991, 3ff.]. Hinzu kommen Fortschritte in der Sensorik und elektronischen Schalttechnik, die das Einsatzgebiet des Fernwirkens ständig erweitern. Das Anwendungspotential ist dabei bei weitem nicht auf die industrielle Fertigung beschränkt. Neben der Steuerung von Fertigungssystemen, chemischen Prozessen oder komplexen Anlagen (z. B. Verbrennungsöfen) bieten unter anderem die Sicherheitsbranche (z. B. Steuerung von Alarmanlagen), die Energieversorgungsbranche (z. B. elektronische Verbrauchsdatenerfassung beim Kunden, Rundsteuerung elektrischer Kundengeräte), der öffentliche Bereich (z. B. Verkehrsleitsysteme, Umweltschutzmessstationen) oder die privaten Haushalte (z. B. Hausnotruf, Klimasteuerung) eine Vielfalt von Einsatzmöglichkeiten für die Fernwirktechnik.

Bestehende öffentliche Fernwirk-Dienste sind auf kurze, zeitkritische Meldungen bzw. zeitunkritische Datenübertragungen mit begrenztem Datenvolumen beschränkt. Zukünftig über ISDN angebotene Fernwirk-Dienste werden einige der heute bestehenden Restriktionen aufheben. Wesentliche Vorteile sind die gleichzeitige Verfügbarkeit mehrerer Dienste (Sprache, Text, Bild, Daten) und die erhöhte Datenübertragungsrate von 64 Kbit/s bei gleichzeitigen Kostenvorteilen gegenüber paketvermittelnden Diensten [vgl. Kugler 1991, S. 202ff.]. Funktionen, die durch ISDN besser unterstützt oder erst möglich werden, sind zum Beispiel:

- synchrone Sprach- und Datenkommunikation zur Analyse von Störungsursachen,

- Fernbedienung durch dezentrale Verfügbarkeit der gleichen Bedienungs- und Anzeigemöglichkeiten wie direkt an der Maschine,

- schneller Austausch von NC-Programmen und Konfigurationsdaten zur Inbetriebnahme oder Fehlersuche,

- Ferndialog mit externem Diagnosesystem zur selbständigen Fehlersuche oder

- Fernanzeige, d. h. die Übertragung von Texten oder Graphiken (z. B. Schaltpläne, Reparaturanleitungen) von einer Servicezentrale auf das Bedienungsfeld der Maschine.

Völlig neue Formen des Fernwirkens sind mit der zukünftigen Verfügbarkeit von Breitbandkommunikationsnetzen zu erwarten. Prozesssteuerungsfunktionen, die heute bisher nur über breitbandige, lokale Netze ausgeführt werden können, sind dann auch über das Weitverkehrsnetz verfügbar. Über das erhöhte Datenvolumen hinaus lassen sich in Zukunft über B-ISDN oder MAN Bild-, Ton- und Videoinformationen übertragen, die beispielsweise im Rahmen der Ferndiagnose zur effektiven Fehlersuche und -behebung beitragen können [vgl. Kap. 3.5.3.3./4, Heiner et al. 1991, S. 261f.]. Kostenintensive Stillstandzeiten von Anlagen liessen sich damit erheblich reduzieren.

Eine weitere Form der zukünftigen Nutzung öffentlicher Breitbandkommunikationsnetze besteht in der *fehlertoleranten* Auslegung von Fertigungsleitsystemen. Hochautomatisierte Fertigungsstrukturen, Just-in-Time und enge Terminbindung stellen hohe Anforderungen an die Verfügbarkeit von Fertigungsleitsystemen. Eine Möglichkeit, die dauernde Verfügbarkeit des Fertigungsleitsystems sicherzustellen, liegt in der redundanten Bereitstellung lokaler Leitrechnerkapazität. Aus Kostengründen wird in vielen Bereichen auf solche Doppelrechnerlösungen verzichtet. Breitbandkommunikationsnetze lassen es zukünftig zu, die netzwerkweit verfügbare Redundanz an Rechenkapazität bei Bedarf durch definierte Fehlertoleranzmechanismen zu nutzen. Als anwendungsorientierter Kommunikationsstandard könnte dazu standortübergreifend MMS zum Einsatz kommen. Innerhalb des Verbundprojekts BERCIM wurden unter Verwendung des BERKOM-Testnetzes (140 Mbit/s) bereits Prototypen standortübergreifender, fehlertoleranter Leitrechnersysteme und breitbandiger Ferndiagnosesysteme realisiert [vgl. Adam/Linnemann/Menevidis 1992, S. 361, Heiner et al. 1991, S. 259ff.].

4.6.2.3.   Intelligente Prozesssteuerungssysteme

4.6.2.3.1.   KI-basierte Prozesssteuerung

Robotik ist eines der ältesten Themen der Künstliche-Intelligenz-Forschung. Ziel ist es, den Roboter mit so viel "Intelligenz" auszurüsten, dass er in einer realen Umgebung eigenständig Aufgaben (z. B. Montieren, Transportieren, Schweissen) ausführen und flexibel auf Ereignisse reagieren kann. Das Mass an Flexibilität, d. h. die Fähigkeit, auch auf unvorhergesehene Ereignisse reagieren zu können, bestimmt dabei erheblich die Anforderungen an die "Intelligenz" des Robotersystems. Prinzipiell besteht das Bestreben, über die klassische Roboteranwendung hinaus Prozesssteuerungssysteme mit mehr "Intelligenz" auszurüsten. Künstlich intelligente Systeme bestimmen in den neunziger Jahren massgeblich weitere Fortschritte in der Automatisierung und in der Qualität der Prozesssteuerung.

• **Wissensbasierte Prozesssteuerung**

Eine zentrale Aufgabe wissensbasierter Prozesssteuerungssysteme ist die selbständige Interpretation von Ereignissen bzw. Umwelteinflüssen. Über Sensoren oder andere Schnittstellen aufgenommene Daten müssen mit dem gespeicherten Wissen verbunden werden, um Schlussfolgerungen für konkrete Prozesssteuerungsmassnahmen ziehen zu können. Beispiel Prozesssteuerung/3 zeigt dies anhand eines Expertensystems in der Papierproduktion.

Beispiel Prozesssteuerung/3

Echtzeit-Expertensystem in der Papierproduktion

Die Zeitungspapierfabrik der Norske Skogindustrier mit Standort in Mittelnorwegen setzt ein Expertensystem zur Überwachung und Steuerung der Papierproduktion ein. Die Papierproduktion läuft auf sehr grossen, ca. 150 Meter langen Maschinen, die aus einer Breimasse eine acht Meter breite Papierrolle mit gleichbleibender Qualität produzieren sollen. Die Geschwindigkeit des Produktionsprozesses beträgt 70 km/h.

Die Qualität ist eine der wichtigsten Erfolgsfaktoren für den Papierhersteller. Optische Beschaffenheit für eine gute Lesbarkeit des bedruckten Zeitungspapiers sowie Festigkeit für die Lauffähigkeit auf den sehr schnellen Zeitungsdruckmaschinen, sind die beiden dominierenden Qualitätsfaktoren. Um die gewünschte Qualität zu erreichen, werden bei der Produktion ständig drei Grössen variiert: der Anteil des chemischen Zellstoffs, der Anteil des Holzzellstoffs und der Anteil der Bleichzusätze. Die stündlich notwendigen Qualitätsentscheide sind dabei auf konsistentes Expertenwissen angewiesen.

Das Expertensystem überwacht anhand der Echtzeit-Fertigungsdaten ständig die Qualität des Papiers. Dazu ist es über ein Ethernet-Netz sowohl mit dem verteilten Fabriksteuerungssystem als auch mit einem Qualitätssystem verbunden. Dieses sammelt Ist-Daten aus den ständigen Qualitätskontrollen und liefert die auf den kundenspezifischen Qualitätsanforderungen basierenden Qualitäts-Soll-Werte. Das Expertensystem verbindet die aktuellen Prozess- und Qualitätsdaten mit dem Expertenwissen aus der Wissensbasis und leitet konkrete Empfehlungen an das Betriebspersonal ab. Eine solche Empfehlung lautet beispielsweise: "Weissgrad um 0,3 Prozent zu gering. Erhöhung des Bleichzusatzes um 0,4 Prozent." Das System berücksichtigt bei seinen Empfehlungen auch Prozesssteuerungmassnahmen, die zwar bereits veranlasst wurden, sich aber in der letzten Qualitätskontrolle noch nicht ausgewirkt haben.

Das Expertensystem hilft durch die konsistente Bereitstellung von Expertenwissen (24 Std./Tag) und die Berücksichtigung aktueller Fertigungsdaten, den Fertigungsprozess zu optimieren und die Papierqualität zu sichern. Das äussert sich unter anderem in einer Reduzierung der Produktionsfehler aufgrund schnellerer Eingriffe in den Fertigungsprozess und in einer Minimierung des Einsatzes teuren chemischen Zellstoffs [vgl. Klar 1991, S. 559ff.].

Andere potentielle Anwendungsbereiche der Expertensystemtechnik in der Prozesssteuerung sind beispielsweise die Unterstützung der kurzfristigen Fertigungsplanung und -steuerung bei Fertigungsleitsystemen [vgl. Kap 4.6.2.1.], die automatisierte, wissensbasierte Störungsdiagnose und -behebung bei Maschinen (z. B. maschinenintegriertes Diagnosesystem) [vgl. Beispiel Know-how/1] oder die wissensbasierte Lösung von Allokationsproblemen (z. B. Lagerhaltung, Werkzeuganordnung) [vgl. Beispiel Prozesssteuerung/1].

• Fuzzy-Logik

Neben der Expertensystemtechnik und teilweise in Kombination mit dieser findet die Fuzzy-Logik als weitere KI-Technik zunehmend Einsatz. Schätzungen prognostizieren bis ins Jahr 2000 einen dreissigprozentigen Marktanteil der Fuzzy-Systeme an allen Erzeugnissen der Automatisierungstechnik [vgl. Barth 1992, S. 89]. Der Grund für die Bedeutung der Fuzzy-Logik für die Prozesssteuerung liegt in der Tatsache, dass die zur Prozesssteuerung notwendigen Ist- (z. B. Sensorwerte) und Solldaten (z. B. Masstoleranzen, Mischungsverhältnisse) vielfach mit Unschärfen behaftet sind. Fuzzy-Systeme können mit Hilfe der ihnen zugrundeliegenden mehrwertigen Logik mit diesen Unschärfen umgehen und flexibler auf unterschiedliche Situationen reagieren. Entgegen der binären Logik, die auf scharfen Entweder-Oder-Aussagen (z. B. 0 oder

1, wahr oder falsch, ja oder nein, ein oder aus) beruht, erlaubt Fuzzy-Logik, das Mass der Zugehörigkeit einer Grösse zu einer Menge auszudrücken und damit zu rechnen. Fuzzy-Logik, beispielhaft angewendet auf die Steuerung einer Klimaanlage, wirkt sich wie folgt aus: Herkömmliche Klimaanlagen erkennen über einen Thermostat nur zwei Messzustände, zu heiss bzw. zu kalt oder gerade richtig. Das Kühl- bzw. Heizsystem arbeitet entweder voll oder gar nicht. Eine mit Fuzzy-Steuerung ausgerüstete Anlage ordnet die gemessene Raumtemperatur mehr oder weniger stark dem gewünschten Temperaturbereich zu. Je näher die tatsächliche Raumtemperatur diesem Bereich kommt, desto schwächer arbeitet die Klimaanlage. Erhebliche Stromeinsparungen sind die Folge. Andere Anwendungen sind aus der Transporttechnik (z. B. sanftes Anfahren und Abbremsen einer U-Bahn), aus dem Anlagenbau (z. B. Steuerung von Zementbrennöfen), aus der industriellen Fertigung (z. B. automatische Scheibenmontage in der Automobilindustrie, sensorunterstütztes Entgraten von Gussteilen) oder aus der Konsumgüterindustrie (z. B. automatische Programmauswahl bei Staubsaugern oder Waschmaschinen, automatische Bildstabilisierung bei Videokameras) bekannt [vgl. Hsieh/Schuler 1992, S. 27f.].

• **Mustererkennung**

Die Fähigkeit, Muster zu erkennen, ist eine der bedeutendsten Eigenschaften intelligenter Prozesssteuerungssysteme, sei es zur automatischen Handschrifterkennung bei Briefsortieranlagen, zur Containererkennung im Hafen von Singapur [vgl. Bsp. Administration/1], zur Spracherkennung bei menschengeführten Transportsystemen, zur automatisierten visuellen Inspektion von Endprodukten oder zur Erkennung von Werkstücken bei flexiblen Fertigungssystemen. Der schwer verallgemeinerbare, stark qualitative Aspekt von Bild- oder Sprachinformationen wirft dabei besondere Probleme auf. Neuronale Netze sollen zukünftig das maschinelle Lernen ermöglichen und damit die Flexibilität und Genauigkeit der Mustererkennung erheblich verbessern [vgl. Kap. 3.6.4.4.]. Die zunehmende Verfügbarkeit parallelverarbeitender Rechnersysteme wird praktische Einsatzformen neuronaler Netze in Prozesssteuerungssystemen ermöglichen.

Die heutigen Möglichkeiten der Mustererkennung (z. B. Intelligent Character Recognition, optische Bauteilerkennung) sind ein erster Schritt in Richtung umfassende, dreidimensionale Bildinterpretation (dreidimensionale Szenenanalyse, Computer Vision). Mit einer Kamera aufgenommene Kontur-, Farb-, Textur-, Helligkeits- und Kontrastinformationen werden mit einer Objekt- bzw. Wissensdatenbank kombiniert und daraus Analyseergebnisse abgeleitet. Ein Beispiel dafür ist die Identifikation und Lokalisierung zufällig angeordneter, in einem Behälter liegender Bauteile, so dass sie mit dem Greifer eines Roboters entnommen werden können [vgl. Pawson/Szlichcinski 1992, S. 19]. Andere Beispiele sind die autonome Navigation von Fahrzeugen anhand permanent ausgewerteter Bildinformationen oder das Erkennen von Abweichungen im Produktionsablauf bzw. in der Qualität des Produktionsergebnisses durch visuelle Überwachung und Inspektion.

Viele Aufgaben der dreidimensionalen Szenenanalyse scheitern heute noch an fehlenden Problemlösungsalgorithmen und den hohen Anforderungen an die Rechenkapazität. Hinzu kommt, dass der potentielle Einsatzbereich von Szenenanalyseverfahren häufig durch Echtzeitbedingungen und einen hohen Zuverlässigkeitsanspruch geprägt ist. Fortschritte im praktischen Einsatz sind auch hier mit zunehmender Reife parallelverarbeitender Systeme zu erwarten [vgl. Choudhary/Ranka 1992, S. 8f.].

Die Szenenanalyse ist ein Beispiel, wie zukünftig die Flexibilität und Qualität der Prozesssteuerung durch die Kombination von Sensorik und Informationsverarbeitung weiter erhöht werden kann. Die Bildverarbeitung deckt dabei nur einen kleinen, wenn auch anspruchsvollen Bereich der Interaktion mit der Umwelt ab. Andere Sensorsysteme (z. B. elektrische, mechanische oder akustische Sensoren) finden bereits breiten Einsatz und werden laufend weiterentwickelt. Zur Bewältigung komplexerer Aufgaben greifen Prozesssteuerungssysteme zunehmend auf Multisensorsysteme zurück, die unterschiedliche Datenquellen kombinieren [vgl. Kompa 1991, S. 450f.]. Weitere Fortschritte in der intelligenten Prozesssteuerung sind mit den nachfolgend beschriebenen Mikrosystemen zu erwarten.

4.6.2.3.2.   Mikrosysteme

Schon heute übernehmen in vielen Geräten des täglichen Gebrauchs Mikrochips Funktionen, die ohne informationstechnische Unterstützung nicht möglich wären. So steuern mikroelektronische Bauteile Kühlschränke, Mikrowellenöfen, Automotoren oder Aufzüge. Der durchschnittliche Anteil der Elektronik an den Herstellkosten von Automobilen beträgt heute zwischen fünf und zehn Prozent, bei einigen Fahrzeugen sogar bereits über 15 Prozent. Schätzungen gehen davon aus, dass bis zum Jahr 2000 der durchschnittliche Anteil auf ca. 25 Prozent ansteigen wird [vgl. OECD 1992b, S. 47f.]. Die Informationstechnik ist dabei integrierter Bestandteil des Produkts. Eine neue Qualität solch IT-basierter Produkte ist mit der Entwicklung von Mikrosystemen zu erwarten.

Mikrosysteme kombinieren die Mikroelektronik mit anderen miniaturisierten Komponenten zu einem integrierten System. Sie setzten sich aus den in Bild 4.6.2.3.2./1 dargestellten Komponenten zusammen.

Über Sensoren nehmen Mikrosysteme Daten aus ihrer Umwelt auf, verarbeiten diese über die mikroelektronische Komponente, kommunizieren bei Bedarf mit anderen Mikrosystemen und stossen über Aktoren Aktionen an. Die idealtypische Realisierungsform von Mikrosystemen integriert dazu unterschiedliche Mikrotechniken wie die Mikroelektronik, Mikromechanik, Optoelektronik, Schichttechnik, Keramiktechnik oder Techniken der chemischen Sensorik und Mikroaktorik auf einem einzigen Chip.

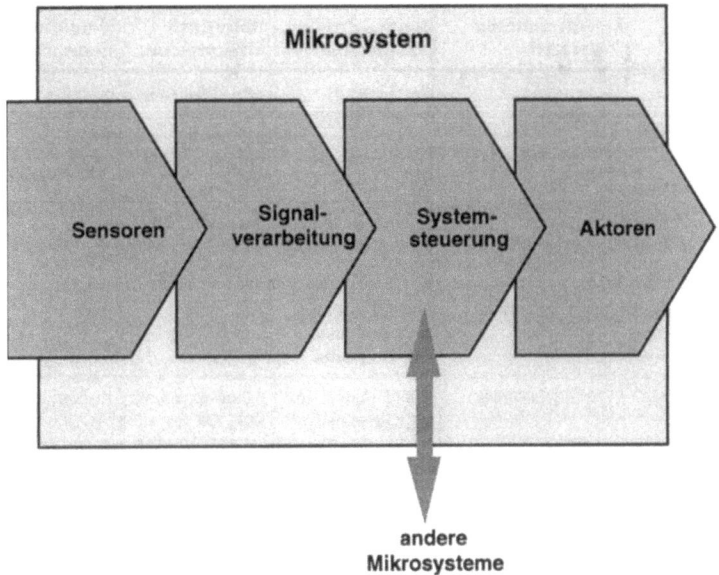

Bild 4.6.2.3.2./1: Komponenten eines Mikrosystems
[vgl. Daimler Benz 1992, S. 8]

Ein Beispiel für das Nutzenpotential der Mikrosystemtechnik gibt folgender Einsatz
zur Verbesserung von Gas-Sensorsystemen [vgl. BMFT 1990, S. 8]. Einfache Gas-Sensorsysteme erlauben vielfach keine eindeutigen Analyseaussagen, da häufig eine
Empfindlichkeit gegenüber mehreren Gasen besteht. Ein aus verschiedenen chemo-
sensitiven Schichten aufgebautes Mikrosystem kann über eine spezielle mikroelektronische Komponente unterschiedliche Messwerte und deren Querbeziehungen aus-
werten und so zu genaueren Analyseergebnissen kommen. Durch Veränderungen in
der Programmierung können mit dem gleichen Mikrosystem unterschiedliche Gase
analysiert werden, so dass sich das Einsatzspektrum des Systems erheblich erweitert.
Die damit sinkenden Herstellungskosten beschränken Gas-Sensorsysteme nicht mehr
auf teure Spezialanwendungen (z. B. chemische Anlagen, Verbrennungsöfen), sondern
erlauben den breiten Einsatz in Massenmärkten (z. B. KFZ-Technik, Sicherheitstech-
nik, Haushaltstechnik).

Hinzu kommt, dass Mikrosysteme durch die starke Miniaturisierung und die Integration in einem einzigen Bauteil neue Einsatzbereiche erschliessen. So sind in der Medi-
zintechnik Mikrosysteme denkbar, die, am Körper unmerklich getragen oder implan-
tiert, aktiv Körperfunktionen unterstützen. Ein Beispiel dafür wäre ein Insulin-Mikro-
system, das über einen Chemosensor den Blutzuckerspiegel laufend misst, auswertet
und über eine hochminiaturisierte Pumpe bedarfsgerecht kleine Mengen an Insulin
abgibt. Einen Eindruck über die Breite des Einsatzpotentails von Mikrosystemen gibt
Bild 4.6.2.3.2./2 [vgl. VDI 1992].

Mikrosystem-Beispiel	Anwendungs-bereich	Relev. Prozessgrössen	Beteiligte Mikrotechn.	Kombina-tionsgrad	Funktionale Komplexität
Multisensorgeführte Montagewerkzeuge	Fertigungs-technik	Druck, Kraft, geom. Grössen	ME, MM, OE, FO, AVT,...	niedrig	hoch
Schwingungsarme Werkzeugmaschinen	Fertigungs-technik	Kraft, Drehmoment, geom. Gr.	ME, KT, TMA, AVT,...	niedrig	hoch
Intelligente Wafer-Prober	Halbleiter-Fertigung	geom. Grössen., Kraft, elektrische Spannung	ME, MM, OE, FO, TMA, AVT,..	hoch	hoch
Inkorporale Mikrodosier-geräte (z. B. f. Insulin)	Medizintechnik	chem. Konzentration, Volumen, Temp., Druck	ME, MM, SchT, TCh, AVT,...	hoch	mittel
Intelligente Prothesen (z. B. Ohrprothese)	Medizintechnik	Schall, elektr. Impulse (Nervenreiz)	Feinwerktechnik ME, AVT	niedrig	hoch
Intelligente Herzschrittmacher	Medizintechnik	chem. Gr., elektr. Impuls/Nervenreiz	ME, TCh, AVT	mittel	mittel
Infrarot-Wärmesensor-systeme	Ind. Mess- u. Regelt., Haust.	Temperatur	ME, SchT, AVT	mittel	niedrig
Chemische Sensor-Systeme	Umwelt-, Mess- u. Regeltechnik.	chem. Grössen	ME, TCh, AVT	mittel	mittel
Transceiver für faser-optische Netze	Komm.technik, Haustechnik	elektr. u. optische Signale	ME, IO, FO, OE, AVT	hoch	mittel
Duplexer für faser-optische Netze	Komm.technik, Haustechnik	optische Signale	MM, FO, AVT	hoch	niedrig
Airbagsteuerungen u. Crash-Sensoren	Verkehrs- u. Sicherheitstechnik	Beschleunigung	ME, MM, AVT,...	hoch	niedrig
Neuartige Einspritzsyst. f. Verbrennungsmotoren	Kraftfahrzeug-technik	Druck, Volumen, Temperatur...	ME, KT, TMA, LH, AVT	hoch	mittel
Beschleunigungssensor-systeme für Navigation	Verkehrs- u. Fördertechnik	Beschleunigung	ME, MM, AVT	hoch	mittel
Nadeldruckerköpfe auf Basis der Mikrotechniken	Informations-technik	Druck, Kraft, Volumen...	ME, MM oder TMA, LH, AVT,..	mittel	hoch

Legende: AVT=Aufbau- und Verbindungstechnik, FO=Faseroptik, IO=Integrierte Optik, KT=Keramiktechniken, LH=Leistungshalbleitertechnik, ME=Mikroelektronik, MM=Mikromechanik, OE=Optoelektronik, SchT=Schichttechniken, TCh=Techniken der chemischen Sensorik, TMA=Techniken der Mikroaktorik

Bild 4.6.2.3.2./2: Einsatzbeispiele für Mikrosysteme [vgl. BMFT 1990, S. 12f.]

Mikrosysteme befinden sich erst am Anfang ihres breiten praktischen Einsatzes. Folgende Faktoren bestimmen die Geschwindigkeit der kommerziellen Umsetzung:

- Fortschritte in der Funktionalität und Miniaturisierung mikrotechnischer Sensor- und Aktorkomponenten,

- Verfügbarkeit von Signalverarbeitungsarchitekturen und Systemsteuerungskomponenten zur intelligenten Verbindung von Sensor- und Aktorelementen,

- Fortschritte in der Verbindungs- und Aufbautechnik zur Kombination der einzelnen Bauteile,

- Verfügbarkeit von integrierten Entwurfswerkzeugen für Mikrosysteme,

- Entwicklung wirtschaftlicher Herstellungstechniken.

Auf dem Gebiet der *Sensorik* konnten bereits erhebliche Fortschritte in bezug auf Funktionalität und Miniaturisierung erzielt werden. Ein Ultraschallsensor kann heute bereits 360-Grad-Bilder aus dem Inneren von Blutgefässen liefern. Bei einer Länge von vier Millimetern passt der Sensor in die Spitze eines Katheters, den der Arzt über eine geeignete Ader einführt. Mikromechanische Sensoren, die kleiner als ein Stecknadelkopf sind, reagieren auf Beschleunigung und kommen zukünftig, integriert in ein Mikrosystem, zur flexiblen Steuerung des Fahrwerkverhaltens von Autos zum Einsatz [vgl. Daimler Benz 1992, S. 16f.]. Trotz der Eindrücklichkeit dieser Beispiele ist die Forschung auf dem Gebiet der Sensorik bei weitem noch nicht abgeschlossen und wird anhaltend intensiv betrieben.

Die *Aktorik* hat bezüglich der Miniaturisierung im Vergleich zur Sensorik noch Defizite aufzuweisen. Die ideale Ausprägung eines Mikrosystems, die den Aktor zusammen mit den anderen Bauelementen auf einem Chip integriert, lässt sich aufgrund der Grössen- und Leistungsunterschiede zwischen Mikro- und Leistungselektronik in vielen Bereichen noch nicht realisieren.

Konventionelle Sensorsysteme verwenden zur *Signalverarbeitung und Systemsteuerung* Platinen mit elektronischen Steuereinheiten. In Mikrosystemen kommen anwendungsspezifische Chips, sogenannte ASICS (Application Specific Integrated Circuits) zum Einsatz, die im Gegensatz zum universell einsetzbaren Chip auf die spezifischen Verarbeitungsaufgaben im Mikrosystem ausgerichtet sind. Mikrosystemhersteller müssen Know-how in der Entwicklung solcher Chips aufbauen, die Herstellung kann an Halbleiterhersteller weitergegeben werden [vgl. BMFT 1990, S. 15].

Fortschritte in den *Verbindungs- und Aufbautechniken* bestimmen die Fähigkeit, die unterschiedlichen Bauteile eines Mikrosystems in einem System zu integrieren. Je mehr Komponenten zu kombinieren sind, desto grösser sind die Anforderungen an die Verbindungs- und Aufbautechniken und das dazu notwendige Know-how. Eine Vielfalt von Einflussgrössen wie z. B. Wärmeentwicklung, mechanische Belastung und elektrisches Verhalten sind gleichzeitig zu berücksichtigen. Im Gegensatz zur Mikroelektronik fehlen in der Mikrosystemtechnik noch durchgängige computergestützte *Entwurfswerkzeuge*, welche die Qualität und Geschwindigkeit der Systementwicklung massgeblich erhöhen würden. Die Entwickler sind auf die Kombination von Teilwerkzeugen angewiesen. Zur Simulation von Mikrosystemen ist komplexe Modellierungsarbeit zu leisten, geeignete Programme dazu sind bisher jedoch kaum vorhanden. Hinzu kommt, dass die Simulation von Mikrosystemen selbst auf Superrechnern lange Verarbeitungszeiten benötigen würde [vgl. Daimler Benz 1992, S. 9f.].

Die weltweiten Forschungs- und Entwicklungsanstrengungen im Bereich der Mikrosystemtechnik und die zu erwartenden Fortschritte in unterstützenden Bereichen der Informationstechnik (z. B. Parallel Computing, Software Engineering) werden heute noch bestehende Restriktionen schrittweise auflösen. Das Marktvolumen für den gesamten Bereich der Mikrosystemtechnik betrug 1990 bereits 12,2 Milliarden DM. Bis zum Ende des Jahrzehnts wird ein Ansteigen auf das Fünffache erwartet (25 Mrd./1995, 65 Mrd./2000) [vgl. Bürger 1992, S. 653f.]. Mit der Perfektionierung der Herstellungsverfahren, der Erschliessung von Massenmärkten und den damit verbundenen Preisreduzierungen ist mit einem grossen Angebot von Mikrosystemen zu rechnen. Im Laufe der neunziger Jahre und darüber hinaus wird die Mikrosystemtechnik in immer mehr "intelligenten" Produkten Umsetzung finden.

4.6.3. Zusammenfassung

Die Weiterentwicklung von Prozesssteuerungssystemen in den neunziger Jahren lässt sich in folgenden Thesen zusammenfassen:

- Die zunehmende Verlagerung der kurzfristigen Fertigungsplanung und -steuerung von PPS-Systemen auf fertigungsnahe, autonome Fertigungsleitsysteme steigert in den neunziger Jahren die Genauigkeit und Flexibilität der Produktionssteuerung.

- Verteilte Rechnerkonzepte bei Fertigungsleitsystemen schaffen autonome Fertigungsbereiche mit einem hohem Mass an Flexibilität, ohne die Koordination mit dem gesamten Leistungserstellungsprozess zu vernachlässigen.

- In den neunziger Jahren nimmt die Vernetzung des Fertigungsbereichs weiter zu. Fertigungsnetze binden Automatisierungsinseln zu integrierten Produktionssystemen zusammen.

- Gewachsene fertigungs- und informationstechnische Strukturen machen die Berücksichtigung von Kommunikationsstandards zu einem entscheidenden Realisierungsfaktor für Fertigungsnetze. Fertigungsorientierte Standards wie MMS oder DIN-Feldbus kommen in den neunziger Jahren verstärkt zum Einsatz.

- Neue Fernwirk-Dienste in Verbindung mit ISDN und später breitbandige Kommunikationsnetze wie B-ISDN und MANs führen zu neuen Formen der standortübergreifenden Prozesssteuerung.

- Künstlich intelligente Systeme beeinflussen in den neunziger Jahren massgeblich die weiteren Fortschritte in der Automatisierung und in der Qualität der Prozesssteuerung. Wichtige Informationstechniken sind in diesem Zusammenhang Expertensysteme, Fuzzy-Logik und neuronale Netze.

- Die Fähigkeit, Muster zu erkennen, ist eine der bedeutendsten Eigenschaften zukünftiger intelligenter Prozesssteuerungssysteme. Weiterentwicklungen im Bereich der Sensorik, neuronale Netze und parallelverarbeitende Systeme fördern in den neunziger Jahren diese Eigenschaft.

- Mikrosysteme erschliessen durch ihre starke Miniaturisierung und ihr breites Funktionsspektrum neue Einsatzbereiche der Informationstechnik. Sie führen in den neunziger Jahren und darüber hinaus zu einer immer grösser werdenden Anzahl "intelligenter" Produkte.

Mit den dargestellten Entwicklungen wird die Automatisierung technischer Prozesse zur Erzielung von Rationalisierungsvorteilen weiter vorangetrieben. Gleichzeitig schaffen die Unternehmen schrittweise die informationstechnischen Grundlagen für eine rechnerintegrierte Fertigung und flexible Fertigungskonzepte.

5. Schlussbetrachtung und Ausblick

Das vorliegende Buch gibt eine Gesamtsicht auf zu erwartende informationstechnische Entwicklungen und deren geschäftliches Einsatzpotential in den neunziger Jahren. Dazu wurden

- eine Klassifikation betrieblicher Anwendungen der Informationstechnik (Applikationstypen) vorgestellt,

- ein Überblick über wichtige informationstechnische Entwicklungen gegeben und

- für jeden Applikationstyp Entwicklungsschwerpunkte der Informationstechnik identifiziert und beschrieben.

Betrachtet man die Entwicklungsschwerpunkte der einzelnen Applikationstypen in ihrer Gesamtheit, so kennzeichnen folgende fünf generelle Trends die informationstechnische Entwicklung [vgl. Bild 5./1]:

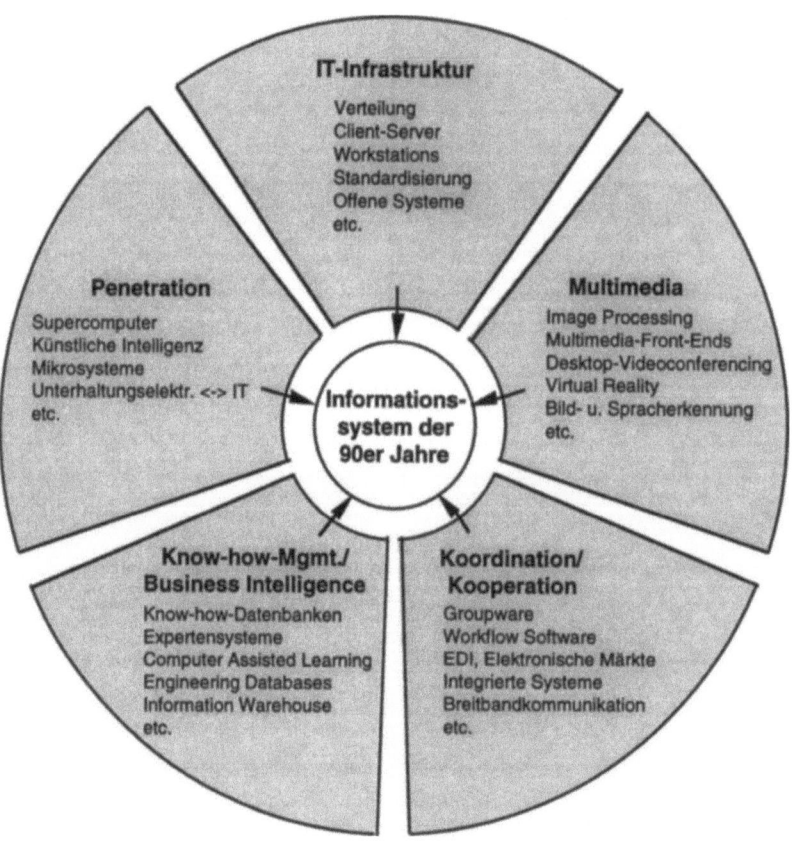

Bild 5./1: Informationstechnische Trends der neunziger Jahre

- **IT-Infrastruktur**

In den neunziger Jahren findet in den Unternehmen eine schrittweise Erneuerung der informationstechnischen Infrastruktur statt. Damit wird die Basis für eine breitere Ausschöpfung der informationstechnischen Potentiale geschaffen.

Über sämtliche Applikationstypen hinweg ist ein Trend zur Verteilung der informationstechnischen Ressourcen festzustellen. Client-Server-Architekturen schaffen in den neunziger Jahren ihren Durchbruch. Supercomputer, Grossrechner, Midrange-Systeme und Workstations kooperieren über leistungsfähige Netzwerke. Der Benutzer greift über eine komfortable Benutzerschnittstelle auf die verteilten Ressourcen zu. Die langjährigen Standardisierungsbemühungen nationaler und internationaler Gremien beginnen mehr und mehr zu greifen. Wenn auch in den neunziger Jahren nicht mit der Realisierung des Idealbilds offener Systeme zu rechnen ist, so besteht doch die eindeutige Tendenz zu mehr Interoperabilität und Portabilität. Die in vielen Unternehmen anzutreffende Heterogenität der Systeme wird beherrschbarer.

- **Multimedia**

Die Beschränkung betrieblicher Informationssysteme auf die Verarbeitung strukturierter Daten löst sich auf. In allen Anwendungsbereichen besteht das Bestreben, neue Medien wie Bild, Bewegtbild, Sprache usw. zu integrieren. Dies zeigt sich unter anderem in Entwicklungen wie dem Image Processing bei Administrationssystemen, dem Desktop-Videoconferencing bei Officesystemen, der Berücksichtigung von Softinformationen in Führungssystemen, multimedialen Schulungsapplikationen bei Know-how-Systemen, Virtual Reality bei Entwurfssystemen und der Bild- und Spracherkennung bei Prozesssteuerungssystemen. Damit erweitert sich die Bandbreite der Informationen, die über das betriebliche Informationssystem abgebildet und verarbeitet werden können.

- **Koordination/Kooperation**

Grosse Teile der informationstechnischen Entwicklung sind darauf ausgerichtet, Geschäftsabläufe besser zu koordinieren und neue Formen der Kooperation zu ermöglichen. Das spiegelt sich sowohl in den allgemeinen Integrationsbestrebungen im Sinne von CIM als auch in Anwendungen wie Workflow-Applikationen zur Steuerung des Bearbeitungsdurchlaufs von Dokumenten, elektronischen Marktsystemen zur Koordination von Marktmechanismen oder Groupware-Lösungen zur Unterstützung von Teams wider. Informationstechniken wie Workflow Software, Groupware oder breitbandige Kommunikationsnetze sind "enabling technologies" für neue Organisationsformen in den Unternehmen.

- **Know-how-Management/Business Intelligence**

Unternehmen setzen Informationstechnik zunehmend dazu ein, um den Aufbau, die Nutzung und die Pflege von Know-how zu verbessern. Know-how-Datenbanken, Expertensysteme, externe Informationsbanken, CAL-Applikationen oder Engineering Databases sind Beispiele für Informationstechniken, die das Know-how-Management der Unternehmen in wachsendem Masse unterstützen. Im weiteren Sinne sind auch Führungsinformationssysteme zu diesem Bereich hinzuzuzählen. Sie erlauben dem Management den direkten Zugriff auf "Wissen über das Geschäft" (Business Intelligence) und tragen dazu bei, Führungsentscheide stärker auf Fakten abzustützen.

- **Penetration**

Immer neue Einsatzbereiche werden informationstechnisch "erschlossen". Die kontinuierliche Leistungssteigerung der Informationstechnik erlaubt es, bisher aus technischen oder wirtschaftlichen Gründen nicht unterstützte Aufgabenbereiche anzugehen. So ersetzen Supercomputer und leistungsfähige Workstations mehr und mehr den realen Versuch durch Simulation, übernehmen künstlich intelligente Systeme Aufgaben, die bislang nur der Mensch ausüben konnte, ermöglichen mobile Systeme den ortsunabhängigen Zugriff auf Informationen oder kommen Mikrosysteme in einer zunehmenden Anzahl von Gegenständen des täglichen Gebrauchs zum Einsatz. Ständig entstehen neue Lösungen für neue Anwendungsbereiche und Branchen. Auch in den neunziger Jahren setzt sich diese Diversifizierung informationstechnischer Anwendungen fort; Informationstechnik wird ubiquitär. Der hohe Penetrationsgrad von Wirtschaft und Gesellschaft mit Informationstechnik bildet seinerseits die Grundlage für weitere neue Anwendungsformen der Informationstechnik.

Diese fünf generellen Trends sind heute in ihren Grundzügen erkennbar und werden sich bis zum Ende des Jahrzehnts und darüber hinaus weiter verstärken. Ein nächster Entwicklungsschub ist mit der zunehmenden Informatisierung der privaten Haushalte zu erwarten. Die flächendeckende Verfügbarkeit von Breitbandkommunikationsnetzen, die den Zugriff auf eine Vielfalt multimedialer Informationen zulassen (z. B. elektronische Versandkataloge, News Services, Video-Datenbanken), "intelligente Fernseher" mit der Verarbeitungsleistung heutiger Workstations, flache LCD-Bildschirme, die wie Bilder an der Wand hängen und Multimedia-CDs sind Beispiele für Informationstechniken, die zukünftig in die privaten Haushalte vordringen werden. Für die Unternehmen eröffnen sich damit völlig neue Möglichkeiten zur Gestaltung ihrer Kundenbeziehungen.

Anhang

Das unten dargestellte Bild zeigt einen typischen Bildschirmaufbau des IT Assessment Pools. Über das Fenster "Workspace" wurde die gewünschte Dokumenten-Datenbank (hier: ITAP) ausgewählt. Das Fenster "ITAP - A....Hauptview" zeigt eine von mehreren möglichen Sichten auf den Dokumentenbestand der Datenbank. Durch "Anklicken" der Gliederungspunkte (Deskriptoren) werden die Titel der ihnen zugeordneten Dokumente sichtbar. Das gewünschte Dokument kann geöffnet werden (siehe Fenster "Dokument ITAP") [vgl. Beispiel Know-how/4].

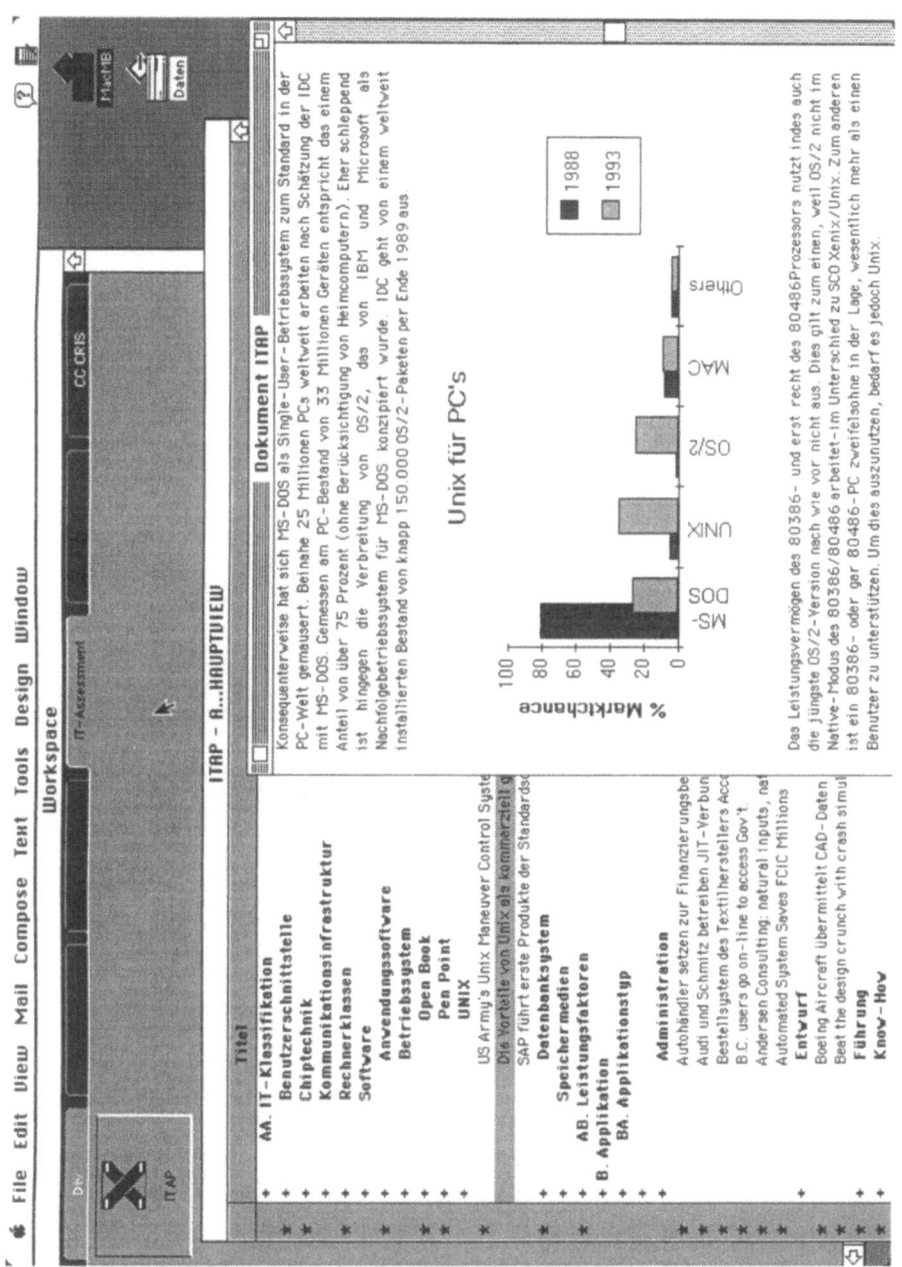

Literaturverzeichnis

[Abeln 1990]
  Abeln, O., Die CA...-Techniken in der industriellen Praxis. Handbuch der computerunterstützten Ingenieur-Methoden, Carl Hanser, München 1990

[Abramovici 1992]
  Abramovici, M., Einsatz der Datenbanktechnik im CIM-Umfeld, in: ZwF, Jg. 87,
  1992, Heft 2, S. 71-74

[Adam/Linnemann/Menevidis 1992]
  Adam, W., Linnemann, H., Menevidis, Z., Beispiel einer auf Standards basierenden
  Kommunikationsinfrastruktur für CIM, in: ZwF, Jg. 87, 1992, Heft 7, S. 358-361

[Alt/Zbornik 1993]
  Alt, R., Zbornik, S., Elektronische Märkte in der Schweiz: Die Zeit läuft!, in: IO
  Management Zeitschrift, Jg. 62, 1993, Heft 1, S. 89-94

[Anthony 1965]
  Anthony, R.N., Planning and Control Systems: a Framework for Analysis, Harvard
  University Press, Cambridge 1965

[Anwenderkooperation Bürokommunikation 1991]
  Anwenderkooperation Bürokommunikation, (Hrsg.), Anforderungen an integrierte
  Bürokommunikation, 2. Auflage, 1991

[Arnoldi 1992]
  Arnoldi, L., Fast Packet Switching: Grundlagen und Technologien, in: Datacom, Jg.
  9, 1992, Heft 5, S. 78-82

[Ashby 1991]
  Ashby, L., AI Helps Retailers Measure Bang for Their Advertising Buck, in: Computing Canada, Jg. 17, 1991, Heft 1, S. 35

[Babcock 1990]
  Babcock, B., The 1990 OIS Scenario, Strategic Analysis Report, OIS: R-010-107,
  Gartner Group, Stamford 1990

[Babcock 1991]
  Babcock, B., Rearchitecting Electronic Mail, Research Note, OIS: SPA-830-910, 11.
  September 1991, Gartner Group, Stamford 1991

[Back-Hock 1991]
  Back-Hock, A., Executive Information Systeme, in: Kostenrechnungspraxis, 1991,
  Heft 1, S. 48-50

[Barker 1989]
  Barker, P., Multi-Media CAL, in: Barker, P., (Hrsg.), Multi-Media Computer
  Assisted Learning, Nichols Publishing, New York 1989, S. 13-43

[Barth 1990]
　　Barth, H., Von Platzbuchungssystemen in Verkehrsbetrieben zu globalen Reisever-
　　triebssystemen, in: Kurbel, K., Strunz, H., (Hrsg.), Handbuch der Wirtschaftsinfor-
　　matik, Poeschel, Stuttgart 1990, S. 163-177

[Barth 1992]
　　Barth, A.P., Fuzzy-logic, in: Neue Zürcher Zeitung, Jg. 213, 1992, Nr. 132, S. 89

[Bartl/Stalmann 1991]
　　Bartl, M., Stalmann, A., Handhabung - Möglichkeiten des Robotereinsatzes, in:
　　Geitner, U.G., (Hrsg.), CIM-Handbuch, 2. Auflage, Vieweg, Braunschweig 1991,
　　S. 383-411

[Bechtolsheim/Schweichhart/Winand 1991]
　　Bechtolsheim, M. von, Schweichhart, K., Winand, U., Expertensystemwerkzeuge:
　　Produkte, Aufbau, Auswahl, Vieweg, Braunschweig 1991

[Beier/Schwall 1991]
　　Beier, H.-H., Schwall, E., Fertigungsleittechnik, Hanser Verlag, München, Wien
　　1991

[Bellmann 1991]
　　Bellmann, K., Prozessorientierte Organisationsgestaltung im Büro. Einsatz moder-
　　ner Informations- und Kommunikationstechniken erfordert Neuorientierung, in:
　　Zeitschrift für Führung und Organisation, Jg. 60, 1991, Heft 2, S. 107-111

[Benjamin/Blunt 1992]
　　Benjamin, R.I., Blunt, J., Critical IT Issues: The Next Ten Years, in: Sloan Manage-
　　ment Review, Jg. 33, Heft 4, S. 7-19

[Berendt 1990]
　　Berendt, J., The Role of Expert Systems in Manufacturing - A German Perspective
　　-, Diplomarbeit, Universität Konstanz, 1990

[Berndt 1992]
　　Berndt, O., Schlägt Windows NT das neue OS/2?, in: Diebold Management Report,
　　1992, Heft 3, S. 11-18

[Bez 1992]
　　Bez, W., Leistungsentwicklung von Multiprozessor-Vektorrechnern, in: Informa-
　　tionstechnik - it, Jg. 34, 1992, Heft 1, S. 7-16

[Blissmer 1992]
　　Blissmer, R.H., IBM, Cellular Telcos Launch Wireless Net: Digital Packet Data
　　System Uses Existing Network, in: Electronic Engineering Times, Nr. 690, 27. April
　　1992, S. 14

[BMFT 1990]
　　Bundesminister für Forschung und Technologie, (Hrsg.), Mikrosystemtechnik -
　　Förderungsschwerpunkt im Rahmen des Zukunftskonzeptes Informationstechnik,
　　Bonn 1990

[Bogaschewsky 1992]
Bogaschewsky, R., Hypertext-/Hypermedia-Systeme - Ein Überblick, in: Informatik Spektrum, Jg. 15, 1992, Heft 3, S. 127-143

[Bohländer/Gora 1992]
Bohländer, E., Gora, W., Mobilkommunikation in den 90er Jahren. Teil 4: GSM-Dienste, in: Datacom, Jg. 9, 1992, Heft 2, S. 30-39

[Böhm 1991]
Böhm, E., Expertensysteme im CAD, in: Geitner, U.G., (Hrsg.), CIM-Handbuch, 2. Auflage, Vieweg, Braunschweig 1991, S. 213-225

[Breu 1992]
Breu, V., Der Computer schlägt die besten Bankprofis, in: Tages-Anzeiger, Jg. 100, 1992, Nr. 140, S. 34

[Bridges 1992]
Bridges, L., (Hrsg.), Network Messaging, PC Week Spezial Report, 12 October 1992

[Briere 1992]
Briere, D., European Carriers Move Fast to Offer IVPN Services: Service Options Lag Behind U.S. Carriers' Offerings, in: Network World, Jg. 9, 1992, Heft 3, S. 27-28

[Brossmann 1991]
Brossmann, M., Automobil-Kundendienstorientiertes Breitband-Informationssystem AKUBIS: Anwendung und Ökonomie, in: Ricke, H., Kanzow, J., (Hrsg.), BERKOM - Breitbandkommunikation im Glasfasernetz. Übersicht und Zusammenfassung 1986-1991, R. v. Decker's, Heidelberg 1991, S. 164-170

[Brown/McDermid 1992]
Brown, A.W., McDermid, J. A., Learning from IPSE's Mistakes, in: IEEE Software, Jg. 9, 1992, Heft 3, S. 23-28

[Buch/Pollerhof 1992]
Buch, R., Pollerhof, B., GSM Mobilfunk, in: Datacom, Jg. 9, 1992, Heft 5, S. 44-48

[Bullinger 1991]
Bullinger, H.-J., EIS: Executive Information Systems, Trends und Entwicklungen, Vortragsunterlagen zum Comshare Benutzertreffen, Hamburg, 14. Juni 1991

[Bullinger/Fröschle/Hofmann 1992]
Bullinger, H.-J., Fröschle, H.-P., Hofmann, J., Multimedia: Von der Medienintegration über die Prozessintegration zur Teamintegration, in: Office Management, 1992, Heft 6, S. 6-13

[Bürger 1992]
Bürger, E., Simultaneous Engineering in der Mikrosystemtechnik, in: Verein Deutscher Ingenieure (VDI), (Hrsg.), Kongressbericht Gerätetechnik und Mikrosystemtechnik, Kongress Chemnitz, 16. -18. März 1992, VDI-VDE-Gesellschaft Mikro-

und Feinwerktechnik, VDI-Berichte 960, Band 2, VDI-Verlag, Düsseldorf 1992, S. 649-658

[Buschor et al. 1993]
Buschor, F., Derungs, M., Sauter, F., Stanoevska, K., Auf Dokumente basierende Prozesse rationalisieren mit Document Image Processing (DIP), in: IO Management Zeitschrift, Jg. 62, 1993, Heft 1, S. 76-80

[Butler Cox 1990]
Butler Cox GmbH, (Hrsg.), Systementwicklungstools der Zukunft, Forschungsbericht 74, März 1990, Butler Cox Foundation, London 1990

[Carriero/Gelernter 1992]
Carriero, N., Gelernter, D., Coordination Languages and their Significance, in: Communications of the ACM, Jg. 35, 1992, Heft 2, S. 97-107

[Cassell 1991]
Cassell, J., The Large Computer Strategies Scenario, in: Proceedings Information Industry Scenario Conference in Europe, Monte Carlo, 20-22 November 1991, Gartner Group, Stamford 1991

[Cecchini et al. 1992]
Cecchini, M., Gähler, F., Rebmann, A., Waber, M., Software-System "case-processing": Elektronisches Förderband, in: Output, Jg. 21, 1992, Heft 5, S. 15-20

[Cerf 1991]
Cerf, V.G., Netztechnik, in: Spektrum der Wissenschaft Jg. 13, 1991, Heft 11, S. 68-77

[Chia 1990]
Chia, A., Creating the Infrastructure to Manage a Premier Maritime Centre, in: PSA Port View, Jg. 1, Februar 1990, S. 6-7

[Choudhary/Ranka 1992]
Choudhary, A., Ranka , S., Parallel Processing for Computer Vision and Image Understanding, in: IEEE Computer, Jg. 25, 1992, Heft 2 Februar, S. 7-10

[Clements 1990]
Clements, B., Neue Telekommunikationsdienste, Forschungsbericht 78, Dezember 1990, Butler Cox Foundation, London 1990

[Coates 1976]
Coates, J.F., Technology Assessment - A Tool Kit, in: Chemtech, Jg. 6, 1976, Heft 6, S. 372-383.

Computerworld 1991]
o.V., Teraflops-Grenze ist erreicht. Thinking Machine attackiert mit massiv-parallelen Supercomputern den Markt, in: Computerworld Schweiz, 1992, Nr. 46, S. 7

[Computerworld 1992a]
o.V., Bibliothek kommt zum Leser. An der Carnegie Mellon Universität wird eine

vollelektronische Bücherei entwickelt, in: Computerworld Schweiz, 1992, Nr. 14, S. 13

[Computerworld 1992b]
o.V., Lernen im virtuellen Klassenzimmer, in: Computerworld Schweiz, 1992, Nr. 14, S. 5

[Conneighton 1991]
Conneighton, C., The Office Information Systems Scenario, in: Proceedings Information Industry Scenario Conference in Europe, Monte Carlo, 20-22 November 1991, Gartner Group, Stamford 1991

[Crandall 1991]
Crandall, R., Informationstechnik zur Qualitätsförderung: Wettbewerbsvorteil im Dienstleistungssektor, in: Neue Zürcher Zeitung, Jg. 212, 28. Mai 1991, Nr. 120, S. 77-78

[CW 1992a]
o.V., Quantum und Seagate kommen mit 2,5-Zoll-Laufwerken heraus, in: Computerwoche, Jg. 19, 1992, Nr. 26, S. 24

[CW 1992b]
o.V., Erschreckende Bilanz: Trotz CASE keine Software-Vorteile, in: Computerwoche, Jg. 19, 1992, Nr. 10, S. 1 u. 3

[Daimler Benz 1992]
Daimler Benz AG, (Hrsg.), Mikrosysteme - ein Schlüssel für die Zukunft, Daimler Benz AG, Stuttgart 1992

[Darabi/Howard-Healy 1992]
Darabi, F., Howard-Healy, M., Virtual Private Networks: Market Strategies, Ovum Report, London 1992

[Davenport/Short 1990]
Davenport, T., Short, J.E., The New Industrial Engineering: Information Technology and Business Process Redesign, in: Sloan Management Review, Jg. 31, 1990, Heft 4, S. 11-27

[Davis 1991]
Davis, D.B., Software that Makes your Work Flow, in: Datamation, Jg. 37, 1991, Heft 8, S. 75-78

[Davis/Davidson 1991]
Davis, S., Davidson, B., 2020 Vision. Transform Your Business Today to Succeed in Tomorrow´s Business, Business Books, London 1991

[Data Communications 1992]
o.V., Europe Prepares for a VPN Service Surge, in: Data Communications, Jg. 21, 1992, Heft 9, S. 71-72

[DEC 1990]
Digital Equipment Corp, (Hrsg.), NAS Handbook: Developing Applications in a Multivendor Environment, 1990

[Dern 1991]
Dern, D., Airlines´s Giant Back-Shop Network is on Schedule: American Airline´s InterAAct Project, in: Systems Integration, Jg. 24, 1991, Heft 7, S. 16

[Dertouzos 1991]
Dertouzos, M.L., Kommunikation, Computer und Netze, in: Spektrum der Wissenschaft, Jg. 13, 1991, Heft. 11, S. 58-66

[Diebold 1991]
Diebold Deutschland GmbH, zitiert in: Anwenderkooperation Bürokommunikation, (Hrsg.), Anforderungen an integrierte Bürokommunikation, 2. Auflage, 1991, S. 30

[Digital Review 1991]
o.V., Business Data Sparkles with Multimedia Applications, in: Digital Review, Jg. 8, 1991, Heft 5, S. 28

[DIN 1992]
DIN Deutsches Institut für Normung, (Hrsg.), Teileinformationssysteme: Anwendung in der Praxis: Benutzeroberfläche für Teile-Dateien basierend auf DIN 4000 und DIN V 4001, DIN Fachbericht 30, Beuth, Berlin, Köln 1992

[Dittrich 1992]
Dittrich, K.R., Objekt-Orientierung für Datenbanken - Graue Theorie oder Götterdämmerung für die relationale Welt?, Seminarunterlagen Informatik ´92: Stand und Trends, Schweizerische Vereinigung für Datenverarbeitung, Brunnen, 18. - 20. Mai 1992

[Dvorak 1992]
Dvorak, J.C., Mobilizing Wireless Data, in: DEC Professional, Jg. 11, 1992, Heft 6, S. 96

[Earl 1989]
Earl, M.J., Management Strategies for Information Technology, Prentice Hall, Hertfordshire 1989

[Eigner et al. 1991]
Eigner, M., Hiller, C., Schindewolf, S., Schmich, M., Engineering Database. Strategische Komponenten in CIM-Konzepten, Carl Hanser, München 1991

[Ellis/Gibbs/Rein 1991]
Ellis, C.A., Gibbs, S.J., Rein, G.L., Groupware: Some Issues and Experiences, in: Communications of the ACM, Jg. 34, 1991, Heft 1, S. 39-58

[Emery 1992]
Emery, J.C., Downsizing the Enterprise, in: SIM Network, Vol 7, Issue 1, 1992

[Encarnaçao/Lockemann 1990]
Encarnaçao, J.L, Lockemann, P.C., (Hrsg.), Engineering Databases: Connecting Islands of Automation Through Databases, Springer, Berlin u.a. 1990

[Enkelmann 1992]
Enkelmann, M., Elektronische Archivierung vor dem Boom, in: Output, Jg. 21, 1992, Heft 6, S. 21-23

[Eurosinet 1990]
Eurosinet Schweiz, (Hrsg.), OSI today, Informationsbroschüre der Eurosinet Schweiz, Jona 1990

[Eversheim 1991]
Eversheim, W., Entwicklungstendenzen in der rechnerintegrierten Produktion, in: Müller-Böling D., Seibt, D., Winand, U., (Hrsg.), Innovations- und Technologiemanagement, Poeschel, Stuttgart 1991, S. 223-239

[Fanderl 1991]
Fanderl, P., Open Document Architecture: Austausch elektronischer Dokumente, in: Output, Jg. 21, 1991, Heft 5, S. 66-69

[Fawcett 1991]
Fawcett, N., General Motors Invests in 15.000 Lotus Notes, in: Computer Weekly, 1991, Nr. 1281, S. 4

[Felix et al. 1991]
Felix, R., Astinet, F., Langer, M., Kern, A., Das RADKOM-Projekt, Radiologische Kommunikation, in: Ricke, H., Kanzow, J., (Hrsg.), BERKOM - Breitbandkommunikation im Glasfasernetz. Übersicht und Zusammenfassung 1986-1991, R. v. Decker's, Heidelberg 1991, S. 86-92

[Filenet 1992a]
Filenet GmbH, (Hrsg.), Workflow-Management im Kreditwesen, F-H & Westermann, Bad Homburg 1992

[Filenet 1992b]
Filenet GmbH, (Hrsg.), Workflow-Management bei der Verwaltung technischer Dokumentation, F-H & Westermann, Bad Homburg 1992

[Filenet 1992c]
Filenet GmbH, (Hrsg.), FileNet-Lösungen für die Vorgangsbearbeitung, F-H & Westermann, Bad Homburg 1992

[Finke 1992]
Finke, W., Groupwaresysteme - Basiskonzepte und Beispiele für den Einsatz im Unternehmen, in: Information Management, Jg. 7, 1992, Heft 1, S. 24-30

[Forte/Norman 1992]
Forte, G., Norman, R.J., A Self-Assessment by the Software Engineering Community, in: Communications of the ACM, Jg. 35, 1992, Heft 4, S. 28-32

[Flügel/Zach 1991]
Flügel, F., Zach, W., Der Schweizer Markt für Image Processing. Eine branchen-spezifische Untersuchung über Kaufabsichten und Potential von Image Processing Systemen, Studie IDC (Schweiz), Schaffhausen, Dezember 1991

[Flint 1990]
Flint, D., Emerging Technologies, Annual Review for Managers, Research Report 73, February 1990, Butler Cox Foundation, London 1990

[Frank 1991]
Frank, J., The European Telecommunications Strategies Scenario, in: Proceedings Information Industry Scenario Conference in Europe, Monte Carlo, 20-22 November 1991, Gartner Group, Stamford 1991

[Frey 1990]
Frey, M., Elektronische Datenverarbeitung: nur wenig Überlebende, in: Afheldt, H., Wirtschaftswoche Handbuch 1991, Gesellschaft für Wirtschaftspublizistik, November 1990, S. 84-86

[Gartner 1991]
o. V., Computer Integrated Manufacturing, in: Proceedings Information Industry Scenario Conference in Europe, Monaco, 20-22 November 1991, Gartner Group, Stamford 1991

[Gassner 1992]
Gassner, C., Konzepte der Objektorientierung, Arbeitsbericht IM2000/CCRIM/18, Institut für Wirtschaftsinformatik an der Hochschule St. Gallen, St. Gallen 1992

[Geitner 1990]
Geitner, U.W., Die CIM-Konzeption, in: Geitner, U.G., (Hrsg.), CIM-Handbuch, 2. Auflage, Vieweg, Braunschweig 1991

[Geyer 1993]
Geyer, G., Darstellung und Verarbeitung von Semantik mit ELIAS, Arbeitsbericht Nr. IM2000/CCELIAS/17, Institut für Wirtschaftsinformatik an der Hochschule St. Gallen, St. Gallen 1993

[Gisel 1992]
Gisel, P., Benutzerfreundlichkeit durch Objektorientierung und Künstliche Intelligenz, Diss. Hochschule St. Gallen, Difo-Druck, Bamberg 1992

[Golm 1991]
Golm, K., Joint-Editing unter Verwendung von DTP-Systemen, in: Ricke, H., Kanzow, J., (Hrsg.), BERKOM - Breitbandkommunikation im Glasfasernetz. Übersicht und Zusammenfassung 1986-1991, R. v. Decker's, Heidelberg 1991, S. 124-139

[Gorry/Scott Morton 1971]
Gorry, G.A., Scott Morton, M.S., A Framework for Management Information Systems, in: Sloan Management Review, Jg. 13, 1971, Heft 2, S. 55-70

[Grimshaw 1992]

Grimshaw, D.J., Toward a Taxonomy of Information Systems: or does Anyone Need a TAXI?, in: Journal of Information Technology, Jg. 7, 1992, Heft 1, S. 30-36

[Grobe 1992]

Grobe, H.-J., Informatik Branche. Gespaltene Konjunktur, in: Diebold Management Report, 1992, Heft 3, S. 3-7

[Grohowski et al. 1990]

Grohowski, R., McGoff, C., Vogel, D., Martz, B., Nunamaker, J., Implementing Electronic Meeting Systems at IBM: Lessons Learned and Success Factors, in: MIS Quarterly, Jg. 14, 1990, Heft 4, S. 369-384

[Gutschke 1991]

Gutschke, W., Schlüsselfaktor Informationstechnologie, in: Erfolgsfaktoren modernen Managements, Ulmer Forum´90, Universitätsverlag Ulm, Ulm 1991, S. 23-50

[Gutzwiller/Österle 1990]

Gutzwiller, T., Österle, H., Über die Machbarkeit eines integrierten CASE, Arbeitsbericht Nr. IM2000/CCRIM/8, Institut für Wirtschaftsinformatik an der Hochschule St. Gallen, St. Gallen 1990

[Hainfeld 1992]

Hainfeld, U., Executive Information System - Unternehmensführung auf Tastendruck, in: Informations-Management. Perspektiven neuer Technologien, Tagungsdokumentation, Digital Equipment, 2. Juni 1992, Dübendorf 1992

[Hammer/Champy]

Hammer, M., Champy J., Reengineering the Corporation, Harper Business, New York 1993

[Hansen 1992]

Hansen, H.R., Wirtschaftsinformatik I: Einführung in die betriebliche Datenverarbeitung, 6. Auflage, Gustav Fischer Verlag, Stuttgart 1992

[Hazeltine 1991]

Hazeltine, N., Cooperation: A Better Way to Organize, Design and Implement Enterprise-Wide Information Systems, in: NCR Journal, Jg. 5, 1991, Heft 1, S. 8-17

[Heib/Debus/Brandt 1992]

Heib, M, Debus, B., Brandt, R., Network-Computing - eine Perspektive für wirtschaftliche und effiziente CAE-Anwendungen, in: CAD/CAM/CIM, Sonderteil in Hanser-Fachzeitschriften, 1992, Heft 3, S. 23-29

[Heilmann/Sach/Simon 1988]

Heilmann, H., Sach, W., Simon, M., Organisationsdatenbank und Organisationsinformationssystem, in: Handbuch der modernen Datenverarbeitung, Jg. 25, 1988, Heft 142, S. 119-129

[Heiner et al. 1991]

Heiner, G., Henkel, L., Linnemann, H., Tschammer, V., BERCIM-verteilte, fehlertolerante CIM-Strukturen, in: Ricke, H., Kanzow, J., (Hrsg.), BERKOM - Breitbandkommunikation im Glasfasernetz. Übersicht und Zusammenfassung 1986-1991, R. v. Decker´s, Heidelberg 1991, S. 252-267

[Heinrich/Lehner/Roithmayr 1990]
Heinrich, L.J., Lehner, F., Roithmayr, F., Informations- und Kommunikationstechnik: für Betriebswirte und Wirtschaftsinformatiker, 2. Auflage, Oldenbourg, München, Wien 1990

[Henger 1992]
Henger, G., Schöne neue Welt der virtuellen Realität, in: IBM Panorama, Jg. 6, 1992, Heft 1, S. 5-13

[Heym 1993]
Heym, M., Methoden-Engineering - Spezifikation und Integration von Entwicklungsmethoden für Informationssysteme, Diss. Hochschule St. Gallen, St. Gallen 1993

[Heym/Österle 1992a]
Heym, M., Österle, H., A Reference Model for Information Systems Development, in: Kendall, K. E., Lyythinen, K., de Gross, J., (Hrsg.), The Impact of Computer Supported Technologies on Information Systems Development, North-Holland, Amsterdam u.a. 1992, S. 215-239

[Heym/Österle 1992b]
Heym, M., Österle, H., A Semantic Data Model for Methodology Engineering, in: Forte, G., Madhavji, N.H., Müller, H., (Hrsg.), Proceedings Fifth International Workshop on Computer-Aided Software Engineering, IEEE Computer Society Press, Los Alamitos, 1992, S. 142-155

[Hichert/Moritz 1992]
Hichert, R., Moritz, M., Informationen für Manager: Von der Datenfülle zum praxisnahen Management-Informationssystem, in: Hichert, R., Moritz, M., (Hrsg.), Management-Informationssysteme: praktische Anwendungen, Springer, Berlin u.a. 1992, S. 101-115

[Hichert/Stumpp 1992]
Hichert, R., Stumpp, M., Ist-Situation und Zukunftserwartungen bei Management-Informationssystemen: Ergebnisse einer Befragung, in: Hichert, R., Moritz, M., (Hrsg.), Management-Informationssysteme: praktische Anwendungen, Springer, Berlin u.a. 1992, S. 89-100

[Himberger et al. 1991]
Himberger, A., Krähenmann, N., Langenohl, T., Ritz, D., Schmid, M., Zbornik, S., Elektronische Märkte - Grundlagen und Forschung, Arbeitsbericht IM2000/CCEM/14, Institut für Wirtschaftsinformatik an der Hochschule St. Gallen, St. Gallen 1991

[Howard 1991]
Howard, M., Electronic Imaging, Strategic Analysis Report, SAR: R-100-109, Gartner Group, Stamford 1991

[Hsieh/Schuler 1992]
Hsieh, L.-H., Schuler, H., Profildatenverarbeitung in der sensorunterstützten Montage, in: ZwF, Jg. 87, 1992, Heft 1, S. 25-29

[Huff/Munro 1985]
Huff, S.L., Munro, M.C., Information Technology Assessment and Adoption: A Field Study, in: MIS Quarterly , Jg. 9, 1985, Heft 4, S. 327-338

[Hultzsch 1992]
Hultzsch, H., Gastvortrag zum Thema "Wettbewerbsfaktor Informationstechnik", 18. Mai 1992, Universität Zürich

[IBM 1991a]
IBM, (Hrsg.), Einführung in Information Warehouse, IBM Form GC12-2126-00, Stuttgart 1991

[IBM 1991b]
IBM, (Hrsg.), Von der Form zur Konstruktion: Design mit CATIA bei Schwan STABILO, IBM Form GK12-3240-0, Stuttgart 1991

[IBM 1992a]
IBM, (Hrsg.), Financial Application Architecture, Introduction, IBM-Document-Nr. GC 31-3932-0, Charlotte 1992

[IBM 1992b]
IBM, (Hrsg.), Insurance Application Architecture, Technical Overview, IBM-Document-Nr. GE-19-5643-00, Charlotte 1992

[Informatik-Spektrum 1992]
o.V., Verteilte Parallelverarbeitung - Netzwerke mit Supercomputerperformance, in: Informatik-Spektrum, Jg. 15, 1992, Heft 4, S. 231-232

[I/S Analyzer 1991a]
o.V., The Emerging World of Multimedia, in: I/S Analyzer, Jg. 29, 1991, Heft 3, S. 1-16

[I/S Analyzer 1991b]
o.V. , Presenting Information, in: I/S Analyzer, Jg. 29, 1991, Heft 7, S. 1-14

[I/S Analyzer 1992a]
o.V., The New Role for "Executive" Information Systems, in: I/S Analyzer, Jg. 30, 1992, Heft 1, S. 1-16

[I/S Analyzer 1992b]
o.V., Plans and Policies for Client/Server Technology, in: I/S Analyzer, Jg. 30, 1992, Heft 4, S. 1-12

[I/S Analyzer 1992c]
o.V., Computer/Telephone Integration for Marketing Information Systems, in: I/S Analyzer, Jg. 30, 1992, Heft 6, S. 1-12

[I/S Analyzer 1992d]
o.V., From Application Development to Software Engineering, in: I/S Analyzer, Jg. 30, 1992, Heft 7, S. 1-16

[Ivanitzki 1992]
Ivanitzki, T., Multimedia - Information in neuem Gewand, in: Informations-Management. Perspektiven neuer Technologien, Tagungsdokumentation, Digital Equipment, 2. Juni 1992, Dübendorf 1992

[Ito 1992]
Ito, R., Newton´s World, in: MacUser, Jg. 8, 1992, Heft 8, S. 45-48

[Janotta 1990]
Janotta, H., CBT - Computer-Based-Training in der Praxis, Verlag Moderne Industrie, Landsberg/Lech 1990

[Jassoy/Nowak 1991]
Jassoy, J., Nowak, H.-J., "Information Warehouse"-Konzept - Informationsbereitstellung für das Management, in: Eiff, W. von, (Hrsg.), Organisation - Erfolgsfaktor der Unternehmensführung, Moderne Industrie, Landsberg/Lech 1991, S. 501-519

[Johansen 1988]
Johansen, R., Groupware: Computer Support for Business Teams, The Free Press, New York 1988

[John 1990]
John, G., Exotic Software: Panel Discussion on How Users Solved Unique Problems, PC Expo, July 19-21, 1990, New York City, in: The Computer Conference Analysis Newsletter, Nr. 259, 6. Juli 1990, S. 4-6

[Johnson/Chappell 1990]
Johnson, T., Chappell, C., The Computer Integrated Company: Market Driver for the 90s, Ovum Report, London 1990

[Jörn 1992]
Jörn, F., Datenkompression und Bildtelefone, in: Neue Zürcher Zeitung, Jg. 213, 25. November 1992, Nr. 275, S. 75

[Kainz/Walpoth 1992]
Kainz, G.A., Walpoth, G., Die Wertschöpfungskette als Instrument der IS-Planung, in: Information Management, Jg. 7, 1992, Heft 4, S. 48-57

[Kaltenstadler/Rethfeld 1988]
Kaltenstadler, L., Rethfeld, U., Mit CAI frisch ans Werk, in: Siemens Magazin COM, 1988, Heft 6, S. 16-20

[Karamitsos 1992]
Karamitsos, F., DRIVE: Europäische Forschungskooperation für sauberen, sicheren und effizienten Strassenverkehr, in: XIII-Magazin, Generaldirektion "Telekommunikation, Informationsindustrie und Innovation" (GD XIII) der Kommission der Europäischen Gemeinschaft, 1992, Heft 5, S. 4-9

[Karrer 1989]
Karrer, U., Computer-Assisted Learning: Toward the Development and Use of Quality Courseware, Lang, Bern u.a. 1989

[Keen 1991]
Keen, P.G.W., Shaping the Future. Business Design through Information, Harvard Business School Press, Boston 1991

[Kemper 1991]
Kemper, H.-G., Entwicklung und Einsatz von Executive Information Systems (EIS) in deutschen Unternehmen: ein Stimmungsbild, in: Information Management, Jg. 6, 1991, S. 70-78

[Keyes 1990]
Keyes, J., Expert Help Desks: Expert Help for the 90´s, in: AI Expert, Jg. 5, Heft 9, S. 48-53

[Kikinis 1992]
Kikinis, R., Als ob die Bauchwand durchsichtig wäre: Methoden der virtuellen Realität in der Chirurgie, in: Neue Zürcher Zeitung, Jg. 213, 30. September 1992, Nr. 227, S. 67

[Kindermann/Windheuser 1991]
Kindermann, J., Windheuser, C., Spracherkennung mit neuronalen Netzen, in: Der GMD-Spiegel, Jg. 21, 1991, Heft 2, 1991, S. 36-41

[King 1992]
King, S.S., Middleware! Making the Network Safe for Application Software, in: Data Communications, Jg. 21, 1992, Heft 4, S. 58-67

[Kinzie 1992]
Kinzie, R., WARC 92: A Time for Decision, in: Iridium Newsletter, Washington, January/February 1992

[Kircher 1992]
Kircher, H., Informationstechnologie, Unterlagen zum Gastvortrag im Rahmen der Lehrveranstaltung "Betriebswirtschaftliche Informatik", Hochschule St. Gallen, 22. Juni 1992

[Kirsch et al. 1973]
Kirsch et al., Betriebswirtschaftliche Logistik, Gabler, Wiesbaden 1973

[Kissling/Reuter 1991]
Kissling, M., Reuter, A., Verteilte Datenbanksysteme für CIM-Anwendungen, in: Geitner, U.G., (Hrsg.), CIM-Handbuch, 2. Auflage, Vieweg, Braunschweig 1991, S. 572-604

[Klar 1991]
Klar, W., Echtzeit-Expertensystem optimiert die Qualität der Produktion, in: ZwF, Jg. 86, 1991, Heft 11, S. 559-562

[Kling 1991]

Kling, U., Publizieren in Kommunikationsnetzen, in: Ricke, H., Kanzow, J., (Hrsg.), BERKOM - Breitbandkommunikation im Glasfasernetz. Übersicht und Zusammenfassung 1986-1991, R. v. Decker´s, Heidelberg 1991, S. 62-67

[Kohl/Lutze 1991]

Kohl, A., Lutze, R., Wissensbasierte Vorgangsplanung und -bearbeitung - Ergebnisse aus dem WISDOM-Verbundprojekt, in: Bullinger, H.-J., (Hrsg.), Handbuch des Informationsmanagements im Unternehmen: Technik, Organisation, Recht, Perspektiven, Band I, Beck, München 1991, S. 807-826

[Komada/Lagadec 1992]

Komada, N., Lagadec, R., Wohin mit den Gigabytes?, Vortrag 1. Unisys Open Symposium, Unisys Schweiz, Thalwil 25. August 1992

[König/de Ridder 1992]

König, H., de Ridder, L., CIMOSA: Architektur für Offene Systeme und Modellierung von Unternehmensprozessen, in: CIM Management, Jg. 8, 1992, Heft 4, S. 4-11

[Kompa 1991]

Kompa, G., Adaptive Steuerung und Sensorik, in: Geitner, U.G., (Hrsg.), CIM-Handbuch, 2. Auflage, Vieweg, Braunschweig 1991, S. 438-451

[Krause 1991]

Krause, F.-L., Computer Aided Design und Computer Aided Planning, in: Bullinger, H.-J., (Hrsg.), Handbuch des Informationsmanagements im Unternehmen: Technik, Organisation, Recht, Perspektiven, Band I, Beck, München 1991, S. 273-331

[Krcmar 1992]

Krcmar, H., Computer Aided Team - Ein Überblick, in: Information Management, Jg. 7, 1992, Heft 1, S. 6-9

[Krcmar/Lewe 1992]

Krcmar, H., Lewe, H., GroupSystems: Aufbau und Auswirkungen, in: Information Management, Jg. 7, 1992, Heft 1, S. 32-41

[Krueger 1991]

Krueger, M. W., Artificial Reality: Past and Future, in: Helsel, S.K., Roth, J.P., (Hrsg.), Virtual Reality: Theory, Practice and Promise, Meckler, Wesport 1991, S. 19-25

[Kugler 1991]

Kugler, W., Teleservicesystem für Werkzeugmaschinen über ISDN, in: Kühn, P., Pritschow, G., (Hrsg.), Kommunikationstechnik für den rechnerintegrierten Fabrikbetrieb, Springer, Köln 1991, S. 202-215

[Kuhlen et al. 1989]

Kuhlen, R., Hammwöhner, R., Sonnenberger, G., Thiel, U., TWRM-TOPOGRAPHIC: Ein wissensbasiertes System zur situationsgerechten Aufbereitung und Präsentation von Textinformationen in graphischen Retrievaldialogen, in: Informatik Forschung und Entwicklung, 1989, Heft 4, S. 89-107

[Kuhlen 1991]
Kuhlen, R., Hypertext: Ein nicht-lineares Medium zwischen Buch und Wissensbank, Springer, Berlin 1991

[Lagadec 1992]
Lagadec, R., Das "postoffene" Zeitalter!, Vortrag 1. Unisys Open Symposium, Unisys Schweiz, Thalwil 25. August 1992

[Lauster 1992]
Lauster, F., Ganzheitliche Vorgangsbearbeitung im Büro: Computerunterstütztes Dokumentenmanagement als integraler Bestandteil prozess-orientierter Bürokommunikationssysteme, in: Online, (Hrsg.), Kongressband IV, Symposium IV-4, Hamburg 1992, S. IV.28.01-11

[Lay 1990]
Lay, C. S., PSA Wins 1st National IT Award, in: PSA Port View, Jg. 1, März 1990, S. 7-14

[Leclerc/Prey 1992]
Leclerc, M., Prey, K., Unix-Software: ein Markt im Übergang, in: Diebold Management Report, 1992, Heft 3, S. 19-22

[Leinfuss 1991]
Leinfuss, E., Business Reengineering with Document Imaging, Computerworld Direct Report 1991

[Lewe/Krcmar 1991]
Lewe, H., Krcmar, H., Groupware, in: Informatik-Spektrum, Jg. 14, 1991, Heft 6, S. 345-348

[Liew 1990]
Liew, W.T., CITOS - Container Gate Entry Card, in: PSA Port View, Jg. 1, Juni 1990, S. 6

[Lim 1991]
Lim, J., Technology and Computer Applications at Brani Terminal, in: PSA Port View, Jg. 2, August 1991, S. 5

[Linderholm/Apiki/Nadeau 1992]
Linderholm, O., Apiki, S., Nadeau, M., The PC Gets More Personal, in: Byte, Jg. 17, 1992, Heft 7, S. 128-138

[Lindsey et al. 1990]
Lindsey, D., Cheney, P.H., Kasper, M.G., Blake, I., An Application of Information Technology for Competitive Advantage in the Cotton Industry, Jg. 14, 1990, Heft 4, S. 347-357

[Lindtner 1992]
Lindtner, P., Domänenwissen in Methoden zur Analyse betrieblicher Informationssysteme, Diss. Hochschule St. Gallen, Difo-Druck, Bamberg 1992

[Lödel et al. 1992]
Lödel, D., Büttel-Dietsch, I., Breuker, J.-S., Ponader, M., Mertens, P., Thesmann, S., Elektronische Produktkataloge - Entwicklungsstand und Einsatzmöglichkeiten, Aufsatzmanuskript, 1992

[Logan 1991]
Logan, A., Paperless Office: Fact or Fiction?, in: Information Services & Use, Jg. 11, 1991, Heft 3, S. 193-201

[Lohmeyer 1984]
Lohmeyer, J., Technology Assessment: Anspruch, Möglichkeiten und Grenzen. Untersuchungen zum Problemkreis der Technikfolgen-Abschätzung unter besonderer Berücksichtigung des sozialwissenschaftlichen Beitrags, Diss., Universität Bonn, 1984

[Lüchinger 1991]
Lüchinger, R., Von Mäusen und Managern, in: Bilanz, 1991, Heft 9, S. 163-166

[Luger/Stubblefield 1989]
Luger, G.F., Stubblefield, W.A., Artificial Intelligence, Wiley, Redwood City 1989

[Lusti 1992]
Lusti, M., Intelligente tutorielle Systeme: Einführung in wissensbasierte Lernsysteme, Oldenbourg, München 1992

[Lüttich 1992]
Lüttich, K.-H., EUROTOP - Ein europäisches Projekt zur Entwicklung und Erprobung des elektronischen Reisekatalogs, in: EM-Newsletter, Institut für Wirtschaftsinformatik an der Hochschule St. Gallen, Jg. 2, 1992, Heft 3, S. 4-5

[MacFarlane 1990]
MacFarlane, A.G., Interactive Computing: A Revolutionary Medium for Teaching and Design, in: Proceedings of Seventh IEE Computing and Control Lecture, 15 February 1990, S. 3-35

[Madnick 1991]
Madnick , S. E., Information Technology Plattform, in: Scott Morton, M.S., (Hrsg.), The Corporation of the 1990s: Information Technology and Organizational Transformation, Oxford University Press, New York, 1991, S. 19-48

[Malone/Yates/Benjamin 1987]
Malone, T. W., Yates, J., Benamin, R.I., Electronic Markets and Electronic Hierarchies, Communications of the ACM, Jg. 30, 1987, Heft 6, S. 484-497

[Marcaccio 1993]
Marcaccio, K.Y., (Hrsg.), Gale Directory of Databases, Volume 1: Online Databses, Gale Research, Detroit, July 1993

[Marchand/Horton 1986]
Marchand, D.A., Horton, F.W., Infotrends: Profiting from Your Information Resources, Wiley, New York u.a. 1986

[Martens/Pissot 1991]

Martens, D., Pissot, H., Fernwirken/Temex: Elektronische Aufpasser, in: Diebold Management Report, 1992, Heft 2, S. 3-7

[Marx 1992]

Marx, W., Datenbank-Portrait Beilstein Online, in: Cogito, Jg. 8, 1992, Heft 3, S. 69-70

[Mashey 1991]

Mashey, J. R., 64-bit Computing, in: Byte, Jg. 16, 1991, Heft 9, S. 135-142

[Matthes/Koch/Fischer 1992]

Matthes, J., Koch, D., Fischer, D., Objektorientierte Datenbanken für die Produktdokumentation, in: ZwF, Jg. 87, 1992, Heft 1, S. 55-58

[Mavridis/Weser 1991]

Mavridis, A., Weser, A., Das Europäische RACE-Project TELEMED, in: Ricke, H., Kanzow, J., (Hrsg.), BERKOM - Breitbandkommunikation im Glasfasernetz. Übersicht und Zusammenfassung 1986-1991, R. v. Decker's, Heidelberg 1991, S. 108-118

[McCready 1992]

McCready, S., Die strategische Bedeutung von Workflow-Software, in: Filenet GmbH, (Hrsg.), Filenet-Lösungen für die Vorgangsbearbeitung, Bad Homburg 1992, S. 5-7

[McDermott 1982]

McDermott, J., R1: A Rule-Based Configurer of Computer Systems, in: Artificial Intelligence, Jg. 13, 1982, Heft 19, S. 39-52

[Mehler 1992]

Mehler, M., Notes fanatic: Price Waterhouse uses Lotus Development Corp.'s Notes Office Automation Software, in: Corporate Computing, Jg. 1, 1992, Heft 2, S. 160-165

[Meier 1992a]

Meier, A., Relationale Datenbanken: eine Einführung in die Praxis, Springer, Berlin 1992

[Meier 1992b]

Meier, A., Schutz der Investitionen beim Wechsel eines Datenbanksystems, in: Neue Zürcher Zeitung, Jg. 213, Nr. 208, 8. September 1992, Beilage, S. 41

[Meindl 1987]

Meindl, J.D., Chips für künftige Computergenerationen, in: Spektrum der Wissenschaft Jg. 9, 1987, Heft 12, S. 64-71

[Mertens 1991]

Mertens, P., Integrierte Informationsverarbeitung 1, Administrations- und Dispositionssysteme in der Industrie, 8. Auflage, Gabler, Wiesbaden 1991

[Mertens/Griese 1991]

Mertens, P., Griese, J., Integrierte Informationsverarbeitung 2, Planungs- und Kontrollsysteme in der Industrie, 6. Auflage, Gabler, Wiesbaden 1991

[Mertens/Borkowski/Geis 1990]

Mertens, P., Borkowski, V., Geis, W., Betriebliche Expertensystem-Anwendungen, 2. Auflage, Springer, Berlin 1990

[Metz 1991]

Metz, W., CASE-integriertes Konfigurationsmanagement als Voraussetzung für eine effiziente Entwicklung komplexer Standardsoftware, in: Müller-Böling D., Seibt, D., Winand, U., (Hrsg.), Innovations- und Technologiemanagement, Poeschel, Stuttgart 1991, S. 241-253

[Meyer 1992]

Meyer, J.-A., Computer Integrated Marketing, Vahlen, München 1992

[Meyer-Wegener 1988]

Meyer-Wegener, K., Transaktionssysteme, Teubner, Stuttgart 1988

[Meyer-Wegener 1991]

Meyer-Wegener, K., Multimedia-Datenbanken. Einsatz von Datenbanktechnik in Multimedia-Systemen, Teubner, Stuttgart 1991

[Moad 1989]

Moad, J.M.: Son of SAA, in: Datamation, Jg. 35, 1989, Heft 11, S. 39-40

[Moseng 1992]

Moseng, B., Desktop Manufacturing Using Stereolithography (SLA) Techniques, in: Olling, G.J., Deng, Z., (Hrsg.), Information Technology for Advanced Manufacturing Systems, Proceedings of the IFIP TC5/WG5.3 International Conference on Information Technology for Advanced Manufacturing Systems, Nanjing, China, 17-19 September 1991, North-Holland, Amsterdam u.a. 1992, S. 323-332

[Müller-Böling/Ramme 1990]

Müller-Böling, D., Ramme, I., Informations- und Kommunikationstechniken für Führungskräfte: Top-Manager zwischen Technikeuphorie und Tastaturphobie, Oldenbourg, München, Wien 1990

[Nadeau/Perratore 1992]

Nadeau, M., Perratore, E., Enabling Technologies, in: Byte, Jg. 17, 1992, Heft 7, S. 132-133

[Nastansky 1989]

Nastansky, L., Einführung in die Wirtschaftsinformatik, in: Baetge et al., (Hrsg.), Vahlens Kompendium der Betriebswirtschaftslehre, Band 2, 2. Auflage, Vahlen, München 1989, S. 371-412

[Nefiodow 1990]

Nefiodow, L.A., Der fünfte Kondratieff, Gabler, Wiesbaden 1990

[Negroponte 1991]
    Negroponte, N.P., Von Computernetzen vermittelte Produkte und Dienstleistungen, in: Spektrum der Wissenschaft, Jg. 13, 1991, Heft 11, S. 102-110

[Neumann/Diedrich/Hähniche   1992]
    Neumann, P., Diedrich, C., Hähniche, J., Der nationale Feldbusstandard Profibus, in: ZwF, Jg. 87, 1992, Heft 7, S. 365-368

[Newquist 1992]
    Newquist, H.P., Die kommerzielle Verwendung virtueller Realität, in: Computerworld Schweiz, 1992, Nr. 28, S. 7-8

[Niemeier/Koll 1992a]
    Niemeier, J., Koll, P., EIS: Ergebnisse einer Marktstudie, in: Konferenzdokumentation Executive Information Systems, Entwicklungsprozess eines EIS, Institute for International Research, Zürich, 29./30. September 1992

[Niemeier/Koll 1992b]
    Niemeier, J., Koll, P., Executive Information Systems (EIS), Vorabzug aus der Marktstudie für die Teilnehmer des IIR-Seminars, Fraunhofer-Institut für Arbeitswirtschaft und Organisation (IAO), Stuttgart 1992

[Norman/Chen 1992]
    Norman, R.J., Chen, M., Editors´ Introduction, in: IEEE Software, Jg. 9, 1992, Heft 3, S. 13-16

[Nowacki 1991]
    Nowacki, H., Austausch und Visualisierung von Produktdaten, in: Ricke, H., Kanzow, J., (Hrsg.), BERKOM - Breitbandkommunikation im Glasfasernetz. Übersicht und Zusammenfassung 1986-1991, R. v. Decker´s, Heidelberg 1991, S. 274-285

[NZZ 1992]
    o.V., Nur die Frequenzen bilden die Grenzen: Perspektiven des Schweizer Mobiltelefonmarktes, in: Neue Zürcher Zeitung, Jg. 213, 31. Juli 1992, Nr. 176, S. 15

[OECD 1992a]
    Organisation for Economic Co-Operation and Development (OECD), Information Technology Outlook 1992, Head of Publication Services, OECD, Paris 1992

[OECD 1992b]
    OECD, (Hrsg.), Globalisation of Industrial Activities : Four Case Studies : Autoparts, Chemicals, Construction and Semiconductors, Paris, 1992

[Oppliger/Weber/Liver 1992]
    Oppliger, R., Weber, S., Liver, B., Expertensystem konfiguriert virtuell private Netze: OptiNet hilft Kosten senken, in: Output, Jg. 21, 1992, Heft 5, S. 43-47

[Österle 1987]
    Österle, H., Erfolgsfaktor Informatik - Umsetzung der Informationstechnik in der Unternehmensführung, in: Information Management, Jg. 2, 1987, Heft 3, S. 24-31

[Österle 1990]
Österle, H., Unternehmensstrategie und Standardsoftware. Schlüsselentscheidungen für die 90er Jahre, in: Österle, H. (Hrsg.), Integrierte Standardsoftware, Entscheidungshilfen für den Einsatz von Softwarepaketen, Bd. 1, AIT, Angewandte Informationstechnik, Halbergmoss 1990, S. 11-36

[Österle 1991]
Österle, H., Informationsmanagement im Textilbetrieb, in: VDI, (Hrsg.), Automatisieren im Textilbetrieb 2000. Prozess-Steuerung und Vernetzung der Textilmaschinen, VDI Bericht 879, VDI-Verlag, Düsseldorf 1991

[Österle 1992a]
Österle, H., Innovation durch Informationstechnik. Ein Beitrag zur informationsbewussten Unternehmensführung, in: Stroetmann, K.A., (Hrsg.), Informationslogistik, Proceedings 6. Internationale Fachkonferenz des Komitees für Wirtschaftlichkeit in Information und Dokumentation (KWID) der Deutschen Gesellschaft für Dokumentation (DGD) e.V. in Zusammenarbeit mit der Gesellschaft für Informatik (GI) e.V., Garmisch-Partenkirchen, 27. - 29. Mai 1991, DGD-Schrift, Frankfurt 1992, S. 15-47

[Österle 1992b]
Österle, H., Generating Business Ideas Based on Information Technology, in: Clarke, R., Cameron, J. (Hrsg), Managing Information Technology´s Organisational Impact II, Proceedings of the IFIP TC9 Conference on Managing Information Technology´s Organisational Impact II, Adelaide, 7-8 October 1991, North Holland, Amsterdam 1992, S. 117-129

[Österle 1993]
Österle, H., Ein Modell für den Prozessentwurf, Arbeitsbericht Nr. IM2000/ CCCRIS/8, Institut für Wirtschaftsinformatik an der Hochschule St. Gallen, St. Gallen 1993

[Österle/Brenner/Hilbers 1992]
Österle, H., Brenner, W., Hilbers, K., Unternehmensführung und Informationssystem. Der Ansatz des St. Galler Informationssystem-Managements, 2. Auflage, Teubner, Stuttgart 1992

[Österle/Gutzwiller 1992]
Österle, H., Gutzwiller, T., Konzepte angewandter Analyse- und Design-Methoden, Band 1: Ein Referenz-Metamodell für die Analyse und das System-Design, AIT, Angewandte Informationstechnik, Halbergmoss 1992

[Österle/Sanche 1993]
Österle, H., Sanche, J., Systementwicklung mit Applikationsplattformen, Arbeitsbericht Nr. IM2000/CCRIM/20, Institut für Wirtschaftsinformatik an der Hochschule St. Gallen, St. Gallen 1993

[Osann 1992]
Osann, U.M., Der Weg zu offenen Architekturen, in: Down-Sizing - Chancen und

Risiken, Tagungsdokumentation, 8. Januar 1992, Schweizerische Vereinigung für Datenverarbeitung, Zürich 1992

[Panko 1988]
Panko, R.R., Enduser Computing: Management, Application, Technology, Wiley, New York u.a. 1988

[Pape/Sandkuhl 1991]
Pape, U., Sandkuhl, K., Breitband-integrierte Layoutunterstützung (BILUS), in: Ricke, H., Kanzow, J., (Hrsg.), BERKOM - Breitbandkommunikation im Glasfasernetz. Übersicht und Zusammenfassung 1986-1991, R. v. Decker´s, Heidelberg 1991, S. 139-150

[Paschen 1986]
Paschen, H., Technology Assessment - Ein strategisches Rahmenkonzept für die Bewertung von Technologien. in: Dierkes, M., (Hrsg.), Technik und Parlament. Technikfolgenabschätzung. Konzepte, Erfahrungen, Chancen, Sigma Bohn Verlag, Berlin 1986, S. 21-46

[Pawson/Szlichcinski 1990]
Pawson, R., Szlichcinski , C., Electronic Marketplaces, Research Report 77, November 1990, Butler Cox Foundation, London 1990

[Pawson/Szlichcinski 1992]
Pawson, R., Szlichcinski, C., Visual Information Technology, Research Report 85, February 1992, Butler Cox Foundation, London 1992

[Peemöller 1991]
Peemöller, H.-D., Verbessern Chef-Informations-Systeme die Qualität der Unternehmensführung?, Sonderdruck aus Sondernummer Qualitätsmanagement, Absatzwirtschaft, Oktober 1991

[Peemöller 1992]
Peemöller, H.-D., Marketingunterstützung durch EIS bei Weidmüller, in: Konferenzdokumentation Executive Information Systems, Entwicklungsprozess eines EIS, Institute for International Research, Zürich, 29.-30. September 1992

[Petrovic 1992]
Petrovic, O., Groupware - Systemkategorien, Anwendungsbeispiele, Problemfelder und Entwicklungsstand, in: Information Management, Jg. 7, 1992, Heft 1, S. 16-22

[Pfaff 1992]
Pfaff, G.E., Grafische Standards in technischen Anwendungen, in ZwF, Jg 87, 1992, Heft 2, S. 100-103

[Pilot 1992b]
Pilot Software, (Hrsg.), Statement of Technical Direction, White Paper, Boston 1992

[Pinella 1991]
Pinella, P., An EIS for the Desktop, in: Datamation, Jg. 37, 1991, Heft 9, S. 26-30

[Pissot 1991]
Pissot, H., CIT: vereinte Welten, in: Diebold Management Report, 1991, Heft 4, S. 15-17

[Plesums/Bartels 1990]
Plesums, C.A., Bartels, R. W., Large-Scale Image Systems: USAA Case Study, in: IBM Systems Journal, Jg. 29, Heft 3, S. 343-356

[Poensgen 1992]
Poensgen, W., Mit dezentralen PPS-Funktionen zu mehr Wirtschaftlichkeit, in: ZwF, Jg. 87, 1992, Heft 10, S. 560-562

[Polilli 1991]
Polilli, S., AA Boasts of New Systems, in: Software Magazine, Jg. 11, 1991, Heft 6, S. 25-28

[Porter et al. 1991]
Porter, A.L., Roper, A.T., Mason, T.W., Rossini, F.A., Banks, J., Forecasting and Management of Technology, Wiley, New York 1991

[Porter/Rossini 1987]
Porter, A.L., Rossini, F.A., Technological Forecasting, in: Singh, M.G. (Hrsg.), Encyclopedia of Systems and Control, Pergamon, Oxford 1987, S. 4823-4828

[Porter 1989]
Porter, M., Wettbewerbsvorteile, Campus Verlag, Frankfurt 1989

[Posecker 1992]
Posecker, J., Europaweiter VSAT-Dienst der Telekom. Vorsprung an Kunden weitergeben, in: Net, Jg. 46, 1992, Heft 1-2, S. 12-17

[Prey 1991]
Prey, K., Offene Systeme: Fortschritt mit Hindernissen, in: Diebold Management Report, 1991, Heft 11, S. 3-6

[PSA 1990]
o.V., Port of Singapore Authority Annual Report 1990, Singapur 1990

[PTT 1991]
Generaldirektion PTT Schweiz, (Hrsg.), Projekt Kommunikations-Modellgemeinden, Zwischenbericht 5, 16. 8. 1991, Bern

[PTT 1992]
o.V., Verhaltener Countdown für das Digitaltelefon. PTT startet "Swissnet2" ohne Endgerätemarkt, in: Neue Zürcher Zeitung, Jg. 213, 29. September 1992, Nr. 226, S. 22

[Rau 1991]
Rau, K.-H., Integrierte Bürokommunikation: Organisation und Technik, Gabler, Wiesbaden 1991

[Rehkugler/Podig 1992]
Rehkugler, H., Podig, T., Anwendungsperspektiven und Anwendungsprobleme von Künstlichen Neuronalen Netzwerken, in: Information Management, Jg. 7, 1992, Heft 2, S. 50-58

[Ricke/Kanzow 1991]
Ricke, H., Kanzow, J., (Hrsg.), BERKOM - Breitbandkommunikation im Glasfasernetz. Übersicht und Zusammenfassung 1986-1991, R. v. Decker´s, Heidelberg 1991

[Ritz 1992]
Ritz, D., Elektronische Märke als neue Koordinationsinstrumente, Arbeitsbericht IM2000/CCEM/16, Institut für Wirtschaftsinformatik an der Hochschule St. Gallen, St. Gallen 1992

[Rockart 1979]
Rockart, J.F., Chief Executives Define Their Own Data Needs, in: Harvard Business Review, Jg. 57, 1979, Heft 2, S. 81-93

[Rockart/De Long 1988]
Rockart, J.F., De Long, D.W., Executive Support Systems. The Emergence of Top Management Computer Use, Dow Jone-Irwin, Homewood (IL) 1988

[Rohrbough 1992]
Rohrbough, L., Intel´s 3rd Generation Micro 2000 Chip to Supercharge PCs, in: Newsbytes, 24. März 1992, S. 1

[Rupietta 1992]
Rupietta, W., Organisationsmodellierung zur Unterstützung kooperativer Vorgangsbearbeitung, in: Wirtschaftsinformatik, Jg. 34, 1992, Heft 1, S. 26-37

[Rutsch 1991]
Rutsch, H.-W., CA-Technologien für das Produktdesign, Vortrag für die CAMP 91, 22.-25. Januar 1991, Berlin 1991

[Rutsch 1992]
Rutsch, H.-W., Stereolithographie und andere Schichttechnologien - Nutzen und Aufwand, Wilhelm Karmann GmbH, Osnabrück 1992

[Rutsch/Lischke/Kuhlmann 1992]
Rutsch, H.-W., Lischke, C., Kuhlmann, T., Management von unternehmensübergreifenden Prozessen: Eine Lösung für den Entwicklungsverbund, in: ZwF, Jg. 87, 1992, Heft 4, S. 221-224

[SAP 1991]
SAP AG, (Hrsg.), SAP-System R/3, Informationen 1991/92, Walldorf 1991

[SAP 1992]
SAP AG, (Hrsg.), SAP-EIS: Executive Information System, Broschüre, Walldorf 1992

[SAS 1990]

SAS Institute GmbH, (Hrsg.), Integriertes Executive Information System: die neue Generation, Broschüre, Heidelberg 1990

[Saxer 1993]

Saxer, R., Monitoring des Informationssystems - ein Instrument der Organisationsanalyse, unveröffentlichtes Arbeitspapier, Institut für Wirtschaftsinformatik der Hochschule St. Gallen, 1993

[Schaible/Dräger 1991]

Schaible, F.A., Dräger, U., Informationsmanagement im Rechnungswesen, in: Bullinger, H.-J., (Hrsg.), Handbuch des Informationsmanagements im Unternehmen: Technik, Organisation, Recht, Perspektiven, Band I, Beck, München 1991, S. 122-145

[Schay 1991]

Schay, P., The Midrange Computing Scenario, in: Proceedings Information Industry Scenario Conference in Europe, Gartner Group, Monte Carlo, 20-22 November 1991, Stamford 1991

[Scheer 1991]

Scheer, A.-W., Produktionsplanungs- und -steuerungssysteme, in: Bullinger, H.-J., (Hrsg.), Handbuch des Informationsmanagements im Unternehmen: Technik, Organisation, Recht, Perspektiven, Band I, Beck, München 1991, S. 333-373

[Schellhaas 1990]

Schellhaas, H., Anwender fordern Standards, keine Schnittstellen, in: Computerwoche extra, 1990, Heft 1, S. 20-24

[Schierenbeck 1983]

Schierenbeck, H., Grundzüge der Betriebswirtschaftslehre, 7. Auflage, Oldenbourg, München, Wien 1983

[Schill 1992]

Schill, A., Remote Procedure Call: Fortgeschrittene Konzepte und Systeme - ein Überblick, Teil 1, in: Informatik-Spektrum, Jg. 15, 1992, Heft 2, S. 79-87

[Schlupp 1992]

Schlupp, R.C., Dokumenten-Standards: Voraussetzungen für die grenzenlose Büroautomation, in: Output, Jg. 21, 1992, Heft 6, S. 82-88

[Schmid 1991]

Schmid, B., Neue Dimensionen dank Informationsverbund, Entstehung orts- und zeitloser Märkte, in: Neue Zürcher Zeitung, Jg. 212, 28. Mai 1991, Nr. 120, S. 81

[Schmid et al. 1991]

Schmid, B., Himberger, A., Krähenmann, N., Langenohl, D., Ritz, D., Schmid, M., Zbornik, S., Die elektronische Revolution der Märkte, in: IO Management Zeitschrift, Jg. 60, 1991, Heft 12, S. 96-98

[Schmid 1992]

Schmid, M., Kommunikationsmodelle für Elektronische Märkte und mögliche Infrastrukturen zu deren Realisierung, Diss. Hochschule St. Gallen, Difo-Druck, Bamberg 1992

[Schmid/Zbornik 1992]
Schmid, M., Zbornik, S., Elektronische Märkte - wie realisieren?, in: IO Management Zeitschrift, Jg. 61, 1992, Heft 2, S. 72-75

[Schmidt 1992b]
Schmidt, E., High-end-486er nehmen Kurs auf den Multimedia-Markt, in: Computerwoche, Jg. 19, 1992, Nr. 20, S. 64-67

[Schmitt 1992]
Schmitt, G., Häuser und Höfe - vor dem Bau begehbar: Die Technik der virtuellen Realität in der Architektur, in: Neue Zürcher Zeitung, Jg. 213, 30. September 1992, Nr. 227, S. 66

[Schneider 1991a]
Schneider, M., The Large Memory of the Future: Software Impacts, Research Notes Gartner Group, ATG: S-400-063.2, 27 November 1991

[Schneider 1991b]
Schneider, M., Notebook Computers: The Requirements, Research Notes Gartner Group, ATG: T-421-046.2, 26 August 1991

[Schneider 1991c]
Schneider, M., Microprocessors in 2000: The Future of Intel's ix86, Research Notes Gartner Group, ATG: S-411-045.2, 26 August 1991

[Schoon 1991]
Schoon, B., Glasfasern im Dienste der Telemedizin, in: Datacom, Jg. 8, 1991, Heft 8, S. 4-8

[Schutzer 1991]
Schutzer, D., Business Decisions with Computers. New Trends in Technology, Van Nostrand Reinhold, New York 1991

[Schweitzer/Robert 1991]
Schweitzer, B., Robert, J., Technische Datenbanken. Vor Euphorie wird gewarnt, in: Diebold Management Report, 1991, Heft 7/8, S. 24-28

[Setele 1992]
Setele, C., Psst - Computer hört mit, in: Cash, 1992, Nr. 48, 27. November 1992, S. 55

[Seybold 1990]
o.V., Price Waterhouse: Notes as Transformation; Use of Lotus Notes Office Automation Software by the Accounting Firm, in: Patricia Seybold's Office Computing Report, Jg. 13, 1990, Heft 7, S. 10

[Shukovsky 1991]
Shukovsky, S., GM Links European Operations with Notes, in: PC Week, Jg. 8, 1991, Heft 41, S. 29

[Siang 1990]

Siang, M.H.E., Singapore Vessel Traffic Information Service (VTIS), in PSA Port View, Jg. 1, Juli 1990, S. 1-2

[Sonnenschein 1992]

Sonnenschein, M., Parallelrechner bieten bislang wenig Programmierkomfort, in: Computerwoche, Jg. 19, 1992, Nr. 45, S. 17-19

[Spectrum 1992]

o.V., SAA and the Information Warehouse, in: Spectrum Report, The SAA and Open Software Spectrum, Jg. 5, Special Edition 1992, Heft 5, S. 28-34

[Speiser 1992]

Speiser, A.P., Integrierte Schaltungen, in: Neue Zürcher Zeitung, Jg. 213, Nr. 132, 10. Juni 1992, S. 67

[Steinmetz 1989]

Steinmetz, R., Integrierte Ablauforganisation: Logistik und vernetzte DV-Strukturen in einer Computer-Fabrik, freigegebener Aufsatz, Siemens-Nixdorf, München 1989

[Stenz 1992]

Stenz, T., Führungssysteme für das Management: Vom Management-Informationssystem zum Executive Information System, in: Spremann, K., Zur, E., Controlling: Grundlagen, Informationssysteme, Anwendungen, Gabler, Wiesbaden 1992, S. 703-712

[Stewart 1989]

Stewart, H. B., Recollecting the Future, A View of Business, Technology, and Innovation in the Next 30 Years, Dow Jones-Irwin, Homewood 1989

[Stokar 1991]

Stokar T., KMG - ähnliche Telekommunikationsprojekte, wissenschaftliche Begleituntersuchung zum Projekt "Kommunikation - Modellgemeinden in der Schweiz (KMG)", Spezialstudie 04, Institut für Verkehrsplanung, Transporttechnik, Strassen- und Eisenbahnbau (IVT), ETH Zürich, Zürich 1991

[Straub/Wetherbe 1989]

Straub, D.W., Wetherbe, J.C., Information Technologies for the 1990s: An Organizational Impact Perspective, in: Communications of the ACM, November 1989, Jg. 32, Heft 11, S. 1328-1339

[Strebel 1990]

Strebel, B., Wettbewerbsfaktor Informationsvorsprung. Informatikstrategie der SBG für die 90er Jahre, in: Schweizer Bank, Jg. 5, 1990, Heft 3, S. 4-8.

[Strolz 1992]

Strolz, H., Paketvermittlung mit Frame Relay: Ein neues Protokoll macht Furore, in: Output, Jg. 21, 1992, Heft 6, S. 57-60

[Stucki 1992]

Stucki, P., Eintauchen ins Reich der Sinne: Möglichkeiten zur Erzeugung virtueller Realitäten, in: Neue Zürcher Zeitung, Jg. 213, Nr. 227, 30. September 1992, S. 65

[Sveiby/Lloyd 1990]

Sveiby, K.E., Lloyd, T., Das Management des Know-how. Führung von Beratungs-, Kreativ- und Wissensunternehmen, Campus, Frankfurt 1990

[Tafti 1992]

Tafti, M., Neural Networks: A New Dimension in Expert Systems Applications, in: Data Base, Jg. 15, 1992, Winter, S. 51-54

[Tan 1990]

Tan, Y., Frageverknüpfungen ("query links") als Integration eines Hypertextsystems mit einem Information-Retrieval-System, Diplomarbeit, Universität Konstanz, 1990

[Taylor 1991]

Taylor, D., Inter-Enterprise Systems Scenario, in: Proceedings Information Industry Scenario Conference in Europe, Gartner Group, Monte Carlo, 20-22 November 1991, Stamford 1991

[Telekom 1992]

Deutsche Bundespost Telekom, (Hrsg.), Metropolitain Area Network, Ihr Anschluss an die Kommunikation von morgen, Bonn 1992

[Telekurs 1991]

Telekurs AG, (Hrsg.), SIC: Das Online-Clearing-System der Schweizer Banken, Broschüre, Zürich 1991

[Tesler 1991]

Tesler, L.G., Das Vordringen vernetzter Computer, in: Spektrum der Wissenschaft, Jg. 13, 1991, Heft 11, S. 78-86

[Tiang 1991]

Tiang, L.G., Container Verification at PSA Gates Goes Automatic, in: PSA Port View, Jg. 2, Mai 1991, S. 20

[Toenz 1991]

Toenz, C., Werkzeugunterstützung der Erfassung und Bewertung informationstechnologischer Trends, Diplomarbeit, Hochschule St. Gallen, 1991

[Ulrich 1990]

Ulrich, H.: Unternehmungspolitik, 3. Auflage, Haupt, Bern 1990

[Valenzo/Demartini/Ciminiera 1992]

Valenzo, A., Demartini, C., Ciminiera, L., MAP and TOP Communications: Standards and Applications, Addison-Wesley, Wokingham u.a. 1992

[VDI 1990]

o.V., VDI-Gemeinschaftsausschuss CIM, (Hrsg.), Rechnerintegrierte Konstruktion und Produktion, Band 4, Flexible Fertigung (FFS), VDI-Verlag, Düsseldorf 1990

[VDI 1992]
Verein Deutscher Ingenieure (VDI), (Hrsg.), Kongressbericht Gerätetechnik und Mikrosystemtechnik, Kongress Chemnitz, 16. -18. März 1992, VDI-VDE-Gesellschaft Mikro- und Feinwerktechnik, VDI-Berichte 960, Band 1 u. 2, VDI-Verlag, Düsseldorf 1992

[Wacker 1992]
Wacker, H.-M., Evolution und Perspektiven der Supercomputer, in: Informationstechnik - it, Jg. 34, 1992, Heft 1, S. 3-6

[Ward/Griffiths/Whitmore 1990]
Ward, J., Griffiths, P.M., Whitmore, P., Strategic Planning for Information Systems, Wiley, Chichester u.a. 1990

[Warnecke 1991]
Warnecke, G., (Hrsg.), Expertensysteme in CIM, Verlag TÜV Rheinland, Köln 1991

[Weiser 1991]
Weiser, M., Computer im nächsten Jahrhundert, in: Spektrum der Wissenschaft, Jg. 13, 1991, Heft 11, S. 91-101

[Weizer 1991]
Weizer, N., The Arthur D. Little Forecast on Information Technology Productivity. Making the Integrated Enterprise Work, Wiley, New York 1991

[Westphalen 1988]
Westphalen, R.G., Technikfolgenabschätzung als politische Aufgabe, Oldenbourg, München, Wien 1988.

[White 1988]
White, B.L., The Technology Assessment Process. A Strategic Framework for Managing Technical Innovation, New York u.a.1988.

[Wilbert/Czap 1992]
Wilbert, R., Czap, H., Neuronale Netze zur Beurteilung von Einzelrisiken im bank- und versicherungsbetrieblichen Massengeschäft, in: Spremann, K., Zur, E., Controlling: Grundlagen, Informationssysteme, Anwendungen, Gabler, Wiesbaden 1992, S. 789-801

[Williams 1993]
Williams, M.E., The State of Databases Today: 1993, in: Marcaccio, K.Y., (Hrsg.), Gale Directory of Databases, Volume 1: Online Databses, Gale Research, Detroit, July 1993, S. xvii-xxvii

[Winand 1990]
Winand, U., Forecasting Techniques, in: Grochla, E., (Hrsg.), Handbook of German Business Management, Poeschel, Stuttgart 1990.

[Winand 1991]
Winand, U., Generisches Wissen im betrieblichen Wissensmanagement, in: Müller-Böling D., Seibt, D., Winand, U., (Hrsg.), Innovations- und Technologiemanagement, Poeschel, Stuttgart 1991, S. 375-400

[Windauer 1991]

Windauer, H., Echtzeit-Datenbanksysteme dokumentieren Produktionsdaten, in: ZwF, Jg. 86, 1991, Heft 10, S. 506-509

[Wirth 1990]

Wirth, S., Flexible Fertigungssysteme: Gestaltung und Anwendung in der Teilefertigung, Hüthig Buch Verlag, Heidelberg 1990

[Wiseman 1985]

Wiseman, C., Strategy and Computers: Information Systems as Competitive Weapons, Dow Jones-Irwine, Homewood 1985

[Wolters/Lenz 1991]

Wolters, T., Lenz, A., Management der Integration von Expertensystemen - Das Beispiel RAMSES für Produktion und DV-Welt der KKB Bank AG, in: Proceedings of SGAICO Technology Transfer, 4th International Conference, Commercial Expert Systems in Banking and Insurance, From Technical Integration to the Integration of Technology, 7. u. 8. Mai 1991, Lugano, S. 147-157

[Wright/Scofield 1991]

Wright, D.P., Scofield, C.L., Divide and Conquer. Neural Networks Take a Novel Approach to the Problem of Automatic Handwriting Recognition, in: Byte, Jg. 16, Heft 4, S. 207-210

[Yarmis 1991]

Yarmis, J., The Personal Computing Scenario, in: Proceedings Information Industry Scenario Conference in Europe, Gartner Group, Monte Carlo, 20-22 November 1991, Stamford 1991

Abkürzungsverzeichnis

2D	zweidimensional
3D	dreidimensional
3GL	3.-Generationssprache
4GL	4.-Generationssprache
ACE	Advanced Computing Environment
AKUBIS	Automobil-Kundendienstorientiertes Breitband-Informationssystem der Mercedes Benz AG
ANSI	American National Standards Institute
API	Application Programming Interface
ASIC	Application Specific Integrated Circuit
ATM	Asynchrone Transfer Mode
AVI	Audio Video Interleaved
AWF	Ausschuss für wirtschaftliche Fertigung
B-ISDN	Breitband-ISDN
BDE	Betriebsdatenerfassung
BERKOM	Berliner Kommunikationssystem
BILUS	Breitband-integrierte Layoutunterstützung
BLOB	Binary Large Object
BMFT	Bundesministerium für Forschung und Technologie
BPM	Business Process Management
BTX	Bildschirmtext
CAD	Computer Aided Design
CAE	Computer Aided Engineering
CAI	Computer Assisted Instruction
CAL	Computer Assisted Learning
CAM	Computer Aided Manufacturing
CAQ	Computer Aided Quality Assurance
CASE	Computer Aided Software Engineering

CBT	Computer Based Training
CCITT	Comité Consultatif International Télégraphique et Téléphonique
CD-I	Compact Disk Interactive
CD-ROM	Compact Disc - Read Only Memory
CDIF	Case Data Interchange Format
CDTV	Compact Disk Television
CGM	Computer Graphics Metafile
CIM	Computer Integrated Manufacturing
CIMOS	Computer Integrated Marine Operations Systems
CIS	Chefinformationssystem
CISC	Complete Instruction Set Computer
CIT	Computer Integrated Telephon
CITOS	Computer Integrated Terminal Operations Systems
CNC	Computerized Numerical Control
CNRS	Container Number Recognition System
CSCW	Computer Supported Cooperative Work
CUA	Common User Access
DAP	Document Application Profiles
DB	Datenbank
DEC	Digital Equipment Corporation
DECT	Digital European Cordless Standard
DIN	Deutsches Institut für Normung
DNA	Digital Network Architecture
DNC	Direct Numerical Control
DQDB	Distributed Queue Dual Bus
DSS	Decision Support System
DTP	Desk Top Publishing
DV	Datenverarbeitung
DVI	Digital Video Interactive

E-Mail	Electronic-Mail
EDI	Electronic Data Interchange
EDIF	Electronic Design Interchange Format
EDIFACT	Electronic Data Interchange for Administration, Commerce and Transport
EFT/POS	Electronic Fund Transfer at Point of Sale
EG	Europäische Gemeinschaft
EGA	Enhanced Graphics Adapter
EIS	Executive Information System
ELIAS	Elektronischer Informations-Assistent
EPOS	European Open Learning Service
FAA	Financial Application Architecture
FDDI	Fiber Distributed Data Interface
FFS	Flexible Fertigungs-Systeme
FIS	Führungsinformationssystem
Flops	Floating point operations per second
FTAM	File Transfer, Access, and Management
GB	Gigabyte
Gbit/s	Gigabit pro Sekunde
GFlops	Giga-Flops
GKS	Graphical Kernel System
GMD	Gesellschaft für Mathematik und Datenverarbeitung
GSM	Global System for Mobile Communication
HDTV	High Definition Television
Hrsg.	Herausgeber
I-CASE	Integrated CASE
IAA	Insurance Application Architecture
IAO	Fraunhofer Institut für Arbeitswirtschaft und Organisation
ICR	Intelligent Character Recognition
IDC	International Data Corporation

IDV	Individuelle Datenverarbeitung
IEC	International Electronical Commission
IEEE	Institute of Electrical and Electronics Engineers
IGES	Initial Garphics Exchange Specification
IIA	Information Interchange Architecture
IPSE	Integrated Project Support Environment
ISDN	Integrated Services Digital Network
ISO	International Organisation for Standardisation
IT	Informationstechnik
ITA-Pool	Information Technology Assessment Pool
JPEG	Joint Photographic Experts Group
KB	Kilobyte
Kbit/s	Kilobit pro Sekunde
KFZ	Kraftfahrzeug
KI	Künstliche Intelligenz
Knowbots	Knowledge Robots
LAN	Local Area Network
LCD	Liquid Cristal Display
MAN	Metropolitan Area Network
MAP	Manufacturing Automation Protocol
MB	Megabyte
MB/s	Megabyte pro Sekunde
Mbit/s	Megabit pro Sekunde
MFlops	Mega-Flops
MHS	Message Handling Systems
MHz	Megaherz
Mio.	Millionen
Mips	Million instructions per second
MIS	Management Information System
MMS	Manufacturing Message Service

MO:DCA	Mixed Object Document Content Architecture
MPEG	Motion Picture Experts Group
NAS	Network Application Support
NC	Numeric Control
Nedemus	Network design for multiple services
OCCA	Open Cooperative Computing Architecture
OCR	Optical Character Recognition
ODA/ODIF	Open Document Architecture/ Open Document Interchange Format
ODAC	ODA-Consortium
ODETTE	Organisation for Data Exchange Through Teletransmission in Europe
OECD	Organisation for Economic Co-Operation and Development
OLTP	Online Transaction Processing
OO	Objektorientiert
OODBMS	Objektorientiertes Datenbank-Management-System
OSF	Open Software Foundation
OSI	Open System Interconnection
o.V.	ohne Verfasser
PARC	Palo Alto Research Center
PC	Personal Comupter
PCCA	Plains Cotton Cooperative Association
PCN	Personal Communications Networks
PDA	Personal Digital Assistant
PHIGS	Programmer´s Hierarchical Interactive Graphics Interface
PIM	Personal Information Management
POS	Point of Sale
POSIX	Portable Operation System for Computer Environments
PPS	Produktionsplanung und -steuerung
PSA	Port of Singpore Authority
PTCS	Port Traffic Control System

PTT	Post-, Telephon-, Telegraph-Unternehmen
RAID	Redundant Array of Inexpensive Disks
RAM	Random Access Memory
RDBMS	Relationales Datenbank-Management-System
RISC	Reduced Instruction Set Computer
SAA	System Application Architecture
SEDAS	Standardregelungen für einheitliche Daten-Austausch-Systeme
sFr.	Schweizer Franken (Wechselkurs DM/sFr. Ende 1993: 1,15/1)
SIC	Swiss Interbank Clearing
SNA	System Network Architecture
SPS	Speicherprogrammierbare Steuerung
SQL	Structured Query Language
SSADM	Structured Systems Analysis and Design Method
STEP	Standard for the Exchange of Product Definition Data
SW	Software
TB	Terabyte
TCP/IP	Transmission Control Protocol/Internet Protocol
TFlops	Tera-Flops
TIFF	Tag Image File Format
TP-Monitor	Transaction Processing Monitor
USAA	United Serivces Automobile Association
VANS	Value Added Network Services
VDA	Verein Deutscher Automobilhersteller
VDA-FS	Verein Deutscher Automobilhersteller - Flächenschnittstelle
VDI	Verein Deutscher Ingenieure
VGA	Video Graphics Array
VPN	Virtual Private Networks
VSAT	Very Small Aperture Terminals
WAN	Wide Area Network

WORM	Write-Once, Read-Many
X.400	ISO-Standard: Message Handling Systems
X.435	ISO-Standard: Message Handling Systems für EDI
X.500	ISO-Standard: Directory Services
ZwF	Zeitschrift für wirtschaftliche Fertigung

Index

A

B

C

D

E

W

X

Informatik und Unternehmensführung

Die Reihe wird fortgesetzt.
Preisänderungen vorbehalten.

B. G. Teubner Stuttgart

Vetter
Global denken, lokal handeln in der Informatik

10 Gebote eines ganzheitlichen objektorientierten Informatik-Einsatzes

Globales Denken und lokales Handeln fordert die amerikanische Wirtschaftswissenschaftlerin Hazel Henderson mit Blick auf die Probleme, welche die menschliche Zivilisation bedrohen. Sie bringt damit zum Ausdruck, daß der fortschreitenden Zerstörung der natürlichen Lebensgrundlagen Einhalt zu gebieten ist, sofern wir in kleinen, lokal begrenzten Schritten ein vorab auf höchster Ebene verabschiedetes Ziel zuschreiten.
Eine Analogie zur Informatik ist nicht zu verkennen. Auch hier zeigt sich, daß eine isolierte Betrachtung der Probleme immer mehr in die Sackgasse, in ein verheerendes Datenchaos führt.
Nur wenn eine Unternehmung im Sinne eines *ganzheitlichen Vorgehens* lernt, für Einzelprobleme Lösungen zu entwickeln, die in ein vorab auf Geschäftsleitungsebene verabschiedetes, von den Unternehmungszielen abgeleitetes Gesamtkonzept passen, werden wir zu einer Integration, zu einer technischen wie auch geistig-ideellen, den Menschen miteinschließenden *Vernetzung* und damit letzten Endes zu einer für alle Beteiligten vorteilhaften Nutzung der Informatik kommen.

Aus dem Inhalt:

Anhand von zehn Geboten wird dargelegt, wie Informationsprobleme einer Unternehmung ganzheitlich und kooperativ, also mit Beteiligung von Führungskräften, Sachbearbeitern und Informatikern, anzugehen sind. Dabei

Von Prof. Doz. Dr. sc. techn. **Max Vetter,** IBM Schweiz und Eidg. Technische Hochschule Zürich

1994. 182 Seiten. 17,5 x 24 cm. Geb. DM 44,– ÖS 343,– / SFr 44,– ISBN 3-519-02188-9

(Informatik und Unternehmensführung)

Preisänderungen vorbehalten.

wird unter anderem gezeigt, wie man als Führungskraft bewirken kann, daß...
- Informationen bedürfnis- und zeitgerecht zur Verfügung stehen
- ein von den Unternehmenszielen abgeleitetes, als Brennpunkt wirkendes Informatik-Gesamtkonzept zustande kommt
- ein Vorgehen nach dem Motto *Global denken, lokal handeln* von der Belegschaft akzeptiert und in die Tat umgesetzt wird

B. G. Teubner Stuttgart